普通高等教育应用型本科专业规划教材

数控机床与编程

编著　何玉安　安双利

主审　王振华

上海交通大學出版社
SHANGHAI JIAO TONG UNIVERSITY PRESS

内容提要

本书内容从培养应用型本科人才的目的出发并兼顾一般工科和高职院校的教学特点，系统介绍数控机床方面的基本知识，重点突出数控机床结构、数控编程和数控原理。全书共分九章：数控技术概述，数控机床的主传动系统、数控机床进给传动系统、数控机床机械结构、数控系统轨迹控制原理、数控机床的伺服系统、数控加工工艺基础、数控机床编程、数控机床的发展和应用。为了便于学生自学及巩固所学内容，各章均附有习题与思考题。

本书可作为普通本科院校和高等职业学校机械类和机电类专业数控机床、数控技术、数控编程及数控原理课程的教学用书，也可供相关专业的师生及从事数控生产技术工作的技术人员和科研工作者参考。

图书在版编目(CIP)数据

数控机床与编程／何玉安，安双利，徐开元编著
．—上海：上海交通大学出版社，2022.11
ISBN 978-7-313-27331-4

Ⅰ.①数… Ⅱ.①何… ②安… ③徐… Ⅲ.①数控机床—程序设计 Ⅳ.①TG659.022

中国版本图书馆CIP数据核字(2022)第156573号

数控机床与编程
SHUKONG JICHUANG YU BIANCHENG

编　　著：何玉安　安双利　徐开元
出版发行：上海交通大学出版社
地　　址：上海市番禺路951号
邮政编码：200030
电　　话：021-64071208
印　　制：苏州市古得堡数码印刷有限公司
经　　销：全国新华书店
开　　本：787 mm×1092 mm　1/16
印　　张：19.25
字　　数：440千字
版　　次：2022年11月第1版
印　　次：2022年11月第1次印刷
书　　号：ISBN 978-7-313-27331-4
定　　价：68.00元

前　言

数控机床是现代制造业的关键设备，一个国家数控机床的产量和技术水平在某种程度上能代表这个国家的制造业水平和竞争力。

数控机床采用的数字控制技术综合了计算机技术、自动控制技术、自动检测技术和精密机械等高新技术。数控技术的广泛应用，使普通机械被数控机械所代替，特别是数控机床的出现及所带来的巨大效益，引起了世界各国科技界和工业界的普遍重视。数控技术的水准、拥有和普及程度，已经成为衡量一个国家综合国力和工业现代化水平的重要标志。因此，为适应这种形势，需要培养大批熟练掌握数控技术和数控机床的工程技术人才。

数控机床与数控技术对现代制造业的影响是重大和多方面的。

首先，表现在使机械制造业的整体面貌发生了根本性的变化。数控技术的应用将机械制造与微电子、计算机、信息处理、现代控制理论、检测技术以及光电磁等多种学科技术融为一体，使制造业成为知识密集、技术密集的大科学范畴的现代制造业，成为国民经济的基础工业。

其次，表现在使机械制造业的生产方式发生了深刻的变化。数控技术是柔性自动化和智能化的技术基础之一，它适应科技进步，是满足多品种、变批量市场需求的生产方式。同时，数控技术使传统的制造工艺发生显著的和本质的变化，工艺方法和制造系统不断更新，形成 CAD、CAM、CAPP、FMS、CIMS 等一系列具有划时代意义的新技术、新工艺的制造系统。

最后，表现在使产品结构发生了重大变化。现代机械产品向着高精度、高自动化和高可靠性方向发展，具有机电结合与多学科技术结合的特点，纯机械的产品越来越少，而且更新换代速度快。机械产品在国内外市场上是否具有竞争力，在很大程度上取决于数控技术和数控机床的发展和应用。随着科技的不断创新，智能数控机床将作为移动互联网智能终端，成为智能生产系统的关键加工设备。

为了适应应用型人才培养的需要，上海交通大学出版社组织了普通高等教育应用型本科专业规划教材的编写工作，本书是该套教材之一。

本书由上海第二工业大学何玉安、安双利和徐开元编写。何玉安编写了第 1 章、第 5 章至第 8 章，安双利编写了第 2 章和第 3 章，徐开元编写了第 4 章和第 9 章。全书由何玉安负责统稿。本书由上海第二工业大学王振华主审。

由于编者水平有限、经验不足，书中难免存在不足之处，恳请广大读者批评指正。

编者

2020 年 9 月

目　录

第1章 概 述

1.1 数控机床的产生与发展

1.1.1 数控机床的产生

劳动创造了人类，而真正的劳动是从制造工具开始的。制造业是所有与制造有关行业的总称，是一个国家经济发展的支柱产业。制造业是人类古老的工业，它走过了从手工制造、机械制造、自动化制造，直到今天的智能制造的漫长历程。而在它漫长历程中最短的、以运用数控技术为主要特色的智能制造，却是至今为止制造业中最辉煌的阶段，它融合了计算机技术、自动控制技术、精密检测技术、伺服驱动技术、人工智能技术以及信息和网络技术等高新技术，以无人加工、远程制造等从前无法想象的方式高效地制造出了从前无法进行机械加工的产品，如具有空间复杂曲面的零件等。

从工业革命以来，人们实现机械加工自动化的手段有自动机床、组合机床、专用自动生产线等。这些设备的使用大大提高了机械加工自动化程度以及劳动生产率，促进了制造业的发展，但它也存在固有的缺点：初始投资大，准备周期长，柔性差。

制造业曾长时间以作坊式机械制造业为主，加工设备采用通用机床，生产组织相当分散、产量极低、成本很高，小工厂没有能力开发新技术、新产品。所以，最初的制造业受当时社会发展水平的制约，既没有能力发展自动加工技术，而且“单件生产”方式对自动加工技术也没有需求。随着科学技术和人类社会的不断发展，人们对机械产品的质量要求不断提高，同时，效率是赢得当时市场竞争的关键，因而，制造业需要专用自动化机床及专用自动生产线，将“单件生产”方式转为“大批量生产”方式，美国福特汽车厂就是一个典型的例子，他们利用刚性生产流水线追求大批量生产方式，从而大大提高了生产力，降低了成本，赢得了市场。

但社会在不断进步，市场对产品多样化的要求，对刚性生产线不断提出挑战。刚性生产线采用专用生产设备，生产准备周期长，产品改型不易，因而它损失了产品的多样性、忽视了人类的创造性，而柔性生产线却能满足社会对产品改型、创新的需求。“大批量生产”方式必须向“中小批量生产”转化；只能加工一定零件，甚至某一工序的专用机床，必须由能方便而高效地改变加工范围的新机床来取代。为了迎合这一转变，为了解决单件、小批量，特别是复杂型面零件的自动加工，并保证产品的质量，制造业呼吁新型的加工机械。但当时计算机还未出现，虽制造业有对数控机床的需求，却无此可能。所以只能由仿型机床、组合机床替代专用机床，以满足产品改型、创新的需求。直到计算机诞生、发展，才使制造业对数控机床的需求得以实现。1952年美国PARSONS公司与麻省理工学院(MIT)合作研制了世界第一台数控机床——三坐标数控铣床,它综合应用了计算机、自动控制、伺服驱动、精密测量与新型机械机构等多方面的技术成果。

自20世纪中叶数控技术创立以来,数控机床把数控技术与机床控制紧密地结合起来,给机械制造业带来了革命性的变化。

1.1.2 数控技术的概念和特点

1. 数控技术的基本概念

1) 数控技术

数字控制(Numerical Control, NC)技术,简称数控技术,是使用数字化信息,按给定的工作程序、运动轨迹和速度,对被控对象进行自动控制的一种技术。数字控制是相对于模拟控制而言的,数字控制系统中的控制信息是数字量。它所控制的一般是位移、角度、速度等机械量,也可是温度、压力、流量、颜色等物理量。这些量的大小不仅是可测得的,而且可经A/D转换,用数字信号表示。

2) 数控系统

数控系统(Numerical Control System)是一种程序控制的系统,它能逻辑地处理输入到系统中具有特定代码的程序,并将其译码,从而使机床运动并加工零件,即采用数字控制的系统。

3) 计算机数控系统

计算机数控系统(Computer Numerical Control System)是由装有数控系统程序的专用计算机、输入输出设备、可编程控制器(PLC)、存储器、主轴驱动及进给驱动装置等部分组成,是一种用计算机控制实现数控功能的系统。

2. 数控机床的特点

采用了数控技术的设备称为数控设备。数控机床就是一种典型的数控设备,它装备了运用数控技术的控制系统,即数控系统。因而,相对于通用机床及自动化专用机床,数控机床有其自己的特点。

1) 数控机床在生产效率、加工精度和加工质量稳定性方面胜于通用机床

由于数控机床机构简单、刚性好,故可以采用较大的切削用量,减少机加工工时;还由于数控机床具有自动换刀等辅助操作功能,大大减少了辅助加工时间,从而提高了生产效率。此外,数控机床本身的精度较高,还可以运用软件进行传动部件的误差补偿和返程侧隙补偿,因而加工精度较高。数控机床采用自动化加工,避免了人为操作失误,因而加工质量稳定性高于通用机床。

2) 数控机床在适应不同零件的自动加工方面胜于自动化专用机床

数控机床是按照不同的零件编制不同的加工程序进行自动加工的,因而在产品改型和创新时只需变换加工程序即可,而不必像自动化专用机床那样在产品变更时必须变更生产设备,花费很长的生产准备周期。

3) 在数控机床上能完成复杂型面的加工

如图1-1所示,手柄柄部旋转曲面的加工可以在数控机床上实现。数控机床运用插

补计算以确定各进给运动轴相应的方向和步长，从而与主轴一起产生正确的成型运动，加工出复杂型面的零件。若在通用机床上加工，则很难加工出光滑的且尺寸和形状满足要求的手柄。

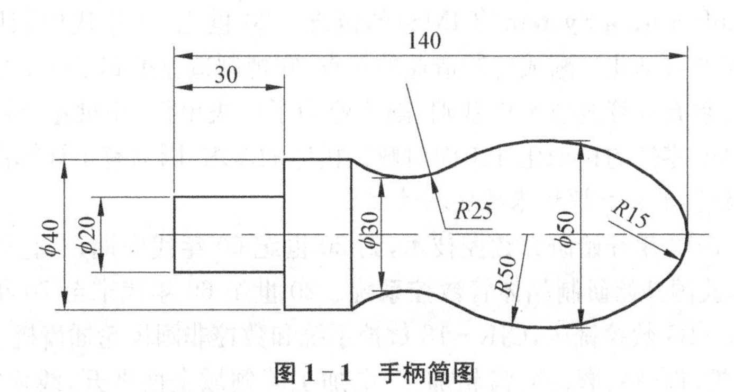

图1-1 手柄简图

4）一次装夹可以完成多道工序

数控机床，特别是具有刀库的加工中心，因为具有自动换刀功能，所以使得工件在一次装夹中可以完成多道工序，以减少装夹误差，减少辅助时间，减少工序间的运输。另外，一台数控机床可代替多台普通机床，因而可以带来较高的经济效益。

5）数控机床的其他特点

数控机床价格高，且对操作、维修人员的技术水平有较高的要求。

综上所述，使用数控机床可以高效、高质地制造出新的产品，以满足社会不断变化的需求，使制造业得到较高的经济效益。尽管数控机床价格较高，但若采用成组技术，变单个零件的小批生产为一组零件的大批生产，则可降低制造成本，提高经济效益。

1.1.3 数控机床和数控技术的发展

1. 数控机床的发展过程

自1952年诞生了由美国PARSONS公司与麻省理工学院(MIT)合作研制的世界第一台基于电子管和继电器的数控机床后，随着计算机技术的不断发展，电子管、晶体管电路，中、小型集成电路，大规模集成电路和小型通用电子计算机以及微型电子计算机和微处理器的出现，使数控机床得到了不断的发展。

1954年11月，第一台工业数控机床产生。1959年，开始采用晶体管元件和印刷电路板，出现了带自动换刀装置的数控机床，称为“加工中心”。1960年起，德、日等国家也陆续开发和生产数控机床。1965年，开始采用体积小、功耗小、可靠性高的小规模集成电路，但仍是NC机床。1967年，英国首先把几台数控机床连成柔性制造系统(Flexible Manufacturing System, FMS)。1970年，在美国芝加哥国际机床展览会上展出了第一台CNC机床。1974年，微处理器直接用于数控系统，促进了数控机床的普及应用和数控技术的发展。

1975年，日本研制出实用化的FMS。20世纪80年代初期，国际上出现了以加工中心为主体，再配上自动装载和监控检测装置的柔性制造单元(Flexible Manufacturing Cell, FMC)、FMS和柔性制造线(Flexible Manufacturing Line, FML)。1982年美国芝加哥国际机床展览会和日本大阪第十一届国际机床展览会充分说明FMS已从实验阶段进入了实用阶段，而且已经开始了FMS的商业化进程。

1974年，美国年轻学者哈灵顿博士首先提出了计算机集成制造系统（Computer Integrated Manufacturing System，CIMS）的概念。20世纪80年代中期以来，以CIMS为标志的综合生产自动化日渐成为制造业的热点，它把制造业推到了一个新的发展阶段。

这一切都必须有计算机技术作基础，制造业为了解决单件、小批量，特别是形状复杂而且精度要求高的零件的自动化加工而对数控机床的需求，因为有了计算机而得以实现。

2. 我国数控技术和数控机床的发展过程

在我国，从1958年开始研究数控技术，到20世纪60年代中期，一直处于研制、开发阶段。1965年，我国开始研制晶体管数控系统。20世纪60年代末至70年代初，我国研制成功了X53K－1G数控铣床，CJK－18数控系统和数控非圆齿轮插齿机。并从那时起，数控技术在车、铣、镗、钻、磨、冲、齿轮加工、电加工等领域全面展开，线切割机得到了推广，数控加工中心在上海、北京研制成功。20世纪80年代，我国先后从日、美等国引进了部分数控装置和伺服系统技术，并于1981年在我国开始批量生产数控机床。

在引进、消化、吸收的基础上跟踪国外先进技术的发展，我国开发了一些高档的数控系统，如多轴联动数控系统，分辨率为0.02 m的高精度数控系统、数字仿真系统、为柔性加工单元配套的数控系统等。至1995年，上海“八五”期间两大柔性制造系统（板材FMS、箱体FMS）攻关项目全面完成。FMS在保证产品质量、增强企业的应变竞争能力、提高设备利用率、提高劳动生产率等方面，已经显示出极大的优越性，具有良好的经济和社会效益。

我国从20世纪80年代中期开始研究CIMS，经过多年努力后取得很大成就。1988年国家科委（现国家科学技术部）批准CIMS实验工程（CIMS－ERC）可行性论证报告，1987年6月开始，清华大学等单位总共用了五年半的时间，建成我国第一套CIMS－ERC，它于1993年3月正式通过国家鉴定和验收。它不仅填补国内在CIMS方面的空白，而且进入了世界先进行列，达到了美国和欧共体CIMS研究中心的水平。该CIMS－ERC不仅已建设成为集成技术的研究中心，它还是单元技术集成测试中心、人才培训中心和国内外先进技术转让中心。CIMS－ERC所取得的成就逐步地进入工业现场，起了牵引和导向的作用。在我国，CIMS技术不仅在离散型生产企业中得到了推广应用（如成都飞机制造厂、沈阳鼓风机厂、北京第一机床厂等），而且在有连续型生产流程的企业中也已启用（如上海宝山钢铁公司）。

随着市场全球化的发展，市场竞争空前激烈，产品的个性化要求也越来越强烈，因而，制造业对数控技术的要求不断提高。可以展望，随着计算机网络技术和自动控制技术的进一步发展，我国数控技术也必将得到进一步发展，我国制造业必将会取得更加辉煌的成果。

3. 数控机床的发展趋势

在21世纪的今天，科学技术得到了突飞猛进的发展，制造技术、微电子技术、计算机技术以及信息技术等的发展，有力地促进了数控技术朝着高精度、高速度、高可靠性、多功能和小型化、智能化、数控网络化和开放性等方向发展。

1）高精度和高速度化

提高精度和速度一直是数控技术发展所追求的两个重要目标，因为数控系统的精度和速度直接关系着数控机床的加工精度和加工效率。而精度和速度又是一对矛盾主体:提高精度的一个重要途径是减小机床的最小移动单位[即脉冲当量 δ(mm/s)],但最高脉冲频率 f_{max}(脉冲/s)受到限定,所以进给速度 $F[=\delta\times f_{max}$(mm/s)]将下降。可见,为追求高精度和高速度化,在减小脉冲当量的同时还得设法提高脉冲频率 f_{max}。这就需要提高数控系统数据处理的速度,缩短每段程序的处理时间;提高伺服电动机的响应速度,以提高其允许的最高工作频率。FANUC公司通过提高微处理机的位数和速度来提高CNC的速度,例如,采用32位机的FS15数控系统实现了最小移动单位为0.1 μm的高精度,且此时的进给速度最高可达100 m/min。再如,FS16和FS18数控系统还采用了简化和减少控制基本指令的精减指令计算机(Reduced Instruction Set Computer, RISC),它能进行高速度的数据处理,其执行指令的速度可达100万条/s,一个程序段的处理时间可缩至0.5 ms,在连续1 mm的移动指令下能实现的最大进给速度为120 m/min。

提高数控技术的精度还可采用补偿技术来实现,而且随着计算机运算速度的提高,完全可以用软件实现误差补偿。装备了具有软件补偿功能数控系统的数控机床,通过间隙补偿、丝杠螺距补偿和刀具补偿等技术,可以在不增加硬件成本的情况下,提高机床的加工精度。此外,还可采用热变形补偿技术,对由电动机、回转主轴和传动丝杠副发热变形所产生的加工误差进行补偿。

由此可见,计算机技术的发展为数控技术的高精度和高速度化提供了有力的支持。

2) 高可靠性

数控机床的高可靠性是数控机床产品质量的一项重要的指标,作为数控机床核心的数控系统,它的可靠性更是数控机床产品质量的关键所在。

衡量可靠性的重要的量化指标是平均无故障工作时间(MTBF),据有关资料统计,数控系统的MTBF值已由20世纪70年代的3 000 h以上、20世纪80年代的10 000 h以上,提高到20世纪90年代的30 000 h以上。现代数控系统的MTBF已达到10 000~36 000 h。

3) 多功能、小型化

多功能的数控系统可以最大限度地提高数控设备的利用率和效率。例如数控加工中心,可以实现单个零件的多工序加工,既减少了装夹、定位的时间及定位误差,又减少了加工设备的台数;又因为数控系统配备了较强的功能,可以对机械手等辅助装置进行控制,以实现自动换刀等操作,提高效率,降低辅助加工时间。这类数控系统往往内装可编程控制器(Programmable Logic Controller, PLC),将CNC与PLC有机地结合起来,在有限的中央处理器(CPU)资源的情况下,解决多功能和实时性的矛盾。现代数控系统多功能化还体现在增加控制轴数,以提高数控设备所具有的能力。目前有的数控系统的控制轴数达到15轴,联动的轴数达到6轴之多。

现代数控系统有朝小型化方向发展的趋势,FANUC公司的FS16和FS18数控系统都采用了三维安装方法,使电子元器件得以高密度地安装,从而使其体积得到了很大程度的缩小。小型化的数控系统可以很方便地安装到机电一体化设备上。

4) 智能化

现代数控系统由于计算机技术和超大规模集成电路等技术的发展而有能力朝着智能

化方向发展。现代数控系统的智能化表现在运用自适应控制技术、装备专家系统和具有系统自学习及示教功能上。装备采用自适应控制技术的数控系统的数控机床，可以对机床主轴转矩、切削力、切削温度、刀具磨损等参数进行自动测量，并自动加以调整，确保切削过程处于最佳状态，以满足加工零件的精度和表面粗糙度的要求。在数控机床的数控系统中，可以建立切削工艺专家系统、故障诊断专家系统等，可以具有系统自学习及示教功能，从而达到提高编程效率和降低对编程人员技术水平的要求的目的，达到对故障进行自诊断并自动采取排除故障措施的目的。

5）数控网络化

随着信息技术(IT)的蓬勃发展，数控网络化是数控技术一个必然的发展趋势。在制造业中，数控网络化即将制造单元和控制装置通过网络连接起来，实现对加工过程和加工设备的远程控制和无人化操作；对制造过程所需资源(如加工程序、机床、工具和检测监控仪器等)实行共享，实现满足CAD/CAM系统与数控系统在高速局域网上进行大量信息交换的要求。另外，当数控系统发生故障时，数控系统生产商可以通过Internet对用户的数控系统进行快速诊断，提高设备的完好率，满足用户对数控设备的远程故障监控、故障诊断和故障修复的要求。在制造业中若实现数控网络化，由于将数控机床、各级管理机构以及企业外部信息联系在一起，因此可以进一步提高制造、管理、经营、销售和服务等各方面的集成化和智能化程度，朝计算机集成制造系统的方向发展。

6）开放式

现在常见的数控系统是一种专用封闭式的系统，由于存在不兼容、内部结构复杂、不易升级及不易进一步开发等缺点，而越来越不能满足当今市场的需要，且用户往往处于被动的地位，不能根据生产的实际添加或改变系统功能。因此，由美国率先提出了开放式数控系统的研究计划，以促使数控系统朝通用化、柔性化、智能化和网络化方向发展，推动数控技术得到更广泛的应用。开放式数控系统的本质是面向用户：数控系统的开发可以在统一的运行平台上进行，系列化的系统元器件完全对用户开放，用户可以在世界范围内选购自己所需的系统组件，将自己所需求的特殊要求融合到数控系统中，灵活自主地构成自己的数控系统；或由数控系统生产商根据不同用户的不同功能和档次要求，为用户装配具有独特性能的开放式数控系统。可见，开放式数控系统应是一个模块化、可重构、可扩充的数控系统。

开放式数控系统已成为数控系统发展的一种趋势，欧洲国家、日本等一些发达国家跟随美国，都提出了开放式数控系统的开发计划，其中有较大影响的有美国的“OMAC”计划、欧共体的“OSACA”计划和日本的“OSEC”计划等。

1.2 数控机床的组成和工作原理

1.2.1 数控机床的组成

使用数控机床进行自动加工，应针对所加工的零件编制加工程序，并将其输入至数控装置，数控装置就以零件的加工程序作为工作指令，控制机床主运动的启动、变速和停止，控制机床进给运动的方向、移动距离和速度，控制机床的辅助装置(如换刀装置、工件夹紧和松开装置以及冷却润滑装置等)的动作。从而使刀具和工件以及其他辅助装置严格地按数控加工程序所规定的顺序、路径和参数进行工作，以加工出形状、尺寸和精度均符合要求的零件。因此，数控机床主要由如图1-2所示的五部分组成。

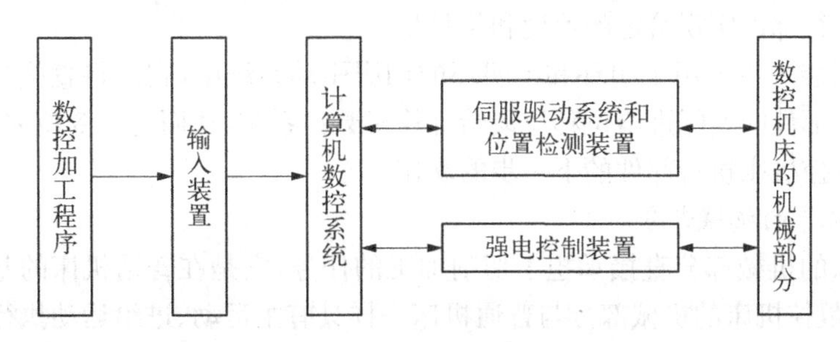

图1-2 数控机床的组成

1. 数控加工程序

数控加工程序是数控机床进行自动加工的指令序列。它须用符合标准的文字、数字和符号来表示，按规定的方法和格式来编制。这些加工指令包括工件坐标系与机床坐标系的相对关系，以表征工件在数控机床上的安装位置；刀具与工件相对运动的尺寸参数；本次加工的工艺路线或加工顺序；与主运动和进给运动相关的切削参数；换刀、工件装夹及冷却润滑等辅助动作等。

2. 输入装置

编制好的数控加工程序可以通过键盘或手持编程器直接输入数控装置，也可以将其保存在某种信息载体中，然后通过相应的输入装置将指令信息输入至数控装置。常用的信息载体有穿孔带、穿孔卡、磁带和磁盘等，相应的输入装置有光电阅读机、录音机和软盘驱动器等。现在有些高级的数控机床还包含了一套自动编程装置或CAD/CAM系统，可以根据所需加工工件的零件图的信息，自动生成数控加工程序。甚至还可通过远程通信接口从上位机或其他计算机上获取数控加工程序。

虽然有多种输入装置，但它们的功能都是将加工程序中的数控代码转化成相应的电脉冲信号，传送并保存在数控装置中。

3. 计算机数控系统和强电控制装置

计算机数控系统是数控机床的核心。它从输入装置中得到电脉冲信号(加工指令)，经译码、运算、逻辑判断以及有关处理后，去控制数控机床各执行机构进行有序的规定动作。计算机数控系统由硬件和软件组成：硬件包括微型计算机、外部设备、输入/输出通道和操作面板等；软件包括输入、数据处理、插补计算、速度控制、输出、管理及诊断等部分。

强电控制装置是介于计算机数控系统和机床机械机构、液压装置及其他机构之间的控制系统。目前，多数数控机床的强电控制由可编程控制器来实现。强电控制装置按计算机数控系统输出的指令信号，对主轴、换刀装置及其他辅助装置进行控制，使它们严格按加工程序所规定的动作和顺序工作。

4. 伺服驱动系统和位置检测装置

数控机床的进给系统由伺服驱动系统和机床上的执行机构及机械传动机构组成，而伺服驱动系统由伺服驱动电路和伺服驱动装置组成。伺服驱动电路包含了伺服控制线路和功率放大线路。伺服驱动装置主要采用步进电动机或交(直)流伺服电动机。计算机数控系统发出的进给位移和速度指令,经过转换和功率放大后,作为伺服驱动装置的输入信号,使上述伺服驱动装置按规定的速度和角位移做机械转动,从而通过机械传动机构驱动数控机床的执行部件实现给定的速度和位移量。

位置检测装置主要用于闭环和半闭环的伺服驱动系统中,它们将直接或间接测得的数控机床执行部件的实际进给位移反馈给计算机数控系统,从而与指令位移进行比较,以确定和控制数控机床执行部件的下一步的动作。

5. 数控机床的机械部分

数控机床的机械部分直接承担了切削加工的任务,它是在普通机床的基础上发展而来的。因而,数控机床的机械部分与普通机床一样具有主运动、进给运动执行部件及传动部件,具有床身、导轨以及立柱等支承部件。但数控机床的机械部件与普通机床相比,传动结构要求更为简单,在精度、刚度和抗震性等方面的要求更高,更多地采用高效传动部件(如滚珠丝杠副、直线滚动导轨等),而且其传动和变速机构更应便于实现自动化控制。此外,数控机床的机械部分还包括了自动换刀装置等辅助机构,对于加工中心甚至还包括了刀库和换刀机械手。

1.2.2 数控机床的工作原理

用数控机床加工零件时,首先应将加工零件的几何信息和工艺信息编制成加工程序,由输入装置送入数控系统中,经过数控系统的处理和运算,按各坐标轴的分量送到各轴的驱动电路,经过转换、放大伺服电动机的驱动,带动各轴的运动,并进行反馈控制,使刀具及工件及其他辅助装置严格地按照加工程序规定的顺序、轨迹和参数有条不紊地工作,从而加工出零件的全部轮廓,如图 1-3 所示为加工程序中数控机床数据转换的工作原理。

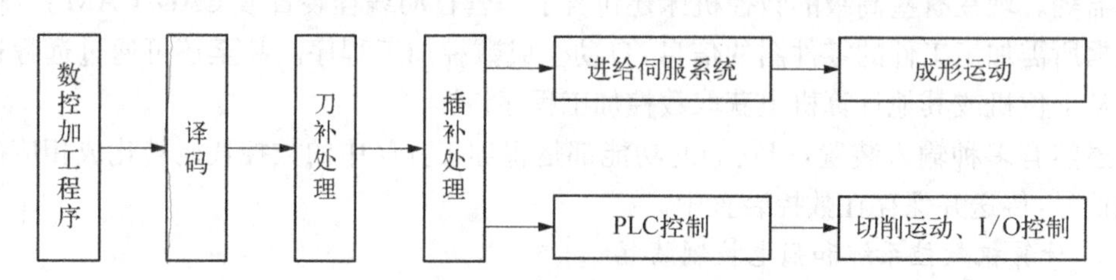

图 1-3 数控机床数据转换的工作原理

1.3 数控机床的分类

1.3.1 按数控机床的运动轨迹分类

1. 点位控制数控机床

点位控制数控机床只需在加工平面内控制机床移动部件的终点位置,由于在移动的过程中不必进行切削，因而对移动的轨迹并无要求。这类数控机床主要有数控镗床、数控钻床和数控冲床等。它们一般有三个坐标轴，控制工件在加工平面内精确移动至终点位置的有两个坐标轴，移动时可以仅一个坐标移动，也可以两个坐标同时移动，另一个坐标轴控制钻、镗切削或冲压运动。在工件移动时一般以数控系统设定的最高进给速度运动，以提高数控机床的生产效率。在定位移动将近结束时，为了保证定位精度，须进行分级或连续降速，实现低速趋近终点，从而减少运动部件因惯性前冲而造成的越程定位误差。

2. 直线控制数控机床

直线控制数控机床能控制刀具或工作台按加工程序规定的进给速度，沿平行于坐标轴的方向进行直线移动或进行直线切削加工。由于这类数控机床移动时同样可以是一个坐标移动或两个坐标按同样速率同时移动，因而它们还可以沿45°斜线进行切削加工。直线控制的数控车床可用于阶梯轴的车削，也可以用于斜角为45°的圆锥的车削。有的数控镗床兼有点位控制和直线控制的功能，即除了精确定位外还可以进行直线切削加工，故可以称为点位/直线控制数控机床。

3. 轮廓控制数控机床

轮廓控制数控机床又称连续控制数控机床或多坐标联动数控机床。这类数控机床的计算机数控系统能对若干个坐标轴同时控制，因而能对工具与工件相对移动的轨迹进行连续的控制，从而使刀具和工件按平面直线、平面曲线或空间曲面轮廓的规律进行相对运动，完成正确的成形运动，加工出复杂形状的零件。由于要多坐标联动，所以轮廓控制数控机床必然要进行插补运算，即按给定的尺寸和进给速度通过一定方法的运算按序给各坐标轴发出进给信号，使刀具或工件走任意的斜线或圆弧，高级的轮廓控制数控机床还具有抛物线等插补功能。这是与点位控制和直线控制数控机床的主要区别之处。此外，轮廓控制数控机床还具有刀具长度补偿和刀具半径补偿功能。能进行多坐标联动的数控机床往往也能进行点位/直线控制。当前，除了少数专用的数控机床，如数控钻床和数控冲床等以外，现代数控机床都具有轮廓控制数控机床的功能。

1.3.2 按伺服驱动系统的控制方式分类

1. 开环数控机床

开环数控机床采用无位置检测反馈的伺服系统，如图1-4所示为典型的开环伺服系统，它一般采用步进电动机作为驱动电动机。计算机数控系统按加工程序规定的进给速度和位移量，输出一定的频率和数量的进给脉冲，经驱动电路放大后，驱动步进电动机按

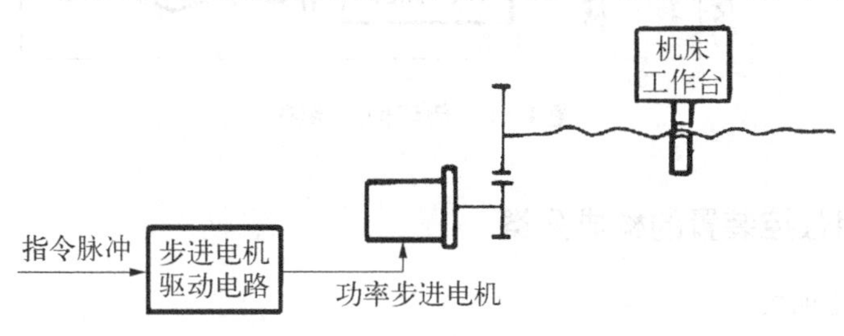

图1-4 开环伺服系统

一定的方向和一定的转速转动一定数量的步距角，再经机械传动装置带动数控机床的执行部件按一定的方向和一定的进给速度移动一定的进给量。由于没有位置检测反馈修正，所以开环数控机床的位置精度由数控系统和机床机械机构本身的精度所决定。这类数控机床的机构简单，调试容易，造价低，现在应用仍较广泛。

2. 半闭环数控机床

半闭环数控机床采用间接测量执行机构实际位置或位移并构成反馈的伺服系统，如图 1-5 所示为典型的半闭环伺服系统。图中可见位置检测装置安装在驱动电动机的端部，或安装在传动丝杠端部，而另一部分传动机构（丝杠、螺母和工作台）没有包含在反馈环节之内，故称其为半闭环。半闭环数控机床由于具有位置检测反馈修正，所以它的位置精度比开环数控机床高。虽然因为有一部分传动机构没被包含在反馈环节之内，从理论上讲，半闭环的精度低于闭环，但半闭环调试方便，稳定性好，角位移的测量元件简单而价廉，故半闭环伺服系统得到了广泛的应用。

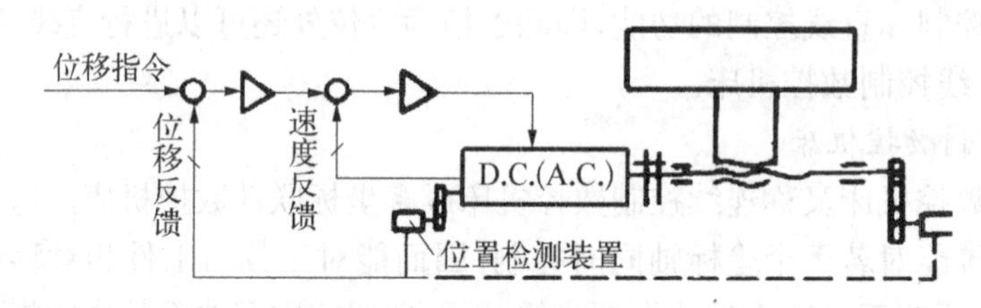

图 1-5　半闭环伺服系统

3. 闭环数控机床

闭环数控机床采用直接测量执行机构实际位置或位移并构成反馈的伺服系统，如图 1-6所示为典型的闭环伺服系统。在闭环伺服系统中，位置检测装置直接安装在数控机床执行机构上，它是将执行机构实际位置或位移与计算机数控系统的位移指令信号进行比较，进而用得到的误差信号对执行机构的位置随时进行修正。从理论上讲，闭环数控机床位置精度既比开环数控机床高，也比半闭环数控机床高。但实际上机床的机构、传动装置以及传动间隙等非线性因素都会增加调试的难度，严重的还会使闭环伺服系统的品质下降，甚至使伺服系统产生振荡。

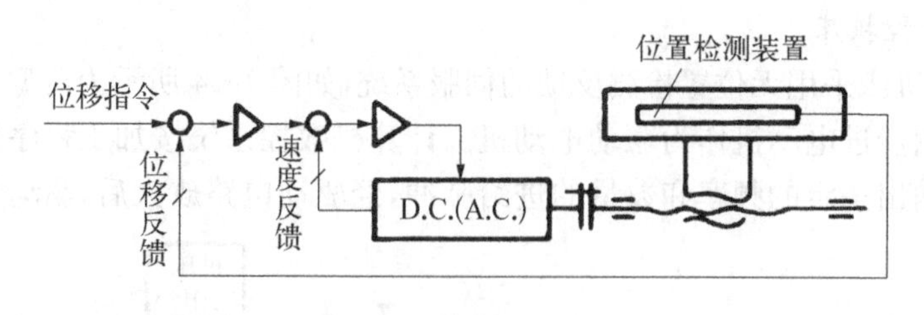

图 1-6　闭环伺服系统

1.3.3　按所用数控装置的构成分类

1. 硬线数控机床

在数控机床诞生之初，计算机在处理速度和结构上满足不了机床加工的需要，因此，数控机床装备了采用专门的固定组合逻辑电路的数控装置，故称之为硬线数控（Hard-Wired NC，NC）机床。显然，不同功能的数控机床，其数控装置是不同的；若要增加或减少控制、运算功能，则必须改变数控装置的硬件电路。由于其通用性、灵活性差，制造周期长，成本高，所以当小型计算机走向成熟并被引进数控机床后，硬线数控机床就逐步让位于新型的数控机床。

2. 计算机数控机床

由于微电子技术的发展，NC 机床发展为计算机数控机床（Computer Numerical Control，CNC）机床。CNC 数控装置的硬件电路由小型或微型计算机外加大规模集成电路组成，数控机床的主要功能几乎全部由软件来实现。若要修改或增减系统功能，只需改变系统软件，而不必改动数控装置的硬件电路。显然，它的灵活性高于硬线数控机床。20 世纪 70 年代起，CNC 机床逐步取代了 NC 机床。目前，几乎所有的数控机床都采用了计算机数控装置。

1.4　数控机床的性能指标

数控机床的主要性能指标包括运动性能指标、精度指标、可控轴数与联动轴数等。

1.4.1　运动性能指标

数控机床的运动性能指标主要包括主轴转速、进给速度、坐标行程、摆角范围和刀库容量及换刀时间等。

1. 主轴转速

数控机床主轴一般采用直流或交流电动机驱动，选用高速精密轴承支承，具有较宽的调速范围和较高的回转精度、刚度及抗振性。目前，数控机床主轴转速已普遍达到 5 000～10 000 r/min，甚至更高，这对提高加工质量和各种小孔加工极为有利。

2. 进给速度

进给速度是影响加工质量、生产效率和刀具寿命的主要因素，它受数控装置的运算速度、机床动态特性及刚度等因素限制。目前，数控机床的进给速度可达 10～30 m/min，快速定位速度可达 20～120 m/min。进给速度高，加工效率高，但加工质量下降。

3. 坐标行程

数控机床坐标轴 X、Y、Z 等的行程大小构成数控机床的空间加工范围，即加工零件的大小。行程是直接体现机床加工能力的指标参数。数控车床有最大回转直径、最大车削长度、车削直径等指标参数；数控铣床有工作平台尺寸、工作台行程等指标参数；有些加工中心的主轴还可以在一定范围内摆动，其摆角大小也直接影响其加工零件空间部位的能力。

4. 刀库容量和换刀时间

刀库容量和换刀时间对数控机床的生产效率有直接影响。刀库容量是指刀架位数或刀库能存放刀具的数量，目前常见的小型加工中心的刀库容量为16～60把，大型加工中心可达100把以上。换刀时间指将正在使用的刀具与装在刀库上的下一工序需用的刀具进行交换所需要的时间，目前一般数控机床的换刀时间为5～10 s，高档数控机床的换刀时间仅为2～3 s。

1.4.2 精度指标

1. 定位精度和重复定位精度

定位精度是指数控机床工作平台等移动部件的实际运动位置与指令位置的一致程度，其不一致的差值即为定位误差。引起定位误差的因素包括伺服系统、检测系统、进给传动及导轨误差等。定位误差直接影响加工零件的尺寸精度。

重复定位精度是指在相同的操作方法和条件下，多次完成规定操作后得到结果的一致程度。重复定位精度一般是呈正态分布的偶然性误差，它会影响批量加工零件的一致性，是一项非常重要的性能指标。一般数控机床的定位精度为0.01 mm，重复定位精度为0.005～0.008 mm。

2. 分辨率与脉冲当量

分辨率是指可以分辨的最小位移间隔。对测量系统而言，分辨率是可以测量的最小位移；对控制系统而言，分辨率是可以控制的最小位移增量。

脉冲当量是指数控装置每发出一个脉冲信号，机床位移部件所产生的位移量。脉冲当量是设计数控机床的原始数据之一，其数值大小决定数控机床的加工精度和表面质量。目前，普通数控机床的脉冲当量一般为0.001 mm，简易数控机床的脉冲当量一般为0.01 mm，精密或超精密数控机床的脉冲当量一般为0.000 1 mm。脉冲当量越小，数控机床的加工精度和表面质量越高。

3. 分度精度

分度精度是指分度工作台在分度时，实际回转角度与指令回转角度的差值。分度精度既影响零件加工部件在空间的角度位置，也影响孔系加工的同轴度等。

1.4.3 可控轴数与联动轴数

可控轴数是指数控系统能够控制的坐标轴数目。该指标与数控系统的运算能力、运算速度以及内存容量等有关。目前，高档数控系统的可控轴数已多达40轴。

联动轴数是指按照一定的函数关系同时协调运动的轴数，目前常见的有两轴联动、两轴半联动、三轴联动、四轴联动、五轴联动等。联动轴数越多，其空间曲面加工能力越强。如五轴联动数控加工中心可以用来加工宇航中使用的叶轮、螺旋桨等零件。

习题与思考题

1-1 数控技术的概念是什么？

1-2 数控机床相对于通用机床及自动化专用机床有何特点？

1-3 数控机床通常由哪些部分组成？各部分的作用是什么？

1-4 数控机床有哪些分类方法和类型？

1-5　按伺服驱动系统的控制方式，简述数控机床的分类和特点。

1-6　数控机床的主轴速度和进给速度对加工精度和效率有什么影响？

1-7　数控机床的定位精度和重复定位精度是什么？

1-8　数控机床的分辨率和脉冲当量是什么？

第2章 数控机床的主传动系统

2.1 主传动系统的基本要求和变速方式

主传动是机床实现切削的基本运动。在切削过程中，它为切除工件毛坯上多余的金属材料提供所需的切削速度和动力，是切削过程中速度最高、消耗功率最多的运动。由主轴电动机经过一系列传动元件和主轴构成的具有运动、传动联系的系统称为主传动系统。数控机床的主传动系统包括主轴电动机、传动装置、主轴轴承和主轴定向准停装置等。

数控机床与普通机床相比，其主传动系统的基本要求有所不同，相对于普通机床主传动系统的有级变速方式，数控机床采用无级变速。

2.1.1 主传动系统的基本要求

数控机床与普通机床比较，其主传动系统应达到如下基本要求。

1. 主轴转速高，变速范围宽，并可实现无级变速

为了获得高生产率和良好的表面质量，数控机床必须具有高转速和宽变速范围，使加工时能合理选用切削用量。由于数控机床的变速是按照控制指令自动进行的，因此要求主轴能够无级变速，并能迅速可靠地自动实现，使切削过程始终处于最佳状态。一般要求主轴具备1∶(100～1 000)的恒转矩调速范围和1∶10的恒功率调速范围。

2. 主轴传动平稳，噪声低，精度高

数控机床的加工精度与主传动系统的刚度密切相关。为此，应提高传动件的制造精度和刚度，齿轮齿面应进行高频淬火增加耐磨性；最后一级采用斜齿轮传动，以使传动平稳；采用高精度轴承及合理的支承跨距等，以提高主轴组件的刚度。

3. 具有良好的抗振性和热稳定性

数控机床一般要同时承担粗加工和精加工任务，加工时可能由于断续切削、加工余量不均匀、运动部件不平衡以及切削过程中的自激振动等原因造成主轴振动，影响加工精度和表面质量。因此，在主传动系统中的主要零部件不但要具有一定的静刚度，而且要求具有良好的抗振性。此外，在切削加工过程中，主传动系统的发热往往使零部件产生热变形，破坏零部件之间的相对位置精度和运动精度，造成加工误差。

为此，要求主轴部件具有较高的热稳定性，通常是用保持合适的配合间隙，并采用循环润滑等措施来实现。

4. 能实现刀具的快速和自动装卸

在自动换刀的数控机床中，主轴应能准确地停在某一固定位置上，以便在该处进行换刀等动作，因而要求主轴实现定向控制。此外，为实现主轴快速自动换刀功能，必须具备刀具的自动夹紧机构。

总之，数控机床主传动系统能将主轴电动机的原动力通过该传动系统变成可供切削加工用的切削力矩和切削速度。为了适应各种不同材料的加工及各种不同的加工方法，要求数控机床的主传动系统有较宽的转速范围及相应的输出力矩。此外，由于主轴部件将直接装夹刀具对工件进行切削，因此其对加工质量（包括加工粗糙度）及刀具寿命有很大的影响，所以对主传动系统有较高要求。为了能高效率地加工出高精度、低粗糙度的工件，必须具备良好性能的主传动系统和高精度、高刚度、振动小、热变形与噪声符合限定要求的主轴部件。

2.1.2　主传动的变速方式

根据上述要求，数控机床主传动主要有无级变速、分段无级变速两种变速传动方式。

主传动采用无级变速传动方式，不仅能在一定的变速范围内选择合理的切削速度，而且能在运动中自动变速，此种变速传动方式采用直流主轴伺服电动机或交流主轴伺服电动机作为驱动。交流主轴电动机及交流变频驱动装置（鼠笼型感应交流电动机配置矢量变换变频调速系统）由于没有电刷，不产生火花，所以使用寿命长，且性能已达到直流驱动系统的水平，甚至在噪声方面还有所降低，因此目前应用较为广泛。

由于数控机床主运动的调速范围较大（最高转速与最低转速比 R 为 100～200，甚至超过 1 000 倍），单靠无级变速电动机无法满足如此大的变速范围，另一方面无级变速电动机的功率扭矩特性也难以直接与机床的功率和转矩要求相匹配。因此，数控机床主传动变速系统常常在无级变速电动机之后串联机械有级变速传动，以满足数控机床要求的调速范围和转矩特性，此即分段无级变速传动方式。

1. 主轴的传动类型

为了适应不同的加工要求及适应数控机床调速自动进行的要求，常见的主轴传动类型有图 2-1 所示的几种形式。

1）齿轮传动主轴

大中型数控机床较常采用的传动类型是齿轮传动，如图 2-1(a)所示。它使用无级变速交、直流电动机，再通过几对齿轮传动后，实现分段无级变速，这种变速方式使得变速范围扩大。其优点是在低速时能满足主轴输出扭矩特性的要求。但齿轮变速机构通常采用液压拨叉或电磁离合器变速方式，造成主轴箱结构复杂，成本增高，另外这种传动机构容易引起振动和噪声。

2）带传动主轴

带传动主轴的传动类型主要用在转速较高、变速范围不大的小型数控机床上，如图 2-1(b)所示。它通过一级带传动实现变速，其优点是结构简单，安装调试方便。电动机本身的调整就能够满足要求，不用齿轮变速可以避免由齿轮传动时所引起的振动和噪声。但变速范围受电动机调速范围的限制，只能适用于高速低转矩特性要求的主轴。带传动变速中，常用的传送带类型有 V 带、平带、多楔带和同步带，如图 2-2 所示。

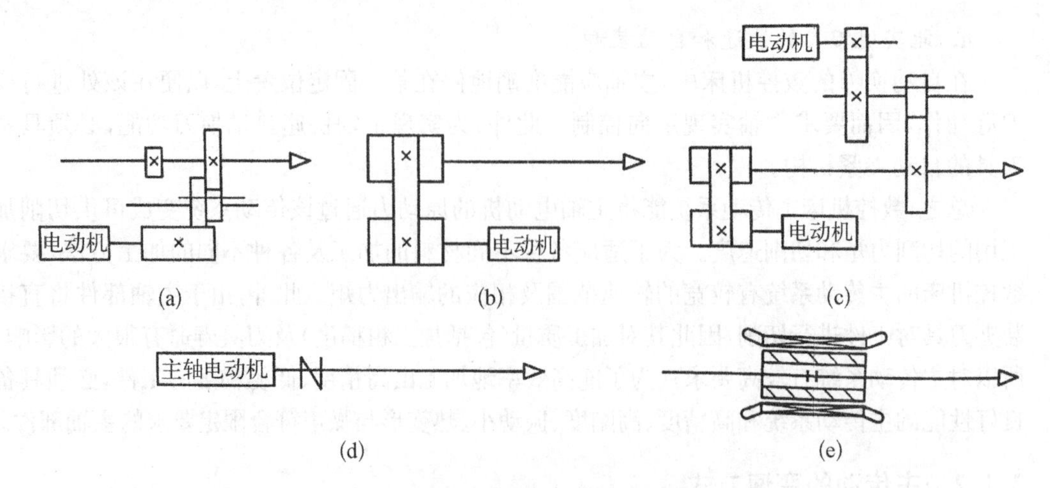

图 2-1 数控机床主传动类型示意图

(a) 齿轮传动主轴 (b) 带传动主轴 (c) 两个电动机分别驱动主轴
(d) 电动机通过联轴器连接主轴 (e) 内装电动机主轴

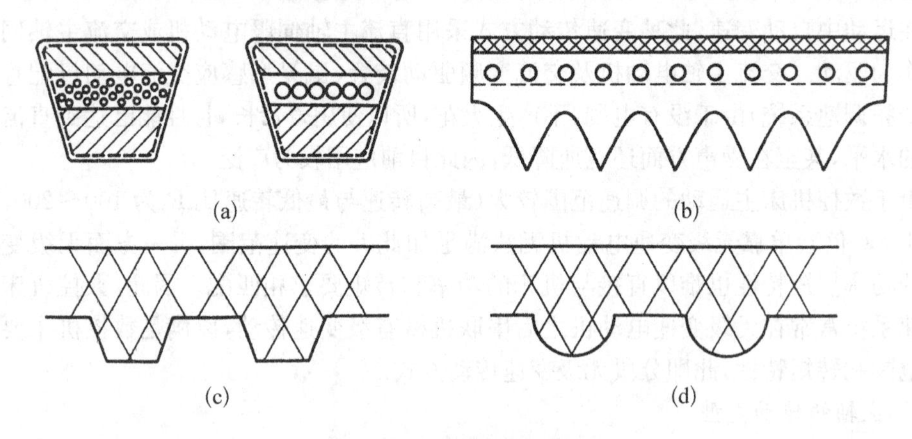

图 2-2 几种传动带截面图

(a) V 带 (b) 多楔带 (c) 梯形齿同步带 (d) 圆弧齿同步带

同步带传动是一种综合带、链传动优点的新的带传动类型。同步带的带型有梯形齿和圆弧齿，如图 2-2(c)、图 2-2(d)所示，同步带的结构和传动如图 2-3 所示，带的工作面及带轮外圆上均制成齿形，通过带轮与轮齿相嵌合，做无滑动的啮合传动。同步带内部采用了加载后无弹性伸长的材料作为强力层，以保持带的节距不变，可使主、从动带轮做无相对滑动的同步传动。

与一般带传动相比，同步带传动具有如下特点：

(1) 无滑动，传动比准确。

(2) 传动效率高，可达 98%以上。

(3) 传动平稳，噪声小。

(4) 使用范围较广，速度可达 50 m/s，传动比可达 10 左右，传递功率可从几瓦至数千瓦。

(5) 维修保养方便，不需要润滑。

(6) 安装时中心距要求严格，带与带轮制造工艺较为复杂，成本高。

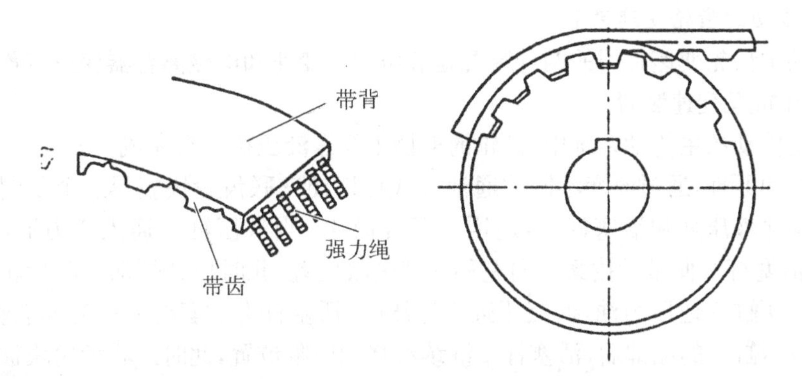

图 2-3　同步带的结构与传动

3）两个电动机分别驱动主轴

两个电动机分别驱动主轴是上述两种方式的混合传动类型，兼有上述两种方式的性能[见图 2-1(c)]。高速时，由一个电动机通过带传动；低速时，由另一个电动机通过齿轮传动，齿轮起到降速和扩大变速范围的作用，因而就使恒功率区增大，扩大了变速范围，避免了低速时转矩不够且电动机功率不能充分利用的问题，但两个电动机不能同时工作。

4）电动机通过联轴器连接主轴

如图 2-1(d)所示，主轴电动机输出轴通过精密联轴器与主轴连接，其优点是结构紧凑，传动效率高；但主轴转速的变化及转矩的输出完全与电动机的输出特性一致，因而在使用上受到一定限制。

5）内装电动机主轴

内装电动机主轴即主轴与电动机转子合为一体，如图 2-1(e)所示。其优点是省去了中间的所有传动环节，主轴组件结构紧凑，重量轻，惯量小，可提高启动、停止的响应特性，并利于控制振动和噪声；缺点是电动机运转产生的热量易使主轴产生热变形。因此，温度控制和冷却是使用内装电动机主轴的关键问题。图 2-4 所示为内装电动机主轴的结构。

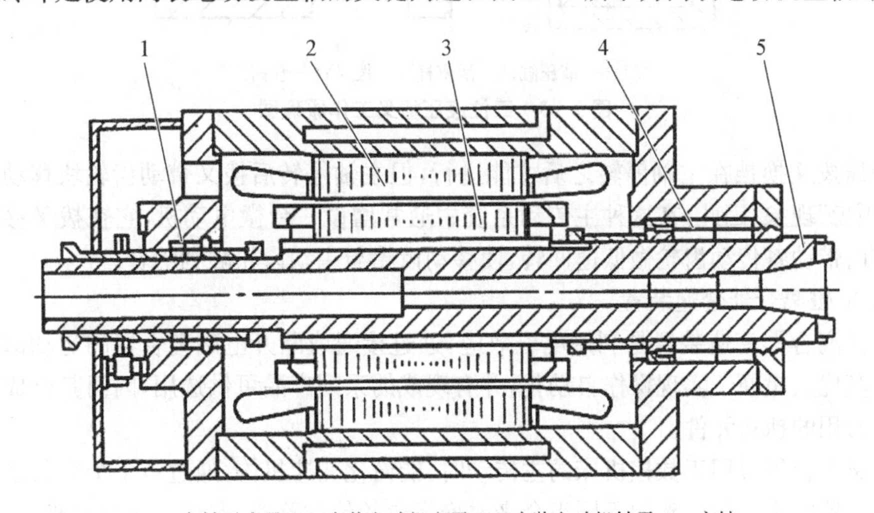

1、4—主轴后支承；2—内装电动机定子；3—内装电动机转子；5—主轴。

图 2-4　内装电动机主轴的结构

2. 主传动的齿轮变速装置

主传动中齿轮变速常用的两种装置是液压拨叉变速和电磁离合器变速装置。

1）液压拨叉变速装置

在齿轮传动的主传动系统中，齿轮的换挡主要靠液压拨叉来完成。图 2－5 所示是三位液压拨叉的原理，通过改变不同的通油方式可以使三联齿轮块获得三个不同的变速位置。此机构除液压缸和活塞杆外，还增加了套筒 4。当液压缸 1 通入压力油，而液压缸 5 泄压时，活塞杆 2 便带动拨叉 3 向左移动到极限位置，此时拨叉带动三联齿轮块移动到左端。当液压缸 5 通压力油，而液压缸 1 泄压时，活塞杆 2 和套筒 4 一起向右移动，在套筒 4 碰到液压缸 5 的端部后，活塞杆 2 继续右移到极限位置，此时三联齿轮块被拨叉 3 移动到右端。当压力油同时进入液压缸 1 和 5 时，由于活塞杆 2 的两端直径不同，使活塞杆处在中间位置，在设计活塞杆 2 和套筒 4 的截面直径时，应使套筒 4 的圆环向右推力大于活塞杆 2 的向左推力。

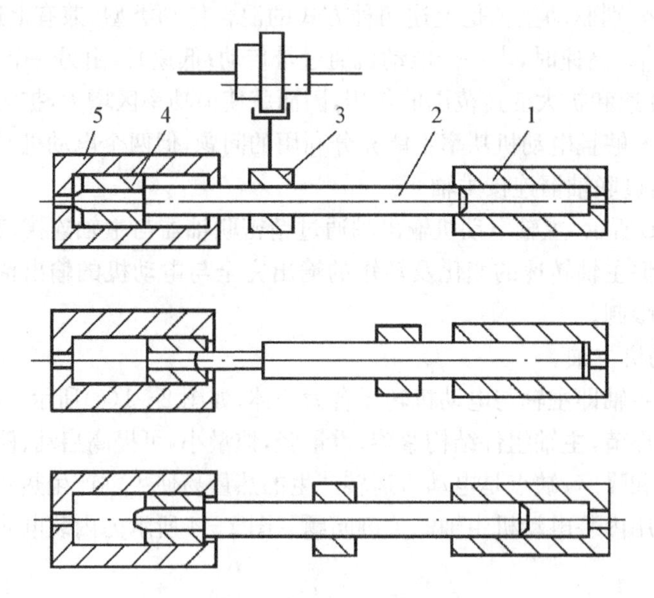

1、5—液压缸；2—活塞杆；3—拨叉；4—套筒。

图 2－5　三位液压拨叉工作原理图

液压拨叉换挡在主轴停转之后才能进行，但主轴停转后拨叉带动齿轮块移动又可能产生“顶齿”现象，因此，在这种主传动系统中通常增设一台微电动机，它在拨叉移动齿轮块的同时带动各传动齿轮做低速回转，使移动齿轮与主动齿轮顺利啮合。

2）电磁离合器变速装置

电磁离合器变速装置是利用电磁效应，通过接通或断开电磁离合器的运动部件实现变速。其优点是便于实现操作自动化，并有现成的系列产品可供选用，因而其已成为自动装置中常用的执行元件。

电磁离合器应用于数控机床的主传动时，能简化变速机构，通过若干个安装在各传动轴上离合器的吸合与分离的不同组合来改变齿轮的传动路线，实现主轴的变速。

图 2－6 所示为 THK6380 型自动换刀数控镗铣床的主传动系统图，该机采用双速电

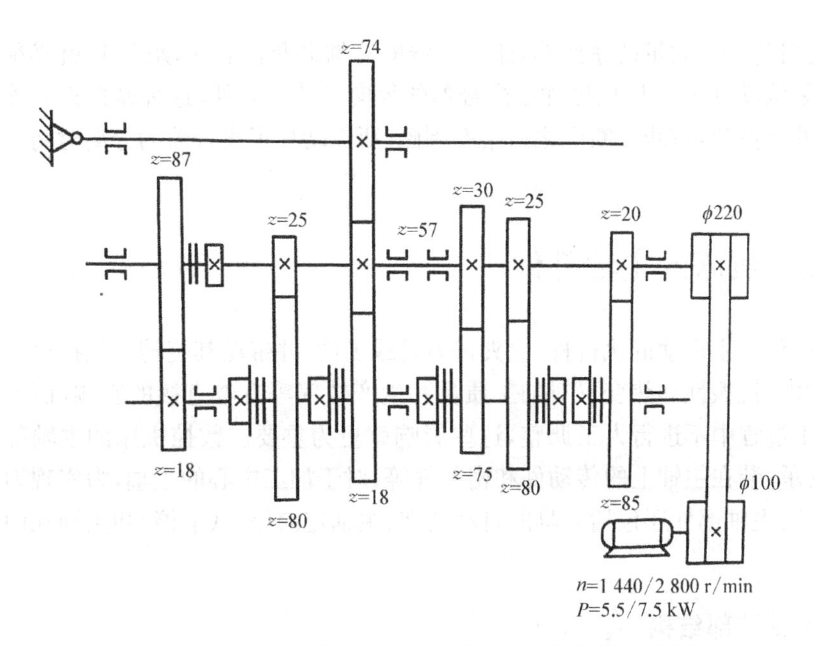

图 2－6　THK6380 型自动换刀数控镗铣床的主传动系统图

动机和 6 个电磁离合器完成 18 级变速。

图 2－7 所示是数控镗铣床在轴箱中使用的无滑环摩擦片式电磁离合器。传动齿轮 1 通过螺钉固定在连接件 2 的端面上，根据不同的传动结构，运动既可以从齿轮 1 输入，也可以从套筒 3 输入。连接件 2 的外周开有六条直槽，并与外摩擦片 4 上的六个花键齿相配，这样就把齿轮的转动直接传递给外摩擦片 4。套筒 3 的内孔和外圆都有花键，而且和挡环 6 用螺钉 11 连成一体。内摩擦片 5 通过内孔花键套装在套筒 3 上，并一起转动。当线圈 8 通电时，衔铁 10 被吸引右移，通过内摩擦片 5 和外摩擦片 4 之间的摩擦力矩将齿轮 1 与套筒 3 结合在一起。无滑环电磁离合器的线圈 8 和铁芯 9 是不转动的，在铁芯 9 的右侧均匀分布着六条键槽，用斜键将铁芯固定在主轴箱的箱壁上。当线圈 8 断电时，外摩擦片 4 的弹性爪使衔铁 10 迅速恢复到原来位置，内、外摩擦片互相分离，运动被切断。

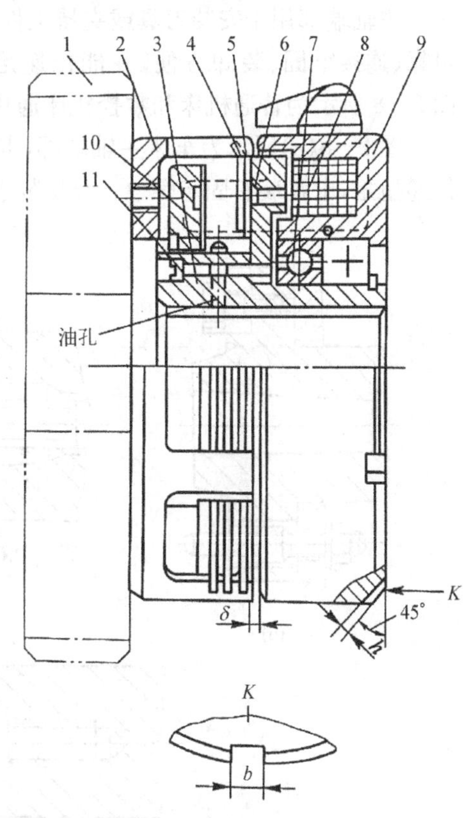

1—传动齿轮；2—连接件；3—套筒；4—外摩擦片；5—内摩擦片；6—挡环；7—滚动轴承；8—线圈；9—铁芯；10—衔铁；11—螺钉。

图 2－7　无滑环摩擦片式电磁离合器

这种离合器的优点在于省去了电刷，避免了磨损和接触不良带来的故障，因此比较适合于高速运转的主传动系统。由于采用摩擦片传递转矩，所以允许不停车变速，但也带来了另外的缺点，即变速时将产生大量的摩擦热，还由于线圈和铁芯是静止不动的，这就必须在旋转的套筒上安装滚动轴承7，因而增加了离合器的径向尺寸。此外，这种摩擦离合器的磁力线通过钢质的摩擦片，在线圈断电之后会有剩磁，所以增加了离合器的分离时间。

2.2 数控机床的主轴部件

主轴部件是主运动的执行件，它夹持刀具或工件，并带动其旋转。数控机床主轴部件的精度、刚度、抗振性和热变形对加工质量和生产效率等有着直接的影响，而且由于数控机床在加工过程中不进行人工调整，这些影响就更为重要。数控机床的主轴部件包括主轴、主轴支承、装在主轴上的传动件和密封件等，对于加工中心的主轴，为实现刀具的快速和自动装卸，主轴部件还包括刀具的自动装卸、主轴定向停让（准停）和主轴孔内的切屑清除装置等。

2.2.1 主轴端部结构

主轴端部用于安装刀具或夹持工件的夹具。在设计要求上，应能保证定位准确、安装可靠、连接牢固、装卸方便，并能传递足够的扭矩。主轴端部的结构形状都已标准化，图2-8所示为普通机床和数控机床通用的几种结构形式。

图2-8(a)所示为车床主轴端部，卡盘靠前端的短圆锥面和凸缘端面定位，用端面键传递扭矩，卡盘装有固定螺栓：卡盘装于主轴端部时，螺栓从凸缘上的孔中穿过，转动快

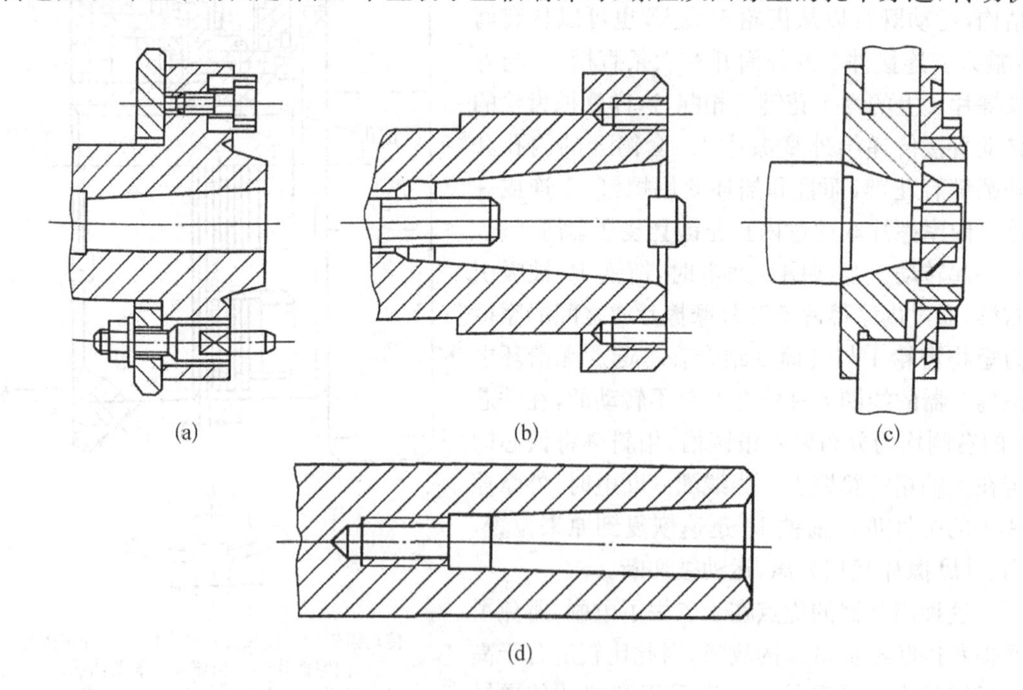

图2-8 主轴端部的结构形状

(a) 车床主轴端部 (b) 镗铣床主轴端部 (c) 外圆磨床砂轮主轴端部 (d) 内圆磨床砂轮主轴端部

卸卡板将数个螺栓同时拴住，再拧紧螺母将卡盘固定在主轴端部。主轴为空心轴，前端有莫氏锥度孔，用以安装顶尖或心轴。

图 2-8(b)所示为镗铣床的主轴端部，铣刀或刀杆在前端 7∶24 的孔内定位，并用拉杆从主轴后端拉紧，由前端的端面键传递扭矩。

图 2-8(c)所示为外圆磨床砂轮主轴的端部，图 2-8(d)所示为内圆磨床砂轮主轴的端部。

2.2.2　主轴轴承

主轴轴承是主轴部件的重要组成部分，它的类型、结构、配置、精度、安装、调整、润滑、冷却都直接影响主轴的工作性能，在数控机床上，主轴轴承常用的有滚动轴承和静压滑动轴承。

1. 滚动轴承

图 2-9 所示为数控机床主轴常用的几种滚动轴承。

如图 2-9(a)所示为角接触球轴承，该轴承既可以承受径向载荷又可承受轴向载荷，多用于高速主轴。常用的接触角有两种：α 为 25°和 15°。α 为 25°角接触的球轴承的轴向刚度较高，但径向刚度和允许的转速略低，多用于车、镗、铣床等的主轴；α 为 15°角接触的

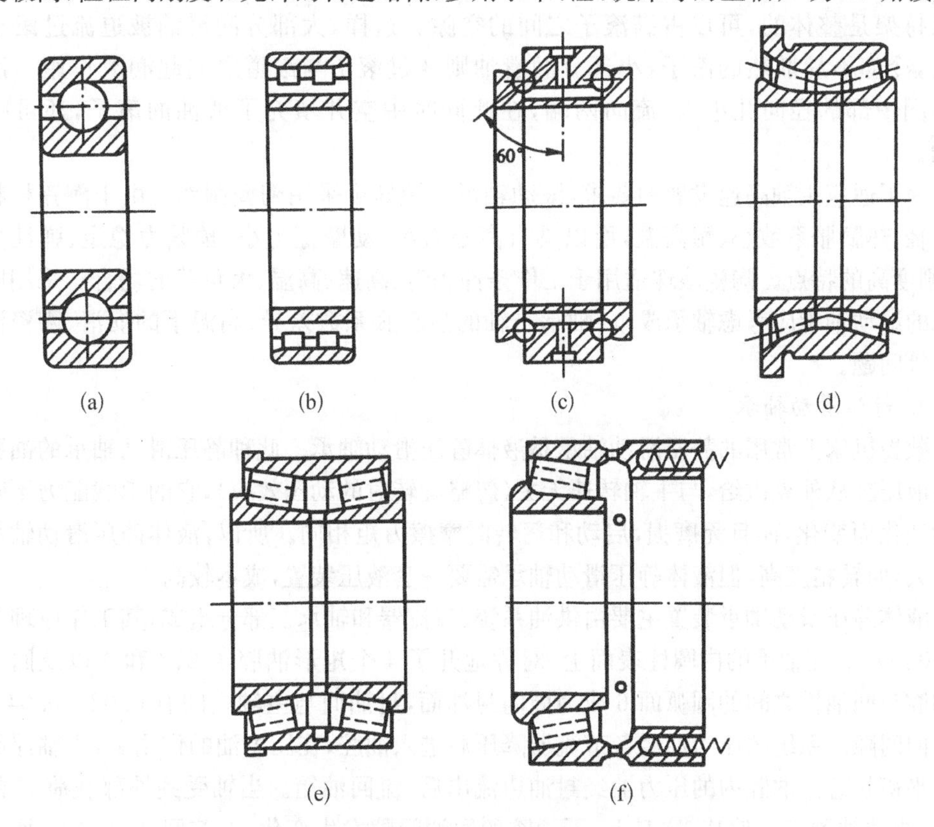

图 2-9　主轴常用滚动轴承的结构形式

(a) 角接触球轴承　(b) 双列短圆柱滚子轴承　(c) 角接触双向推力球轴承
(d) 双列圆锥滚子轴承　(e) Gamet 轴承 H 系列　(f) Gamet 轴承 P 系列

球轴承转速可比前者高些，但轴向刚度较低，常用于轴向载荷较小、转速较高的磨床主轴或不承受轴向载荷的车、镗、铣床主轴后轴承。这类轴承为点接触，刚度较低。为了提高刚度和承载能力，常用组配的方法。

图2-9(b)所示为双列短圆柱滚子轴承，该轴承只承受径向载荷。其特点是滚子数量多，两列滚子交错排列，因此承载能力大，刚度好，允许转速较高（比角接触球轴承低）。这种轴承多用于载荷较大、要求较高、中等转速的主轴。

图2-9(c)所示为60°角接触双向推力球轴承，该轴承只承受轴向载荷，通常与双列圆柱滚子轴承配套使用。这种轴承的特点是球径小、球数多，能承受双向轴向载荷。轴向刚度高，允许转速高。

图2-9(d)所示为双列圆锥滚子轴承，该轴承能同时承受较大的轴向载荷和径向载荷，这种轴承由外圈的凸肩在箱体上轴向定位，可通过修磨中间隔套来调整间隙和预紧。该轴承承载能力大，但允许主轴转速相对较低，所以通常作为主轴的前支承。

图2-9(e)和图2-9(f)所示为英国Gamet公司研制的一种圆锥滚子轴承，可配套使用。前者用作主轴前支承，后者用作主轴后支承。它的特点是滚子中空，如图2-9(e)所示的轴承的两列滚子数量相差一个，从而使两列滚子的刚度变化频率不同，以抑制振动。如图2-9(f)所示的轴承外围上有16～20个弹簧，用作预紧。为了控制发热量，Gamet轴承保持架是整体的，可以占满滚子之间的空隙。这样，大部分润滑油被迫流过滚子的中孔，冷却不易散热的滚子，小部分润滑油则通过滚子与滚道之间起润滑作用。油液从外圈中部的径向孔进入，流向两端，在此同时中空并填充了滑油的滚子，还可吸收振动。

为了适应主轴高速发展的要求，滚动轴承的滚珠可采用陶瓷制作。由于陶瓷材料的重量轻、热膨胀系数小、耐高温，所以具有离心力小、动摩擦力小、预紧力稳定、弹性变形小、刚度高的特点。陶瓷滚珠适用于工作条件恶劣、高速、高温、大负荷的场合。采用陶瓷滚珠的滚动轴承应考虑轴承成本、轴承与轴的热膨胀系数差异、高温下的润滑、陶瓷滚珠剥落等问题。

2. *静压滑动轴承*

数控机床上常用的静压滑动轴承是液体静压滑动轴承。此种静压滑动轴承的油膜压强由液压缸从外界供给，与主轴转速无关（忽略旋转时的动压效应），它的承载能力不随转速的变化而变化，而且无磨损，启动和运转时摩擦力矩相同。所以，液体静压滑动轴承的刚度大，回转精度高，但液体静压滑动轴承需要一套液压装置，成本较高。

液体静压滑动轴承装置主要由供油系统、节流器和轴承三部分组成，其工作原理如图2-10所示。在轴承的内圆柱表面上，对称地开了4个矩形油腔1、2、3和4以及回油槽5，油腔与回油槽之间的圆弧面6成为周向封油面，封油面与主轴之间有0.02～0.04 mm的径向间隙。系统的压力油经各节流器降压后进入油腔，在压力油的作用下，主轴浮起面处于平衡状态。油腔内的压力油经封油边流出后，流回油箱。当轴受到外部载荷F的作用时，主轴轴颈产生偏移，这时上、下油腔的回油间隙发生变化，上腔回油量增大，而下腔回油量减少。根据流体力学中的伯努利方程可知压强与流量的关系，当节流器进油口的压强保持不变时，流量改变，节流器出油口的压强也随之改变，因此，此时上腔压强p_1下

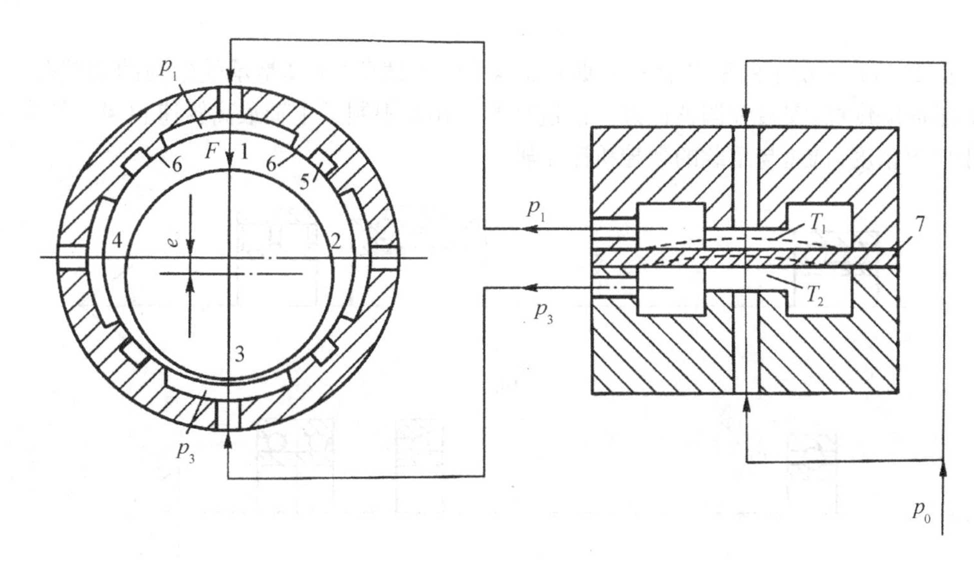

1、2、3、4—油腔；5—回油槽；6—周向封油面；7—薄膜。

图 2－10　静压滑动轴承工作原理

降，下腔压强 p_3 增大，若油腔面积为 A，当 $A_x(p_3-p_1)=F$ 时，将平衡外部载荷 F。这样，主轴轴心线始终保持在回转中心轴线上。

节流器是使液体静压滑动轴承各油腔形成压强差的关键，因此节流器的性能直接影响液体静压滑动轴承的工作性能。节流器必须反应灵敏，不易阻塞，便于制造。节流器有固定节流器和可变节流器两大类。固定节流器采用小孔节流，其结构简单，适用于高速、轻载的精密机床。可变节流器一般为双向薄膜可变节流器，其原理如图 2－10 所示，当压强为 p_0 的压力油分两路进入节流器时，分别经薄膜 7 上、下形成的两个节流产生压强 p_1 和 p_3，进入轴承的油腔 1 和 3。当轴受到外载荷 F 时，轴颈向下移动距离 e，使 p_3 升高，p_1 降低。p_3 和 p_1 同时作用于薄膜的下方和上方，使薄膜因压力差向上突起，如图 2－10 中虚线所示。因而使油的上腔面积减少，液阻增大，而下腔面积增大，液阻减小。这种反馈作用使上、下油腔的压强差 p_3-p_1 进一步增大，直至与外载荷 F 平衡为止。对于相同的位移，可变节流器压强差 p_3-p_1 比固定式节流器大，因此采用可变节流器的液体静压滑动轴承刚度高。

2.2.3　主轴轴承的配置形式

图 2－11 所示为数控机床主轴轴承常见的三种配置形式。

图 2－11(a)所示的配置形式能使主轴获得较大的径向和轴向刚度，可以满足机床强力切削的要求，普遍应用于各类数控机床的主轴，如数控车床、数控铣床、加工中心等。这种配置的后支承也可采用圆柱滚子轴承，进一步提高后支承径向刚度。

图 2－11(b)所示前支承采用的是背靠背的组配方式，它具有良好的高速性能，但它的承载能力较小，适用于高速轻载和精密数控机床。目前，这种配置形式在立式、卧式加工中心机床上得到广泛应用，满足了这类机床转速范围大、最高转速高的要求。为提高这种形式配置的主轴刚度，前支承可以用四个或更多个轴承相组配，后支承用两个轴承相

组配。

图 2-11(c)所示的配置形式能使主轴承受较大载荷(尤其是承受较强的动载荷),径向和轴向刚度高,安装和调整性好。但这种配置相对限制了主轴最高转速和回转精度,适用于中等精度、低速与重载的数控机床主轴。

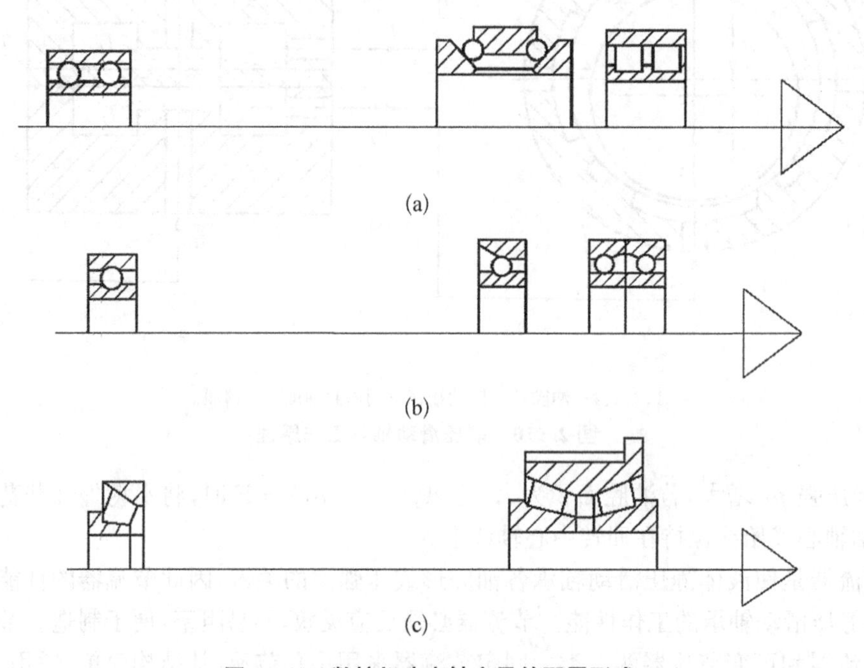

图 2-11　数控机床主轴交承的配置形式

(a) 双列圆柱滚子轴承和角接触球轴承组合　(b) 前支承采用高精度调心球轴承组合
(c) 单列和双列圆锥滚子轴承组合

为提高主轴组件刚度,数控机床还常采用三支承主轴组件。尤其是前后轴承间跨距较大的机床,采用辅助支承可以有效地减小主轴弯曲变形。三支承主轴结构中,一个支承为辅助支承,辅助支承可以选为中间支承,也可以选为后支承。辅助支承在径向要保留必要的游隙,避免由于主轴安装轴承处的轴径和箱体安装轴承处的孔径的制造误差(主要是同轴度误差)造成的干涉。辅助支承常采用深沟球轴承。

液体静压滑动轴承主要应用在主轴高转速、高回转精度的场合,如应用于精密、超精密数控有机床主轴、数控磨床主轴。对于要求更高转速的主轴,可以采用气体静压滑动轴承,这种轴承可达到几万转/分钟(r/min)的转速,并有非常高的回转精度。

2.2.4　主轴准停装置

在加工中心上,由于需要进行自动换刀,要求主轴每次停在一个固定的准确的角位置上。所以,主轴上必须设有准停装置。主轴准停装置分机械式和电气式两种(见图 2-12)。

图 2-12(a)所示为机械式主轴准停装置,其工作原理如下:当接收到主轴准停指令后,主轴电动机减速,主轴箱内齿轮换挡使主轴以低速旋转,其间继电器开始动作,并延时 4～6 s,保证主轴可接通无触点开关 1 的电源,当主轴转到如图 2-12(a)所示位置时,凸轮

定位盘 3 上的感应块 2 与无触点开关 1 相接触后发出信号，使主轴电动机停转。另一延时继电器延时 0.2～0.4 s 后，压力油进入定位液压缸 4 下腔，使定向活塞 6 向左移动，当定向活塞上的定向滚轮 5 顶入凸轮定位盘 3 的凹槽内时，行程开关 LS_2 发出信号，主轴准停完成。若延时继电器延时 1 s 后行程开关 LS_2 仍不发信号，说明准停未完成，需使定向活塞 6 后退，重新准停。当活塞杆向右移到位时，行程开关 LS_1 发出滚轮 5 退出凸轮定位盘 3 凹槽的信号，此时主轴可启动工作。机械准停还有其他方式，如端面螺旋凸轮准停等，其基本原理类似。

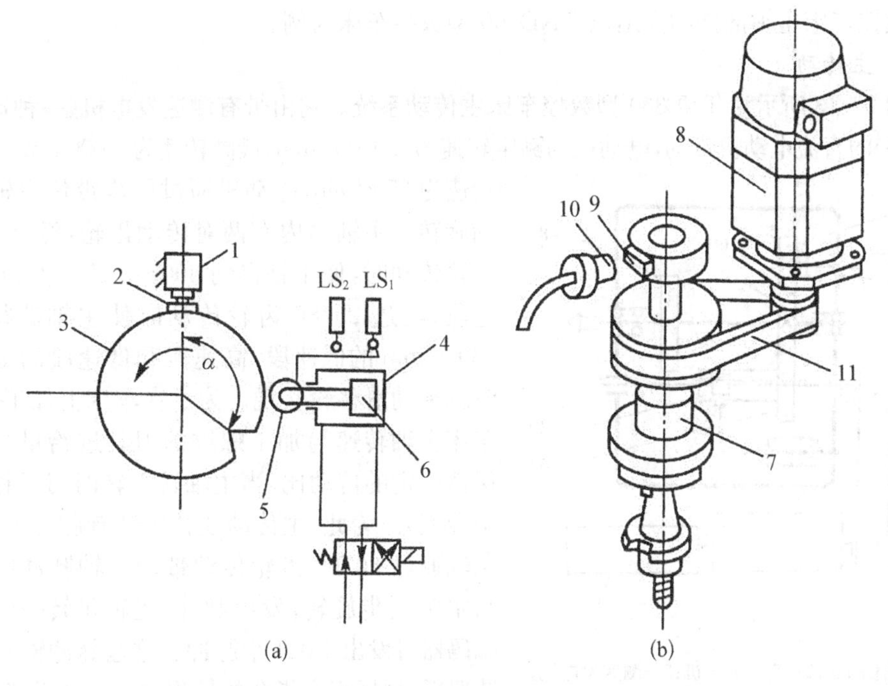

1—电源；2、7—感应块；3—定位盘；4—液压缸；5—滚轮；6—活塞；
8—电动机；9—磁铁；10—传感器；11—带传动。

图 2－12　主轴的准停装置

(a) 机械准停　(b) 电气准停

机械式主轴准停装置比较准确可靠，但结构较复杂。现代的数控机床一般都采用电气式主轴准停装置，只要数控系统发出指令信号，主轴就可以准确地定向准停。较常用的电气准停方式有两种，一种是编码器型主轴准停，另一种是磁性传感器主轴准停。其工作原理如图 2－12(b)所示。在主轴上安装有一个永久磁铁 9 与主轴一起旋转，在距离永久磁铁 9 旋转轨迹外 1～2 mm 处固定有一个磁传感器 10，当主轴需要停车换刀时，数控装置发出主轴停转的指令，主轴电动机 8 立即降速，使主轴以很低的转速同转，永久磁铁 9 对准磁传感器 10 时，磁传感器发出准停信号，此信号经放大后，由定向电路使电动机准确地停止在规定的周向位置上。这种电气准停装置的机械结构简单，发磁体与磁性传感器间没有接触摩擦，准停的定位精度可达±1°，能满足一般换刀要求，而且定时短，可靠性较高。

2.3 典型数控机床的主轴部件

主轴部件是数控机床的关键部件，其精度、刚度和热变形对加工质量有直接的影响。本节介绍数控车床、数控铣床、加工中心的主轴部件结构。

2.3.1 数控车床的主轴部件

数控车床主轴部件的介绍以 TND360 型数控车床为例。

1. *主传动*

图 2－13 所示为 TND360 型数控车床主传动系统。它由带有测速发电机（一种速度反馈元件）的直流电动机带动，电动机的额定转速为 2 000 r/min，最高转速为 4 000 r/min，最低转速为 35 r/min，电动机通过同步带使主轴箱 I 轴旋转。主轴箱内有两对传动齿轮，经过 84/60 齿轮传动时，使主轴得到 800～3 150 r/min 的高速段；经过 29/86 齿轮传动时使主轴获得 7～760 r/min 的低速段，高速段和低速段的变换由液缸推动滑移轮实现。为了在车床上加工螺纹，车床主轴转速与加工螺纹的刀具进给量之间应保持一定的传动比（当主轴转一转时刀具移动一个导程）。为此，主传动装置中装有脉冲编码器。主轴通过 60/60 齿轮传动带动主轴脉冲编码器与主轴同步旋转，发出脉冲，主轴每转一转脉冲编码器可发出 1 024 个脉冲。这些脉冲输入 CNC 装置后，根据程序指令的导程大小和相关参数，对输入脉冲进行分频，作为刀具进给的脉冲源。

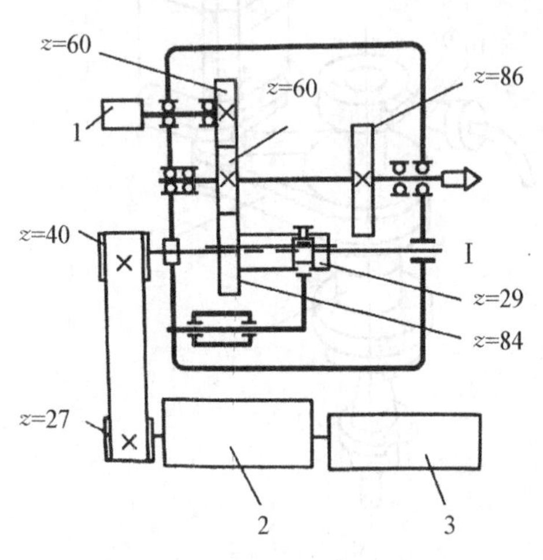

1—脉冲编码器；2—直流电动机；3—测速发电机。

图 2－13 TND360 型数控车床主传动系统

2. *主轴及支承*

图 2－14 所示为 TND J60 型数控车床主轴部件。主轴内孔用于通过长棒料，也可用于通过气动、液压夹紧装置（动力夹盘）的拉杆。主轴前端的大环平面和短网锥面用于安装卡盘或拨盘。因主轴在切削时承受较大的切削力，所以其轴径较大，刚性好。前支承为三个轴承一组，均为推力角接触球轴承，前面两个轴承大口朝向主轴前端，接触角为 25°，以承受轴向切削力，后面一个轴承大口朝向主轴后端，接触角为 14°。正轴前轴承的内、外圈轴向分别由轴肩和箱体孔的台阶固定，以承受轴向载荷；后支承由一对背对背的推力角接触球轴承组成，只承受径向载荷并由后压套进行预紧。主轴为空心主轴，通过棒料的直径可达 60 mm。前后轴承都由轴承厂家配好，成套供应，装配时不需修配。

3. *动力卡盘*

数控车床工件夹紧装置可采用三爪自定心卡盘、四爪单动卡盘或弹簧夹头（用于棒料加工），为减少数控车床装夹工件的辅助时间，广泛采用液压或气动动力自定心卡盘。

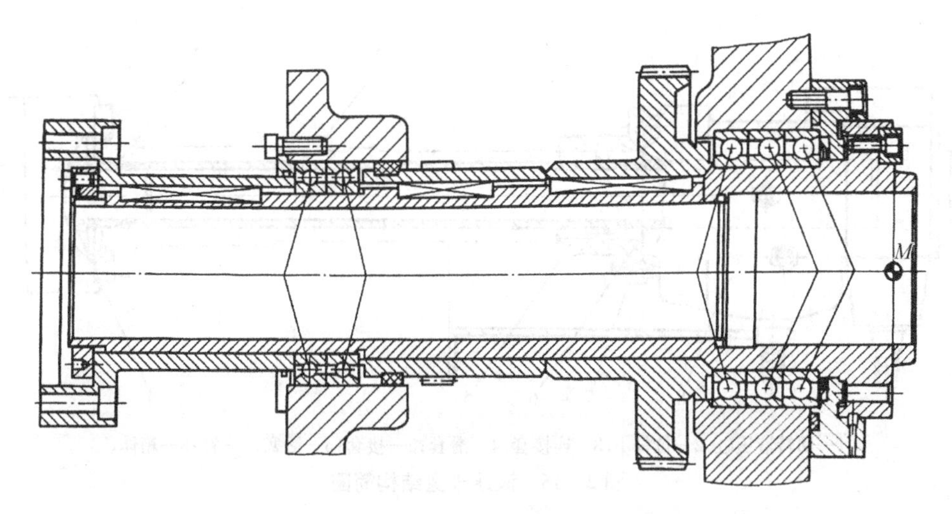

图 2 - 14　TND J60 型数控车床主轴部件

图 2 - 15 所示为一种液压传动三爪卡盘。加紧力由油缸通过杠杆 2 传给卡爪 1 来实现。

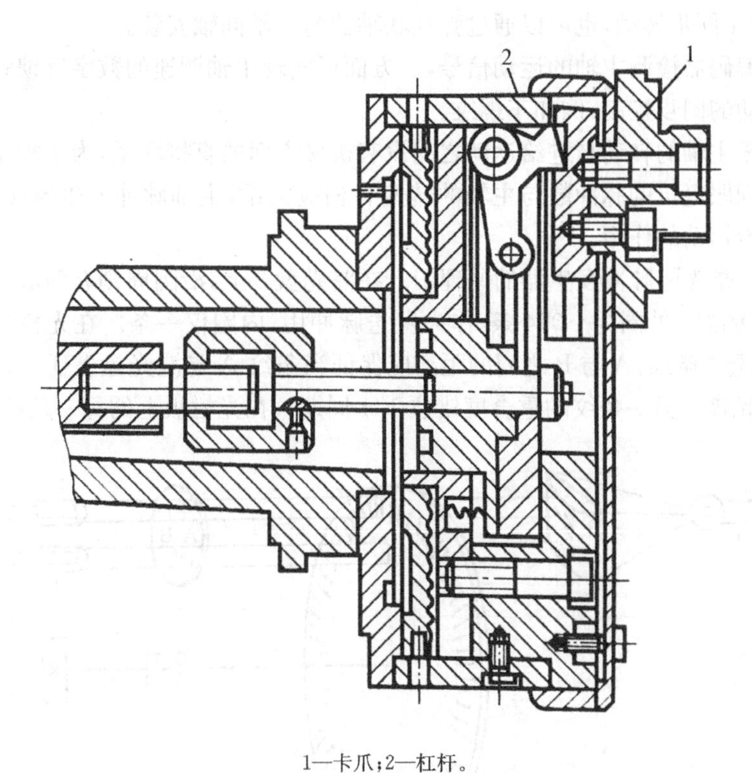

1—卡爪;2—杠杆。

图 2 - 15　液压传动三爪卡盘

图 2 - 16 所示为数控车床上采用的一种液压卡盘。液压卡盘固定安装在主轴前端，回转液压缸 1 与接套 5 用螺钉 7 连接，接套又通过螺钉与主轴后端面连接，使回转液压缸随主轴一起转动。卡盘的夹紧与松开，由回转液压缸通过一根空心拉杆 2 来驱动。拉杆

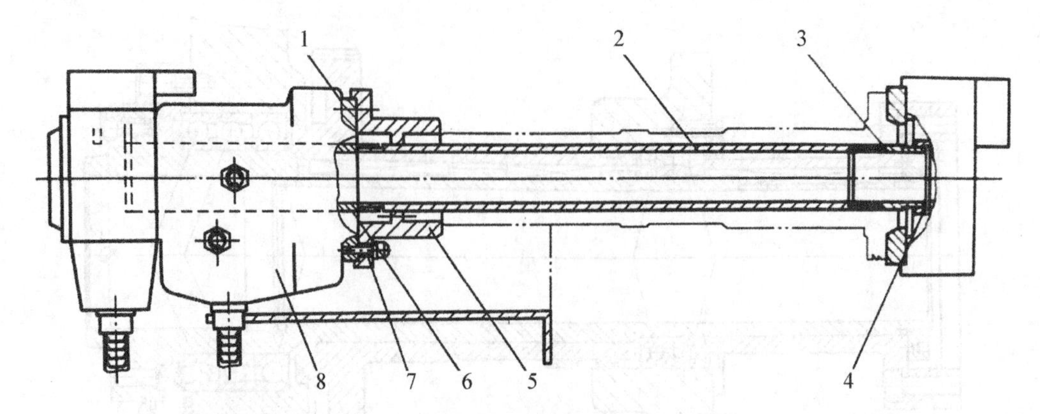

1—回转液压缸；2—拉杆 F；3—连接套；4—滑套；5—接套；6—活塞；7—钉；8—箱体。

图 2-16 液压卡盘结构简图

后端与液压缸内的活塞 6 用螺纹连接，连接套 3 两端的螺纹分别与拉杆 2 和滑套 4 连接。

4. *主轴编码器*

数控车床主轴编码器采用与主轴同步的光电脉冲发生器，其可以通过中间轴上的齿轮与主轴 1∶1 同步转动，也可以通过弹性联轴器与主轴同轴安装。

利用主编码器检测主轴的运动信号，一方面可实现主轴调速的数字反馈；另一方面可用于进给运动的同步控制，例如车螺纹。

数控机床主轴的转动与进给运动之间没有机械方面的直接联系，为了加工螺纹，就要求输入进给伺服电机的脉冲数与主轴的转速有相应关系，主轴脉冲发生器起到了联系主轴转动与进给运动的作用。

图 2-17 是光电脉冲发生器的原理图。在漏光盘 3 上，沿圆周刻有两圈条纹，外圈为圆周等分线，例如：外圈为 1 024 条，作为发送脉冲用，内圈仅一条。在光栏板 5 上，刻有 A、B、C 三条透光条纹，A 与 B 之间的距离应保证当条纹 A 与漏光盘上任一条纹重合时，条纹 B 与漏光盘上另一条纹的重合度错位 1/4 周期。在光栏板上的每一条纹的后面均安

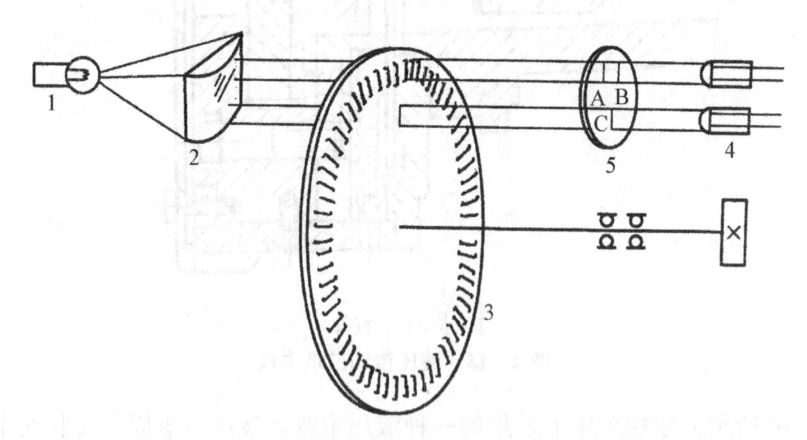

1—灯泡；2—聚光镜；3—漏光盘；4—光敏晶体管；5—光栏板。

图 2-17 光电脉冲发生器原理

置一只光敏晶体管，构成一条输出通道。

灯泡1发出的散射光线，经过聚光镜2聚光后成为平行光线。当漏光盘与主轴同步旋转时，由于漏光盘上的条纹与光栏板上的条纹出现重合和错位，使光敏晶体管4接收到光线亮暗的变化信号，引起光敏晶体管内电流的大小发生变化，变化的信号电流经整形放大电路输出矩形脉冲。由于当条纹A与漏光盘条纹重合时，条纹B与另一个条纹错位1/4周期，因此A、B两通道输出的波形相位也相差1/4周期。脉冲发生器中漏光盘内圈的一条刻线与光栏板上条纹重合时输出的脉冲为同步(起步又称零位)脉冲。利用同步脉冲，数控车床可实现加工控制，也可作为主轴准停装置的准停信号，数控车床车螺纹时，利用同步脉冲作为车刀进刀点和退刀点的控制信号，以保证车削螺纹时不会乱扣。

2.3.2　数控铣床的主轴部件

数控铣床主轴部件的介绍以NI-J320A型数控铣床为例，图2-18所示为NI-J320A型数控铣床主轴部件。

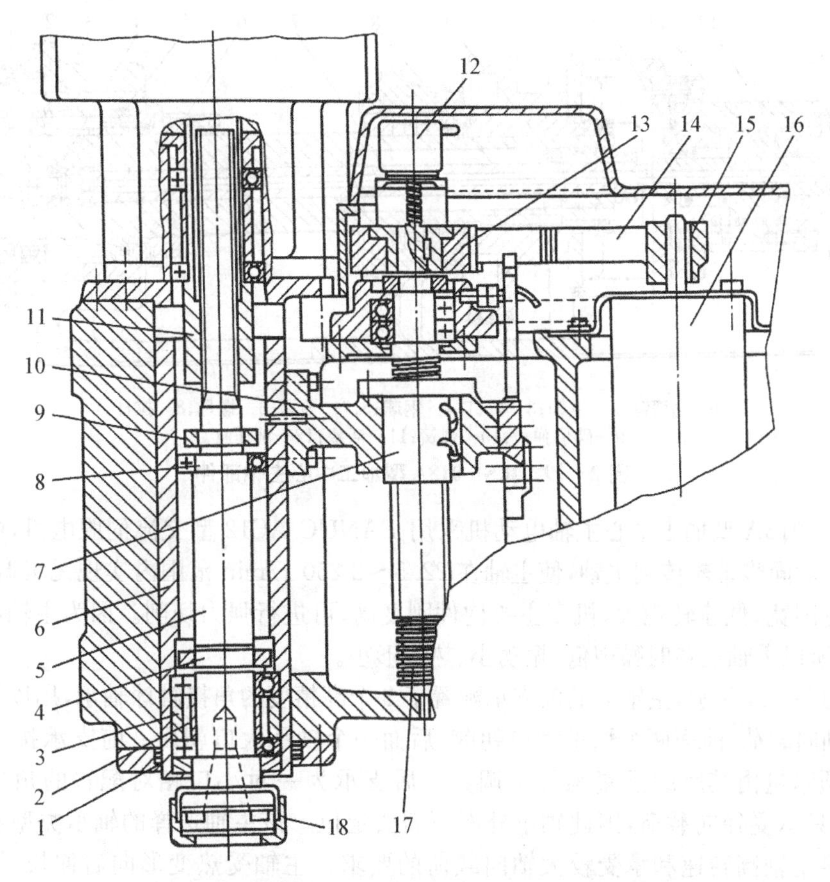

1—角接触球轴承；2、3—轴承隔套；4、9—圆螺母；5—主轴；6—主轴套筒；7—丝杠螺母；
8—深沟球轴承；10—螺母支承；11—花键套；12—脉冲编码器；13、15—同步带轮；
14—同步带；16—直流伺服电动机；17—丝杠；18—快换夹头。

图2-18　NI-J320A型数控铣床主轴部件

Nl－J320A 型数控铣床主轴可做轴向运动，主轴的轴向运动坐标轴为数控装置中的 Z 轴。如图 2－18 所示，轴向运动由直流伺服电机 16，同步带轮 13、15 和同步带 14 带动丝杠 17 转动，通过丝杠螺母 7 和螺母支承 10 使主轴套筒 6 带动主轴 5 做轴向运动，同时也带动脉冲编码器 12 发出反馈脉冲信号进行控制。

主轴为实心轴，上端为花键，通过花键套 11 与变速箱连接，带动主轴旋转。主轴前端采用两个特轻系列角接触球轴承 1 支承，两个轴承背靠背安装，通过轴承内圈隔套 2、外圈隔套 3 和主轴台阶与主轴轴向定位，用圆螺母 4 预紧，以消除轴承轴向间隙和径向间隙。后端采用深沟球轴承 8，与前端组成一个相对于套筒的双支点单固式支承。主轴前端锥孔为 7∶24 锥度，用于刀柄定位。主轴前端的端面键用于传递铣削转矩。快换夹头 18 用于快速松、夹刀具。

2.3.3 加工中心的主轴部件

加工中心主轴部件的介绍以 JCS－018A 型加工中心为例。图 2－19 所示为 JCS－018A 型加工中心主轴部件。

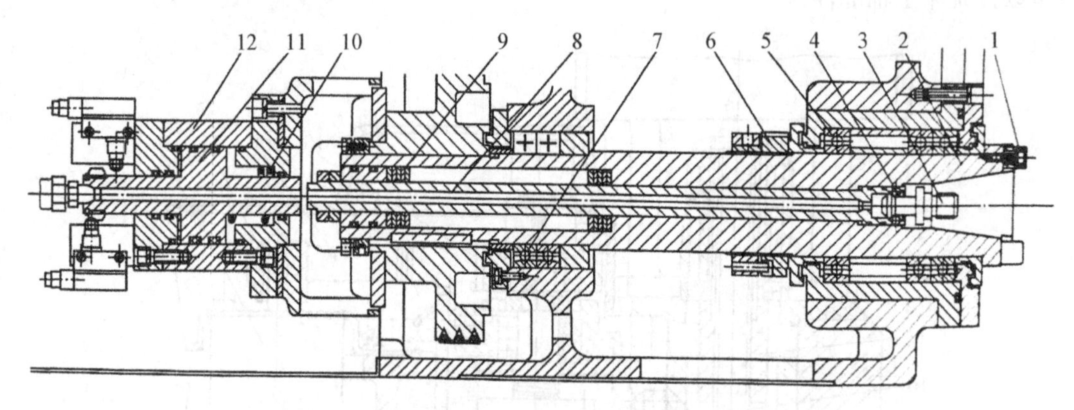

1—端面键；2—主轴；3—拉钉；4—钢球；5、7—轴承；6—螺母；8—拉杆；
9—碟形弹簧；10—弹簧；11—活塞；12—液压缸。

图 2－19 JCS－018A 型加工中心主轴部件

JCS－018A 型加工中心主轴电动机采用 FANUC AC12 型交流伺服电机，电动机的转动经一对同步带轮传到主轴，使主轴在 22.5～2 250 r/min 范围内实现无级调速，转速恒功率范围宽，低速转矩大，机床主要构件刚度高，可进行强力切削。因为主轴箱内无齿轮传动，所以主轴运转时噪声低、振动小、热变形小。

如图 2－19 所示，主轴 2 的前支承配置了 3 个高精度的角接触球轴承，用以承受径向载荷和轴向载荷，前面两个轴承大口朝前，后面一个轴承大口朝后。前支承按预加载荷计算的预紧量由其后的预紧螺母来调整。后支承为一对小口相对配置的角接触球轴承，它们只承受径向载荷，因此轴承外圈不需要定位。该主轴选择的轴承类型和配置形式能满足主轴高转速和承受较大轴向载荷的要求。主轴受热变形向后伸长，不影响加工精度。

1. 刀具的自动夹紧机构

如图 2－19 所示，主轴内部和后端安装的是刀具自动夹紧机构。它主要由拉杆 8、拉杆端部的 4 个钢球 4、碟形弹簧 9、活塞 11、液压缸 12 等组成。机床执行换刀指令，机械手从主轴拔刀时，主轴需松开刀具。这时，液压缸上腔通压力油，活塞推动拉杆向下移动，使碟形弹簧压缩，钢球进入主轴锥孔上端的槽内，刀尾部用于拉紧刀具的拉钉 3 松开，机械手拔刀。之后，压缩空气进入活塞和拉杆的中孔，吹净主轴锥孔，为装入新刀具做好准备。当机械手将下一把刀具插入主轴后，液压缸上腔无油压，在碟形弹簧 9 和弹簧 10 的恢复力作用下，使拉杆、钢球和活塞退回到图示的位置，即碟形弹簧通过拉杆和钢球拉紧刀柄尾部的拉钉，使刀具夹紧。

刀具夹紧机构用弹簧夹紧、液压放松，以保证在工作中突然停电时，刀杆不会自行松脱。夹紧时，活塞 11 下端的活塞杆端与拉杆 8 的上端部之间约有 4 mm 的间隙，以防止主轴旋转时端面摩擦。

2. 切屑清除装置

自动清除主轴孔内的灰尘是切屑换刀过程中一个不容忽视的问题。如果主轴锥孔中落入切屑、灰尘或其他污物，在拉紧刀杆时，锥孔表面和刀杆的锥柄就会被划伤，还会使拉杆发生倾斜，破坏刀杆的正确定位，影响零件的加工精度，甚至会使零件报废，为了保持主轴锥孔的清洁，常采用的方法是使用压缩空气吹扫。如图 2－19 所示的活塞 11 的中心钻有压缩空气通道，当活塞向右移动时压缩空气经活塞由孔内的空气嘴喷出，将锥孔清理干净，为了提高吹屑效率，喷气小孔要有合理的喷射角度，并均匀布置。

3. 刀具夹紧机构细部

主轴孔内设有刀具自动夹紧机构，如图 2－20 所示。机床采用锥柄刀具，锥柄的尾端安装拉钉 2，拉杆 4 通过 4 个钢球 3 动作，当钢球进入主轴孔中直径较小的 d_2（ϕ31 mm）处时，拉住拉钉 2 的凹槽，使刀具在主轴孔内定位及夹紧，拉紧力由碟形弹簧产生。碟形弹簧共有 34 对 68 片，组装后压缩至 20 mm 时，弹力为 10 kN；压缩至 28.5 mm 时，弹力为 13 kN。拉紧刀具的拉紧力等于 10 kN 时，活塞推动拉杆，直到钢球进入主轴孔中直径较大的 d_1（ϕ37 mm）处，这时，钢球已不能约束拉钉的头部。拉杆继续下降，使拉杆的 a 面与拉钉的顶端接触，把刀具从主轴锥孔中推出，机械手即可将刀取出。

4. 主轴准停装置

主轴准停功能又称主轴定向功能，即主轴停止时必须准确停在某固定周向位置，这是自动换刀所必需的功能。加工中心的切削转矩通常是通过主轴上的端面键和刀柄上的键槽来传递的，每次机械手自动装取刀具时，必须保证刀柄上的键槽对准主轴的端面键，如图 2－21 所示。这就要求主轴具有准确的周向旋转定位功能。刀具在刀库中存放也利用刀座上的端面键对刀具刀柄进行周向限位，这样机械手在换刀过程中只要保证动作准确就能保证刀具准确地插入主轴。同样从主轴上卸下的刀具也能准确地存放到刀库的存刀座上，为下次换刀做准备。为满足主轴这一功能而设计的装置称为主轴准停装置或主轴定向装置。准停装置分机械式和电气式两种。JCS－018A 型加工中心采用的是如图 2－12(b) 所示的电气式主轴准停装置。

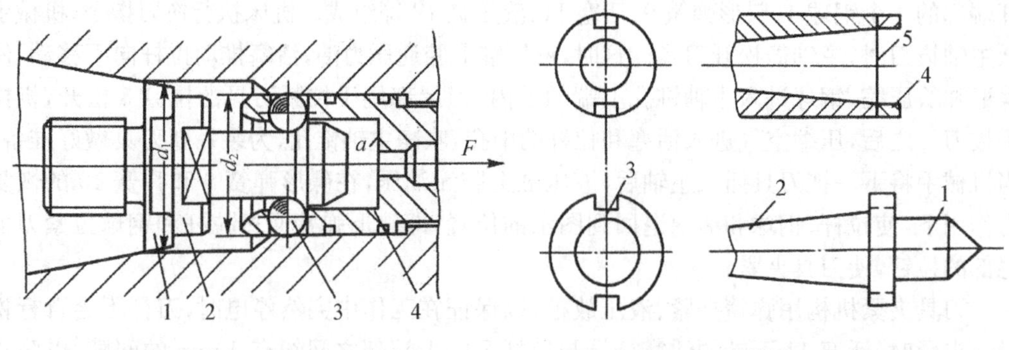

1—刀夹；2—拉钉；3—钢球；4—拉杆。

图 2-20　刀具夹紧示意图

1—刀具；2—刀柄；3—刀柄键槽；4—主轴端面键；5—主轴。

图 2-21　主轴准停示意图

2.4　高速主轴系统和电主轴

数控机床的主传动系统随着数控技术的不断发展，其结构形式和部件也在不断改进，本节介绍的高速主轴系统和电主轴就是典型实例。

2.4.1　高速主轴系统

高速切削是 20 世纪 70 年代后期发展起来的一种新工艺。这种工艺采用的切削速度比常规的要高几倍至十多倍，如高速铣削铝件的最佳切削速度可达 2 500～4 500 m/min；加工钢件为 400～1 600 m/min；加工铸铁为 800～2 000 m/min，进给速度也相应提高很多倍。这种加工工艺不仅切削效率高，而且具有加工表面质量好、切削温度低和刀具寿命长等优点。

高速切削技术的关键是具备高速主轴系统，高速主轴是高速切削机床最重要的部件，高速主轴的单元类型主要有电主轴、气动主轴、水动主轴。不同类型的输出功率相差较大，高速加工机床的主轴需要在短的时间内实现升降速，并在指定位置快速准停，这就要求主轴有较高的角减速度和角加速度。如果通过带传动等中间环节不仅会使主轴在高速下打滑，产生振动和噪声，而且会增加转动惯量给机床快速准停造成很大困难，所以要求高速主轴动平衡性好、刚性好、回转精度高，并有良好的热稳定性，能传递足够的力矩和功率，能承受离心力，带有准确的恒温装置和高效的冷却装置。主轴转速一般为 40 000 r/min 以上，主轴功率为 15 kW 以上。

目前，通常采用主轴电动机一体化的电主轴部件，实现无中间环节的直接传动，电动机大多采用感应式集成主轴电动机，而随着科技的发展，出现了一种用稀有材料作为永磁材料的永磁电动机，该电动机能更高效、能大功率地传递扭矩，易于对使用中产生的温升进行在线控制，且冷却简单，不用安装昂贵的冷却器，加之电动机体积小，结构紧凑，所以有良好的发展前景。

1. 高速主轴系统的驱动

高速主轴系统的驱动多采用内装电动机式主轴，简称电主轴。这是将电动机置于主轴内部、通过驱动电源直接驱动主轴进行工作，实现了电动机、主轴的一体化。这种主轴结构紧凑、重量轻、惯性小，有利于提高主轴启动或停止时的响应特性。电主轴是最近几年在数控机床领域出现的将机床主轴与主轴电动机融为一体的新技术，它与直线电动机技术、高速刀具技术一起，将会把高速加工推向一个新时代。

由于电主轴的工作转速极高，这对其结构设计、制造和控制提出了非常严格的要求，并带来了一系列技术难题，如主轴的散热，动平衡、支承，润滑及其控制等。在应用中，必须妥善解决这些技术难题，才能确保电主轴高速运转和精密加工的可靠性。

电主轴是一套组件，它包括电主轴本身及其附件：电主轴、高频变频装置、油雾润滑器、冷却装置、内置编码器、换刀装置等。

2. 高速电主轴所融合的技术

1) 高速轴承技术

高速时选用陶瓷轴承的方案已在加工中心机床上采用，其轴承的滚动体是用陶瓷材料制成的，而内、外圈仍用轴承钢制造，陶瓷材料为 Si_3N_4，其优点是重量轻，为轴承钢的40%；热膨胀率低，是轴承钢的 25%；弹性模量大，是轴承钢的 1.5 倍，采用陶瓷滚动体可大大减小离心力和惯性滑移，有利于提高主轴转速。目前的问题是陶瓷价格昂贵，且有关寿命、可靠性试验数据不充分，需进一步试验和完善，电主轴通常采用复合陶瓷轴承，耐磨耐热，寿命是传统轴承的几倍，有时采用电磁悬浮轴承，或静压轴承，内外圈不接触，理论上寿命无限长。

2) 高速电动机技术

电主轴是电动机与主轴融合在一起的产物，电动机的转子即为主轴的旋转部分，所以可以把电主轴看作一台高速电动机，其关键技术是高速度下的动平衡。

3) 冷却润滑技术

随着科技的不断进步，设备的不断更新，为了适应主轴转速向更高速化发展的需要，除了以前加工中心主轴轴承采用的油脂润滑方式外，新的冷却润滑方式相继开发出来。

(1) 油气润滑方式。油气润滑方式不同于油雾润滑方式，它是用压缩空气把小油滴送进轴承空隙中，油量大小可达最佳值，压缩空气有散热作用，润滑油可回收，不污染周围空气。油量控制很重要，太少，起不到润滑作用；太多，在轴承高速旋转时会因油的阻力而发热。电主轴的润滑一般采用定时定量油气润滑、喷射润滑，也可以采用脂润滑。

(2) 喷注润滑方式。喷注润滑是一种新兴的润滑方式，它是用较大流量的恒温油(每个轴承 3～4 L/min)喷注到主轴轴承，以达到冷却润滑的目的。回油不是自然回流，而是用两台液压泵强制排油。

(3) 突入滚道式润滑方式。内径为 100 mm 的轴承以 2 000 r/min 速度旋转时，伴随流动的空气的流速可达 50 m/s，要使润滑油突破这层旋转气流很不容易，采用突入滚道式润滑方式则可以将油送入轴承滚道处。为了尽快给高速运行的电主轴散热，对电主轴的外壁通以循环冷却剂，冷却装置的作用是保持冷却剂的温度。

4) 内置脉冲编码器

为了实现自动换刀以及刚性攻螺纹，电主轴内置一脉冲编码器，以实现准确的相位控制以及与进给的配合。

5) 自动换刀装置

为了适用于加工中心，电主轴配备了能进行自动换刀的装置，包括碟形弹簧、拉刀油缸。

6) 高速刀具的装夹方式

广为熟悉的BT、ISO刀具，已被实践证明不适用于高速加工。这种情况下出现了HSK、SKI等高速刀具系统。

7) 高频变频装置

要实现电主轴几万甚至十几万转/分钟(r/min)的转速，必须用高频变频装置来驱动电主轴的内置高速电动机，变频器的输出频率甚至需要达到几千赫兹(Hz)。

3. 高速电主轴的最新技术与发展趋势

高速主轴单元技术在一些工业发达国家已经发展到较高水平，并广泛应用于高速机床且已产生巨大的经济效益。电主轴最早用于磨床，后来才发展到加工中心。瑞士强大的精密机械工业(例如制表工业)不断提出要求，早在20年前高速切削就在瑞士流行，电主轴的功率和品质都不断得到提高。从总体上讲，我国的高速、超高速加工技术水平还不高，同世界先进水平相比还有相当的差距。而高速电主轴单元技术是制约我国超高速加工技术的瓶颈。为了赶上高速加工技术发展的潮流，我国正在不断加大对超高速加工关键功能部件——电主轴单元的研究力度。

2.4.2 电主轴的结构

目前，多数机床采用内装式主轴电动机一体化的电主轴。它采用无外壳电动机，将带有冷却套的电动机定子装配在主轴单元的壳体上，转子和机床主轴的旋转部件做成一体，主轴的变速范围完全由变频电动机控制，使变频电动机和机床主轴合二为一。

电主轴的结构特点：电主轴具有结构紧、重量轻、惯性小、振动小、噪声低、响应快等优点，可以减少齿轮传动，简化机床外形设计，易于实现主轴定位，是高速主轴单元中一种理想结构，现代的高速电主轴是一种智能型功能部件，它的种类多，应用范围日益广泛。

电主轴的主要部件有如下几种。

1. 轴壳

轴壳是主轴的主要部件。轴壳的尺寸精度和位置精度直接影响电主轴的综合精度。通常将轴承座孔直接设计在轴壳上。电主轴为加装电动机定子，必须开放一端。高速大功率和超高主轴的转子直径往往大于轴承外径，为控制整机装配精度，应将后轴承安装部分设计成无间隙配合。

2. 转轴

转轴是高速电主轴的主要回转体，它的制造精度直接影响电主轴的最终精度。成品转轴的尺寸精度和形位公差的要求很高。转轴高速运转时，由偏心质量引起振动，严重影响其动态性能，必须对转轴及其上的部分零件进行严格的动态测试。

3. 轴承

高速电主轴的核心支撑部件是高速精密轴承。因电主轴的最高转速取决于轴承的功能、大小、布置和润滑方法，所以这种轴承必须具有高速性能好、动负荷承载能力高、润滑性能好、发热能量小的特点。目前，常用的是瓷轴承、动静压轴承和磁悬浮轴承等。

混合瓷球轴承是目前高速电主轴上应用比较广泛的一种。这种轴承的轴承体使用热压 Si_3N_4 陶瓷球，轴承套圈仍为钢圈。这种轴承标准化程度高，对机床结构改动小，便于维护。特别适合高速运动场合，用其组装的高速电主轴能兼具高速、高刚度、大功率、长寿命等优点。

动静压轴承具有很高的刚度和阻尼，能大幅度提高加工效率、加工质量，延长刀具寿命，降低加工成本。

磁悬浮轴承的高速性能好，精度高，容易诊断和实现在线监控。但这种轴承的价格十分昂贵，所以应用不是很广泛。

4. 定子和转子

高速电主轴的定子是由具有高磁导率的优质硅钢片叠压而成。叠压成形的定子内腔带有冲制线槽。转子是中频电动机的旋转部分，它的功能是将定子的电磁场能量转换成机械能。转子由转子铁芯、鼠笼、转轴三部分组成。

2.4.3　电主轴的轴承

1. 对电主轴轴承的要求

为适应高速传动，对机床电主轴轴承提出了更为严格的要求，具体如下。

(1) 轴承尺寸公差及旋转精度允差要小，以适应高精度切削要求。

(2) 用角接触球轴承取代圆柱滚子轴承和推力球轴承承受径向和轴向载荷，并适应高速切削。

(3) 减小径向截面尺寸，以减小主轴系统的体积并有利于系统的热传导。

(4) 尽量采用小而多的滚动体，以减小高速旋转惯性力并提高轴系的动刚度。

(5) 采用高强度、轻质保持架，选择合理的引导方式，以适应高速旋转。

(6) 尽量采用配对轴承，以保证轴承的旋转精度与刚度。

2. 轴承的选用

电主轴轴承的支承核心是高速精密主轴轴承，其性能好坏会直接影响电主轴的工作性能。鉴于一些数控机床大负荷、高转速和高精密的要求，普通的主轴轴承结构已满足不了要求，现在对于高速加工中心和数控铣床，高速主轴选用的轴承主要是高速球轴承和磁力轴承。

高速球轴承主要分为角接触球轴承和陶瓷球轴承。角接触球轴承可以同时承受径向和一个方向的轴向载荷，允许的极限转速较高，采用两个角接触球轴承背对背组配，使支承点两点向外扩展，缩短了主轴头部的悬伸，大大地减少了主轴端部的挠曲变形，提高了主轴刚度。高速精密角接触球轴承主要用于载荷较轻的高速旋转场合，要求轴承高精度、高转速、低温升、低振动和具有一定的使用寿命，常作为高速电主轴的支承件成对安装使用。

高速精密主轴轴承 DN 值(D 为滚动轴承内径，N 为轴承转速，DN 值为 D 与 N 的乘积)一般大于 0.6×10^6(mm · r/min)，角接触球轴承应选用内圈带锁口的保持架为内径或外径引导的结构。这种结构有利于润滑油由锁口进入轴承沟道和滚动体内部，其极限转速可比外圈角接触球轴承高 30%，该类轴承广泛应用于精密磨床的电主轴上。

目前，应用较多的球轴承还有陶瓷球轴承，这种轴承标准化程度高，具有极限转速高、温升小、刚性大、寿命长等特点，性价比较好，便于维修和保养，特别适用于高速运行场合。

磁悬浮轴承又称电磁轴承，是利用电磁力使轴稳定悬浮在磁场中，且轴心位置可由控制系统控制的一种新型轴承，是集机械学、力学、控制工程学、电磁学、电子学和计算机科学于一体的机电一体化产品。它具有无摩擦、无磨损、无需润滑、发热少、刚度高、工作时无噪声以及一般轴承无法比拟的长寿命(几乎有无限的使用寿命)等优点。主轴的位置由非接触传感器测量，信号处理器则根据测量值以 10 万次/s 的速度计算出校正主轴位置的电流值。图 2－22 所示是瑞士 IBAG 公司开发的内装高频电动机的主轴部件，它采用的是激磁式磁悬浮轴承。

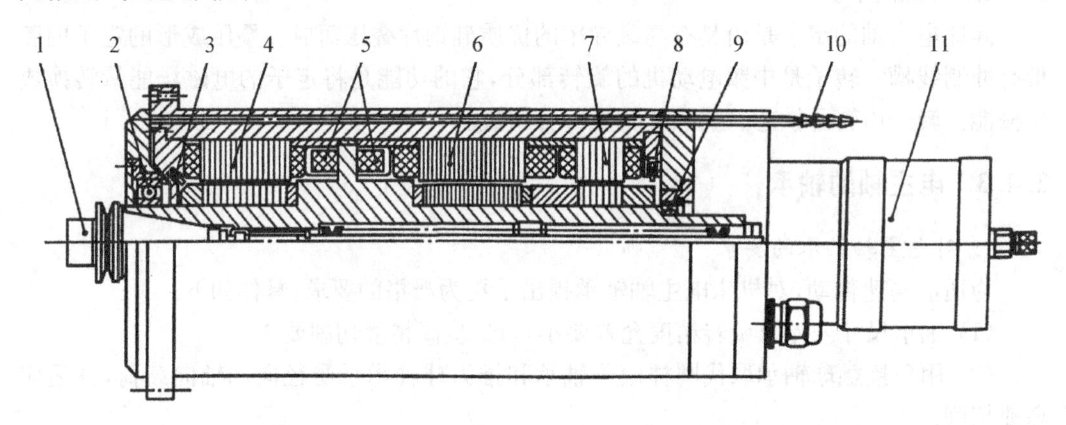

1—刀具系统；2、9—轴承；3、8—传感器；4、7—径向轴承；5—轴向止推轴承；
6—高频电动机；10—冷却水管路；11—气液压力放大器。

图 2－22 采用悬浮轴承的高速电主轴

3. 电主轴的支承配置

一般而言，深沟球轴承、圆柱滚子轴承可用来承受主轴的径向载荷，推力球轴承或推力滚子轴承可以用来承受主轴的轴向载荷。角接触球轴承和圆锥滚子轴承用来承受径向联合载荷以及载荷方向不够明确的附加载荷。所以，根据不同的应用场合电主轴的轴承采用的配置也不同。

图 2－23 所示是南京数控机床有限公司生产的 CKH 1450 系列数控车铣中心电主轴结构。前后支承各装有一组向心推力角接触球轴承，采用锂基油脂润滑。主轴箱采用热对称结构。定子 4 通过一个冷却套 2 固定在电主轴的箱体 1 上，这个冷却套外圆有螺旋形的冷却水循环通道。冷却水由主轴箱前端的冷却水进口 3 进入电主轴的冷却套，经循环从主轴箱后端的冷却水出口 6 流出，实施对电主轴温度的控制。在机床外有一套水温控制系统，该系统使用水作为冷却介质。冷却介质设定控制温度为 20～23 ℃。当水温超过 23 ℃或低于 20 ℃时，水温控制机会自动进行制冷或加热。冷却水流量大于 80 L/min，最大工作压力为 0.7 MPa。

本章对数控机床的主传动系统进行了系统介绍。数控机床主传动系统应达到的要求是主轴转速高，变速范围宽，并可实现无级变速；主轴传动平稳，噪声低，精度高；具有良好的抗振性和热稳定性；能实现刀具的快速和自动装卸。数控机床主传动主要有无级变速、

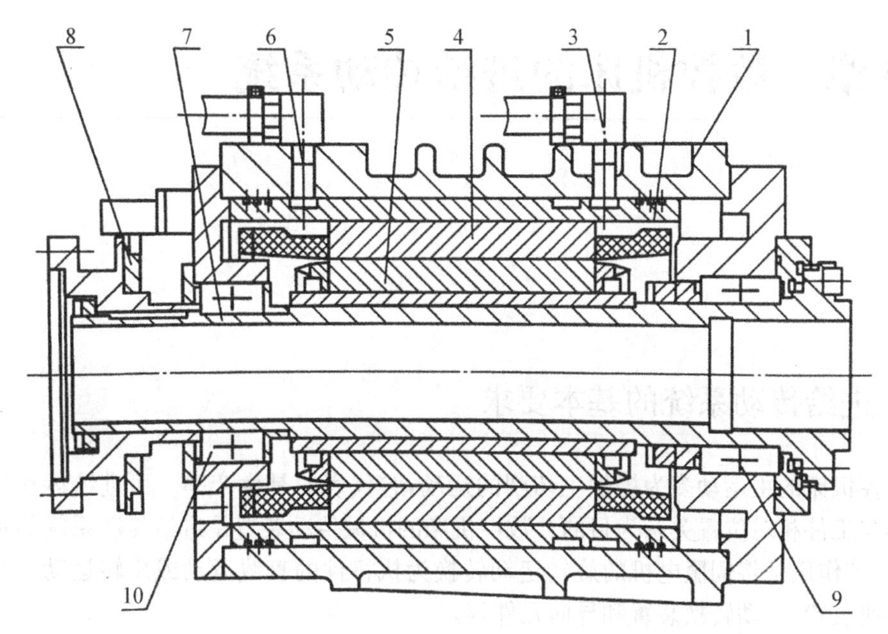

1—主轴箱体；2—冷却套；3—冷却水进口；4—定子；5—转子；6—冷却水出口；
7—主轴；8—反镜装置；9—主轴前支承；10—主轴后支承。

图 2 - 23　数控车铣中心电主轴

分段无级变速两种变速传动方式。本章还介绍了数控机床主端部结构、主轴轴承，主轴准停装置等主轴部件的结构，并通过实例介绍了数控车床、数控铣床和加工中心等典型数控机床的主轴部件。

高速主轴系统和电主轴是数控机床主传动系统随数控技术不断发展而不断改进的实例。电主轴由于具有结构紧凑、重量轻、惯性小、振动小、噪声低、响应快等诸多优点，是数控机床主传动系统中的一种理想的智能型功能部件，具有广泛的应用前景。

习题与思考题

2 - 1　数控机床对主传动系统有哪些要求？

2 - 2　主传动变速的方式有哪几种？有何特点？各应用于何处？

2 - 3　常用的滚动轴承有哪几种？液体静压轴承装置的组成及其工作原理是什么？

2 - 4　主轴轴承配置有几种形式？

2 - 5　以数控车床为例了解数控机床的主轴部件结构。

2 - 6　加工中心主轴是如何实现刀具的自动装卸和夹紧的？主轴为何要“准停”？如何实现“准停”？

2 - 7　高速电主轴所融合的技术有哪些？

2 - 8　什么是电主轴？电主轴的结构特点是什么？

2 - 9　对电主轴轴承的要求有哪些？为什么在电主轴上目前较多采用陶瓷轴承？

第3章　数控机床的进给传动系统

3.1　进给传动系统的基本要求

数控机床的主运动多为提供主切削的运动，它代表的是生产率。而进给运动是以保证刀具与工件相对位置关系为目的。数控机床的机械传动装置是进给传动系统的重要组成部分，其作用是将伺服电机的旋转运动转换为执行件的直线运动或旋转运动。其主要包括减速装置、运动转换装置和导向元件等。

在数控机床中，进给运动是数字控制系统的直接控制对象。无论是开环还是闭环伺服进给系统，工件的加工精度都要受到进给运动的传动精度、灵敏度和稳定性的影响。为此，进给运动的传动设计和传动结构的组成有以下要求。

1. 提高传动部件的刚度

一般来说，数控机床直线运动的定位精度和分辨率都要达到微米级，回转运动的定位精度和分辨率都要达到角秒级，伺服电机的驱动力矩（特别是启动、制动时的力矩）也很大。如果传动部件的刚度不足，必然会使传动部件产生弹性变形，影响系统的定位精度、动态稳定性和响应的快速性。加大滚珠丝杠的直径，对滚珠丝杠副、支承部件进行预紧，对滚珠丝杠进行预拉伸等，都是提高传动系统刚度的有效措施。

2. 减小传动部件的惯量

若驱动电动机已确定，传动部件的惯量直接决定进给系统的加速度，是影响进给系统快速性的主要因素。特别是在高速加工的数控机床上，由于对进给系统的加速度要求高，因此在满足系统强度和刚度的前提下，应尽可能减小零部件的质量、直径，以降低惯量，提高快速性。

3. 减小传动部件的间隙

在开环，半闭环进给系统中，传动部件的间隙直接影响进给系统的定位精度。在闭环系统中，它是系统的主要非线性环节，影响系统的稳定性，因此必须采取措施消除传动系统内的间隙。常用的消除传动部件间隙的措施是对齿轮副、丝杠副、联轴器、蜗轮蜗杆副以及支承部件进行预紧或消除间隙，但是，值得注意的是，采取这些措施后可能会增加摩擦阻力及降低机械部件的使用寿命，因此必须综合考虑各种因素，使间隙减小到合理范围。

4. 减小系统的摩擦阻力

进给系统的摩擦阻力一方面会降低传动效率，产生发热；另一方面，它还直接影响系统的快速性，此外，由于摩擦力的存在，动、静摩擦系数的变化，将导致传动部件弹性变形，产生非线性的摩擦死区，影响系统的定位精度和闭环系统的动态稳定性。采用滚珠丝杠副、静压丝杠副、直线滚动导轨、静压导轨和塑料导轨等高效执行部件，可以减少系统的摩擦阻力，提高运动精度，避免低速爬行。

3.2　数控机床进给传动系统的基本形式

数控机床的进给运动可以分为直线运动和圆周运动两大类。直线进给运动包括机床的基本坐标轴（X、Y、Z 轴）以及与基本坐标轴平行的坐标轴（U、V、W 轴等）的运动；圆周进给运动是指绕基本坐标轴 X、Y、Z 回转的坐标轴运动。

在数控机床上，实现直线进给运动主要有三种形式：

（1）丝杠副。丝杠副通常为滚珠丝杠或静压丝杠，将伺服电机的旋转运动变为直线运动。

（2）齿轮齿条副。通过齿轮齿条将伺服电机的旋转运动变成直线运动。

（3）直线电动机。直接采用直线电动机进行驱动。

实现圆周运动除少数情况直接使用齿轮副外，一般都采用蜗轮蜗杆副。

3.2.1　滚珠丝杠副

为了提高数控机床进给系统的快速响应性能和运动精度，必须减小运动部件的摩擦阻力和动静摩擦力之差。为此，中小型数控机床中，滚珠丝杠副是最普遍使用的结构。

1. 滚珠丝杠副的工作原理及特点

1）滚珠丝杠副的工作原理

滚珠丝杠副是回转运动与直线运动相互转换的新型传动装置，是在丝杠和螺母之间以滚珠为滚动体的螺旋传动元件。其结构原理如图 3－1 所示，图中丝杠 1 和螺母 2 上都加工有弧形螺旋槽，将它们套装在一起时，这两个圆弧形的螺旋槽对合起来就形成了螺旋滚道。在滚道内装满滚珠 3，当丝杠相对于螺母旋转时，滚珠在滚道内自转，同时又在封闭的滚道内循环，使丝杠和螺母产生相对轴向运动。为了防止滚珠从螺母中滚出来，在螺母的滚道两端用返回装置 4（又称回珠器）连接起来，使滚珠滚动数圈后离开滚道，通过返回装置 4 返回其入口继续参加工作，如此往复循环滚动。

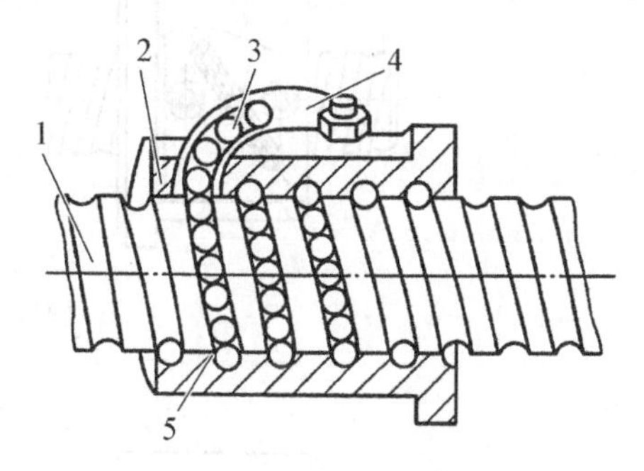

1—丝杠；2—螺母；3—滚珠；
4—回珠器；5—螺旋滚道。

图 3－1　滚珠丝杠副结构原理

2）滚珠丝杠副的特点

由以上滚珠丝杠副传动的工作过程，可以明显看出滚珠丝杠副的丝杠与螺母之间是通过滚珠来传递运动的，故为滚动摩擦。这是滚珠丝杠区别于普通滑动丝杠的关键所在，其特点主要有以下几点。

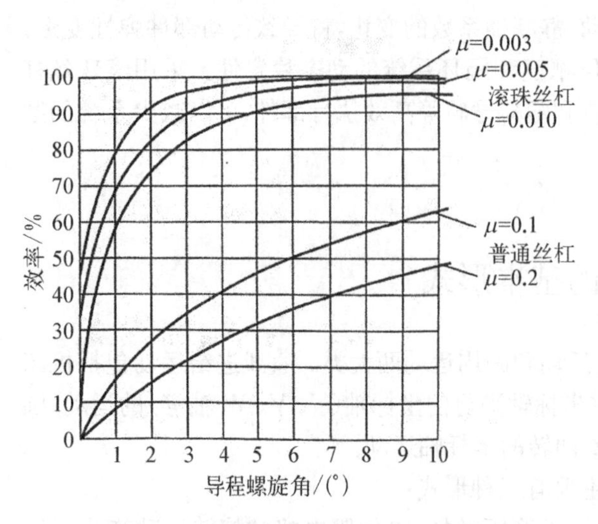

图 3-2 滚珠丝杠副传动的机械效率

(1) 传动效率高。滚珠丝杠副的传动效率高达 92%～96%，是普通梯形丝杠的 3～4 倍，功率消耗减少 2/3～3/4，如图 3-2 所示，其中 μ 为摩擦系数。

(2) 灵敏度高、传动平稳。由于是滚动摩擦，动、静摩擦系数相差极小。因此，低速不易产生爬行，高速传动平稳。

(3) 定位精度高，传动度高。用多种方法可以消除丝杠和螺母的轴向间隙，使反向无空行程，定位精度高，适当预紧后，还可以提高轴向刚度。

(4) 不能自锁，有可逆性。既能将旋转运动转换成直线运动，也能将直线运动转换成旋转运动。因此，丝杠在垂直状态使用时，应增加制动装置。

(5) 制造成本高。滚珠丝杠和螺母等元件的加工精度及表面粗糙度等要求高，制造工艺较复杂，成本高。

3) 滚珠丝杠副的循环方式

常用的循环方式有两种：滚珠在循环返回过程中，与丝杠滚道脱离接触的称为外循环；而在整个循环过程中，滚珠始终与丝杠各表面保持接触的称为内循环。

外循环滚珠丝杠副滚珠循环时的返回方式主要有插管式和螺旋槽式。图 3-3(a)所

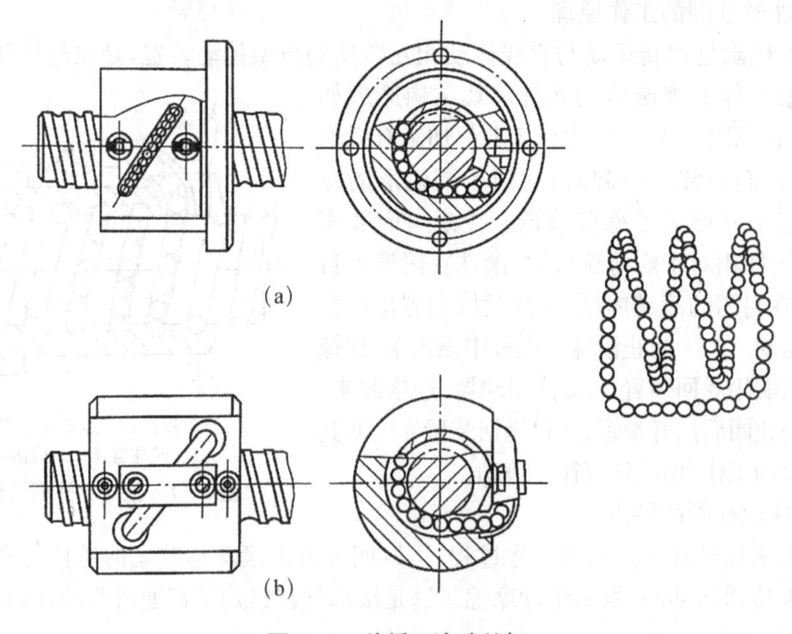

图 3-3 外循环滚珠丝杆

(a) 螺旋槽式 (b) 插管式

示为螺旋槽式，它是在螺母外圆上铣出螺旋槽，槽的两端钻出通孔并与螺纹滚道相切，形成返回通道，这种形式的结构比插管式结构径向尺寸小，但制造上较为复杂。图3-3(b)所示为插管式，它用弯管作为返回管道，这种形式结构工艺性好，但由于管道突出于螺母体外，径向尺寸较大。

图3-4所示为内循环滚珠丝杠结构。在螺母滚道的外侧孔中装有一个接通相邻滚道的反向器，反向器上有S形回珠槽，将相邻两螺纹滚道连接起来。滚珠从螺纹滚道进入反向器，借助反向器迫使滚珠越过丝杠牙顶进入相邻滚道，实现循环。一般一个螺母上装有2～4个反向器，反向器沿螺母圆周等分分布。其优点是径向尺寸紧凑，刚性好，因其返回滚道较短而摩擦损失小；缺点是反向器加工困难。

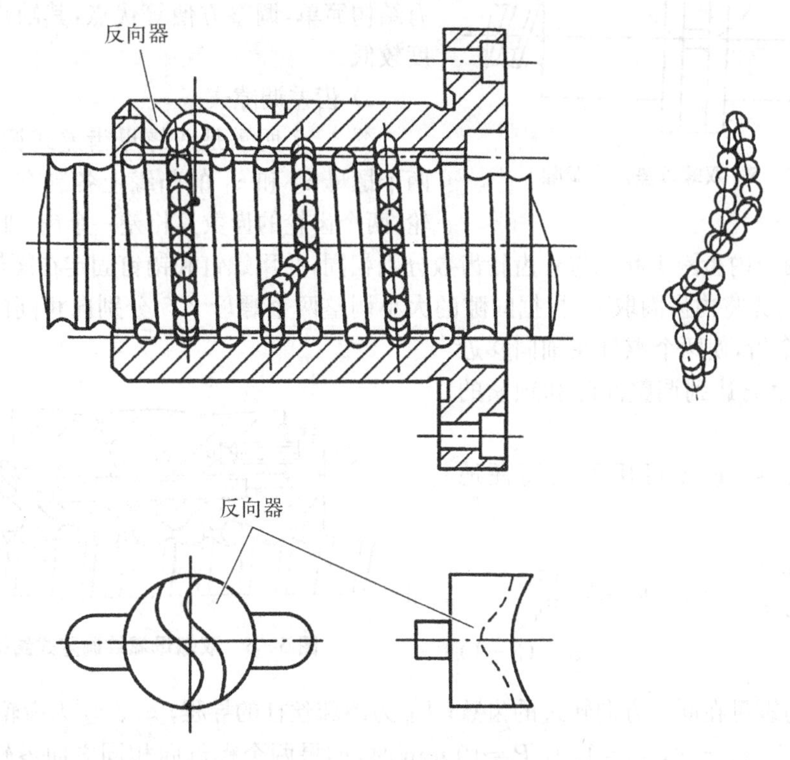

图3-4　内循环滚珠丝杆

2. 滚珠丝杠副轴向间隙的调整

滚珠丝杠的传动间隙是轴向间隙。为了保证反向传动精度和轴向刚度，必须消除轴向间隙。

消除间隙的方法为采用双螺母结构，利用两个螺母的相对轴向位移，使两个滚珠螺母中的滚珠分别贴紧在螺旋滚道的两个相反的侧面上，用这种方法预紧来消除轴向间隙时，应注意预紧力不宜过大，预紧力过大会使空载力矩增加，从而降低传动效率，缩短使用寿命。此外，还要消除丝杠安装部分和驱动部分的间隙。

常用的双螺母丝杠消除间隙方法如下。

1）垫片调隙式

如图3-5所示，调整垫片的厚度使左、右螺母产生方向相反的位移，使两个螺母中的

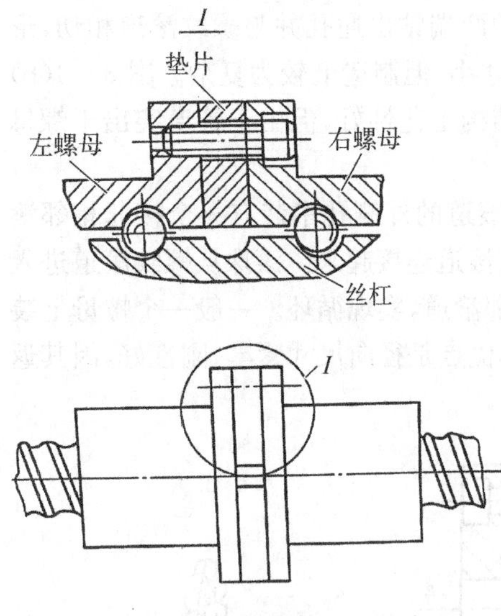

图 3-5 双螺母垫片式调隙

滚珠分别贴紧在螺旋滚道的两个相反的侧面上，即可消除间隙和产生预紧力。这种方法结构简单，刚性好，但调整不方便，滚道有磨损时不能随时消除间隙和进行预紧。

2）螺纹调隙式

图 3-6 所示为双螺母螺纹调隙式结构，它采用平键限制了两个螺母在螺母座内的相对转动。调整时只要拧动调整螺母沿轴向移动一定距离，在消除间隙后将其锁紧。这种调整方法具有结构简单，调整方便等优点，其缺点是调整精度较低。

3）齿差调隙式

图 3-7 所示是双螺母齿差式调隙结构，在两个螺母 z_2 和 z_1 的凸缘上各制有一个圆柱齿轮，两个齿轮的齿数只相差一个齿，即 $z_2-z_1=$ 1 和 4。两个内齿圈 1 和 4 与外齿轮齿数分别相同，并用螺钉和销钉固定在螺母座 3 的两端，调整时，先将内齿圈取下，根据间隙的大小调整两个螺母 2、5 分别向相同的方向转过一个或多个齿，使两个螺母在轴向移近了相应的距离达到调整间隙和预紧的目的。

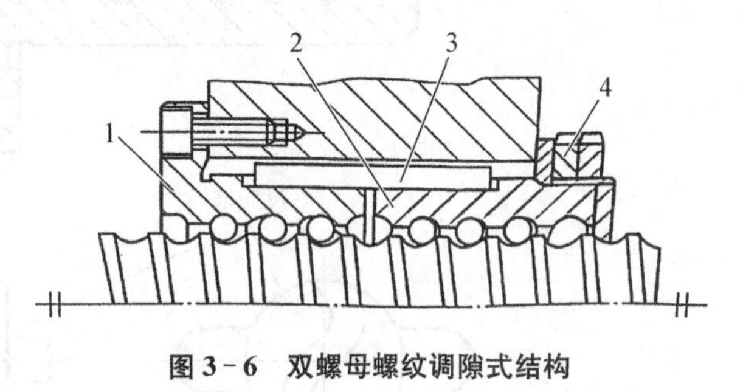

图 3-6 双螺母螺纹调隙式结构

间隙消除量 Δ 可用下式简便地计算：

$$\Delta=\frac{nP_{\mathrm{h}}}{z_1z_2} \quad 或 \quad n=\Delta\frac{z_1z_2}{P_{\mathrm{h}}} \tag{3-1}$$

式中：n 为螺母在同一方向转过的齿数；P_{h} 为滚珠丝杠的导程；z_1、z_2 为齿轮的齿数。

例如，当 $z_1=99$，$z_2=100$，$P=10$ mm 时，如果两个螺母向相同方向各转过一个齿时，其相对轴向位移量为

$$s=P_{\mathrm{h}}/(z_1z_2)=10/(100\times99)\mathrm{mm}\approx0.001\ \mathrm{mm}$$

若间隙量为 0.005 mm，则相应的两螺母沿同方向转过 5 个齿即可消除。

齿差调隙式的结构较为复杂，尺寸较大，但是调整方便，可获得精确的调整量，预紧可靠不会松动，适用于高精度传动。

3. 滚珠丝杠的支承

滚珠丝杠主要承受轴向载荷，它的径向载荷主要是卧式丝杠的自重。因此，对滚珠丝杠的轴向精度和刚度要求较高。此外，滚珠丝杠的正确安装及其支承的结构刚度也不容忽视。滚珠丝杠两端常用支承形式如图 3-8 所示。

图 3-8(a)所示是一端固定、一端自由的支承形式，其特点是结构简单，轴向刚度低，

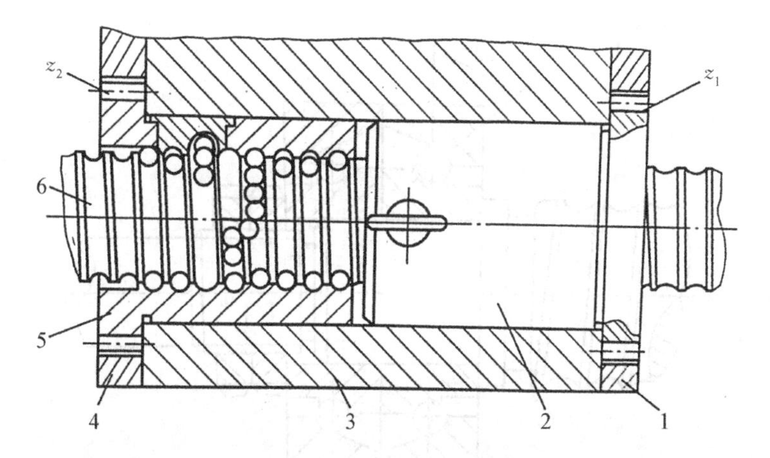

图 3-7　双螺母齿差式调隙

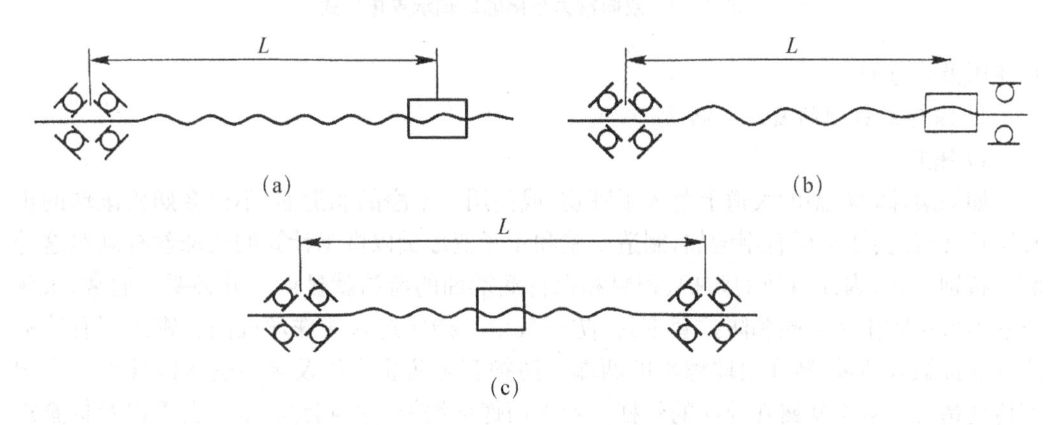

图 3-8　滚球丝杠常用支承形式

(a) 一端固定一端自由　(b) 一端固定一端浮动　(c) 两端固定

适用于短丝杠及垂直布置丝杠，一般用于数控机床的调整环节和升降台式数控铣床的垂直坐标轴。

图 3-8(b)所示是一端固定、一端浮动的支承形式。丝杠轴向刚度与图 3-8(a)形式相同，丝杠受热后有膨胀伸长的余地，需保证螺母与两支承同轴。这种形式的配置结构较复杂，制造较困难，适用于较长丝杠或卧式丝杠。

图 3-8(c)所示是两端固定的支承形式。这种支承结构只要轴承无间隙，丝杠的轴向刚度约为一端固定形式的 4 倍，固有频率比一端固定形式的高，可预拉伸，在它的一端装有碟形弹簧和调整螺母，这样既可对滚珠丝杠施加预紧力，又可使丝杠受热变形得到补偿，保持恒定预紧力，但结构工艺都较复杂。

为了提高支承的轴向刚度，选择适当的滚动轴承也是十分重要的。目前，中小型数控机床多采用接触角为 60°的双向推力角接触球轴承，如图 3-9 所示。这是一种能够承受很大轴向力的特殊角接触球轴承，与一般角接触球轴承相比，接触角增大到 60°，增加了滚珠的数目并相应减小了滚珠的直径，并且采用特殊设计的尼龙成形保持架。这种轴承比一般轴承的轴向刚度提高两倍以上，与圆锥滚子轴承、圆柱滚子轴承相比，启动力矩小，而

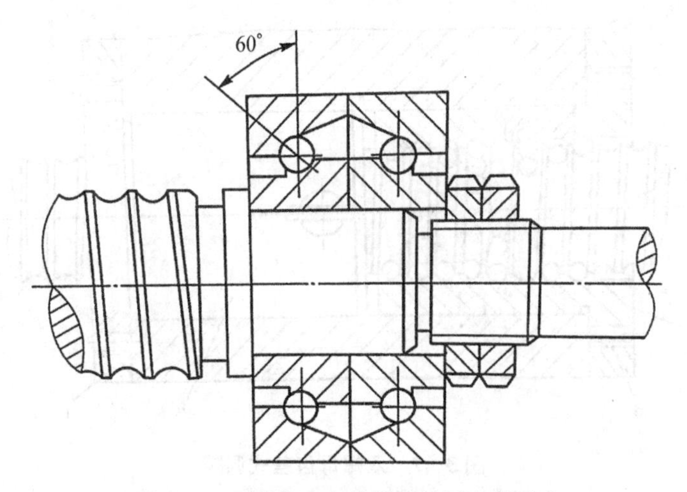

图 3-9　双向推力角接触球轴承支撑形式

且使用极为方便。

4. 滚珠丝杠副的密封与润滑

1）密封

如果滚珠丝杠副的滚道上落入了脏物，或使用不干净的润滑油，不仅会妨碍滚珠的正常运转，而且会使磨损急剧增加，制造误差和预紧变形量以微米计算的滚珠丝杠副对这种磨损特别敏感，因此有效的防护、密封和保持润滑油的清洁就显得十分必要。通常，滚珠丝杠副可用防尘密封圈和防护套密封，防止灰尘及杂质进入滚珠丝杠副。密封圈有接触式和非接触式两种，装在滚珠螺母的两端。防护套可防止尘埃及杂质进入滚珠丝杠影响其传动精度。对于暴露在外面的丝杠一般采用螺旋钢带、伸缩套筒、锥形套管以及折叠式防护，以防止尘埃和磨粒黏附到丝杠表面，这些防护罩一端连接在滚珠螺母的端面，另一端固定在滚珠丝杠的支承座上，近年来，还出现了一种钢带缠卷式丝杠防护装置。

2）润滑

使用润滑剂，以提高滚珠丝杠副的耐磨性及传动效率，从而维持其传动精度，延长使用寿命。常用的润滑剂有润滑油和润滑脂两类，润滑脂一般在安装过程中放进滚珠螺母的滚道内，定期补充。使用润滑油时注意要经常通过注油孔注油。

5. 滚珠丝杠的参数、标记方法及选择

1）公称直径 d_0

公称直径是滚珠与螺纹滚道在理论接触角状态时包络滚珠球心的圆柱直径，它是滚珠丝杠副的特性尺寸。如图 3-10 所示。

2）导程 P_h

导程是丝杠相对于螺母旋转 2π 弧度时，螺母上的基准点的轴向位移。

3）公称接触角 α

公称接触角是滚珠与滚道在接触点处的公法线与螺纹轴线的垂直线间的夹角，理想接触角为 $\alpha=45°$。

此外，还有丝杠螺纹大径 d、丝杠螺纹小径 d_1、螺纹全长 l、滚珠直径 d_b、螺母螺纹大

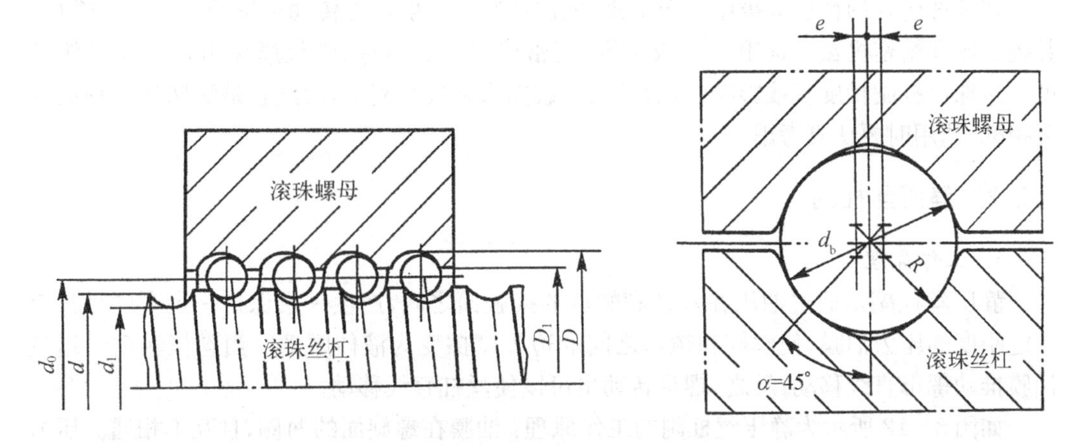

图 3-10　滚珠丝杆副尺寸参数

径 D、螺母螺纹小径 D_1、滚道圆弧半径 R 等参数。

导程的大小根据机床的加工精度要求确定，精度要求高时，应将导程取小些，可减小丝杠上的摩擦阻力。但导程取小后，势必将滚珠直径 d 取小，使滚珠丝杠副的承载能力降低。若丝杠副的公称直径 d_0 不变，导程小，则螺旋升角也小，传动效率 η 也变小。因此，在满足机床加工精度的条件下，导程应尽可能取大些。

公称直径 d_0 与承载能力直接相关，数控机床常用的进给丝杠，公称直径 $d_0=20\sim80$ mm。

根据国家标准 GB/T 17587.1—2017 规定，滚珠丝杠副的型号根据其公称直径、公称导程、螺纹长度、类型、标准公差等级、螺纹旋向等特征，采用汉语拼音字母、数字及汉字结合的方式按图 3-11 所示的格式编写。

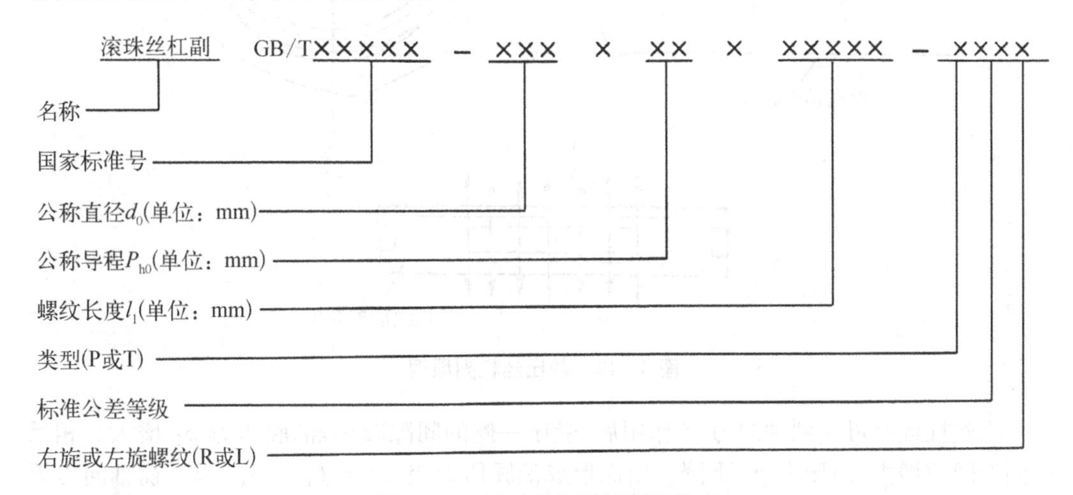

图 3-11　滚珠丝杠副的型号格式

为了满足各种需要，滚珠丝杠副采用了七个标准公差等级，即 1、2、3、4、5、7 和 10。一般情况下，标准公差等级 1、2、3、4 和 5 的滚珠丝杠副采用预紧形式，而 7 和 10 采用非预紧形式。

在滚珠丝杠的精度等级中1级最高，依次递减。一般动力传动可选用4、5、7级精度，数控机床和精密机械可选用2、3级精度，精密仪器仪表机床、螺纹磨床可选用1、2级精度。滚珠丝杠副精度直接影响定位精度、承载能力和接触刚度，因此它是滚珠丝杠副的重要指标，选用时要认真考虑。

3.2.2 静压丝杠副

1. 工作原理

静压丝杠副是通过油压在丝杠和螺母的接触面之间，产生一层保持一定厚度且具有一定刚度的压力油膜，使丝杠和螺母之间的边界摩擦变为液体摩擦。当丝杠转动时通过油膜推动螺母直线移动；反之，螺母转动也可以使丝杠直线移动。

如图3-12所示为静压丝杠副的工作原理：油膜在螺旋面的两侧，且互不相通。压力油经节流器进入油腔，并从螺纹根部与端部流出。设供油压力为 p_H，经节流器后的压力为 p_i（即油腔压力），当无外载时，螺纹两侧间隙 $h_1 = h_2$，从两侧油腔流出的流量相等，两侧油腔中的压力也相等，即 $p_1 = p_2$，这时，丝杠螺纹处于螺母螺纹的中间平衡状态的位置。

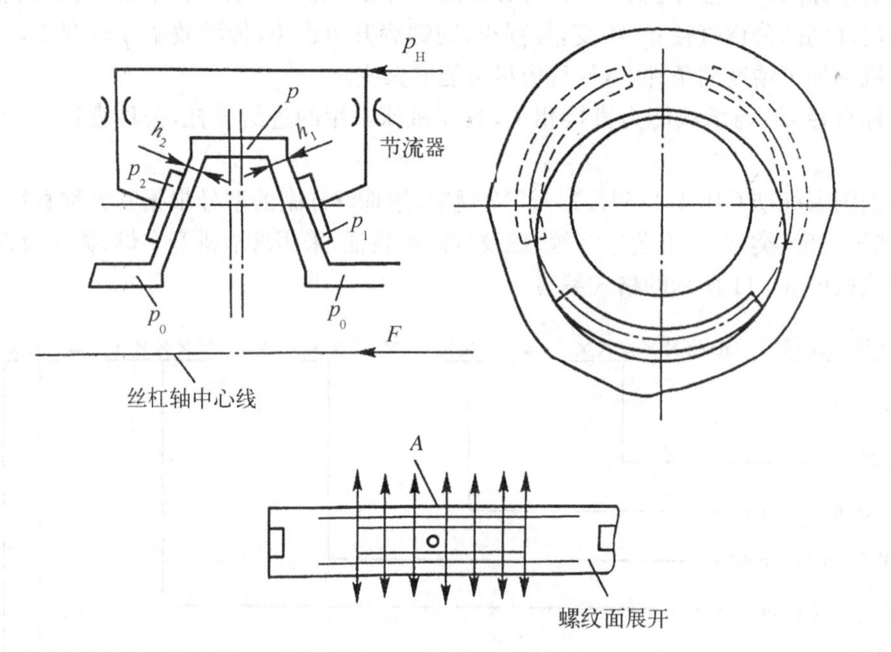

图3-12 静压丝杠副原理

当丝杠或螺母受到轴向力 F 作用后，受压一侧的间隙减小，油腔压力 p_2 增大。相反一侧的间隙增大，而压力 p_1 下降。因而形成油膜压力差 $\Delta p = p_2 - p_1$，以平衡轴向力 F 近似表示的平衡条件为

$$F = (p_2 - p_1)AnZ \tag{3-2}$$

式中：A 为单个油腔在丝杠轴线垂直面内的有效承载面积；n 为每扣螺纹单侧油腔数；Z 为螺纹的有效扣数。

油膜压力差力图平衡轴向力，使间隙差减小到一定程度后保持不变，这种调节作用是自动进行的。

图 3－13 所示是静压丝杠副的结构图。8 为丝杠，节流器 7 装在螺母 1 的侧端面，并用活塞 6 堵住，螺母全部有效牙扣上的同侧同圆周位置上的油腔共用一个节流器控制，每扣同侧圆周分布有三个油腔，螺母全长上有四扣，则应有三个节流器，每个节流器并联四个油腔，因此两侧共有六个节流器。从油泵来的油由螺母座 4 上的油孔 3 和 5 经节流器 7 进入螺母外圆面上的油槽 12，再经油孔 11 进入油腔 10，油液经回油槽 9 从母端流回油箱。油孔 2 用于安装油压表。

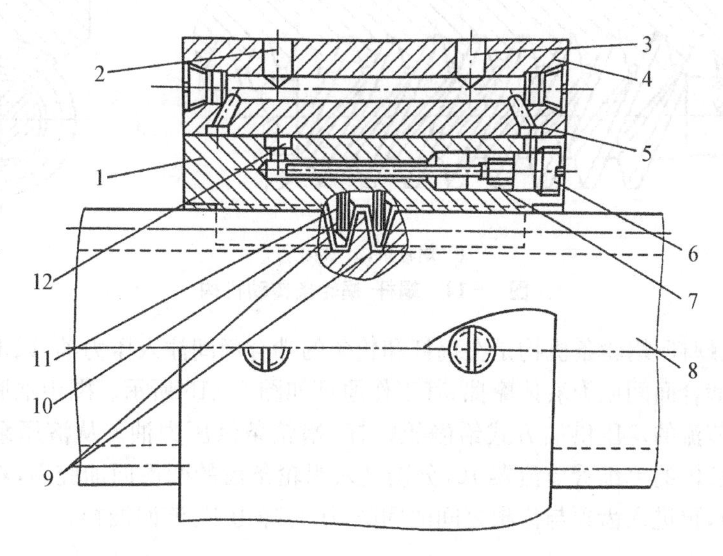

1—螺母；2、3、5、11—油孔；4—螺母座；6—活塞；7—节流器；8—丝杠；9、12—油槽；10—油腔。

图 3－13　静压丝杠副的结构

2. 特点

静压丝杠副的特点如下：

(1) 摩擦系数很小，仅为 0.000 5，比滚珠丝杠(摩擦系数为 0.002～0.005)的摩擦损失更小。因此其启动力矩很小，传动灵敏，避免了爬行。

(2) 油膜层可以吸振，提高了运动的平稳性。

(3) 由于油液的不断流动，有利于散热和减少热变形，提高了机床的加工精度和光洁度。

(4) 油膜层具有一定刚度，减小了反向间隙。

(5) 油膜层介于螺母与丝杠之间，对丝杠的误差有“均化”作用，即可以使丝杠的传动误差小于丝杠本身的制造误差。

(6) 承载能力与供油压力成正比，与转速无关。但静压丝杠副应有一套供油系统，而且对油的清洁度要求高，如果在运动中供油因故中断，将造成不良后果。

3.2.3　静压蜗杆-蜗轮条副

1. 工作原理

大型数控机床不宜采用丝杠传动，因长丝杠制造困难，且容易弯曲下垂，影响传动精度，同时轴向刚度与扭转刚度也难提高。如果加大丝杠直径，则转动惯量增大，伺服系统的动态特性不易保证，故常用静压蜗杆-蜗轮条副和齿轮-齿条副传动。蜗杆-蜗轮条机构是丝杠螺母机构的一种特殊形式，如图 3-14 所示，蜗杆可看作长度短的丝杠，其长径比很小。蜗轮条则可看作一个很长的螺母沿轴向剖开后的一部分，其包容角在 90°～120°之间。

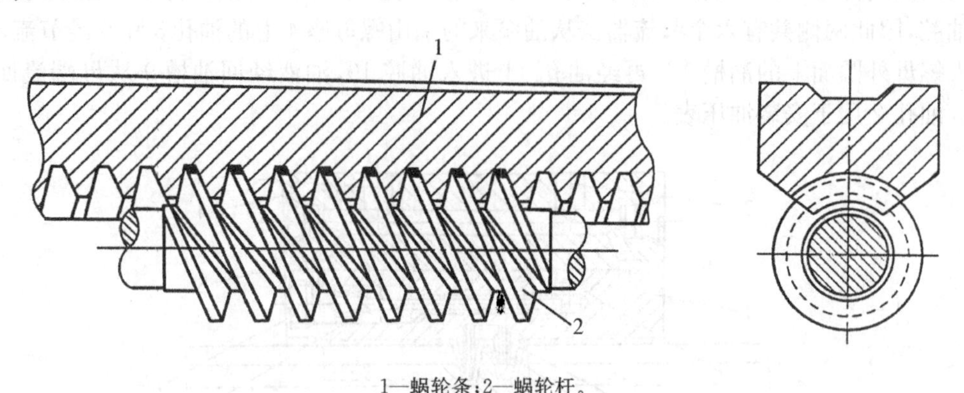

1—蜗轮条；2—蜗轮杆。

图 3-14　蜗杆-蜗轮条传动机构

液体静压蜗杆-蜗轮条机构是在蜗杆和轮条的啮合面间注入压力油，以形成一定厚度的油膜，使两啮合面间成为液体摩擦，其工作原理如图 3-15 所示。图中油腔开在蜗轮条上，用毛细管节流的定压供油方式给静压蜗杆-蜗轮条供压力油。从液压泵输出的压力油，经过杆螺纹内的毛细管节流器 10，分别进入蜗轮条齿的两侧面油腔内，然后经过啮合面之间的间隙，再进入齿顶与齿根之间的间隙，压力降为零，流回油箱。

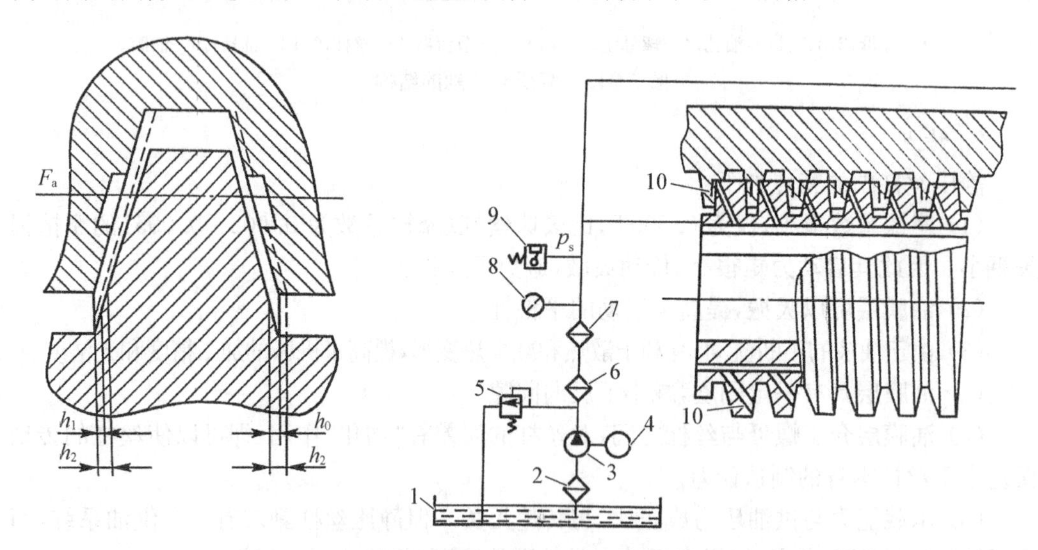

1—油箱；2—滤油器；3—液压泵；4—电动机；5—溢流阀；6—粗滤油器；
7—精滤油器；8—压力表；9—压力继电器；10—节流器。

图 3-15　静压蜗杆-蜗轮条副工作原理

2. 特点

静压蜗杆-蜗轮条传动由于既有纯液体摩擦的特点，又有蜗杆-蜗轮条机构的特点，因此特别适合在重型机床的进给传动系统上应用。其优点如下。

(1) 摩擦阻力小，启动摩擦系数小于 0.000 5，功率消耗少，传动效率高，可达 0.94～0.98，在很低的速度下运动也很平稳。

(2) 使用寿命长。齿面不直接接触，不易磨损，能长期保持精度。

(3) 抗振性能好。油腔内的压力层有良好的吸振能力。

(4) 有足够的轴向刚度。

(5) 蜗轮条能“无限”接长，因此运动部件的行程可以很长，不像滚珠丝杠受结构的限制。

3.2.4　双齿轮-齿条副

在大型数控机床(如大型数控龙门铣床)的直线进给运动中，可采用的另一种传动方式是齿轮-齿条结构，它的效率高，结构简单，从动件易于获得高的移动速度和长行程，适合在工作台行程长的大型机床上用作直线运动机构。但一般齿轮-齿条传动机构的位移精度和运动平稳性较差。为克服此缺点，除提高齿条本身的制造精度或采用精度补偿措施外，还应采取措施消除传动间隙。

当负载小时，可采用双片薄齿轮错齿调整法，分别与齿条齿槽左、右两侧贴紧，从而消除齿侧间隙。但双片薄齿轮错齿调整法不能满足大型机床的重负载工作要求。所以，当负载大时，采用预加负载双齿轮-齿条无间隙传动结构能较好地解决这个问题。

图 3-16(a)所示的是预加负载双齿轮-齿条无间隙传动结构示意图。进给电动机经两对减速齿轮传递到调整轴 3，调整轴 3 上有两个螺旋方向相反的斜齿轮 5 和 7，分别经两级减速传至与床身齿条 2 啮合的双齿轮 1。调整轴 3 端部有加载弹簧 6，调整螺母可使调整轴 3 上下移动。由于调整轴 3 上两个齿轮的螺旋方向相反，因而与床身齿条啮合双齿轮 1 产生相反方向的微量转动，以改变间隙。当螺母将调整轴 3 往上调时，间隙减小、预紧力加大；反之则间隙加大、预紧力减小。传动间隙的调整也可以采用液压预加载荷的方法，如图 3-16(b)所示。

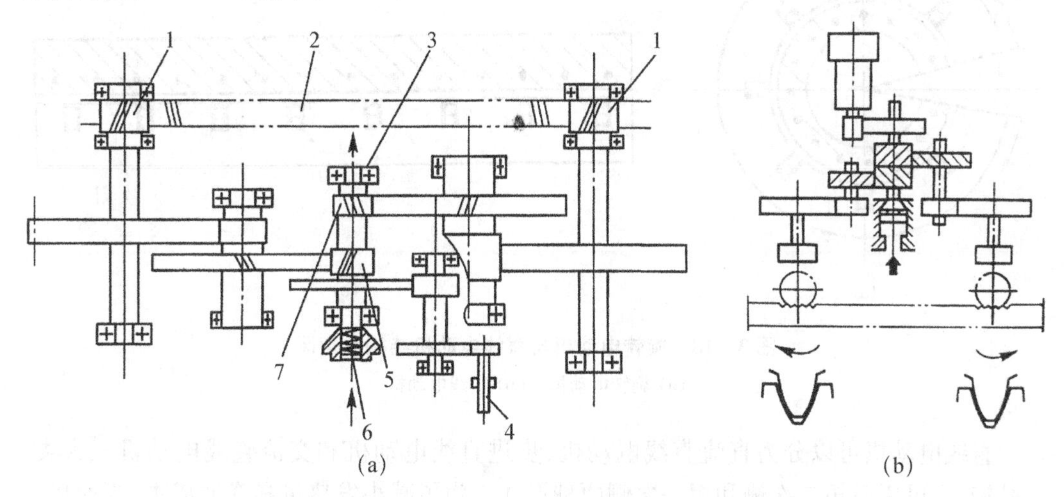

1—双齿轮；2—齿条；3—调整轴；4—进给电动机；5—右旋斜齿轮；6—加载弹簧；7—左旋斜齿轮。

图 3-16　双齿轮-齿条无间隙传动结构

(a) 弹簧预加载荷　(b) 液压预加载荷

3.2.5 直线电动机直接驱动

直线电动机是近年发展起来的高速、高精度数控机床最有代表性的先进技术之一。利用直线电动机驱动,可以完全取消传动系统中将旋转运动变为直线运动的环节,大大简化机械传动系统的结构,实现所谓的"零传动"。它可从根本上消除传动环节对精度、刚度、快速性和稳定性的影响,故可以获得比传统进给驱动系统更高的定位精度、快进速度和加速度。直线电动机进给系统外观如图 3-17 所示。

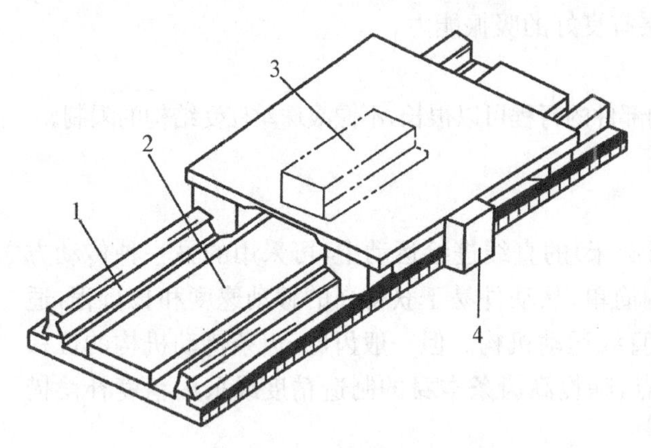

1—导轨;2—二次侧;3—一次侧;4—检测系统。

图 3-17 直线电动机进给系统外观

1. 工作原理

直线电动机的工作原理与旋转电动机相比,并没有本质的区别,可以将其视为旋转电动机沿圆周方向拉开展平的产物,如图 3-18 所示。对应于旋转电动机的定子部分,称为直线电动机的一次侧(旧称初级);对应于旋转电动机的转子部分,称为直线电动机的二次侧(旧称次级)。当多相交变电流通入多相对称绕组时,就会在直线电动机一次侧和二次侧之间的气隙中产生一个行波磁场,从而使一次侧和二次侧之间相对移动。当然,两者之间也存在一个垂直力,可以是吸引力,也可以是推斥力。

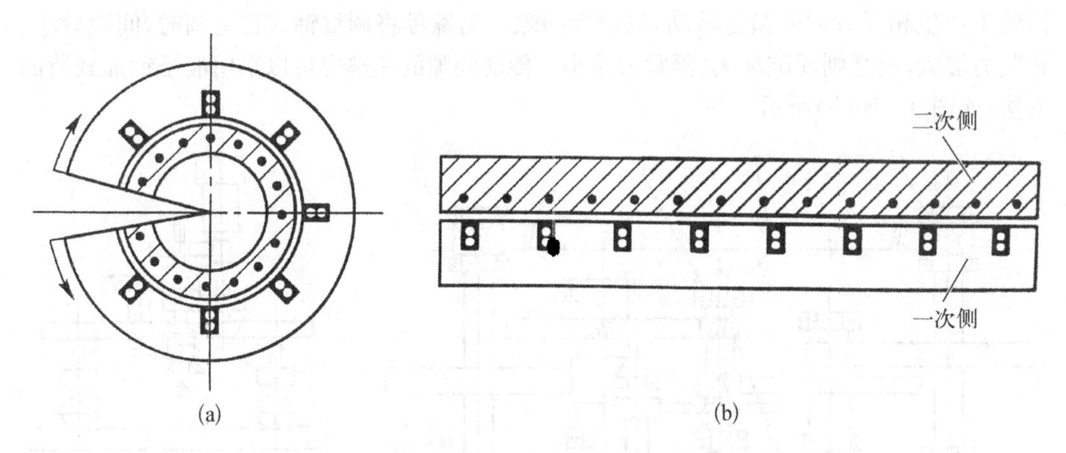

图 3-18 旋转电动机与直线电动机结构示意图

(a) 旋转电动机 (b) 直线电动机

直线电动机可以分为直流直线电动机、步进直线电动机和交流直线电动机三大类。在结构上,可以有短二次侧和短一次侧两种形式。为了减小发热量和降低成本,高速机床用直线电动机一般采用短一次侧、动二次侧结构。

在励磁方式上,交流直线电动机可以分为永磁(同步)式和感应(异步)式两种。永磁式直线电动机的二次侧是一块一块铺设的永久磁钢，其一次侧是含铁芯的三相绕组。感应式直线电动机的一次侧和永磁式直线电动机的一次侧相同，而二次侧是用自行短路的不馈电栅条来代替永磁式直线电动机的永久磁钢。永磁式直线电动机在单位面积推力、效率、可控性等方面均优于感应式直线电动机，但其成本高，工艺复杂，而且给机床的安装、使用和维护带来不便。感应式直线电动机在不通电时是没有磁性的，因此有利于机床的安装、使用和维护。近年来，其性能不断改进，已接近永磁式直线电动机的水平。

2. 特点

现代机械加工对机床的加工速度和加工精度提出了越来越高的要求，传统的"旋转电动机＋滚珠丝杠"体系已很难适应这一趋势。使用直线电动机的进给系统，有以下特点。

(1) 使用直线伺服电动机，电磁力直接作用于运动执行件上，而不用机械传动过渡连接，因此没有机械滞后，精度完全取决于反馈系统的检测精度。

(2) 直线电动机上装配全数字伺服系统，可以达到极好的伺服性能。由于电动机和工作台之间没有机械连接，工作台对位置指令几乎是立即反应(ms 量级)，从而使跟随误差减小至最小而达到较高的精度，而且任何速度下，都能实现平稳的进给运动。

(3) 直线电动机进给系统在动力传动中由于没有低效率的中介传动部件，而能获得很好的动态刚度(动态刚度指在脉冲负荷作用下伺服系统保持其位置的能力)。

(4) 直线电动机进给系统由于无机械零件相互接触，因此无机械磨损，不需要定期维护，也不像滚珠丝杠那样有行程限制。

(5) 由于直线电动机的动件(一次侧)和机床工作台合二为一，因此与滚珠丝杠进给单元不同，直线电动机进给系统只能采用全闭环控制系统，还必须采取措施防止磁力和热变形对工作台导轨的影响。

(6) 直线电动机与同容量旋转电动机相比，其功率和效率因数较低，尤其在低速时功率因数下降更加明显。

(7) 直线电动机，尤其感应式直线电动机的启动推力受电源电压的影响较大，故对驱动器的要求较高，需要采取措施保证或改变电动机的有关特性以减少或消除这种影响。

3.3　进给传动系统齿轮传动间隙消除方法

对于数控机床中的减速齿轮，除了要求其本身具有很高的运动精度和工作平稳性外，还应尽可能消除配对齿轮之间的传动间隙，否则在进给系统每次反向之后就会使运动滞后于指令信号，这将对加工精度产生很大影响。因此，对于数控机床的进给系统，必须采用有效方法去减少或消除齿轮传动间隙。

常用的方法有刚性调整法和柔性调整法。

3.3.1　刚性调整法

刚性调整法是指调整之后间隙不能自动补偿的调整方法。应用这种调整法的结构简单，传动刚度好，能传递较大的动力，但齿轮磨损后齿侧间隙不能自动补偿，因此加工时对齿轮的齿厚及齿距公差要求较严，否则传动的灵活性将受到影响。

1. 偏心轴套调隙

图 3-19 所示为用偏心轴套消除传动间隙的结构。电动机 1 是用偏心轴套 2 与箱体连接的，通过转动偏心轴套 2 的位置就能调整两啮合齿轮的中心距，从而消除齿侧间隙。其结构非常简单，常用于电动机与丝杠之间的齿轮传动，但这种方法只能补偿齿厚误差与中心距误差引起的齿侧间隙，不能补偿偏心误差引起的齿侧间隙。

2. 垫片调隙

如图 3-20 所示，在加工相互啮合的两个齿轮 1、2 时，将分度圆柱面制成带有小锥度的圆锥面，使齿轮齿厚在轴向有变化(其外形类似于插齿刀)，装配时，只需改变垫片 3 的厚度，使齿轮 2 做轴向移动，调整两齿轮在轴向的相对位置即可达到消除齿侧间隙的目的。

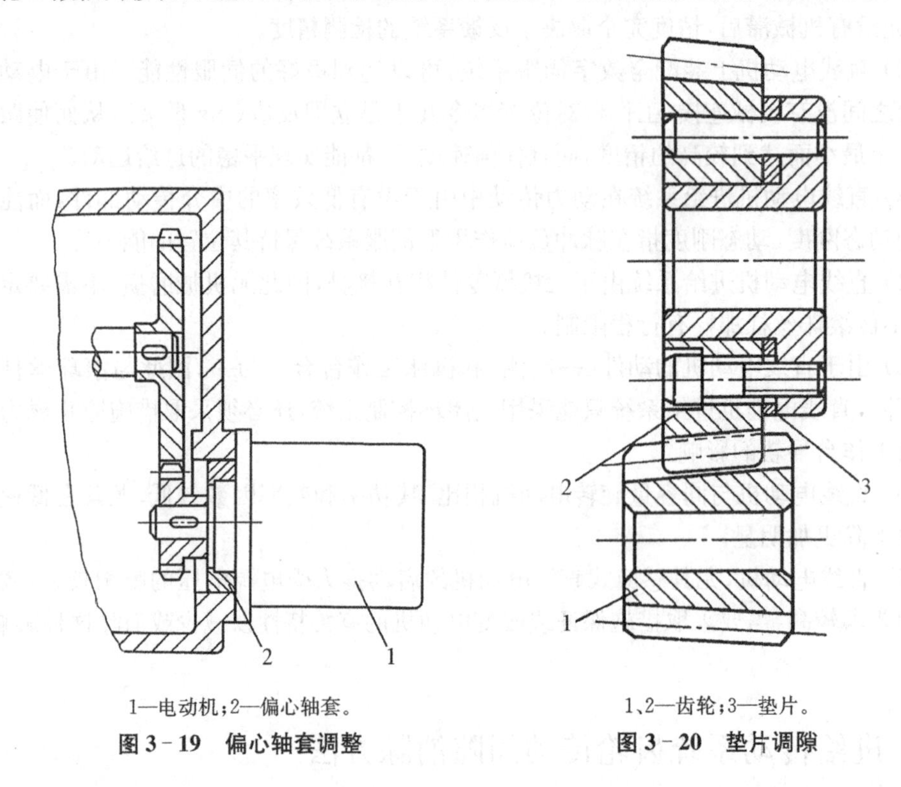

1—电动机；2—偏心轴套。

图 3-19　偏心轴套调整

1、2—齿轮；3—垫片。

图 3-20　垫片调隙

3. 斜齿轮调隙

图 3-21 所示是采用斜齿轮消除间隙的结构。厚齿轮 4 同时与两个相同齿数的薄齿轮 1 和 2 啮合，薄齿轮经平键与轴连接，相互间不能相对回转。薄齿轮 1 和 2 的齿形拼装在一起加工，并与键槽保持确定的相对位置。加工时，在两薄齿轮之间装入已知厚度为 t 的垫片 3。装配时，将垫片厚度增加或减少 Δt，然后再用螺母拧紧。这时，两齿轮的螺旋线就产生了错位，其左、右两齿面分别与厚齿轮的齿面贴紧，消除了间隙。垫片厚度的增减量 Δt 可以用下式计算：

$$\Delta t = \Delta \cos \beta \tag{3-3}$$

式中：Δ 为齿侧间隙；β 为斜齿轮的螺旋角。

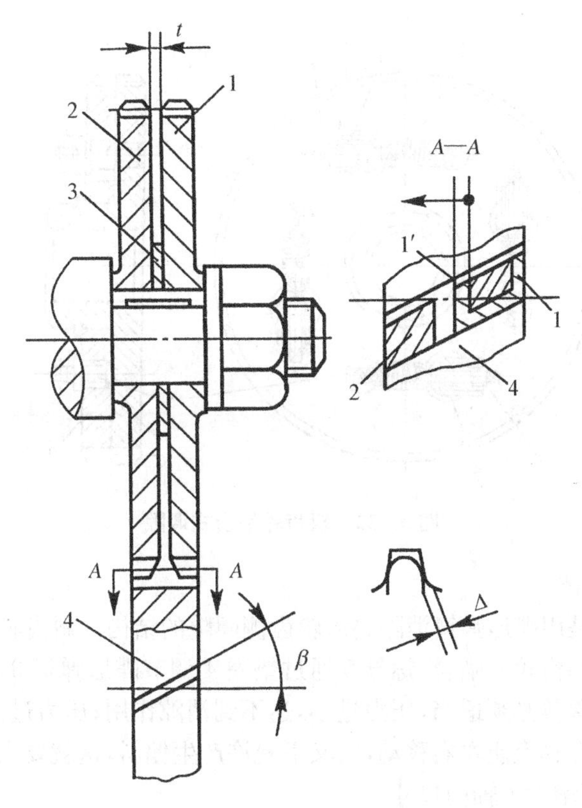

1、2—薄齿轮；3—垫片；4—厚齿轮。

图 3-21　斜齿轮垫片调隙

垫片的厚度通常是由试测法确定，一般要经过几次修磨才能调整好。这种结构的齿轮承载能力较小，因为在正向或反向旋转时分别只有一个薄齿轮承受载荷。

3.3.2　柔性调整法

柔性调整法是指调整之后齿侧间隙可以自动补偿的调整方法。这种调整法在齿轮的齿厚和周节有差异的情况下，仍可始终保持无间隙啮合。其缺点是会影响传动的平稳性，而且应用这种调整法的结构比较复杂，传动刚度低。

1. 直齿轮的调隙

图 3-22 所示是双齿轮错齿式消除直齿轮间隙的结构。两个相同齿数的薄齿轮 7 和 8 与另一个厚齿轮啮合。两个薄齿轮套装在一起，并可做相对转动。每个齿轮的端面均匀分布着四个螺孔，分别装上凸耳 5 和 6。薄齿轮 8 的端面还有另外四个通孔，凸耳 6 可以在其中穿过。拉簧 1 的两端分别钩在凸耳 5 和螺钉 4 上，通过调整螺母 2 调节拉簧的拉力，调整完毕用螺母 3 锁紧。拉簧的拉力使薄齿轮错位，即两个薄齿轮的左、右齿面分别紧贴在厚齿轮齿槽的左、右齿面上，消除了齿侧间隙。由于正向和反向旋转时分别只有一片齿轮承受扭矩，因此承载能力受到了限制。在设计时必须计算弹簧的拉力，使它能够克服最大扭矩，否则将失去消除间隙的作用。

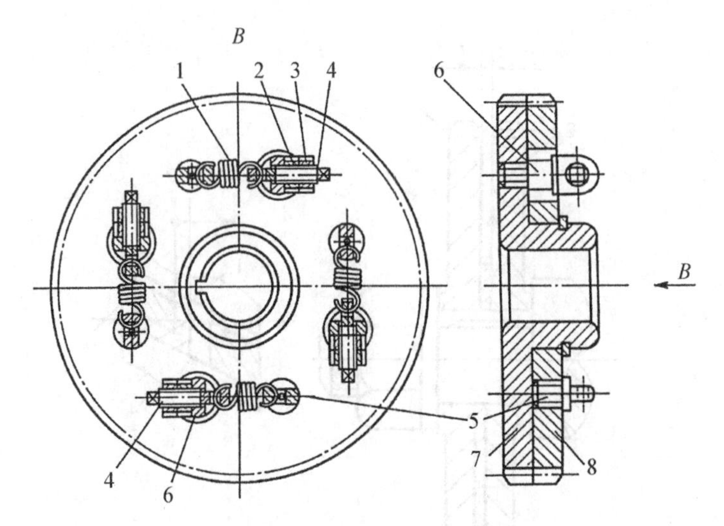

图 3-22 双齿轮错齿式调隙

2. 斜齿轮的调隙

图 3-23 所示是用碟形弹簧消除斜齿轮齿侧间隙的结构。斜齿轮 1 和 2(两齿轮间有弹性元件),同时与厚齿轮 6 啮合,螺母 5 通过垫圈 4 调节碟形弹簧 3,使它保持一定的压力。弹簧作用力的调整必须适当,压力过小,达不到消隙作用;压力过大,将会使齿轮磨损加快。为了使齿轮在轴上能左右移动,而又不允许产生偏斜,这就要求齿轮的内孔具有较长的导向长度,因而增大了轴向尺寸。

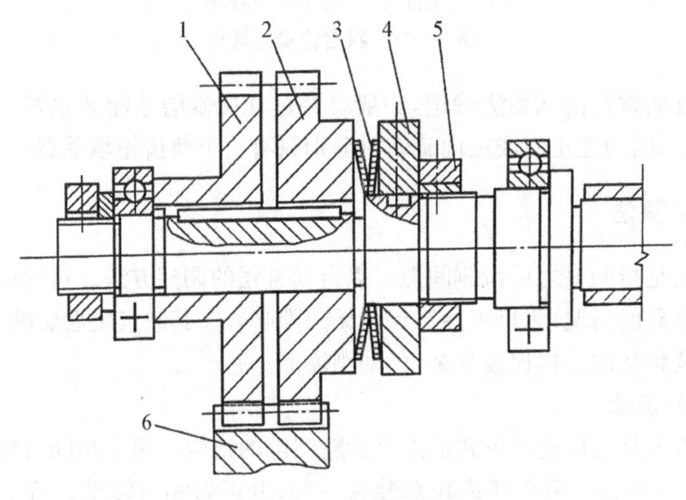

图 3-23 碟形弹簧调隙

3. 锥齿轮的调隙

1) 周向压簧调隙

对锥齿轮传动,也可以采用类似于圆柱齿轮的消除间隙方法。图 3-24 所示是用压力弹簧消除间隙的结构。它将一个大锥齿轮加工成 1 和 2 两部分,齿轮的外圈 1 上带有三个周向圆弧槽 8,齿轮的内圈 2 的端面带有三个凸爪 4,套装在圆弧槽内。弹簧 6 的两端分别顶在凸爪4和镶块7上，使内、外齿圈的锥齿错位，起到了消除间隙的作用。为了安装方便，用螺钉5将内、外齿圈相对固定，安装完毕之后将螺钉卸去。

2）轴向压簧调隙

如图3-25所示，锥齿轮1和2相互啮合。锥齿轮1的传动轴5上装有弹簧3，用螺母4调整弹簧3的弹力。锥齿轮1在弹力作用下沿轴向移动，可消除锥齿轮1和2的间隙。

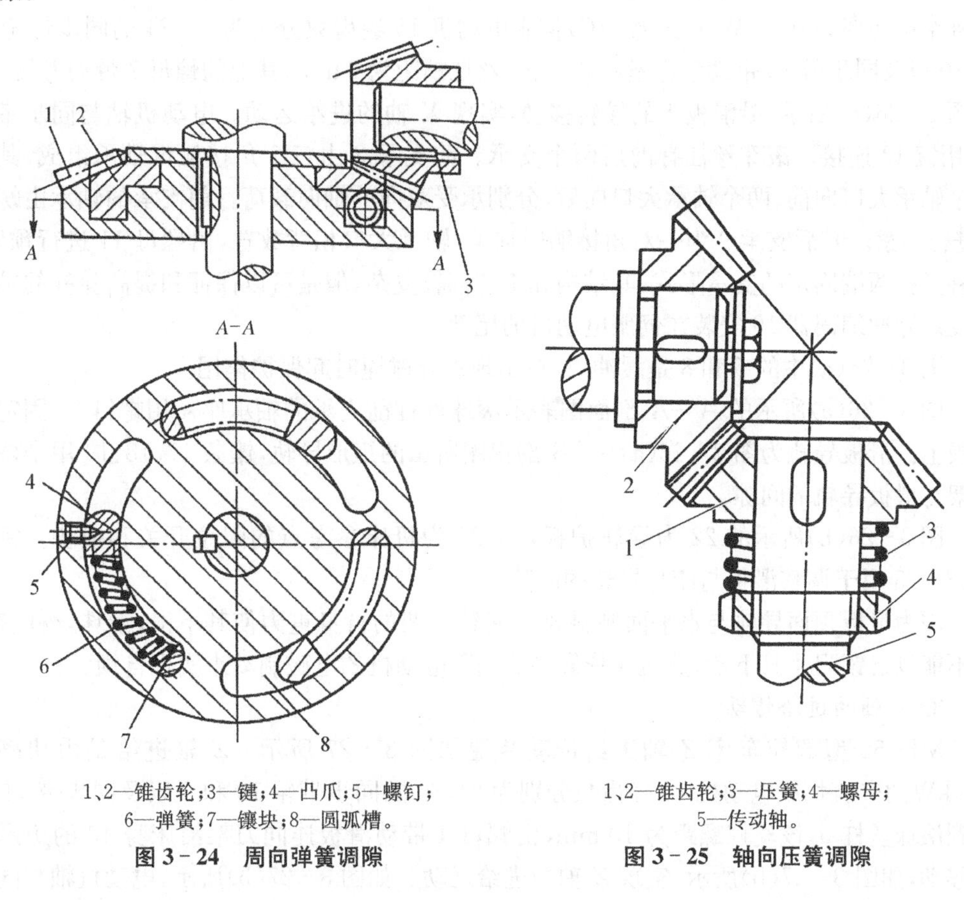

1、2—锥齿轮；3—键；4—凸爪；5—螺钉；6—弹簧；7—镶块；8—圆弧槽。

图3-24　周向弹簧调隙

1、2—锥齿轮；3—压簧；4—螺母；5—传动轴。

图3-25　轴向压簧调隙

3.4　数控机床进给传动系统实例

本节以MJ-50型数控车床和JCS-018A型立式加工中心为实例，介绍数控机床的进给传动系统。

3.4.1　MJ-50型数控车床的进给传动系统

1. 特点

数控车床的进给运动是把伺服电动机的旋转运动转化为刀架和滑板沿 X、Z 轴的直线运动，而且对移动精度要求很高，X 轴最小移动量为0.000 5 mm，Z 轴最小移动量为

0.001 mm。采用滚珠丝杠副可以有效地提高进给系统的灵敏度、定位精度并防止爬行。另外，消除丝杠副的配合间隙和丝杠两端的轴承间隙，也有利于提高传动精度。

数控车床的进给系统采用伺服电动机驱动，经同步带轮传动到滚珠丝杠上，滚珠丝杠螺母带动刀架或滑板移动，所以刀架或滑板的快速移动和进给运动均为同一传动路线。

2. *X* 轴的进给传动

图 3-26 所示是 MJ-50 型数控车床 *X* 轴进给传动装置。如图 3-26(a)所示，*X* 轴的进给由功率为 0.99 W 的交流(AC)伺服电动机 15 经齿数分别为 20、24 的同步带轮 14 和 10 以及同步带 12 带动滚珠丝杠 6 回转，丝杠螺距为 6 mm，其上的螺母 7 带动刀架 21，如图 3-26(b)所示，沿滑板 1 的导轨移动，实现 *X* 轴的进给运动。电动机轴与同步带轮 14 用键 13 连接。滚珠丝杠有前后两个支承。前支承 3 由三个角接触球轴承组成，其中一个轴承大口向前、两个轴承大口向后，分别承受双向的轴向载荷。前支承的轴承由螺母 2 进行预紧。其后支承 9 为一对角接触球轴承，轴承大口相背放置，由螺母 11 进行预紧。这种丝杠两端固定的支承形式，其结构和工艺都较复杂，但是可以保证和提高丝杠的轴向刚度。脉冲编码器 16 安装在伺服电动机的尾部。

图 3-26(a)中的 5 和 8 是缓冲块，在出现意外碰撞时起保护作用。

图 3-26(a)所示的 *A*—*A* 剖面图表示滚珠丝杠前支承的轴承座 4 用螺钉 20 固定在滑板上。滑板导轨为图 3-26(a)*B*—*B* 剖视图所示的矩形导轨，镶条 17、18、19 用来调整刀架与滑板导轨的间隙。

图 3-26(b)所示的 22 为导轨护板，26、27 为机床参考点的限位开关和撞块。镶条 23、24、25 用于调整滑板与床身导轨的间隙。

因为滑板顶面导轨与水平面倾斜 30°，回转刀架的自身重力使其下滑，滚珠丝杠和螺母不能以自锁阻止其下滑，故机床依靠 AC 伺服电动机的电磁制动来实现自锁。

3. *Z* 轴的进给传动

MJ-50 型数控车床 *Z* 轴进给传动装置如图 3-27 所示。*Z* 轴进给是由功率为 1.8 kW的交流伺服电动机 14 经齿数分别为 24、30 的同步带轮 12 和 2 以及同步带 11 传动到滚珠丝杠 5，该丝杠螺距为 10 mm，由螺母 4 带动滑板连同刀架沿床身 13 的矩形导轨移动，如图 3-27(b)所示，实现 *Z* 轴的进给运动。如图 3-27(b)所示，电动机轴与同步带轮 12 之间用锥环无键连接，图 3-27(b)的局部放大视图中 19 和 20 是锥面相互配合的内、外锥环，当拧紧螺钉 17 时，法兰 18 的端面压迫外锥环 20，使其向外膨胀，内锥环 19 受力后向电动机轴收缩，从而使电动机轴与同步带轮连接在一起。这种连接方式无需在被连接件上开键槽，而且两锥环的内外圆锥面压紧后，使连接配合面无间隙，对中性较好。锥环对数多少的选用，取决于所传递扭矩的大小。

滚珠丝杠的左支承由三个角接触球轴承 15 组成。其中，右边两个轴承与左边一个轴承的大口相对布置，由螺母 16 进行预紧。如图 3-27(a)所示，滚珠丝杠的右支承为一个圆柱滚子轴承 7，只用于承受径向载荷，轴承间隙用螺母 8 来调整。滚珠丝杠的支承形式属于左端固定、右端浮动，留有丝杠受热膨胀后轴向伸长的余地。3 和 6 为缓冲挡块，起超程保护作用。图 3-27(a)中 *B* 向视图中的螺钉 10 将滚珠丝杠的右支承座 9 固定在床身 13 上。

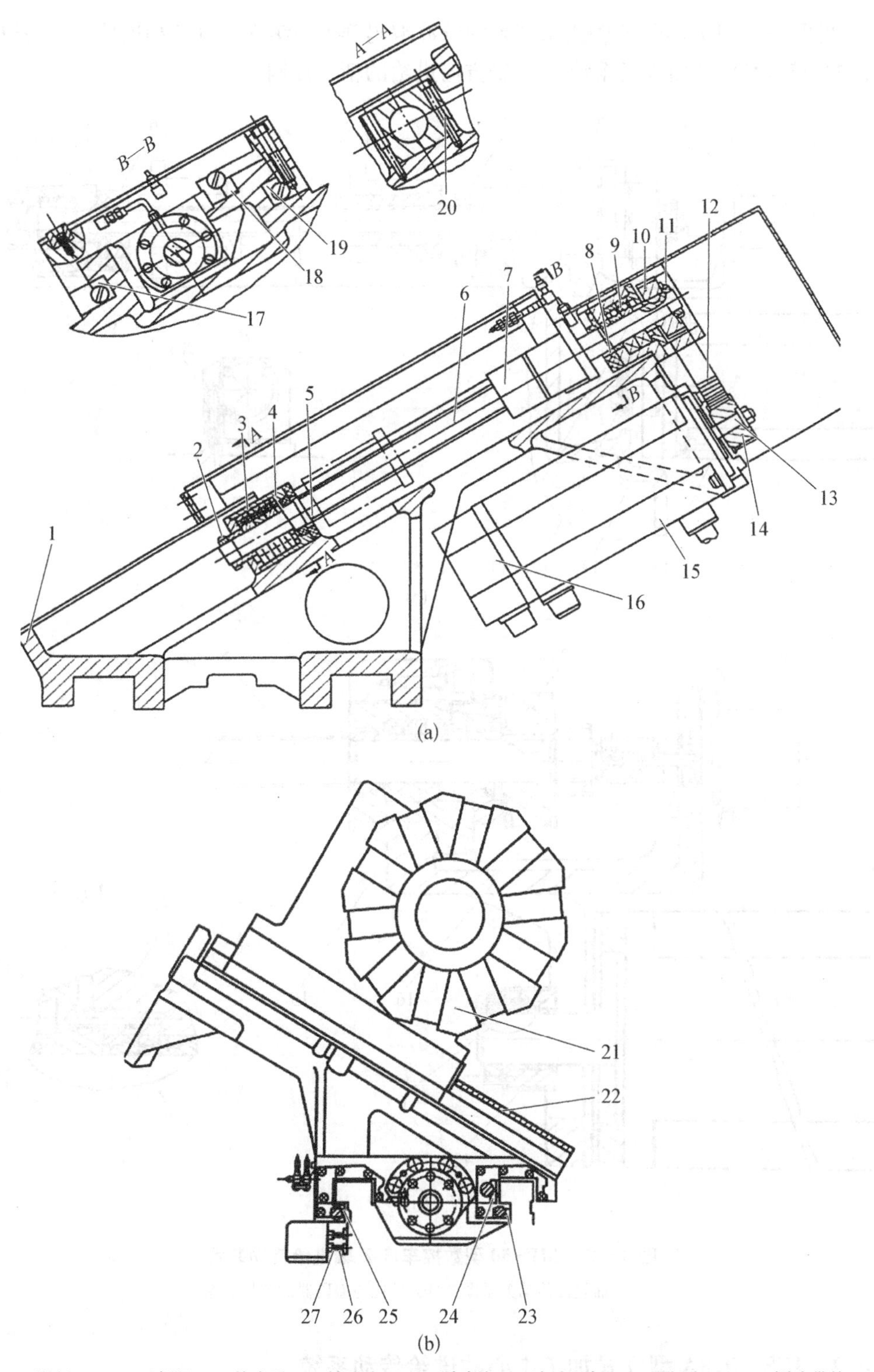

1—滑板；2、7、11—螺母；3—前支承；4—轴承座；5、8—缓冲块；6—滚珠丝杠；9—后支承；10、14—同步带轮；12—同步带；13—键；15—交流伺服电机；16—脉冲编码器；17、18、19、23、24、25—镶条；20—螺钉；21—刀架；22—导轨护板；26、27—限位开关及撞块。

图 3-26　MJ-50 型数控车床 X 轴进给传动装置

如图 3－27(b)所示，Z 轴进给装置的脉冲编码器 1 与滚珠丝杠 5 相连接，可直接检测丝杠的回转角度，从而提高系统对 Z 轴方向进给的精度控制。

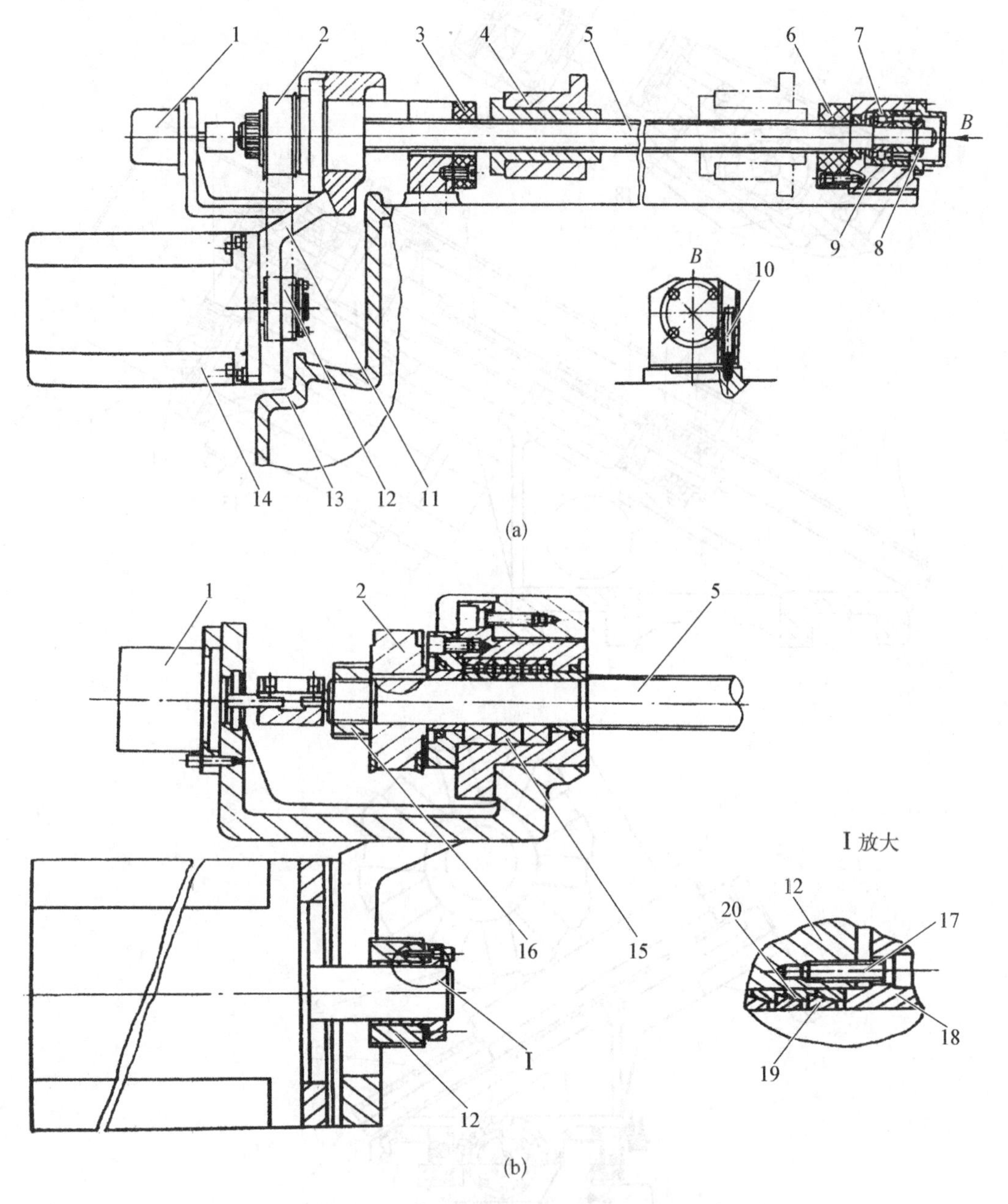

图 3－27　MJ－50 型数控车床 Z 轴进给传动装置

(a) Z 轴丝杠传动关系图　(b) 丝杠与编码器的连接关系

3.4.2　JCS－018A 型立式加工中心的进给传动系统

JCS－018A 型立式加工中心的 X、Y、Z 三个轴各有一套进给系统，分别由三台功率为 1.4 kW 的脉宽调速直流伺服电动机直接带动滚珠丝杠旋转，如图 3－28 所示。三个轴的进给速度均为 1～400 mm/min，快移速度 X、Y 轴为 14 m/min，Z 轴为 10 m/min。为了保证各轴的进给传动系统有较高的传动精度，电动机轴和滚珠丝杠之间均采用了锥环无键连接和高精度十字联轴器的连接结构。

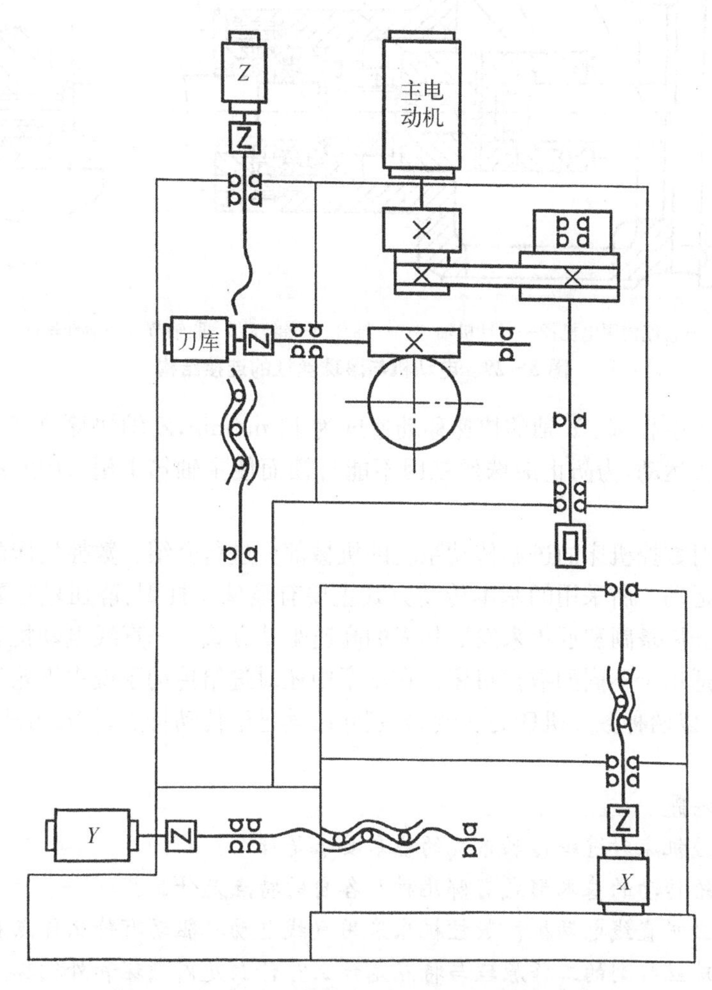

图 3-28　JCS-018A 型立式加工中心传动系统图

下面以 Z 轴进给装置为例，说明电动机轴与滚轴进给装置中电动机与滚珠丝杠之间的连接结构。图 3-29 所示为 Z 轴进给装置中电动机与丝杠连接的局部视图。1 为直流伺服电机，2 为电动机轴，7 为滚珠丝杠。电动机轴与轴套 3 之间采用了锥环无键连接结构，这种连接结构可以实现无间隙传动，而且对中性较好，传递动力平稳，加工工艺性好，安装与维修方便。选用锥环对数的多少，取决于所传递扭矩的大小。

高精度十字联轴器由三件组成，其中与电动机轴连接的轴套 3 的端面上有与中心对称的凸键，与丝杠连接的轴套 6 上开有与中心对称的端键槽，中间一件联轴节 5 的两端面上分别有与中心对称且互相垂直的凸键和键槽，它们分别与轴套 3 和 6 相配合，用来传递运动和扭矩。为了保证十字联轴节的传动精度，在装配时凸键与凹键的径向配合向要经过配研，以便消除反向间隙和平稳传递动力。

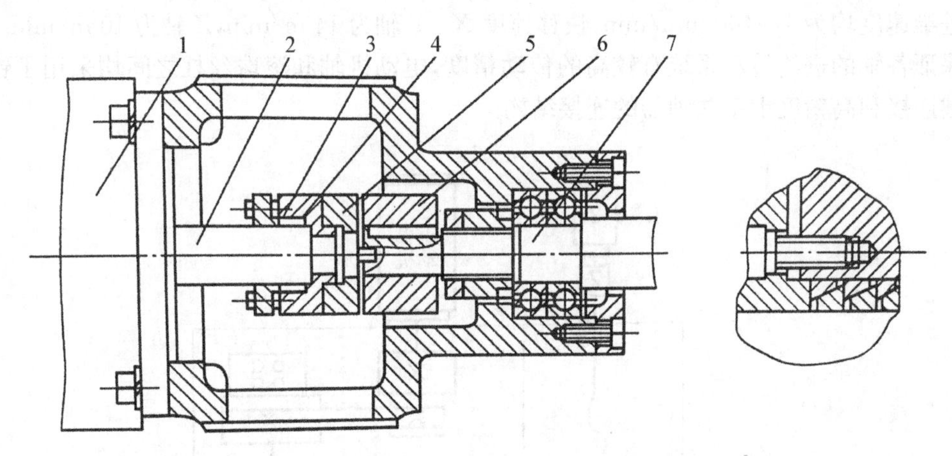

1—直流伺服电机；2—电动机轴；3、6—轴套；4—锥环；5—联轴节；7—滚珠丝杠。

图 3-29　电动机与滚珠丝杠的连接结构

该立式加工中心 X、Y 轴的快速移动速度为 14 m/min，Z 轴快移速度为 10 m/min。由于主轴箱垂直运动，为防止滚珠丝杠因不能自锁而使主轴箱下滑，所以 Z 轴电动机带有制动器。

本章主要对数控机床的进给传动系统的机械部分进行介绍。数控机床的进给运动形式主要为直线运动。所采用的基本传动方式主要有滚珠丝杠副、静压丝杠副、静压蜗杆-蜗轮条副、齿轮-齿条副和近年来发展起来的高速驱动方式——直线电动机直接驱动。根据它们的特点适用于不同的数控机床。在本章中还对进给传动系统中齿轮传动间隙调整进行了介绍，并以两种数控机床为实例，分别介绍其进给传动特点、传动方式和传动结构。

习题与思考题

3-1　数控机床对进给传动系统的基本要求是什么？

3-2　进给传动的基本形式有哪几种？各自的特点是什么？

3-3　什么叫直线电动机？数控机床采用直线电动机驱动有什么优点和缺点？

3-4　滚珠丝杠副的工作原理与特点是什么？什么是内循环和外循环方式？

3-5　滚珠丝杠副的标识符号包括哪些内容？应该按什么顺序排列？

3-6　说明滚珠丝杠副消除间隙的方法。

3-7　滚珠丝杠支承形式有哪几种？特点是什么？各适用什么情况？

3-8　消除传动齿轮副的传动间隙有哪几种方法？

3-9　何为齿轮间隙的刚性调整法？何为齿轮间隙的柔性调整法？各自的特点是什么？

第 4 章　数控机床机械结构

4.1　数控机床的机械结构及其特点

4.1.1　数控机床机械结构的组成

数控机床的机械结构主要由以下几个部分组成。

(1) 主传动系统包括动力源、传动件及主运动执行件主轴等，其功能是将驱动装置的运动及动力传给执行件，以实现主切削运动。

(2) 进给传动系统包括动力源、传动件及进给运动执行件工作台、刀架等，其功能是将伺服驱动装置的运动与动力传递给执行件，以实现进给切削运动。

(3) 基础支承件指床身、立柱、导轨、滑座、工作台等，它支撑机床的各主要部件，并使它们在静止或运动中保持相对正确的位置。

(4) 辅助装置是根据数控机床的不同而异，如自动换刀系统、液压气动系统、润滑冷却系统、上下料机器人系统、排屑系统等。

图 4－1 为某型数控机床的机械结构组成。因为该数控机床配有自动换刀装置，实际上该数控机床是一种数控加工中心。该加工中心可在一次装夹零件后，自动连续完成铣、钻、镗、铰、攻螺纹等加工。由于工序集中，显著提高了加工效率，也有利于保证各加工面间的位置精度。

该加工中心的床身为该机床的基础部件。交流变频调速电动机将运动经主轴箱内的传动件传给主轴，实现旋转主运动。三个脉宽调速直流伺服电动机分别经滚珠丝杠螺母副将运动传给工作台、滑座，实现 X、Y 方向的进给运动，以及将运动传给主轴箱，使其沿立柱导轨作 Z 方向的进给运动。

立柱左上侧的盘式刀库可容纳 16 把刀，由换刀机械手负责自动换刀。立柱的左后部为数控柜，右侧为驱动电源柜，左下侧为润滑油箱等辅助装置。

4.1.2　数控机床的结构特点

为了提高加工效率和加工质量，在设计和制造数控机床的过程中，在机床的机械传动和结构方面采取了许多措施，使数控机床比普通机床在机械传动和结构上有显著的优势。

为了实现数控机床的高加工精度、高切削速度和高的自动化性能，其机械结构应具备以下特点。

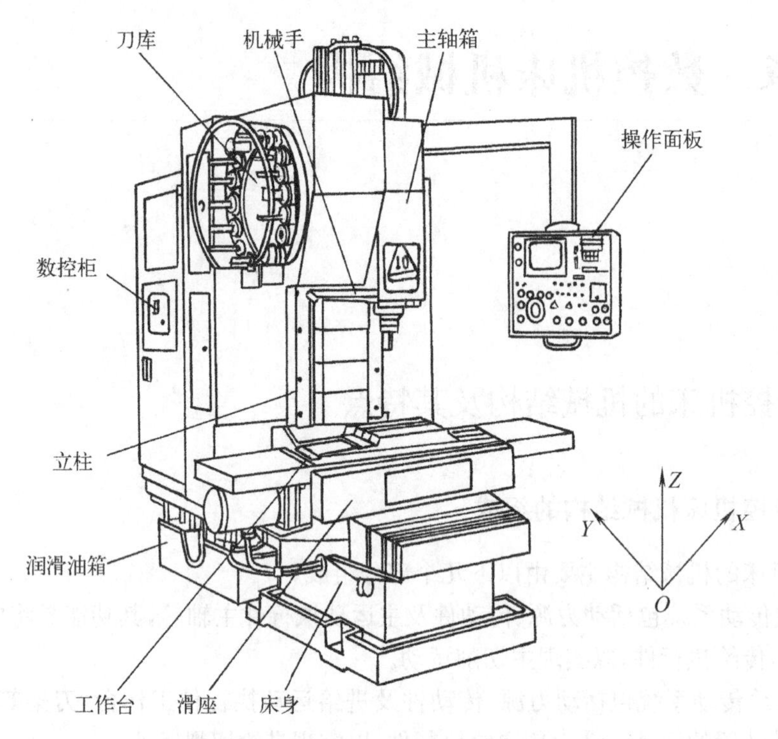

图 4-1　某型号数控加工中心机械结构

1. 高刚度

数控机床要在高速和重负荷条件下工作，机床的床身、立柱、主轴、工作台和刀架等主要部件，均需具有很高的刚度，以减少机床工作中的变形和振动。例如，床身采用双结构，并配置有斜向筋板及加强筋，使其具有较高的抗弯刚度和抗扭刚度；合理选择床身的结构形式，提高构件的局部刚度和采用焊接结构。同时，合理安排结构布局，采取补偿变形措施，提高构件间的接触刚度和机床与地基连接处的刚度等。

为提高主轴部件的刚度，除主轴部件在结构上采取必要的措施以外，加工中心还采用高刚度的轴承，并适当预紧；增加刀架底座尺寸，减少刀具的悬伸，以适应稳定的重切削等。

2. 高灵敏度

数控机床的运动部件应具有较高的灵敏度。导轨部件通常用滚动导轨、塑料导轨、静压导轨等，以减少摩擦力，使其在低速运动时无爬行现象。工作台、刀架等部件的移动，由交流或直流伺服电动机驱动，经滚珠丝杠传动，减少了进给系统的驱动扭矩，提高了定位精度和运动平稳性。

3. 高抗振性

数控机床的一些运动部件，除应具有高刚度、高灵敏度外，还应具有高抗振性，即在高速重切削情况下减少振动，以保证加工零件的高精度和高的表面质量。尤其在重切削过程中，要避免发生共振，因此对数控机床的动态特性提出了更高的要求。

4. 热变形小

机床的主轴、工作台、刀架等运动部件在运动中会产生热量，使加工中心产生相应的热变形。工艺过程的自动化和精密加工的发展，对机床的加工精度和精度稳定性提出了越来越高的要求。为保证部件的运动精度，要求各运动部件的发热量少，以防产生过大的热变形。因此，机床结构根据热对称的原则设计，并改善主轴轴承、丝杠螺母副、高速运动导轨副的摩擦特性。

减少机床热变形的措施，具体如下。

1）改进机床布局和结构

措施1　内部热源的发热是造成热变形的主要原因，因此，在机床布局时应减少内部热源，尽量考虑将电动机、液压系统等置于机床主机之外。

措施2　采用倾斜床身和斜滑板结构，以利于排屑，还应设置自动排泄装置，随时将切屑排到机床外。同时在工作台或导轨上设置隔热防护罩，使切屑的热量隔离在机床外。

措施3　采用热对称结构例如卧式加工中心采用框式双立柱结构，主轴箱嵌入立柱内，并且在立柱左右导轨内侧定位。这样，热变形使主轴中心将主要产生垂直方向的变化，这变形量可以用垂直坐标移动的修正量加以补偿。

2）加强冷却和润滑

为控制切削过程产生的热量，现代数控机床，特别是加工中心和数控车床多采用多喷嘴、大流量冷却系统直接喷射切削部位，冷却并排除这些炽热的切屑，并对冷却液用大容量循环散热和冷却装置制冷以控制温升。对于机床上难以分离出去的热源，可采取散热、风冷和液冷等方法来降低温度，减少热变形。

3）控制环境温度

在安装数控机床的区域内应尽量采取保持恒定环境温度的措施，精密数控机床还不应受到阳光的直接照射，以免引起不均匀的热变形。

4）热位移补偿

通过预测热变形规律，建立数学模型并存入 CNC 数控系统中，控制输出值进行实时补偿。或者在热变形敏感部位安装传感元件，实测变形量，经放大后送入 CNC 系统进行修正补偿。

5. 高精度保持性

为了加快数控机床投资的回收，必须使机床保持很高的开动比（比普通机床高 2～3 倍），因此必须提高机床的寿命和精度保持性，即在保证尽可能地减少电气和机械的故障的同时，要求数控机床在长期使用过程中不失去精度。

减小运动部件的质量，采用低摩擦因数的导轨和轴承以及滚珠丝杠副、静压导轨、直线滚动导轨、塑料滚动导轨等高效执行部件，可以减小系统的摩擦阻力，提高运动精度，避免低速爬行。缩短传动链，对传动部件进行消隙，对轴承和滚珠丝杠进行预紧，可以减小机械系统的间隙和非线性影响，提高机床的运动精度和稳定性。

6. 高可靠性

数控机床在自动或半自动条件下工作，尤其在柔性制造系统（FMS）中的数控机床，可在 24 h 运转中实现无人管理，这就要求机床具有高的可靠性。提高数控装置及机床结构的可靠性，即在工作过程中频繁动作的部件，比如换刀机构、托盘、工件交换装置等，必须保证在长期工作中十分可靠。另外，加工中心引入机床机构故障诊断系统和自适应控制系统,优化切削用量等,也都有助于提高机床的可靠性。

7. 模块化

模块化设计思想使机床的配置更加灵活,使用户在数控机床的功能、规格方面有更多的选择余地。做到既能满足用户的加工要求,又尽可能不为其不需要的功能买单。数控机床通常由床身、立柱、主轴箱、工作台、刀架系统及电气总成等部件组成。

如果把各种部件的基本单元作为基础,按不同功能、规格和价格设计成多种模块,用户可以按需要选择最合理的功能模块配置成整机。这不仅降低了数控机床的设计和制造成本,而且能缩短设计和制造周期,使加工中心最终赢得市场。目前,模块化的概念已开始从功能模块向全模块化方向发展,它已不局限于功能的模块化,而是扩展到零件和原材料的模块化。

8. 机电一体化

数控机床的机电一体化是对总体设计和结构设计提出的重要要求。它是指在整个数控机床功能的实现以及总体布局方面必须综合考虑机械和电气两方面的有机结合。新型数控机床的各系统已不再是各自不相关联的独立系统。最具典型的例子之一是数控机床的主轴系统,已不再是单纯的齿轮和带传动的机械传动,而是由交流伺服电动机为基础的电主轴。电气总成也已不再是单纯游离于机床之外的独立部件,而是把加工中心在布局上和机床结构有机地融为一体。由于抗干扰技术的发展,目前已把电力的强电模式与微电子的计算机弱电模块组合成一体,既减小了体积,又提高了系统的可靠性。

9. 机械传动效率高、稳定性好

机床的运动精度和稳定性不仅与数控系统的分辨率、伺服系统的精度的稳定性有关,而且还在很大程度上取决于机械传动的精度。传动系统的刚度、间隙、摩擦死区、非线性环节都会对机床的稳定性和精度产生较大影响。减小运动部件的质量,采用低摩擦因数的导轨和轴承以及滚珠丝杆副、静压导轨、直线滚动导轨、塑料滑动导轨等高效执行部件,可以减小系统的摩擦阻力,提高运动精度,避免低速爬行。

缩短传动链,对传动部件进行消隙,预紧轴承和滚珠丝杠,可以减小消除机械系统的间隙和非线性影响,提高机床的运动精度和稳定性。

10. 高自动化

高自动化、高精度、高效率数控机床的主轴转速、进给速度和快速高精度定位,可以通过切削参数的合理选择,充分发挥刀具的切削性能,减少切削时间,且整个加工过程连续,各种辅助工作效率高,动作快,自动化程度高,减少了辅助作业时间和停机时间,同时要求机床操作方便,满足人机工程学的要求。

4.2 数控机床的总体布局

机床总体方案设计的目的在于从整体上保证设计的优化。机床总体方案设计由下列三部分组成。

(1) 技术参数设计方面包括主要尺寸规格、运动参数(转速和进给范围)、动力参数

（电动机功率、最大拉力）。

（2）总体布局设计方面包括相互位置关系、运动分配、运动仿真（干涉检查）、外观造型。

（3）结构优化设计方面包括整机静刚度、整机运动性能、整机热特性。

数控机床加工工件时，和普通机床一样，要有自主运动（由刀具或工件完成）和进给运动（由刀具和工件作相对运动）实现工件表面的成型运动（直线运动、圆周运动，或螺旋运动，或曲线轨迹运动）。而机床的这些运动，必须由相应的执行部件（如主运动部件，直线或圆周进给部件）以及一些必要的辅助运动（如转位、夹紧、冷却及润滑）部件来完成。

上述组成数控机床的各类部件在决定它们的相互关系，即进行机床的总体布局时，需要考虑多方面的问题：一方面是要从机床的加工原理（机床各部件的相对运动关系），结合考虑工件的形状、尺寸和位置等因素，来确定各主要部件之间的相对位置关系和配置。另一方面还要全面考虑机床的外部因素，如外观造型、操作维修，生产管理和人机关系等问题对机床总布局的要求。

多数数控机床的总体布局与和它类似的普通机床的总布局是基本相同或相似的，并且已经形成了传动的、经过考验的固定形式，只是随着生产要求和科学技术的发展，还会不断有所改进。数控机床的总体布局是机床设计中带有全局性的问题，它的好坏对机床的制造和使用都有很大的影响。然而，由于机床种类繁多，使用目的各异，加之对机床有不同的认识，即使是同一用途的机床，其结构形式与总布局的方案也可以是多种多样的。

因此，要归纳一些系统的、普遍适用的数控机床总布局的规律是较困难的。下述的一些问题，可作为数控机床总体布局设计的参考。

4.2.1　总体布局与工件形状、尺寸和质量的关系

数控机床加工工件所需的运动只是相对运动，故对执行部件的运动分配可以有多种方案。例如，刨削加工可由工件来完成主运动而由刀具来完成进给运动，如龙门刨床。或者相反，由刀具完成主运动而由工件完成进给运动，如牛头刨床。这样就影响到部件的配置和总体关系。

当然，这都取决于被加工工件的尺寸、形状和质量，如图 4-2 所示。同样是用于铣削加工的机床，根据工件的质量和尺寸不同，可以有四种不同的布局方案。如图 4-2(a)所示为加工轻工件的升降台铣床，工件的三个方向的进给运动，分别由工作台、滑鞍和升降台来实现。当加工工件较重或者尺寸较高时，则不宜由升降台带着工件作垂直进给运动，而是改由铣刀头带着刀具来完成垂直进给运动，如图 4-2(b)所示。这种布局方案，机床的尺寸参数，即加工尺寸范围可以取得大一些。

图 4-2(c)所示的龙门式数控铣床，工作台带动工件作一个方向的进给运动，其他两个方向的进给运动由多个刀架即铣头部件在立柱与横梁上移动来完成。这样的布局不仅适用大质量工件加工，而且多铣头，也使机床的生产效率得到很大的提高。

对于大质量工件加工，工件作进给运动，在结构上难以实现，故采用图 4-2(d)所示的布局方案。全部进给运动均由铣头运动来完成，这种布局形式可减小机床的结构尺寸和质量。再如车床类的机床，有卧式车床、端面车床、单立柱立式车床和龙门框架式立车等

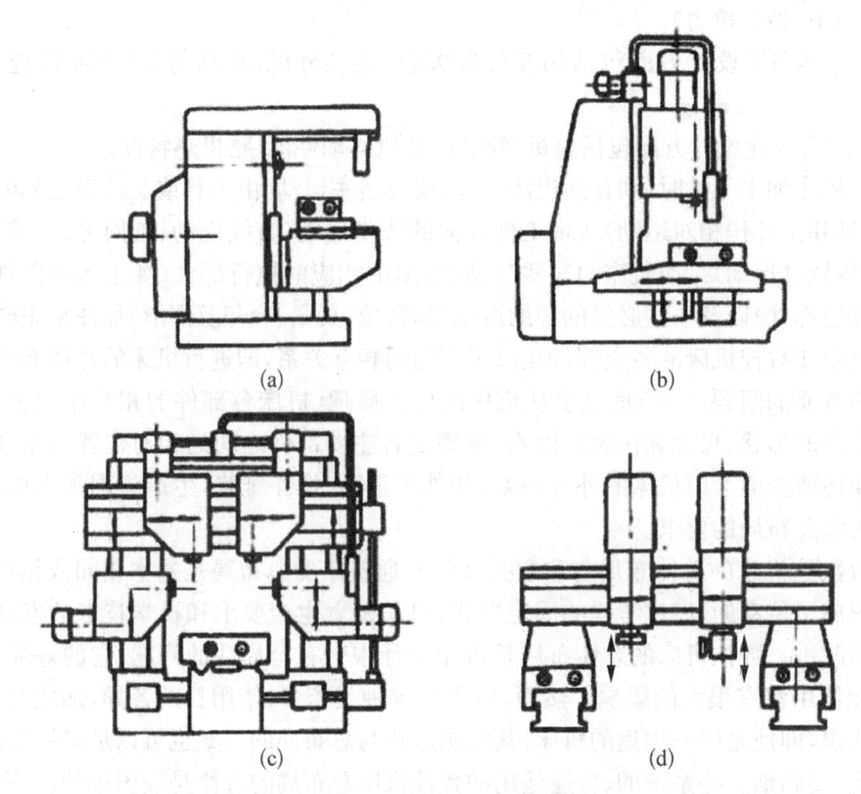

图 4-2　适用于不同工件尺寸和质量的数控铣床的布局

不同的布局方案，也是由加工件的尺寸与质量所决定的。

4.2.2　加工功能与运动数目对机床部件的布局的影响

运动数目，尤其是进给运动数目的多少，直接与表面成型运动和机床的加工功能有关。运动的分配与部件布局是机床总体布局的中心问题。

以数控镗铣床为例，一般都有四个进给运动的部件，要根据加工的需要来配置这四个进给运动部件。如需要对工件的顶面进行加工，则机床主轴应是立式布局，如图 4-3(a)所示。在三个直线进给坐标之外，再在工作台上加一个既可立式也可卧式安装的数控转台或分度工作台作为附件。如果需要对工件的多个侧面进行加工，则主轴应布局成卧式的，同样是在三个直线进给坐标之外，再加一个数控转台，以便在一次装卡之后，能集中完成多面的铣、镗、钻、铰、攻丝等多工序加工，如图 4-3(b)、图 4-3(c)所示。

数控卧式镗铣床的一个很大差异是没有镗杆也没有后主轴。因为在自动定位镗孔时，将镗杆装调到后立柱中是难以实现的。对于跨距较大的多层壁孔的镗削，只有依靠数控转台或分度工作台转动工件，调镗刀完成镗削。因此，对分度精度和直线坐标的定位精度都要提出较高的要求，以保证镗孔时轴孔的同轴度。

在数控镗铣床上用端铣刀加工空间曲面形工件，是一种最复杂的加工情况，除主运动外，一般需要有三个进给坐标 X、Y、Z，以及两个回转进给坐标(即圆周进给坐标)，以保证刀具轴线向量处与工件被加工表面的法线重合，这就是所谓的主轴联动的数控镗铣床。

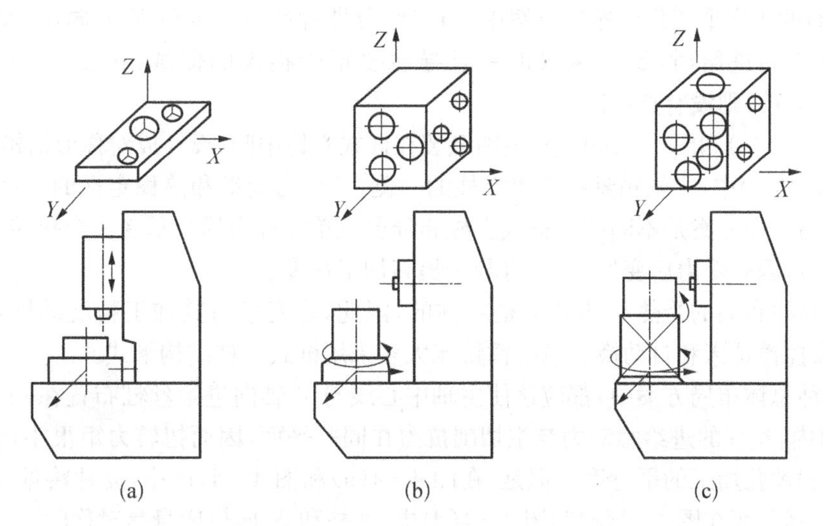

图 4-3　适用加工功能和运动数目的数控镗铣床的布局

由于进给运动的数目较多，而且加工工件的形状、大小、质量和工艺要求差异也很大。因此，这类数控机床的布局形式是多种多样的，很难有某种固定的布局模式。在布局时，应遵循的原则是：

(1) 获得较好的加工精度、较低的表面粗糙度 Ra 值和较高的生产率。

(2) 转动坐标的摆动中心到刀具端面的距离不要过大，这样可使坐标轴摆动引起的刀具切削点直角坐标的改变量最小，最好的布局是：摆动时只改变刀具轴线量的方位，而不改变切削点的坐标位置。

(3) 工件的尺寸和质量较大时，摆动进给运动由装有刀具的部件来完成；反之由装夹工件的部件完成。这样做的目的是方便摆动，使摆动坐标部件的结构尺寸较小，质量较轻。

(4) 两个摆角坐标合成矢量应能在半球空间范围的任意方位变动。

同样，布局方案应保证机床各部件总体上有较好的结构刚度、抗振性和热稳定性；由于摆动坐标带着工件或刀具摆动的结果，将减少加工工件的尺寸范围，这一点也是在数控机床总体布局时需要考虑的。

4.2.3　总体布局与机床的结构性能的关系

数控机床的总体布局应该能使机床具备良好的精度、刚度、抗振性和热稳定性等结构性能。图 4-4 所示的几种数控卧式镗铣床，其运动要求与加工功能是相同的，但是结构的总体布局却是不相同的，其结构性能也是有差异的。

图 4-4(a)和图 4-4(b)方案采用了 T 型床身布局，前床身横置与主轴轴线垂直，立柱带着主轴箱一起作 Z 坐标进给运动，主轴箱在立柱上作 Y 向进给运动。T 型床身布局的优点是：工作台沿前床身方向作 X 坐标进给运动，在全部行程范围内工作台均可安放在床身上，故刚性较好，提高了工作台的承载能力，易于保证加工精度，而且可采用较长的工作台行程，床身、工作台及数控转台为三层结构，在相同的台面高度下，比图 4-4(c)和图 4-4(d)的四层结构十字形工作台，更易保证机床大件的结构刚性。而在图 4-4(c)和

图 4-4(d)的十字形工作台布局方案中，当工作台带着数控转台在 X 方向作大距离移动和下拖板 Z 向进给时，Z 向床身的一条导轨要承受很大的偏载，在图 4-4(a)和图 4-4(b)方案中，则没有这一问题。

在图 4-4(a)和图 4-4(d)中，主轴箱装在框式立柱中间，设计成对称形结构；图 4-4(b)和图 4-4(c)中，主轴箱悬挂在单立柱的一侧，从受力变形和热稳定性的角度分析，这两种主轴箱布局方案是不同的。框式立柱布局要比单立柱布局少承受一个扭转力矩和一个弯曲力矩，因而受力后变形就小，有利于提高加工精度。

框式立柱布局的受热与热变形是对称的，因此，热变形对其加工精度的影响小。所以，一般数控镗铣床和自动换刀数控镗铣床大多采用框式立柱结构形式。

在四种总体布局方案中，都应该使主轴中心线与 Z 轴向进给丝杠布置在同一个平面 YOZ 平面内，丝杠的进给驱动力与主切削抗力在同一平面，因而扭转力矩很小，容易保证铣削精度和镗孔加工的平行度。但是，在图 4-4(a)和图 4-4(c)中，立柱将偏在 Z 向拖板中心的一侧，而在图 4-4(a)和图 4-4(d)中，立柱和 X 向横床身是对称的。

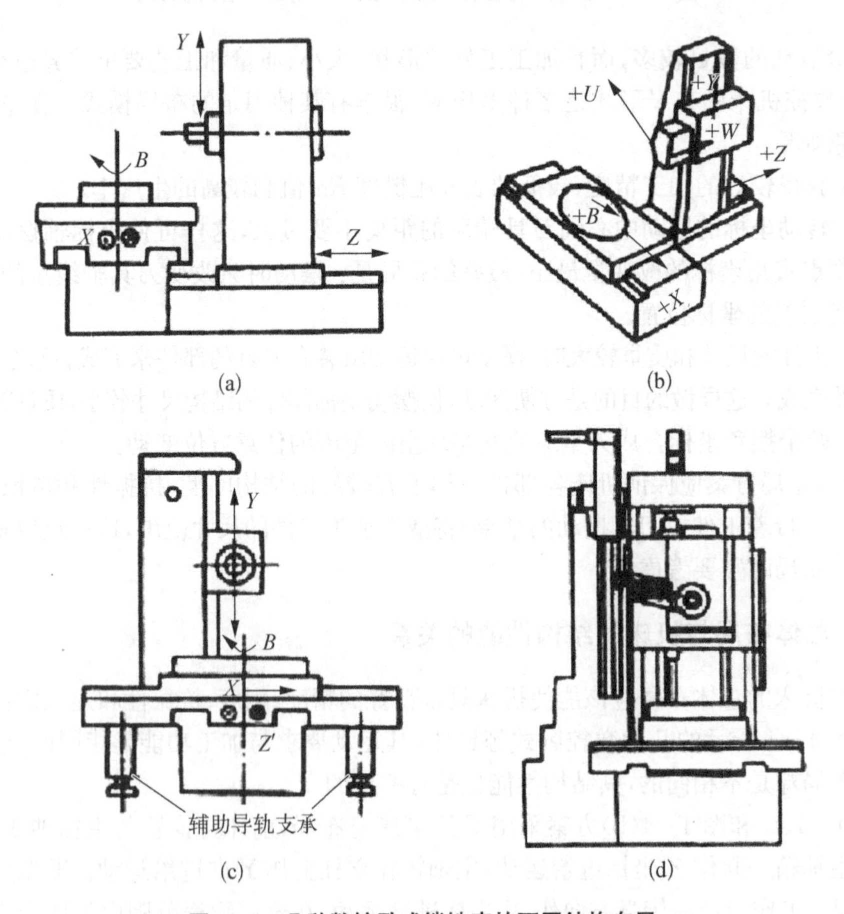

图 4-4 几种数控卧式镗铣床的不同结构布局

立柱带着主轴箱作 Z 向进给运动的方案，其优点是能使数控转台、工作台和床身为三层结构，但是当机床的尺寸规格较大，立柱较高、较重，再加上主轴箱部件，将使 Z 向进给的驱动功率增大，而且立柱过高时，部件移动的稳定性将变差。

综上所述，在加工功能和运动要求相同的条件下，数控机床的总布局方案是多种多样的，以机床的刚度、抗振性和热稳定性等结构性能作为评价指标，可判别出布局方案的优劣。

4.2.4　机床的使用要求与总体布局

数控机床是一种全自动化的机床，但是像装卸工件和刀具(加工中心可以自动装卸刀具)、清理刀屑、观察加工情况等辅助工作，还是由人工完成的。因此，在考虑数控机床总体布局时，除遵循机床布局的一般原则，还应考虑在使用方面的特定要求。

1. 便于同时操作和观察

数控机床的操作按钮开关都放在数控装置上。对于小型数控机床，将数控装置放在机床的附近，一边在数控装置上进行操作，一边观察机床的工作情况，还是比较方便的。但是对于尺寸较大的机床，这样的布局方案，因工作区与数控装置之间距离较远，操作和观察会有顾此失彼的问题。

因此，要设置吊挂按钮站，可由操作者将其移动到方便操作的位置，对机床进行操作和观察。对于重型数控机床这一点尤为重要，在重型数控机床上，总是设有接近机床工作区域的，并且可以随工作区变动而移动的操作台，吊挂按钮站或数控装置应放置在操作台上，以便同时操作和观察。

2. 刀具、工件装卸、夹紧方便

除了可以自动换刀的加工中心以外，数控机床的刀具和工件的装卸、夹紧松开，均由操作者来完成，要求易于接近装卸区域，而且安装装夹机构要省力简便。

3. 排屑和冷却

数控机床的切削较多，排屑是个很重要的课题，机床结构布局要便于排屑。现代数控机床多采用斜床身与立床身，这两种布局结构有利于排出切屑。如图4－5所示，即为一种斜床身布局。

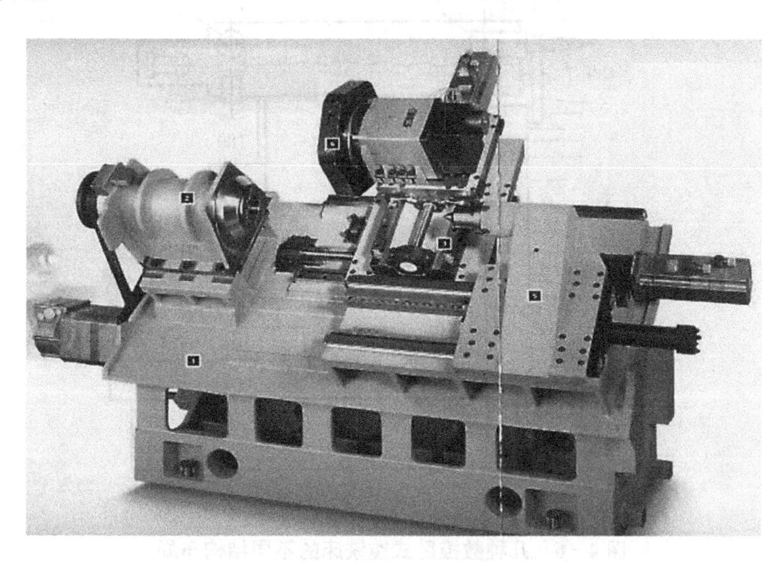

图4－5　数控卧式镗铣床的结构布局

4.2.5 数控卧式镗铣床(加工中心)的总体布局

自动换刀数控卧式镗铣床,可以说是由数控镗铣床加上刀具自动交换系统(包括刀库、识别刀具的检测器和刀具交换的机械手等)所组成。因此,主机总体布局的原则与普通数控机床的布局原则是相同的,但要特别考虑的是如何将刀具自动交换系统与主机有机地结合在一起,构成一台完整的自动换刀数控镗铣床。所要考虑的问题有:选择合适的刀库、换刀机械手与识刀装置的类型,力求这些结构部件的结构简单,动作少而可靠;机床的总体结构尺寸紧凑,刀具存储交换时,保证刀具与工件、机床部件之间不发生干涉等。

图 4-6(a)所示为 JCS-013 型自动换刀数控卧式镗铣床的布局方案,它采用四排链式刀库,装刀容量为 60 把,放在机床的左后方,与主机没有固联在一起。双爪式的机械手

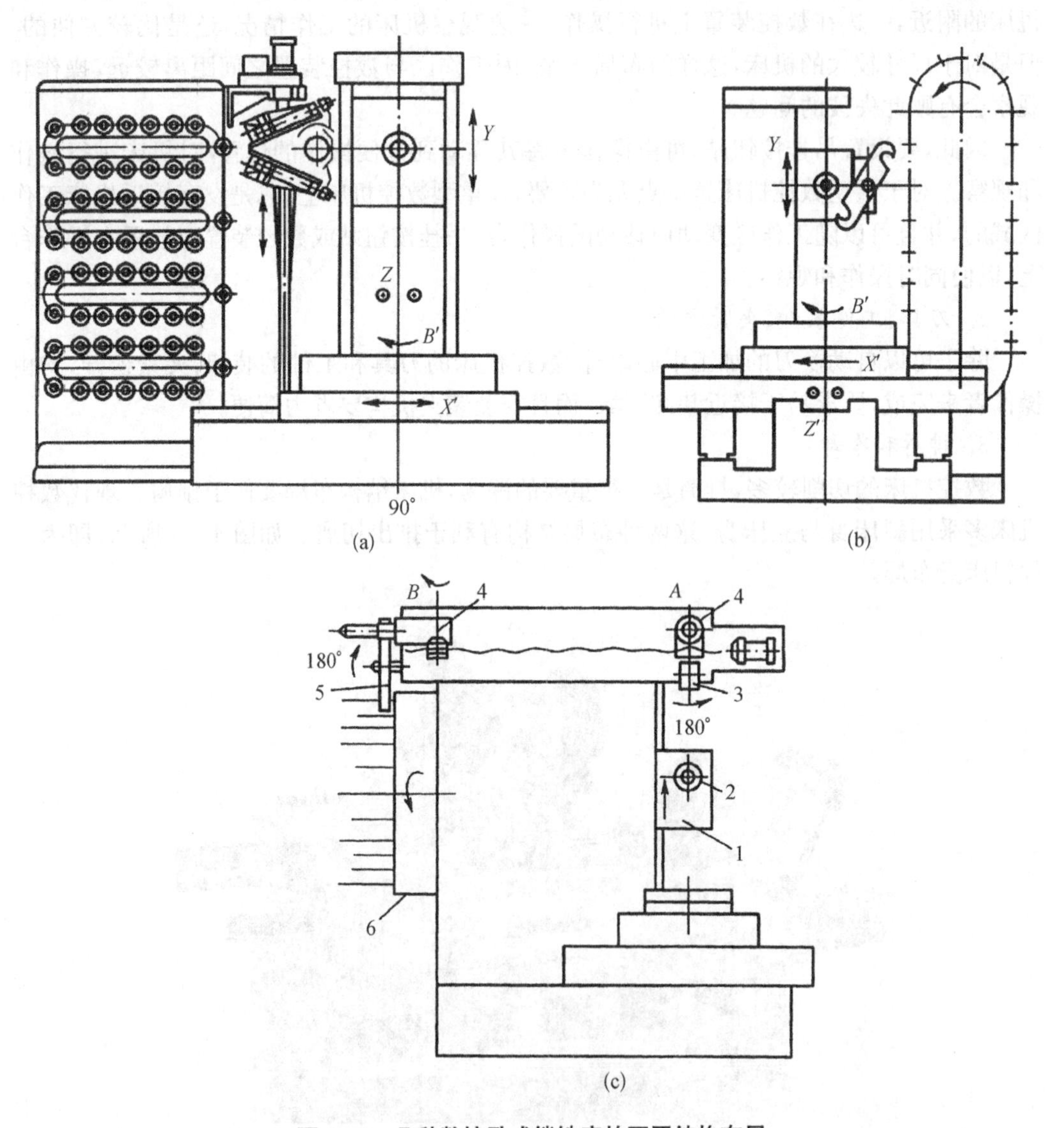

图 4-6 几种数控卧式镗铣床的不同结构布局

(a) 链式刀库与主机分离布置 (b) 链式刀库安装在主机右前方 (c) 圆盘刀库安装在立柱后侧

在立柱上移动，可在四排刀库的固定位置上取刀，取刀后机械手回转 180°，并上移到固定的换刀位置，在主轴上进行刀具交换。这种方案的刀库容量可以选的较大，放在主机之外对主机的工作没有影响，但要保证刀库、换刀机械手与主机之间的尺寸配合精度，并且安装调整较困难。

机械手的换刀动作也较多，尽管有些可与加工时间重合，但动作太多，可靠性较难保证，而且整机占地面积较大，机床在整体上显得有些松懈。只能实现固定位置换刀，主轴箱重复定位精度将影响加工台肩轴孔的同轴度。

图 4-6(b)所示为另一种加工中心的布局方案，链式刀库放置在主机的前方，对主机的操作有妨碍。换刀机械手装在主轴箱上，可以实现任意位置换刀，因而换刀动作少，立柱的 Z 向退刀动作就是回到换刀位置的动作。

图 4-6(c)所示的布局方案中，圆盘式刀库安装在立柱的后侧，与主轴箱距离较远。因此，采用了前后两个换刀机械手。后机械手将刀具从刀库中取出，先是装入一个运刀装置中，随运刀装置移到固定的位置，再由前换刀机械手在主轴与运刀装置之间进行刀具交换，这样的设计与布局方案所用的结构部件较多，而且换刀的动作也较多，过程也较长，只能在固定位置换刀，同样存在加工台肩孔的不同轴问题。这样的布局方案的结构较紧凑。

还有把链式刀库装在立柱的左侧面，刀库中刀具的轴线与机床的主轴轴线垂直交叉。因此，换刀机械手可作 90°旋转，将刀库中取下的刀具转到与主轴中心线平行的位置进行换刀。

并且换刀的机械手是装在主轴箱上的，可以实现任意位置换刀。这种方案的换刀动作少，结构布局紧凑，外观良好，占地面积较小。现代许多卧式加工中心，尽管所采用的刀库与换刀机械手的结构方案可以不同，但大都采用这种形式的总体布局方案。

4.2.6　数控机床总体布局的其他趋势

1. 机电一体化结构

近年来，由于大规模集成电路、微处理机和微型计算机技术的发展，使数控装置和强电路日趋小型化，不少数控装置将控制计算机、按键、开关、显示器等部件集中安装在吊挂按钮站上。其他的电器则集中或分散与主机的机械部分装成一体，而且还采用气液传动装置，省去液压油泵站，这样就实现了机、电、液一体化结构，从而减少机床的占地面积，又便于操作管理。

2. 全封闭结构

数控机床的效率高，一般采用大流量与高压力的冷却和排屑措施。为了防止切屑与冷却液飞溅，机床的运动部件也采用自动润滑装置。避免润滑油外泄，将机床做成全封闭结构，只在工作区留有可以自动开闭的门窗，用于观察和装卸工件。

3. 机床总体布局的 CAD

机床总体布局设计中，要完成下列任务：初步确定各部件形状、尺寸，安排机床各部件的相互位置，协调各部件间的尺寸关系，设计机床外形和人机界面。它是机床设计过程中的一个十分烦琐和复杂的工作，它直接影响着机床设计的效率和质量。

由于机床的类别千差万别，而且各种类型机床的总体布局又各有特点。对于一般通用机床和一些专用机床，虽已形成固定的类别和系列型谱，其部件的具体型式尚未标准化，且其运动比较复杂，对外形美观和人机界面的要求也高，故该类机床的总体布局设计没有严格的规律可循。为提高我国机床的发展水平，实现中国制造2025的发展目标，又快又好地生产满足国内各部门要求的各类数控机床，开发适合机床布局的CAD系统，在经济上和技术上都有重大的意义。

4.3 数控机床的自动换刀装置

为了提高数控机床的加工效率，除了要提高切削速度，减少非切削时间也非常重要，现代数控机床正向着工件在一台机床上一次装夹可完成多道工序或全部工序加工的方向发展，这些多工序加工的数控机床在加工过程中需使用多种刀具，因此必须有自动换刀装置，以便选用不同的刀具，来完成不同工序的加工。

自动换刀装置应当满足的基本要求包括：刀具换刀时间短，换刀可靠，刀具重复定位精度高，足够的刀具存储量，刀库占地面积小，安全可靠等。

4.3.1 自动换刀装置的类型

换刀形式有回转刀架换刀、更换主轴换刀、更换主轴箱换刀、带刀库的自动换刀等。各类数控机床的自动换刀装置的结构和数控机床的类型、工艺范围、使用刀具种类和数量有关。数控机床常用的自动换刀装置的类型、特点、适用范围如表4-1所示。

表4-1 自动换刀装置的主要类型、特点及适用范围

<table>
<tr><th colspan="2">类型</th><th>特点</th><th>适用范围</th></tr>
<tr><td rowspan="2">转塔刀架</td><td>回转刀架</td><td>回转刀架多为顺序换刀，换刀时间短，结构简单紧凑，容纳刀具较少</td><td>各种数控车床，车削中心机床</td></tr>
<tr><td>转塔头</td><td>顺序换刀，换刀时间短，刀具主轴都集中在转塔头上，结构紧凑，但刚性较差，刀具主轴数受限制</td><td>数控钻床、镗床</td></tr>
<tr><td rowspan="3">刀库式</td><td>刀库与主轴直接换刀</td><td>换刀运动集中，运动部件少。但刀库运动多。布局不灵活，适应性差</td><td rowspan="3">各种类型的自动换刀数控机床，尤其是对使用回转类刀具的数控镗铣，钻镗类立式、卧式加工中心机床，要根据工艺范围和机床特点，确定刀库容量和自动换刀装置类型，也可用于加工工艺的立、卧式车削中心机床</td></tr>
<tr><td>用机械手配合刀库换刀</td><td>刀库只有选刀运动，机械手进行换刀运动，比刀库作换刀运动惯性小，速度快</td></tr>
<tr><td>用机械手、运输装置配合刀库换刀</td><td>换刀运动分散，有多个部件实现，运动部件多，但布局灵活，适应性好</td></tr>
<tr><td colspan="2">有刀库的转塔头换刀装置</td><td>弥补转换刀数量不足的缺点，换刀时间短</td><td>扩大工艺范围的各类转塔式数控机床</td></tr>
</table>

4.3.2　刀库

1. 刀库的类型

刀库是存放加工过程中所使用的全部刀具的装置，它的容量从几把刀到上百把刀。加工中心刀库的形式很多，结构也各不相同，常用的有鼓盘式刀库、链式刀库和格子库式刀库。

1）鼓盘式刀库

鼓盘式刀库结构简单、紧凑，在钻削中心上应用较多。一般存放刀具数目不超过 32 把。目前，大部分的刀库安装在机床立柱的顶面和侧面，当刀库容量较大时，为了防止刀库转动造成的振动对加工精度的影响，有的安装在单独的地基上。图 4－7 为刀具轴线与鼓盘轴线平行布置的刀库，图 4－7(a)为径向取刀式；图 4－7(b)为轴向取刀式。

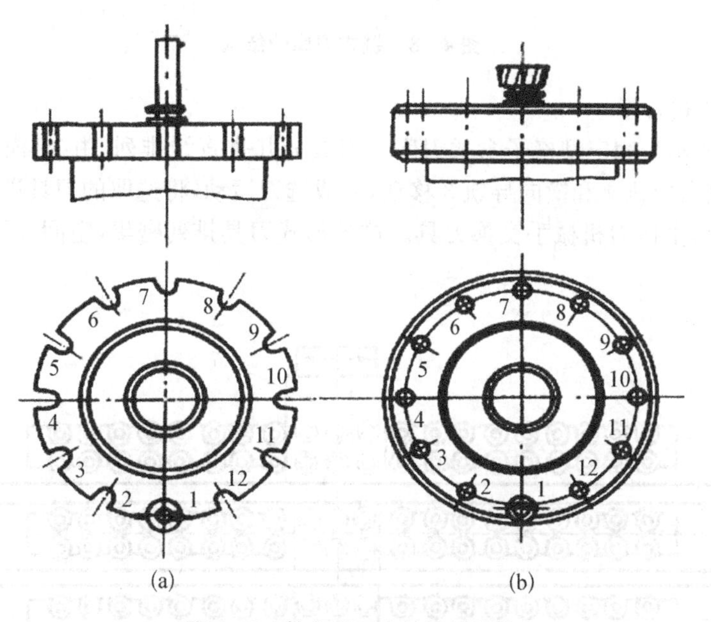

图 4－7　鼓盘式刀库的机械结构

2）链式刀库

链式刀库是在环形链条上装有许多刀座，刀座的孔中装夹各种刀具，链条由链轮驱动。链条可以根据机床的布局配置成多种排列形式，也可将换刀位置突出以便于换刀。

链式刀库有单环链式和多环链式等几种，如图 4－8(a)和图 4－8(b)所示。当链式刀库需要增加刀具数量时，只需增加链条的长度即可，不用改变线速度和惯量，这为系列刀库的设计与制造提供了很多便利条件。当链条较长时，可以增加支承链轮的数目，使链条折叠回绕，提高空间利用率，如图 4－8(c)所示。

链式刀库的特点是结构紧凑，灵活性好，刀库容量较大，选刀和取刀动作简单，适用于刀库容量较大的场合，且多为轴向取刀。一般当道具数量在 30～120 把时，多采用链式刀库。

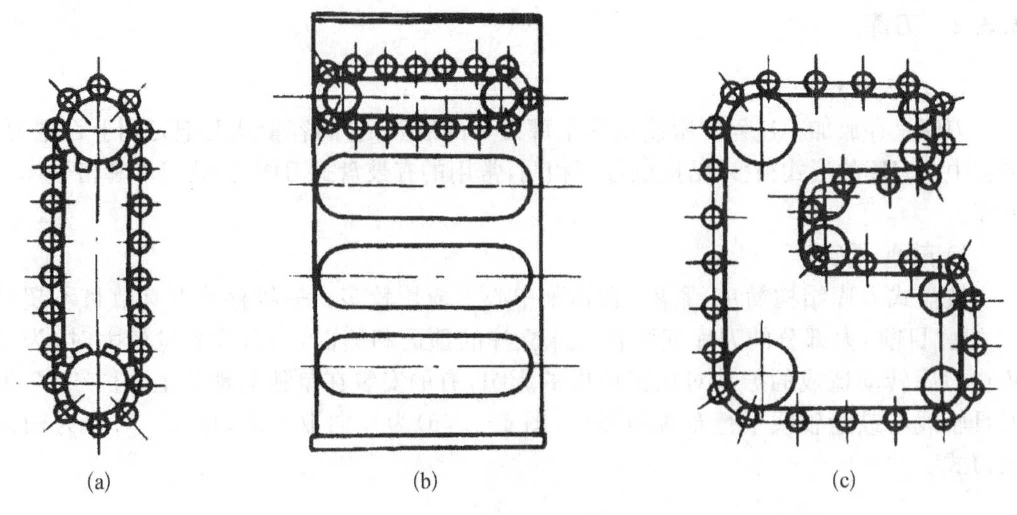

图 4-8　链式刀库的结构

3）格子盒式刀库

图 4-9 所示为固定型格子盒式刀库。刀具分几排直线排列，由纵、横向移动的取刀机械手 6 沿纵向导轨 4 和横向导轨 3 移动，完成选刀运动，将选取的刀具送到固定的换刀位置刀座 5 上，由换刀机械手交换刀具。这种形式刀具排列密集，空间利用率高，刀库容量大。

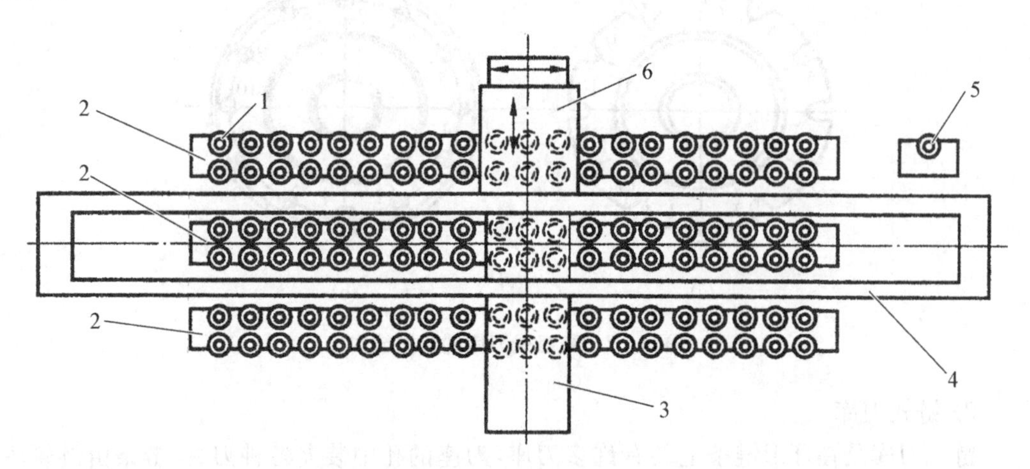

1—刀座；2—刀具固定板架；3—横向导轨；4—纵向导轨；5—换刀位置刀座；6—取刀机械手。

图 4-9　固定型格子式刀库

格子式刀库虽然具有结构简单，占地面积小的特点，在相同的空间内可以容纳更多的刀具，但是由于它的选刀和取刀动作复杂，现在已很少用于单机加工中心，多用于 FMS（柔性制造系统）的集中供刀系统。

2. 刀库的容量

刀库中的刀具容量并不是越多越好，太大的容量会增加刀库的尺寸和占地面积，使选刀过程时间增长。刀库容量的选择首先要考虑加工工艺的需要。

根据对以钻、铣为主的立式加工中心所需刀具数量的统计，绘制出图 4-10 的曲线。曲线表明，用 10 把孔加工工具可完成 70%的钻削工艺，用 4 把铣刀可完成 90%的铣削工艺。据此，可以看出用 14 把刀就可以完成 70%以上的钻铣加工，用 10 把车削刀具可完成 90%以上的车削工艺。若是从完成对被加工工件的全部工序考虑，超过 80%的工件完成全部的加工工艺有 40 把刀具就足够了。

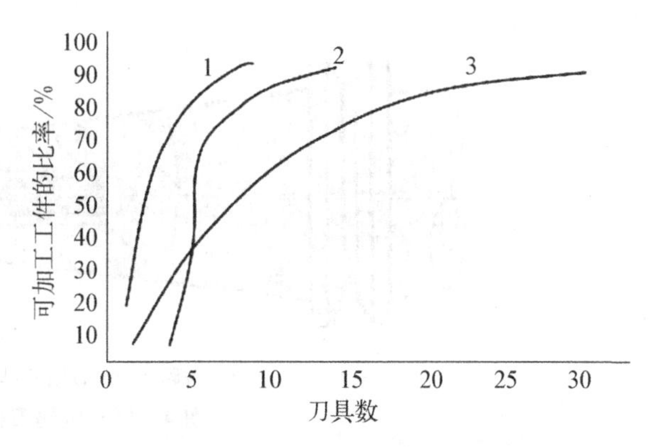

图 4-10　加工工件与刀具数量的关系

因此，从使用的角度出发，刀库的刀具容量一般取为 10～40，盲目的加大刀库容量，将会使刀库的利用率降低，结构过于庞大复杂，造成很大的浪费。

3. *刀具的选择方式*

按数控装置的刀具选择指令，从刀库中挑选各工序所需要的刀具的操作称为自动选刀。常用的选刀方式有顺序选刀和任意选刀：

1) 顺序选刀

刀具的顺序选择方式是将刀具按加工工序的顺序，一次放入刀库的每一个刀座内，刀具顺序不能搞错。

当加工工件改变时，刀具在刀库上的排列顺序也要改变。这种选刀方式的缺点是同一工件上的相同刀具不能重复使用，因此刀具的数量增加，降低了刀具和刀库的利用率，优点是它的控制以及刀库的运动等比较简单。

2) 任意选刀

任意选刀方式是预先把刀库中每把刀具(或刀座)都编上代码，按照编码选刀，刀具在刀库中不必按照工件的加工顺序排列。任意选刀有刀具编码式、刀座编码式、计算机记忆式三种方式。

(1) 刀具编码式。这种选择方式采用了一种特殊的刀柄结构，并对每把刀具进行编码。换刀时通过编码识别装置，根据换刀指令代码，在刀库中寻找所需要的道具。

由于每一把刀都有自己的代码，因而刀具可以放入刀库的任何一个刀座内，这样不仅刀库中的刀具可以在不同的工序中多次重复使用，而且换下来的刀具也不必放回原来的刀座，这对装刀和选刀都十分有利，刀库的容量相应减少，而且可避免由于刀具顺序的差错所发生的事故。但每把刀具上都带有专用的编码系统，刀具长度加长，制造困难，刚度降低，刀库和机械手的结构变复杂。

刀具编码识别有两种方式：接触式识别和非接触式识别。接触式识别编码的刀柄结构如图 4-11 所示。

在刀柄尾部的拉紧螺杆 3 上套装着一组等间隔的编码环 1，并由锁紧螺母 2 将它们固定。编码环的外径有大小两种不同的规格，每个编码环的大小分别表示二进制数的“1”和“0”。

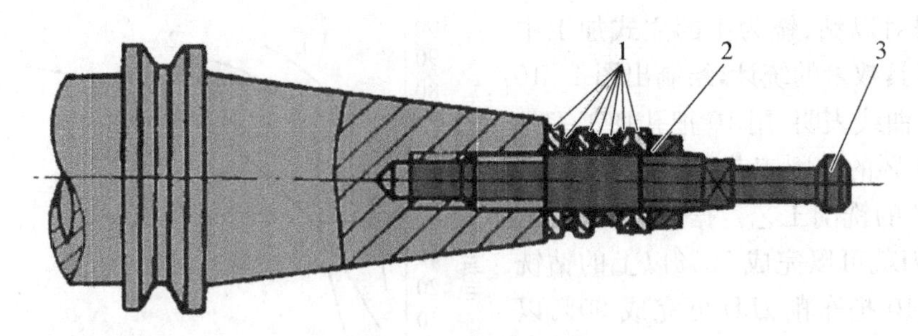

1—编码环;2—锁紧螺母;3—拉紧螺。

图 4-11　编码刀柄示意图

通过对两种圆环的不同排列,可以得到一系列的代码。例如,图 4-11 中的 7 个编码环,就能够区别出 127 种刀具(2^7-1)。

通常全部为零的代码不允许使用,以免和刀座中没有刀具的状况相混淆。当刀具依次通过编码识别装置时,编码环的大小就能使相应的触针读出每一把刀具的代码,从而选择合适的刀具。

接触式编码识别装置结构简单,但可靠性较差,寿命较短,而且不能快速选刀。非接触式刀具识别采用磁性或光电识别法。

磁性识别法是利用磁性材料和非磁性材料磁感应的强弱不同,通过感应线圈读取代码。编码环分别由软钢和塑料制成,软钢代表“1”,塑料代表“0”,将它们按规定的编码排列。

当编码环通过感应线圈时,只有对应软钢圆环的那些感应线圈才能感应出电信号“1”,而对应于塑料的感应线圈状态保持不变“0”,从而读出每一把刀具的代码。磁性识别装置没有机械接触和磨损,因此可以快速选刀,而且结构简单、工作可靠、寿命长。

(2) 刀座编码式。刀座编码是对刀库中所有的刀座预先编码,一把刀具只能对应一个刀座,从一个刀座中取出的刀具必须放回同一刀座中,否则会造成事故。这种编码方式取消了刀柄中的编码环,使刀柄结构简化,长度变短,刀具在加工过程中可重复使用,但必须把用过的刀具放回原来的刀座,送取刀具麻烦,换刀时间长。

(3) 计算机记忆式。目前加工中心上大量使用的是计算机记忆式选刀。这种方式能将刀具号和刀库中的刀座位置(地址)对应的存放在计算机的存储器或可编程控制器的存储器中。不论刀具存放在哪个刀座上,新的对应关系重新存放,这样刀具可在任意位置(地址)存取,刀具不需设置编码元件,结构大为简化,控制也十分简单。在刀库机构中通常设有刀库零位,当执行自动选刀时,刀库可以正反方向旋转,所以每次选刀时,刀库转动不会超过一圈的 1/2。

4.3.3　刀具交换装置

数控机床的自动换刀装置中,实现刀库与机床主轴之间刀具传递和刀具装卸的装置称为刀具交换装置。自动换刀的刀具可靠固紧在专用刀夹内,每次换刀时将刀夹直接装入主轴。

刀具的交换方式通常分为:机械手换刀和无机械手换刀两大类。

1. 机械手换刀

采用机械手进行刀具交换的方式应用最为广泛，因为机械手换刀具有很大的灵活性，换刀时间也较短。机械手的结构形式多种多样，换刀运动也有所不同。下面介绍两种最常见的换刀形式。

1) 180°回转刀具交换装置

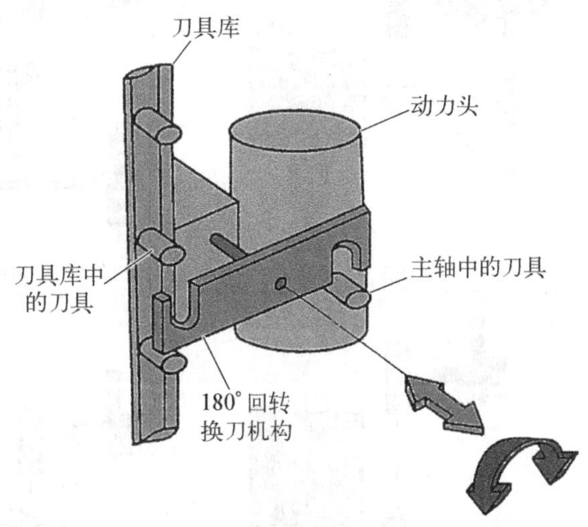

图 4－12　180°回转刀具交换装置

最简单的刀具交换装置是 180°回转刀具交换装置，如图 4－12 所示。接到换刀指令后，机床控制系统便将主轴控制到指定换刀位置；同时刀具库运动到适当位置完成选刀，机械手回转并同时与主轴、刀具库的刀具相配合；拉杆从主轴刀具上卸掉，机械手向前运动，将刀具从各自的位置上取下；机械手回转 180°，交换两把刀具的位置，与此同时刀库重新调整位置，以接受从主轴上取下的刀具；机械手向后运动，将夹换的刀具和卸下的刀具分别插入主轴和刀库；机械手转回原位置待命。至此换刀完成，程序继续。这种刀具交换装置的优点是结构简单，涉及的运动少，换刀快；主要缺点是刀具必须存放在与主轴平行的平面内，预侧置后置的刀库相比，切屑及切削液易进入刀夹，刀夹锥面上有切屑会造成换刀误差，甚至损坏刀夹和主轴，因此必须对刀具另加防护。这种刀具交换装置既可用于卧式机床也可用于立式机床。

2) 回转插入式刀具交换装置

回转插入式刀具交换装置是最常用的形式之一，是回转式的改进形式。这种装置刀库位于机床立柱一侧，避免了切屑造成主轴或刀夹损坏的可能。但刀库中存放的刀具的轴线与主轴的轴线垂直，因此机械手需要三个自由度。机械手沿主轴轴线的插拔刀具动作，由液压缸实现；绕竖直轴 90°的摆动进行刀库与主轴间刀具的传送由液压马达实现；绕水平轴旋转 180°完成刀库与主轴上刀具的交换的动作，由液压马达实现。其换刀分解动作如图 4－13 所示。

图 4－13(a)：抓刀爪伸出，抓住刀库上的待换刀具，刀库刀座上的锁板拉开。

图 4－13(b)：机械手带着待换刀具绕竖直轴逆时针方向转 90°，与主轴轴线平行，另一个抓刀爪抓住主轴上的刀具，主轴将刀具松开。

图 4－13(c)：机械手前移，将刀具从主轴锥孔内拔出。

图 4－13(d)：机械手绕自身水平轴转 180°，将两把刀具交换位置。

图 4－13(e)：机械手后退，将新刀具装入主轴，主轴将刀具锁住。

图 4－13(f)：抓刀爪缩回，松开主轴上的刀具。机械手绕竖直轴顺时针转 90°，将刀具放回刀库相应的刀座上，刀库上的锁板合上。

最后，抓刀爪缩回，松开刀库上的刀具，恢复到原始位置。为了防止刀具掉落，各种机

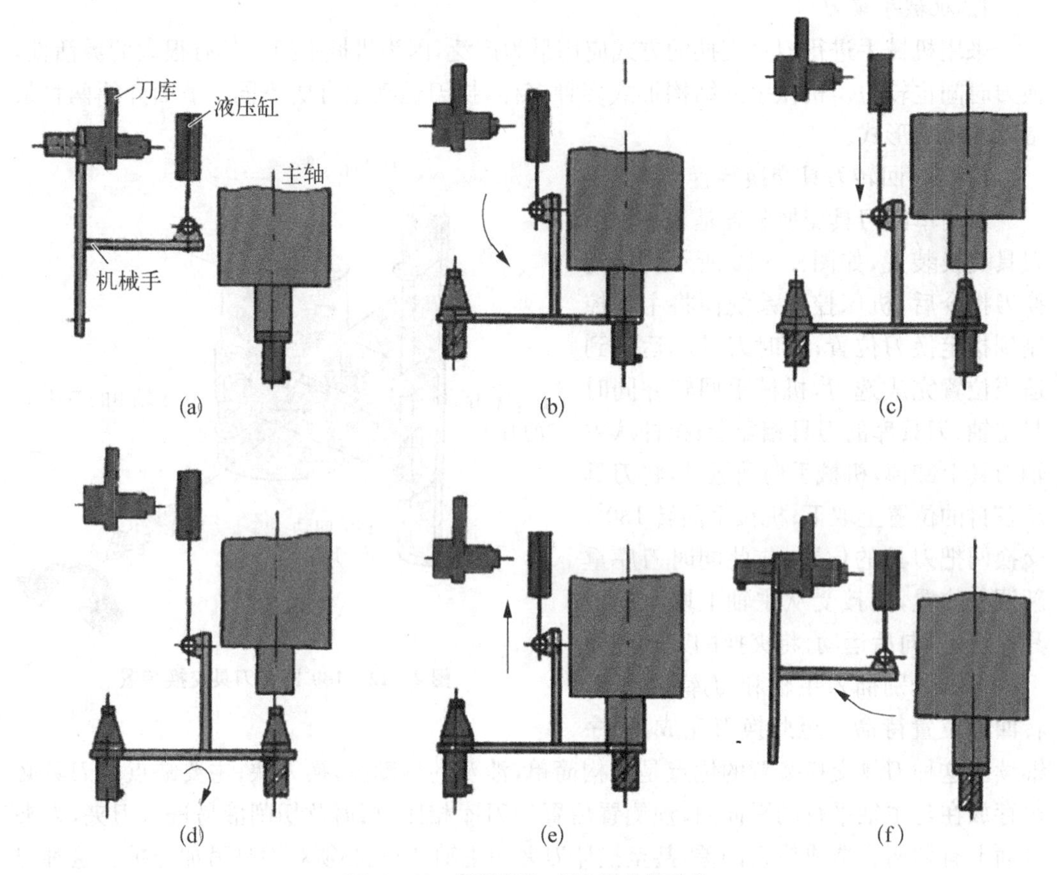

图 4-13　回转插入式换刀分解动作

械手的刀爪都必须带有自锁机构，如图 4-14 所示。

如图 4-14 所示，机械手臂的两个固定刀爪 5 还有一个活动销 4，它依靠后面的弹簧 1，在抓刀后顶住刀具。

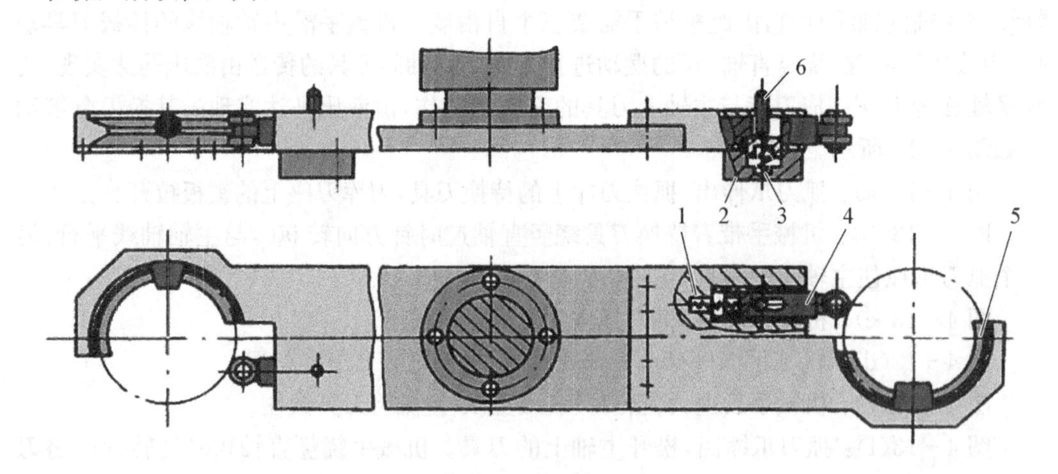

1、3—弹簧；2—锁紧销；4 活动销；5—刀爪；6—销。

图 4-14　机械手臂和刀爪

为了保证机械手在运动时刀具不被甩出，有一个锁紧销2，当活动销4顶住刀具时，锁紧销2就被弹簧3顶起，将活动销4锁住不能后退。

当机械手处于上升位置要完成拔插刀动作时，销6被挡块压下使销2也退下，因此可自由地抓放刀具。

2. 无机械手换刀

无机械手换刀的方式是利用刀库与机床主轴的相对运动实现刀具交换，也叫主轴直接式换刀。XH754型卧式加工中心就是采用这类刀具交换装置的实例。机床外形和换刀过程，如图4-15所示。

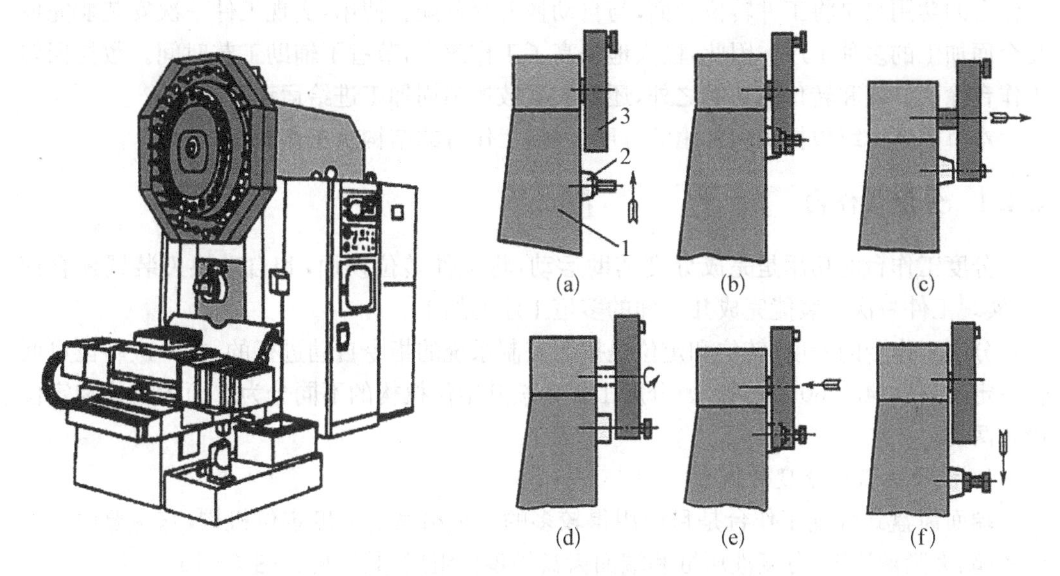

1—主轴箱；2—机床主轴；3—刀库。

图4-15　XH754型卧式加工中心机床外形及其换刀过程

图4-15(a)：当加工工步结束后执行换刀指令，主轴实现准停，主轴箱沿Y轴上升。这时，机床刀库的空挡刀正好处在换刀位置，装夹刀具的卡爪打开。

图4-15(b)：主轴箱上升到极限位置，被更换刀具的刀杆进入刀库空刀位，被刀具定位卡爪钳住，与此同时主轴内刀杆自动夹紧装置放松刀具。

图4-15(c)：刀库伸出，从主轴锥孔内将刀具拔出。

图4-15(d)：刀库转位，按照程序指令要求将选好的刀具转到主轴最下面的换刀位置，同时压缩空气将主轴锥孔吹净。

图4-15(e)：刀库退回，同时将新刀具插入主轴锥孔，主轴内刀具夹紧装置将刀杆拉紧。

图4-15(f)：主轴下降到加工位置后启动，开始下一步的加工。

这种换刀机构不需要机械手，结构简单、紧凑。由于换刀时机床不工作，所以不会影响加工精度，但机床加工效率下降。但由于刀库结构尺寸受限，装刀数量不能太多，这种换刀方式常用于小型加工中心。无机械手换刀方式的每把刀具在刀库上的位置是固定的，从哪个刀座上取下的刀，用完后仍然放回相应刀座。

4.4 数控机床的工作台

工作台是数控机床的重要部件，为了提高数控机床的生产效率，扩大其工艺范围，对于数控机床的进给运动除了沿坐标轴 X、Y、Z 三个方向的直线进给运动之外，还常常需要有分度运动和圆周进给运动。

数控机床中常用的工作台有分度工作台和回转工作台。它们的功用各不相同，分度工作台的功用只是将工件转位换面，与自动换刀装置配合使用，实现工件一次安装能完成几个面加工的多种工序。因此，极大地提高了工作效率，节省了辅助工艺时间。数控回转工作台除了分度和转位的功能之外，还能实现数控圆周加工进给运动。

本节主要介绍数控机床常用的分度、回转工作台的结构及工作原理。

4.4.1 分度工作台

分度工作台的功用是完成分度辅助运动，将工件转位换面，和自动换刀装置配合使用，实现工件一次安装能完成几个面的多道工序的加工。

分度工作台的分度、转位和定位是按照控制系统的指令自动进行的，每一次转位可回转一定的角度(45°、60°、90°等)。分度工作台按其定位机构的不同分为端面齿盘式和定位销式两类。

1. 端面齿盘式分度工作台

端面齿盘式分度工作台是目前用得较多的一种精密的分度定位机构，它主要由工作台底座、夹紧液压缸、分度液压缸和端面齿盘等零件组成，其结构如图 4-16 所示。

端面齿盘式分度工作台的分度转位动作过程可分为三大步骤。

1) 工作台的抬起

当机床需要分度时，数控装置就发出分度指令(也可用手压按钮进行手动分度)，由电磁铁控制液压阀(图中未示出)，使压力油经管道 23 至分度工作台 7 中央的夹紧液压缸的下腔 10，推动活塞 6 上移，经推力球轴承 5 使工作台 7 抬起，上端面齿盘 4 和下端面齿盘 3 脱离啮合。与此同时，在工作台 7 向上移动的过程中带动内齿圈 12 上移并与齿轮 11 啮合，完成了分度前的准备工作。

2) 回转分度

当工作台 7 向上抬起时，推杆 2 在弹簧的作用下向上移动，使推杆 1 在弹簧的作用下右移，松开微动开关 D 的触头，控制电磁阀(图未示出)使压力油经管道 21 进入分度液压缸的左腔 19 内，推动齿条活塞 8 右移，与它相啮合的齿轮 11 逆时针转动。根据设计要求，当齿条活塞 8 移动 113 mm 时，齿轮 11 回转 90°，此时内齿轮 12 与齿轮 11 已经啮合，所以分度工作台也回转 90°。回转角度的近似值将由微动开关和挡块 17 控制，开始回转时，挡块 14 离开推杆 15 使微动开关 C 复位，通过电路互锁，始终保持工作台处于上升位置。

3) 工作台下降定位夹紧

当工作台转到预定位置附近，挡块 17 压动推杆 16，使微动开关 E 被压下，控制电磁

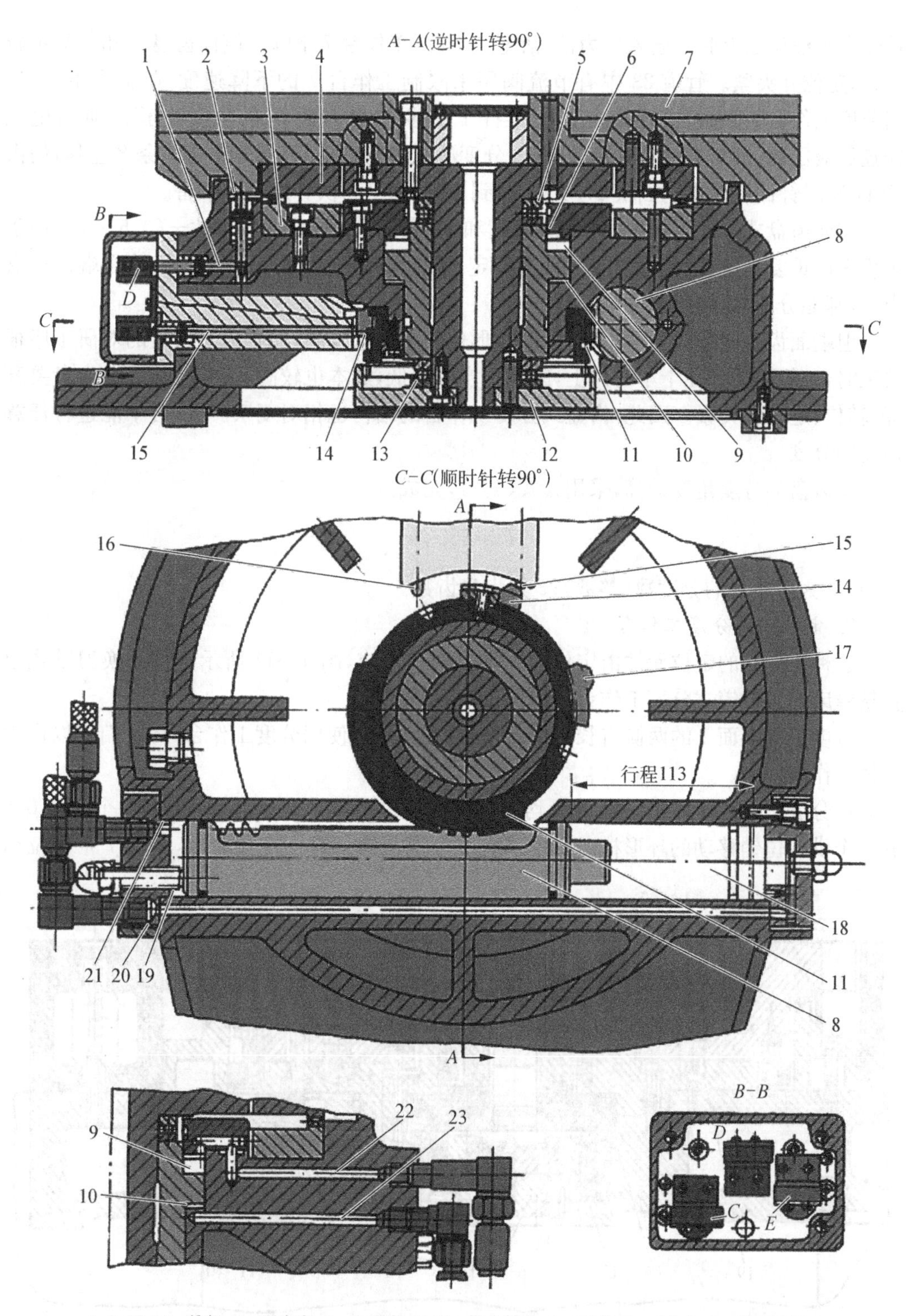

1、2、15、16—推杆；3—下齿盘；4—上齿盘；5、13—推力轴承；6—活塞；7—工作台；8—齿条活塞；9—升降液压缸上腔；10—升降液压缸下腔；11—齿轮；12—齿圈；14、17—挡块；18—分度液压缸右腔；19—分度液压缸左腔；20、21—分度液压缸进油管道；22、23—分度液压缸回管道。

图 4-16　端面齿盘式工作台

铁使夹紧液压缸上腔 9 通入压力油，活塞 6 下移，工作台 7 下降。端面齿盘 4 和 3 又重新啮合，定位并夹紧。管道 23 中有节流阀用来限制工作台 7 的下降速度，避免产生冲击。当分度工作台下降时，推杆 2 被压下，推杆 1 左移，微动开关 D 的触头被压下，通过电磁铁控制液压阀，使压力油从管道 20 进入分度液压缸的右腔 18，推动活塞齿条 8 左移，使齿轮 11 顺时针回转并带动挡块 17 及 14 回到原处，为下一次分度做好准备。

端面齿盘式分度工作台的特点：分度和定心精度高，分度精度可达$\pm(0.5\sim3)''$，由于采用多齿重复定位，因此重复定位精度稳定，定位刚度高，只要是分度数能除尽端面齿盘齿数，都能分度，适用于多工位分度。

但端面齿盘制造较为困难，其齿形及形位公差要求较高，而且成对齿盘的对研工序很费工时，一般要研磨几十小时以上，因此生产效率低，成本也较高。在工作时，动齿盘要升降、转位、定位及夹紧。因此，齿盘式分度工作台的结构也相对复杂一些，且不能进行任意角度的分度。

多齿盘的分度角度计算，采用公式(4-1)完成。

$$\theta=360^\circ/z \tag{4-1}$$

式中：θ 为可实现的分度数(整数)；z 为齿盘齿数。

2. 定位销式分度工作台

这种工作台的定位元件由定位销和定位套孔组成，图 4-17 所示为自动换刀卧式数控铣镗床的定位销式分度工作台的结构。

分度工作台面 1 的两侧有长方形工作台，在不单独使用分度工作台时，它们可以作为整体工作台使用。

在分度工作台 1 的下方又八个均布的圆柱定位销 7，在转台座 19 上有一个定位套 6 和一个供定位销移动的环形槽。其中只有一个定位销 7 进入定位套中，其他 7 个定位销

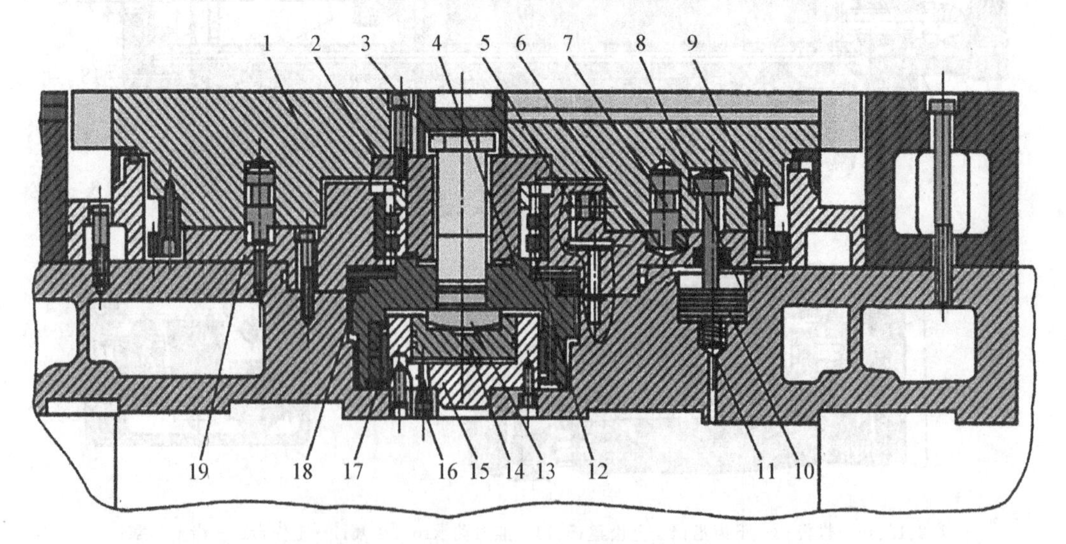

1—工作台；2—转台轴；3—六角螺钉；4—轴套；5、10、14—活塞；6—定位套；7—定位销；8、15—液压缸；9—齿轮；11—弹簧；12、17、18—轴承；13—止推螺钉；16—管道；19—转台座。

图 4-17 定位销式分度工作台的结构

都在环形槽中。定位销之间间隔 45°,工作台只能作二、四、八等分的分度运动。

定位销式分度工作台的分度过程。

1) 工作台抬起

当需要分度时,首先由机床的数控系统发出指令,使六个均布与固定工作台圆周上的夹紧液压缸 8(图中只画了一个)上腔中的压力油流回油箱,活塞 10 被弹簧 11 顶起,分度工作台处于放松状态。同时消隙液压缸活塞 5 也卸荷,液压缸中的压力油经导管流回油箱。

中央液压缸 15 由管道 16 进油,使活塞 14 上升,通过止推螺钉 13、止推轴套 4 把止推轴承 18 向上抬起 15 mm,顶在转台座 19 上。分度工作台 1 用 4 个螺钉与转台轴 2 相连,而转台轴 2 用六角螺钉 3 固定在轴套 4 上,所以当轴套 4 上移时,通过转台轴使工作台 1 抬高 15 mm,固定在工作台面上的定位销 7 从定位衬套中拔出,完成了分度前的准备工作。

2) 分度

当工作台抬起之后发出信号使液压马达驱动减速齿轮(图中未示出),带动固定在工作台 1 下面的大齿轮 9 转动,进行分度运动。分度工作台的回转速度由液压马达和液压系统中的单向节流阀来调节,分度初作快速运动,由于在大齿轮 9 上沿圆周均布 8 个挡块,当挡块碰到第一个限位开关时减速,碰到第二个限位开关时准停。此时,新的定位销 7 正好对准定位套的定位孔,准备定位。

3) 定位、消隙与夹紧

分度完毕后,数控系统发出信号使中央液压缸 15 卸荷,油液经管道 16 流回油箱,分度台 1 靠自重下降,定位销 7 插入定位套孔 6 中。定位完毕后,消隙液压缸通入压力油,活塞 5 顶向工作台面 1,以消除径向间隙。夹紧液压缸 8 上腔进油,活塞 10 下降,通过活塞杆上端的台阶部分将工作台夹紧。至此分度工作进行完毕。

分度工作台的回转部分支承在加长型双列圆柱滚子轴承 12 和滚针轴承 17 中,轴承 12 的内孔带有锥度,可用来调整径向间隙。轴承内环固定在转台轴 2 和轴套 4 之间,并可带着滚柱在加长外环内作 15 mm 的轴向移动。轴承 17 装在轴套 4 内,能随轴套作上升或下降移动,并作另一端的回转支承。轴套 4 内还装有推力球轴承,使工作台回转很平稳。

4.4.2　回转工作台

数控回转工作台主要用于数控镗床和数控铣床,它的功用是使工作台进行圆周进给,以完成切削工作,也可使工作台进行分度。

数控回转工作台的外形和分度工作台很相似,但由于要实现圆周进给运动,所以其内部结构具有数控进给驱动机构的许多特点,区别在于数控机床的进给驱动机构实现的是直线运动,而数控回转工作台实现的是旋转运动。数控回转工作台分为开环和闭环两种。

1. 开环回转工作台

开环数控回转工作台和开环直线进给机构一样,都可以用功率步进电机驱动。图

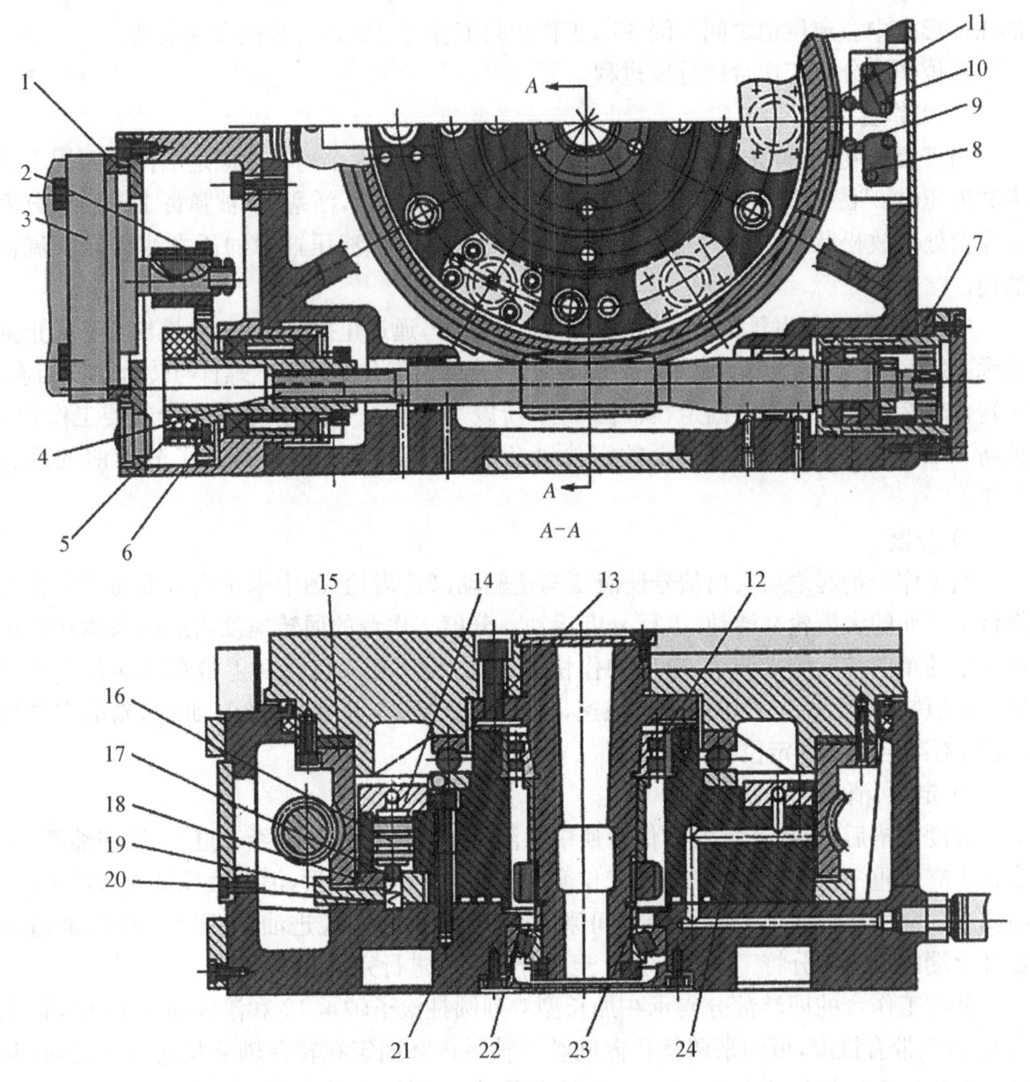

1—偏心环；2、6—齿轮；3—电动机；4—蜗杆；5—垫圈；7—调整环；8、10—微动开关；
9、11—挡块；12、13—轴承；14—液压缸；15—蜗轮；16—柱塞；17—钢球；18、19—夹紧瓦；
20—弹簧；21—底座；22—圆锥滚子轴承；23—调整套；24—支座。

图 4－18　开环数控回转工作台的结构

4－18所示为自动换刀数控立式铣镗床的开环回转工作台结构。

步进电动机 3 的输出轴的运动由齿轮 2 和 6 传递给蜗杆，蜗杆 4 的两端装有滚针轴承，左端为自由端，可以伸缩，右端装有两个角接触球轴承，承受蜗杆的轴向力。蜗轮 15 下部的内、外两面装有夹紧瓦 18 和 19，数控回转工作台的底座 21 上的固定支座 24 内均布 6 个液压缸 14。液压缸 14 上腔进压力油时，柱塞 16 向下移动，通过钢球 17 推动夹紧瓦 18 和 19 将蜗轮夹紧，从而将数控回转工作台夹紧，实现精确分度定位。

数控回转工作台圆周进给运动的工作原理是：控制系统首先发出指令，使液压缸 14 上腔的压力油流回油箱，在弹簧 20 的作用下将钢球 17 抬起，夹紧瓦 18 和 19 就松开蜗轮

15,柱塞 16 到上位发出信号,功率步进电机启动并按照指令脉冲的要求驱动数控回转工作台实现圆周进给运动。当工作台作圆周分度运动时,先分度回转再夹紧蜗轮,以保证定位的可靠,并提高承受负载的能力。

数控回转工作台的圆形导轨采用大型推力滚柱轴承 13 支承,回转灵活。径向导轨由滚子轴承 12 及圆周滚子轴承 22 保证回转精度和定位精度。调整轴承 12 的预紧力,可以消除回转轴的径向间隙。调整与轴承 22 配合的调整套 23 的厚度,可以使圆导轨上有适当的预紧力,保证导轨有一定的接触刚度。

数控回转工作台的分度定位和分度工作台不同,它是按照控制系统所制定的脉冲数来决定转位角度,没有其他的定位元件,因此,开环数控回转工作台的传动精度要求高、传动间隙应尽量小。

齿轮 2 和 6 的啮合间隙由调整偏心环 1 来消除。齿轮 6 与蜗杆 4 用花键结合,花键间隙应尽量小,以减小对分度精度的影响。蜗杆 4 为双导程蜗杆,可以用轴向移动蜗杆的办法来消除蜗杆 4 与蜗轮 15 的啮合间隙。调整时只要将调整环 7(两个半圆垫片)的厚度尺寸改变,便可使蜗杆轴向移动。

数控控制台具有零点定位功能,设有零点,当它作回零控制时,先快速回转,运动至挡块 11 时压动微动开关 10,发出“慢速回转”的信号,再由挡块 9 压动微动开关 8 发出“点动步进”信号,最后由功率步进电动机停在某一固定的通电相位上(称为锁相),从而使工作台准确的停在零点位置上。

开环数控回转工作台可做成标准附件,回转轴可水平安装也可垂直安装,以适应不同工件的加工要求。

数控回转工作台脉冲当量是指每一个脉冲使工作台回转的角度,现有的脉冲当量在 0.001°/脉冲到 2′/脉冲之间,使用时根据加工精度要求和工作台直径大小来选取。

2. 闭环回转工作台

闭环数控回转工作台和开环数控回转工作台大致相同,其区别在于闭环数控回转工作台由转动角度的测量元件(圆光栅或元感应同步器)。所测量的结果经反馈可与指令值相比较,按闭环原理进行工作,使工作台分度精度更高。

图 4-19 为闭环数控回转工作台的结构。闭环数控回转工作台由直流伺服电机 15 通过减速齿轮 14、16 及蜗杆 12、蜗轮 13 带动工作台 1 回转,工作台的转角位置用圆光栅 9 测量。

测量结果发出反馈信号与数控装置发出的指令信号进行比较,若有偏差经放大后控制伺服电机朝消除偏差方向转动,使工作台精确运转或定位。

当工作台静止时,必须处于锁紧状态。台面的锁紧用均布的八个小液压缸 5 来完成,当控制系统发出夹紧指令时,液压缸上腔进压力油,活塞 6 下移,通过钢球 8 推开夹紧瓦 3 及 4,从而将蜗轮 13 夹紧。

当工作台回转时,控制系统发出指令,液压缸 5 上腔压力油流回油箱,在弹簧 7 的作用下,钢球 8 抬起,夹紧瓦松开,不再夹紧蜗轮 13。然后按数控系统的指令,由伺服电机 15 通过传动装置实现工作台的分度转位、定位、夹紧或连续回转运动。

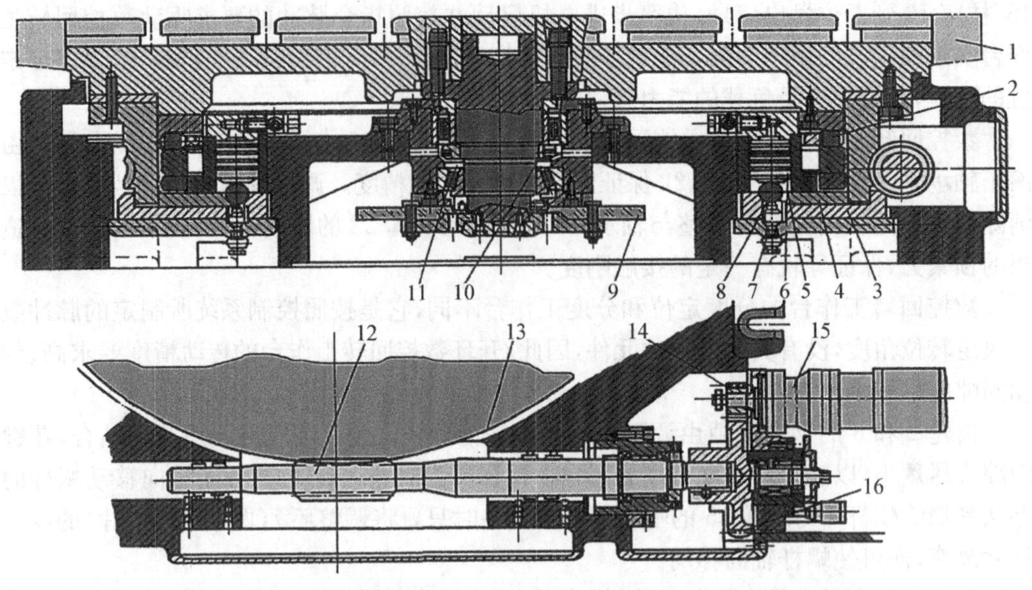

1—工作台；2—镶钢滚柱导轨；3、4—夹紧瓦；5—液压缸；6—活塞；7—弹簧；
8—钢球；9—光栅；10、11—轴承；12—蜗杆；13—蜗轮；14、16—齿轮；15—电机。

图 4-19 闭环数控回转工作台

4.5 数控机床的支承部件

早期的经济型数控机床，除进给系统是通过数控伺服系统控制外，在外形和机械结构的总体布局上都与普通机床基本相同。随着数控技术的发展，数控机床的机械结构逐渐脱离普通机床的机械结构，而演化形成自身独特的结构特点。

这方面不仅表现在主传动系统与进给传动系统的功能部件上，在支承部件的组成上也有着充分的体现，这里以数控机床的床身、导轨和立柱结构为例，加以说明。

1. 床身的结构布局

床身是机床的主体，是整个机床的基础支撑件，一般用来放置导轨、主轴箱等重要部件，床身的结构对机床的布局有很大的影响。为了满足数控机床高速度、高精度、高生产率、高可靠性和高自动化程度的要求，数控机床必须比普通机床具备更高的静、动刚度，更好的抗振性。根据数控机床类型的不同，床身的结构形式也多种多样。

1）数控车床床身

影响数控车床的布局形式的主要因素有：加工零件的形状、尺寸和重量，数控车床加工效率，数控车床加工精度，对使用者操作方便的运行要求和对生产安全与环境保护（主要指噪声方面）的要求。随着工件尺寸、质量和形状的变化，数控车床的布局形式也多种多样，并完成了适应性改进。

数控车床的床身根据机床总体布局的不同类型，可分为平床身、斜床身、前斜床身和直立床身等四种形式，如图 4-20 所示。

图 4-20(a)所示为水平床身，水平床身的工艺性好，便于导轨面的加工。水平床身配

上水平放置的刀架可提高刀架的运动精度，但水平刀架增加了机床宽度，且床身下部排屑空间小，排屑困难。一般用于大型数控车床或小型精密数控车床的布局。

图 4-20(b)所示为水平床身斜刀架，水平床身配上倾斜放置的刀架滑板，这种布局形式的床身工艺性好，机床的宽度也较水平配置刀架形式的要小，且排屑方便。

图 4-20(c)所示为斜床身，斜床身的导轨倾斜角度分别为 30°、45°、75°。该种布局和水平床身斜刀架滑板一样，具有排屑容易、操作方便、机床占地面积小、外形美观等优点，因此被中小型数控车床广泛采用。倾斜床身还有一个优点是，可采用封闭截面整体结构，以提高床身的刚度。

图 4-20(d)所示为立床身，从排屑的角度来看，立床身布局最好，切屑可以自由落下，不易损伤导轨面，导轨的维护与防护也较简单，但机床的精度不如其他三种布局形式的精度高，所以运用较少。

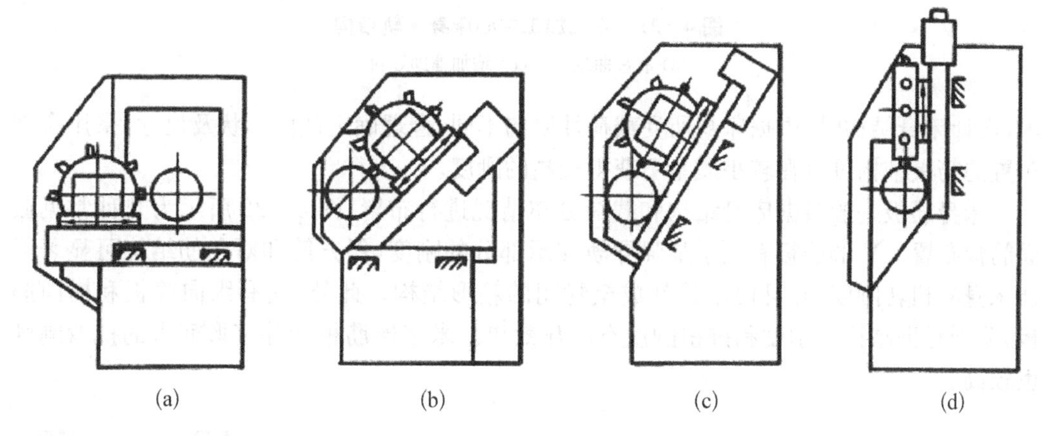

图 4-20　数控车床床身结构的类型

2) 加工中心床身

数控镗铣床、加工中心等的床身结构与数控车床有所不同，如加工中心的床身有固定立柱式和移动立柱式两种，前者适用于中小型立式和卧式加工中心，而后者又可分为整体 T 形床身和前后床身分开组装的 T 形床身。所谓 T 形床身是由横置的前床身(又称横床身)和与它垂直的后床身(又称纵床身)组成。整体式床身的刚性和精度保持性都比较好，但铸造和加工不方便，尤其是大型机床的整体床身，制造时需要大型的专用设备。

而分离式 T 形床身的铸造和加工的工艺性都得到较大改善，在组装时前后床身的连接处要刮研，用专用定位销和定位键定位，然后沿截面四周用大螺栓固定。这种分离式 T 形床身，在精度保持性和刚度方面，基本能够满足使用要求，适用于大中型卧式加工中心。

图 4-21 所示为立式加工中心床身导轨结构。由于床身 5 上两导轨的跨距比较窄，工作台 3 在横溜板 4 上移动到达行程的两端时，容易出现翘曲，这将直接影响加工精度。为了避免工作台翘曲，有些加工中心增设了如图 4-21(b)所示的辅助导轨 6。

2. 床身的结构形式与材料

1) 封闭式箱体结构

数控机床的床身通常为箱形结构的铸件，为满足数控机床床身对刚度和抗振性的要

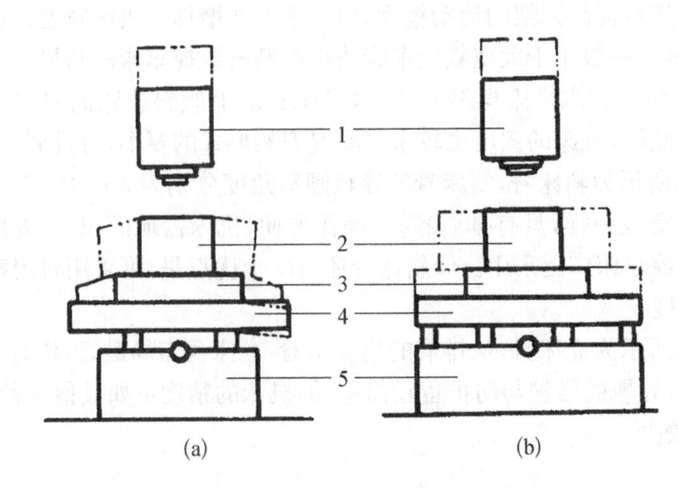

图 4-21　立式加工中心床身导轨结构

(a) 有翘曲现象　(b) 增加辅助导轨

求，设计床身结构时，根据床身所受载荷性质的不同，合理确定截面形状及尺寸，采用合理布置的筋板结构可以在较小质量下获得较高的刚度。

床身筋板一般根据床身结构和载荷分布情况进行布置，图 4-22 所示为几种常见截面筋板布置。V 形筋板有利于加强导轨支承部分的刚度，斜方筋和对角筋结构可显著增强床身的扭转刚度，并且便于设计成全封闭的箱形结构。此外，还有纵向筋板和横向筋板，分别对提高抗弯刚度和抗扭刚度有明显效果。米字形筋板和井字形筋板的抗弯刚度也较高。

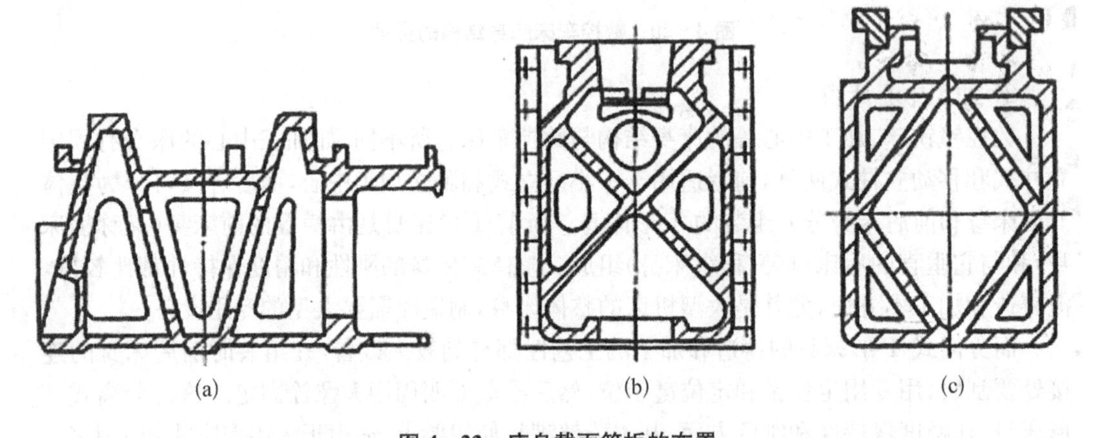

图 4-22　床身截面筋板的布置

(a) V 形筋板　(b) 对角筋板　(c) 斜方筋板

通过床身的封砂结构也可以提高床身的刚度。床身封砂结构是利用筋板隔成的封闭箱体结构，将砂芯留在铸件中不清除，利用砂粒良好的吸振性能，提高结构件的阻尼比，起到明显的消振作用，提高了床身的刚度。同时，封砂结构降低了床身的重心，增强了床身结构的稳定性，提高了床身的抗弯和抗扭刚度。

2）钢板焊接结构

焊接结构的床身的最大优点是制造周期短，省去了制造木模和铸造工序，不易出废品，在结构设计上自由度大，便于产品更新、扩大规格和改进结构。焊接件能达到，甚至超越铸件的结构性能。采用钢板焊接结构能够按照刚度要求布置筋板的形式，充分发挥壁板和筋板的支承和抗变形作用。

另外，钢板的弹性模量 E 为 2×10^5 MPa，而铸铁的弹性模量 E 仅为 1.2×10^5 MPa，两者相差近一倍，在形状和轮廓尺寸相同的情况下，如果要求焊接件与铸件的刚度相同，则焊接件的壁厚只需铸件的一半。此外，无论是刚度相同以减少重量，还是重量相同以提高刚度，都可以提高焊接床身的谐振频率，避免共振。用钢板焊接还可以将床身做成全封闭的箱形结构，从而有利于提高构件的刚度。

3）基于新材料的基础支承件

树脂混凝土是一种新兴结构材料，是由天然矿石和环氧树脂为主的混合物，相对于传统的铸铁来说具有很大的优势。在欧美国家的机床制造业中，新型材料树脂混凝土得到了很大的发展，特别是在高精度机床的床身应用方面，树脂混凝土正逐渐代替传统的铸铁。目前，国际上越来越多的机床制造商开始设计使用树脂混凝土，用以制造床身、立柱等机床的基础支承件，但在中国市场，这个领域还是空白。与传统铸铁相比，树脂混凝土具有以下 4 方面优势。

（1）低能耗。相对于铸铁来说，树脂混凝土能耗少，在制造过程中节省大约 30%的能量消耗。且树脂混凝土垃圾和旧的床身可以作为建筑材料。

（2）吸振性好。在高速切削时，工件和机器部件移动得越来越快。提高转速、进给速度和增加零部件重量将会产生振动，从而影响精度。树脂混凝土能消除振动，提高机床的精度。

（3）高度整合性。和铸铁件在 900 ℃浇铸的温度相比较，树脂混凝土在 45 ℃浇铸时，具有能耗低和环保的优势。传统的工艺方法是在床身浇铸完成后再安装上其他的零部件，而采用树脂混凝土可直接在铸件中铸入零部件，如管道、电缆、传感器和用于存放液体的内腔等。

（4）高精度。传统的铸件脱模后的精度较低，一般制造床身的方式是经过刨或铣、磨加工以后再安装线性导轨。而树脂混凝土铸件脱模后能达到较高的高度。且通过再次浇铸还可以达到更高的精度水平。

对于数控机床上大尺寸支承件，还可以使用人造花岗岩，或在钢板焊接的框架内填充混凝土，既可以节省金属材料，又可以增加抗振性和热稳定性。

4.5.1　导轨

机床导轨是机床基本结构的要素之一。机床导轨的功用是起导向及支承作用，即保证运动部件在外力的作用下（运动部件自重、工件重量、切削力及牵引力等）能准确地沿着一定方向的运动。在导轨副中，与运动部件连为一体的一方称为动导轨，与支承件连为一体的固定不动的一方为支承导轨，动导轨对于支承导轨通常只有一个自由度的直线运动或回转运动。

机床的加工精度和使用寿命很大程度上取决于机床导轨的质量，而加工精度较高的数控机床对于导轨有更高的要求，如高速进给时不振动，低速进给时不爬行；有高的灵敏度，能在重载下长期连续工作；耐磨性要高，精度保持性要好等。这些都与导轨副的摩擦特性有关，要求导轨的摩擦系数小，静、动摩擦系数之差也要小。同时，导轨副应满足的基本要求：导向精度高、刚性好、运动轻便平稳、耐磨性好温度变化影响小以及结构工艺性好等。

目前，数控机床采用的导轨主要有滑动导轨、滚动导轨和静压导轨。

1. 滑动导轨

滑动导轨具有结构简单、制造方便、刚度好、抗振性高、接触刚度大等优点。传统的滑动导轨是金属与金属相互摩擦，摩擦阻力大，动、静刚度系数差别大，低速时易产生爬行现象。

目前，数控机床多数使用金属对塑料形式，称为贴塑导轨或注塑导轨，兼备摩擦系数小，动静摩擦系数差很小和使用寿命长等特点，适用范围非常广泛。

数控机床采用的滑动导轨有：铸铁塑料滑动导轨和镶钢—塑料滑动导轨。塑料滑动导轨常用在导轨副的运动导轨上，与之相配的金属导轨为铸铁或钢质材料。铸铁牌号为HT300，表面淬硬至45～50 HRC，表面粗糙度 Ra 值为0.10～0.20；镶钢导轨常用50号钢或其他合金钢，淬硬至58～62 HRC。

导轨上的塑料常用聚四氟乙烯导轨软带和环氧型耐磨导轨涂层两类。

1）聚四氟乙烯导轨软带

聚四氟乙烯导轨软带是以聚四氟乙烯为基体，加入青铜粉、二硫化钼和石墨等填充剂混合烧结，并做成软带状。

这种软带具有摩擦副的摩擦系数小，静、动摩擦系数差别小；有良好的摩擦特性，能防止导轨低速爬行，运行平稳，能获得高的定位精度。聚四氟乙烯导轨软带中含有青铜、二硫化钼和石墨，本身具有自润滑作用，对润滑油的供油量要求不高，耐磨性好。

此外，塑料质地较软，即便嵌入金属碎屑、灰尘等，也不致损伤金属导轨面和软带本身，可延长导轨副的使用寿命。塑料的阻尼特性好，其减振消声的性能对提高导轨副的相对运动速度有很大意义。可降低对待粘贴塑料的金属基体的硬度和表面质量要求，而且塑料易于加工（铣、刨、磨、刮），使导轨副接触面获得优良的表面质量。

导轨软带的使用工艺较为简单。首先，将导轨粘贴面加工至表面粗糙度 Ra 值为1.6～3.2的表面，为了对软带起定位作用，导轨粘贴面应加工成0.5～1.0 mm深的凹槽。然后，用汽油或金属清洁剂或丙酮清洗粘结面后，用胶粘剂粘合，加压初固化1～2小时后再合拢到配对的固定导轨或专用夹具上，施以一定压力，并在室温下固化24小时，取下清除余胶，即可开油槽和进行精加工。

由于这类导轨软带采用粘贴方法，故习惯上称为“贴塑导轨”。贴塑导轨的结构如图4-23所示。导轨软带4贴合在工作台2和床身1之间。

进一步给出软带与导轨的相对尺寸关系，如图4-24所示。为了使导轨对软带起到定位作用，导轨粘贴面上要加工出0.5～1 mm深的凹槽。与贴塑导轨配对使用的金属导

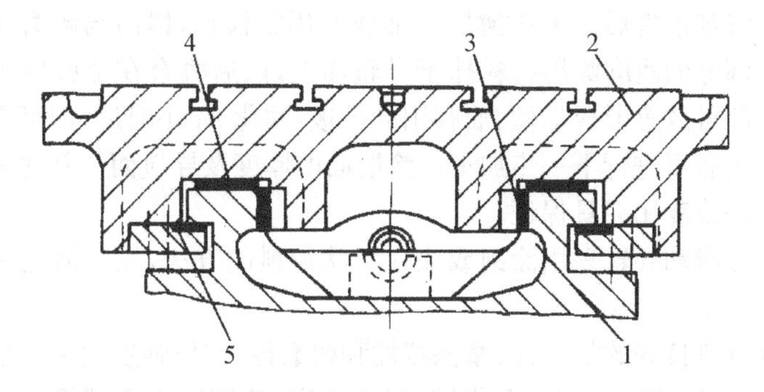

1—床身；2—工作台；3—下压板；4—导轨软带；5—贴有塑料软带的镶条。

图 4-23　贴塑导轨

轨，其表面粗糙度 Ra 值为 0.4～0.8 μm。

聚四氟乙烯导轨软带的特点。

(1) 动、静摩擦系数差值小，低速无爬行，运动平稳，可获得较高的定位精度。

(2) 耐磨性好。由于塑料软带中含有青铜粉、二硫化钼和石墨等，本身具有润滑作用，而且，塑料质地较软，即便嵌入金属屑灰尘等，也不至损坏金属导轨表面和软带本身，可延长导轨副的使用寿命。

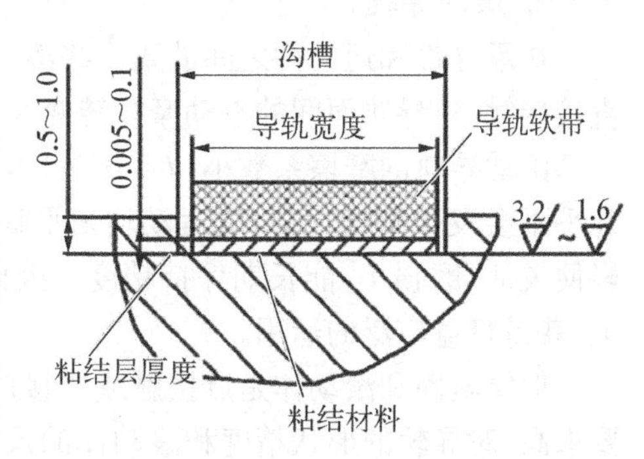

图 4-24　软带与导轨的相对尺寸

(3) 减振性能好。塑料具有良好的阻尼性能，其减振消声的性能对提高摩擦副的相对运动速度有很大意义。

(4) 工艺性好。粘贴塑料软带可降低对金属导轨基本的硬度和表面质量的要求，而且塑料易于加工，可使导轨副接触面获得优良表面质量。

此外，还有化学稳定性能好、维护修理方便、经济性能好等特点。

2) 环氧型耐磨导轨涂层

环氧型耐磨导轨涂层是以环氧树脂和二硫化钼为基体，加入增塑剂，混合成液状或膏状为一组分，以固化剂为另一组分的双组分塑料涂层。它有良好的可加工性，可经车、铣、刨、钻、磨削和刮削加工；也有良好的摩擦特性和耐磨性，而且抗压强度比聚四氟乙烯导轨软带要高，固化时体积不收缩，尺寸稳定。特别是可在调整好固定导轨和运动导轨间的相关位置精度后注入涂料，这样可节省许多加工工时，故它特别适用于重型机床和不能用导轨软带的复杂配合型面。

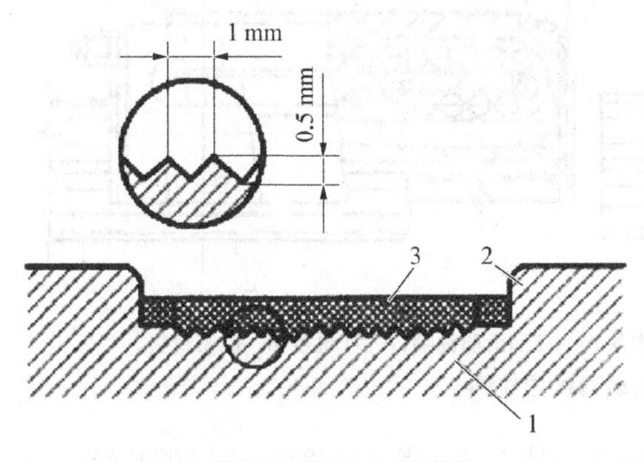

1—滑座；2—胶条；3—注塑层。

图 4-25　注塑导轨

耐磨导轨涂层的使用工艺也很简单。首先，将导轨涂层表面粗刨或粗铣成如图 4-25 所示的粗糙表面，以保证有良好的粘附力。然后，与塑料导轨相配的金属导轨面(或模具)用溶剂清洗后涂上一薄层硅油或专用脱模剂,以防与耐磨涂层粘结。将按配方加入固化剂调好的耐磨涂层材料抹于导轨面上,然后叠合在金属导轨面(或模具)上进行固化。叠合前可放置形成油槽、油腔用的模板,固化 24 小时后,即可将两导轨分离。

涂层硬化三天后可进行下一步加工。涂层面的厚度及导轨面与其他表面的相对位置精度可借助等高块或专用夹具保证。

由于这类塑料滑动导轨采用涂刮或注入膏状塑料的方法,故习惯上称为“涂塑导轨”或“注塑导轨”。

注塑导轨副具有良好的加工性、摩擦特性和耐磨性,抗压强度比聚四氟乙烯导轨软带要高,导轨涂层材料固化时体积不会收缩,尺寸稳定,特别适用重型机床和不易用导轨软带的复杂配合型面。

2. 滚动导轨

在承导件和运动件之间放入一些滚动体(滚珠、滚柱或滚针),使相配的两个导轨面不直接接触,将导轨面间的滑动摩擦转变为滚动摩擦的导轨,称为滚动导轨。

滚动导轨的摩擦系数小,$f=0.0025\sim0.005$,并且动、静摩擦系数相差很小,低速时,几乎不会发生爬行现象,故运动均匀平稳。不受运动速度变化的影响,摩擦阻力小,运动轻便灵活,磨损小,能长期保持精度。因此,滚动导轨在要求微量移动和精确定位的设备上,获得日益广泛的运用。

但导轨面和滚动体是点接触或线接触,抗振性差,接触应力大,故对导轨的表面硬度要求高,对导轨的形状精度和滚动体的尺寸精度要求高。常用的滚动导轨有滚动直线导轨副和滚动导轨块。

1) 滚动直线导轨副

滚动直线导轨副是在滑块与导轨之间放入适当的钢球,使滑块与导轨之间的滑动摩擦变为滚动摩擦,大大降低两者之间的运动摩擦阻力。

如图 4-26 所示,滚动直线导轨副是由导轨条 7、滑块 5、滚珠 1、挡板 4、密封垫 3 和 8 等组成。其中导轨 7 可以设计成不同的结构,一般安装在数控机床的床身和立柱等支承面上,滑块 5 安装在工作台或滑座等移动部件上。

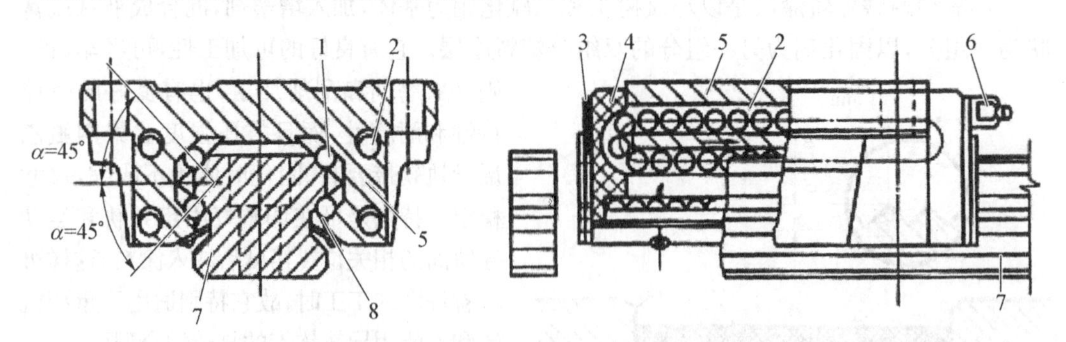

1—滚珠;2—回珠孔;3—密封垫;4—挡板;5—滑块;6—注润滑脂油嘴;7—导轨条;8—侧密封垫。

图 4-26 滚动直线导轨副

当导轨与滑块做相对运动时,滚珠 1 就沿着导轨上的 4 条滚道滚动,而滚道是经过淬硬和精密磨削加工而成的,当滚珠滚到滑块端部,经反向装置挡板 4 进入回珠孔 2 后再进入滚道，滚珠就这样周而复始地进行滚动运动。4 组滚珠各有各自的回珠孔，分别处于滑块的四角。

4 组滚珠和滚道相当于 4 个直线运动的角接触球轴承，接触角 α 为 45°，在 4 个方向上具有相同的承载能力。挡板 4 的两端装有防尘密封垫 3 和侧密封垫 8，可有效地防止灰尘、屑末进入滑块内部。6 为注润滑脂油嘴。

直线滚动导轨的外观图如图 4－27 所示，滑块与导轨之间的滚动体为滚珠，滑块两端是返向器。图 4－28、图 4－29 所示为弧形滚动导轨与二维直线滚动导轨。

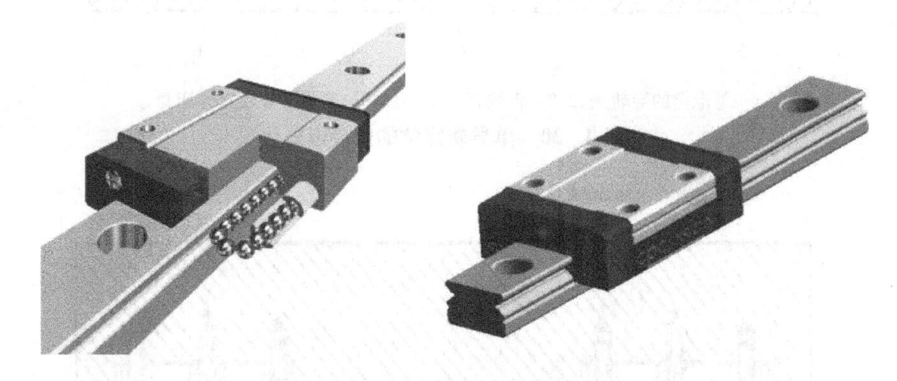

图 4－27　直线滚动导轨内部结构与外观图

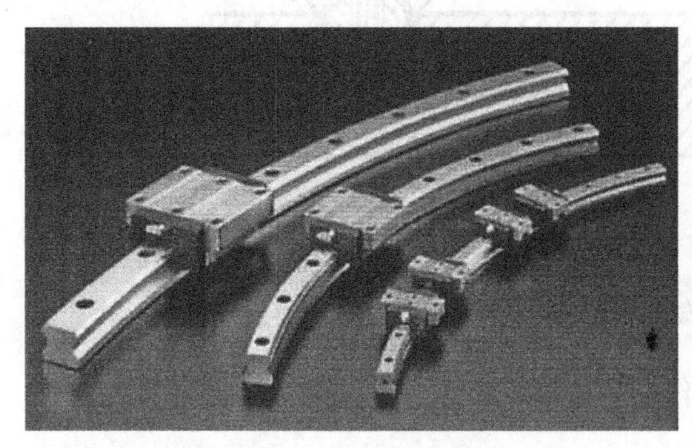

图 4－28　弧形滚动导轨

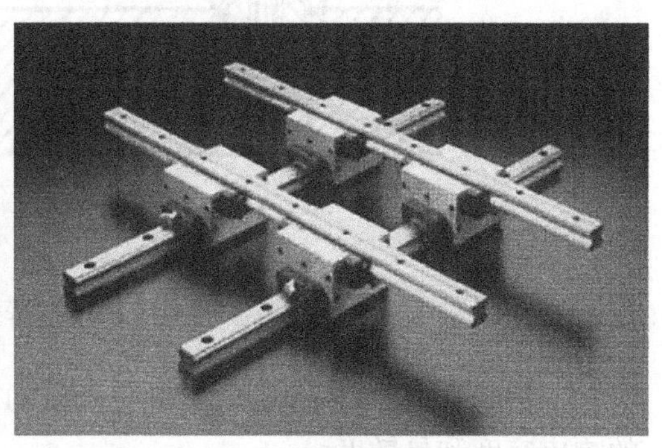

图 4－29　二维直线滚动导轨

（1）单导轨定位。滚动直线导轨通常两条成对使用，可以水平安装，也可以竖直安装，有时也可以多个导轨平行安装，当长度不够时，可以多根连接安装。如图 4－30 所示，安装时为保证两条导轨平行，通常把一条导轨作为基准导轨 1，安装在床身 6 的基准面上，底面和侧面都有定位面。另一条导轨为非基准导轨 5，床身上没有侧向定位面，固定时以基准导轨为定位面固定。这种安装方式称为单导轨定位。单导轨定位易于安装，容易保证平行度，对床身没有侧向定位面平行的要求。

（2）双导轨定位。当振动和冲击较大或精度要求较高时，两条导轨的侧面都要定位，称为双导轨定位，如图 4－31 所示。双导轨定位对两条导轨定位面平行度要求较高，当用调整垫调整时，要求调整垫的加工精度高，调整难度大。

滚动直线导轨副有如下特点。

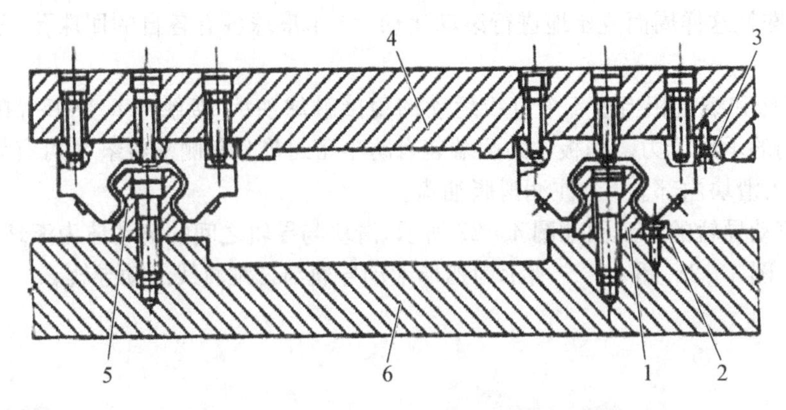

1—基准侧的导轨条；2、3—楔块；4—工作台；5—非基准导轨；6—床身。

图 4-30 单导轨定位的安装形式

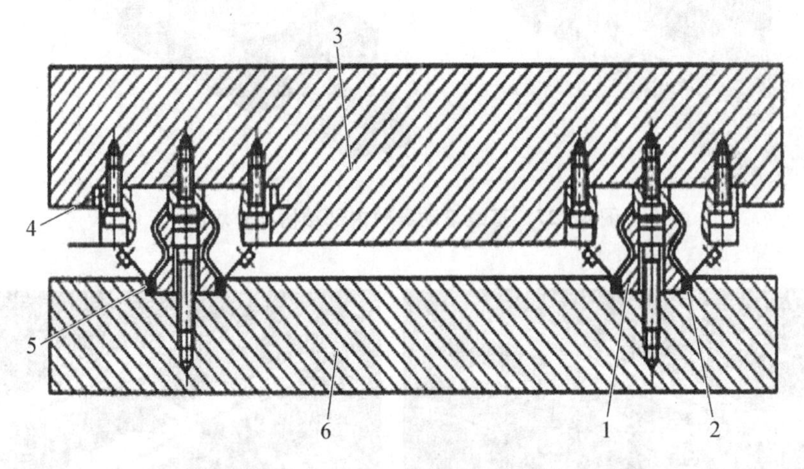

1—基准侧的导轨条；2、4、5—调整垫；3—工作台；6—床身。

图 4-31 双导轨定位的安装形式

一是随动性极好，即驱动信号与机械动作滞后的时间间隔极短，有益于提高数控系统的响应速度和灵敏度。

二是驱动功率大幅度下降，只相当于普通机械的十分之一。

三是与 V 型十字交叉滚子导轨相比，摩擦阻力可下降约 40 倍。

四是适应高速直线运动，其瞬时速度比滑动导轨提高约 10 倍。

五是能实现高定位精度和重复定位精度。

六是能实现无间隙运动，提高机械系统的运动刚度。

成对使用导轨副时，具有“误差均化效应”，从而降低基础件（导轨安装面）的加工精度要求，降低基础件的机械制造成本与难度。

导轨副滚道截面采用合理比值的圆弧沟槽，接触应力小，承接能力及刚度比平面与钢球点接触时大大提高，滚动摩擦力比双圆弧滚道有明显降低。

导轨采用表面硬化处理，使导轨具有良好的可校性；心部保持良好的机械性能。简化了机械结构的设计和制造。

一般滚动直线导轨副的精度可分为 6 个等级，其中 1 级精度最高，6 级精度最低。整体型的直线滚动导轨，由制造厂用选配不同直径钢球的办法来决定间隙或预紧，用户可根据对预紧的要求订货，不需要自己调整。

直线滚动导轨副的移动速度可以达到 60 m/min，在数控机床和加工中心上得到广泛应用。

2) 滚动导轨块

滚动导轨块主要由本体、端盖、保持架及滚动体等组成，图 4－32 所示为滚动导轨块结构图。

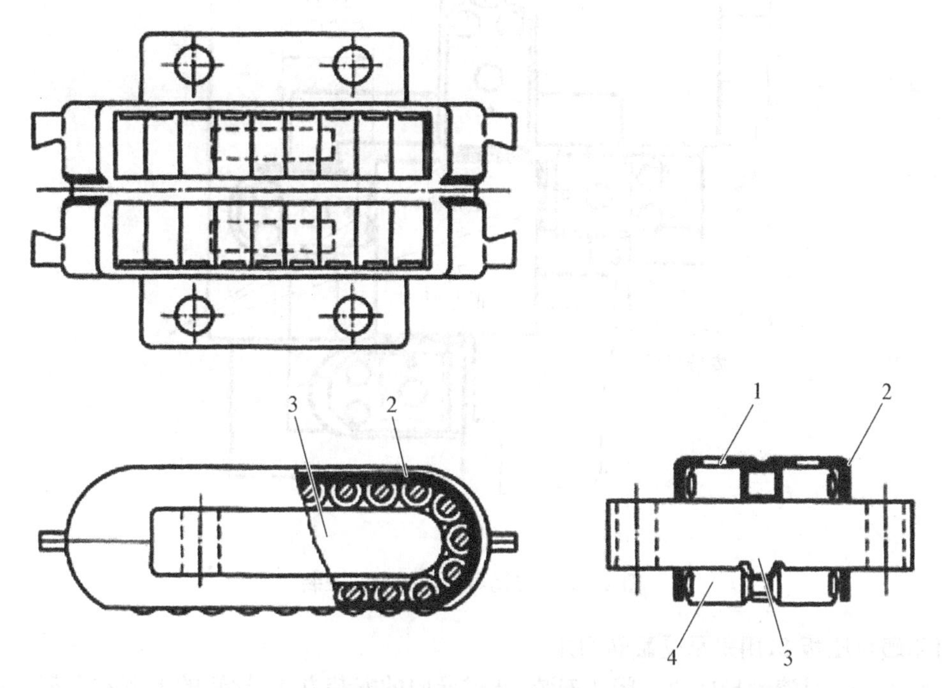

1—油孔；2—保持器；3—中间导向；4—滚柱。

图 4－32　滚动导轨块结构图

在导轨块内有许多滚柱，作为滚动部件安装在移动部件上，当部件运动时，导轨块中的滚柱 4 在导轨内部作循环运动并承受一定的载荷。滚柱具有中心导向，运动时可自动定心，以免侧移，有利于在载荷作用下运动灵活，且寿命长。

导轨块安装在机床的运动部件上，每一导轨副一般要安装 12 块滚动导轨块或更多，导轨块的数量取决于导轨的长度和负荷的大小。安装导轨块时，当一条导轨上要用多个滚动导轨块时，为了使导轨块获得均衡的载荷，建议选择具有相同分组选号的滚动导轨块安装。安装导轨块的主体，其表面硬度推荐为 HRC 58～64，表面粗糙度 Ra＞0.4～0.8 μm，主体本身平行度小于 0.01 mm/m，安装后平行度小于 0.01 mm/m。

滚动导轨块通常在数控机床床身的镶钢导轨条上滚动，镶钢导轨一般采用正方形或长方形，经热处理后分段安装在床身上，图 4－33(a)是滚动导轨块与镶钢导轨的一种应用结构形式，采用了闭式安装、窄式导向的安装方式。图 4－33(b)是主导轨滚动导轨块的具体安装形式，两侧面和上面用滚动导轨块 1 起支撑和导向作用，下面可用滚动导轨块，

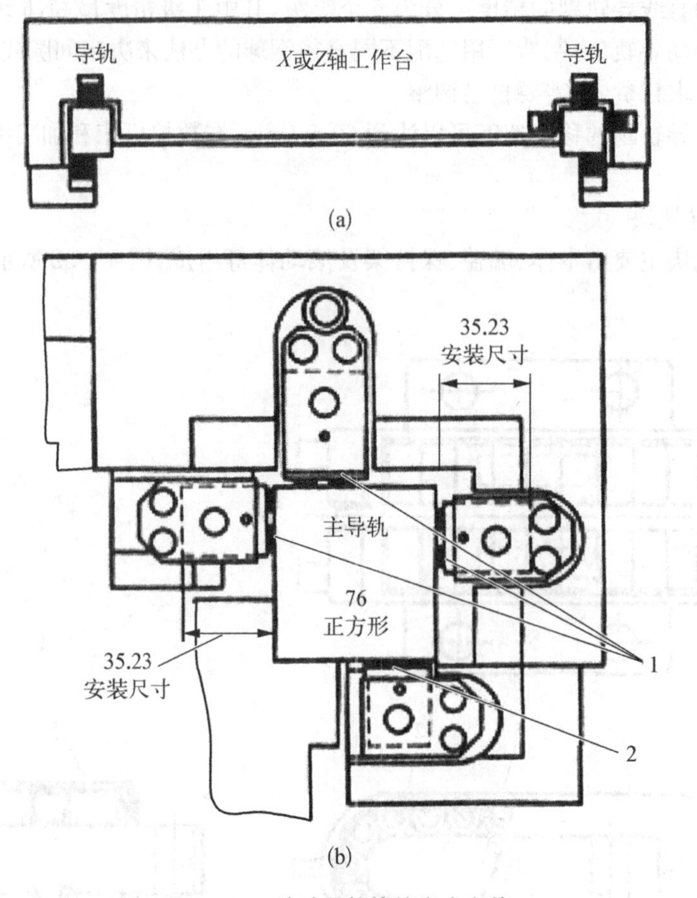

图 4-33 滚动导轨块的窄式安装

也可用塑料压板 2,用来承受翻转力矩。

图 4-34 是滚动导轨块的闭式安装、宽式导向的安装方式,导轨的上下左右都用滚动导轨块,用弹簧垫或调整垫 1、2 来调节滚子和支撑导轨之间的预紧力。

滚动导轨块的安装注意事项有如下几点。

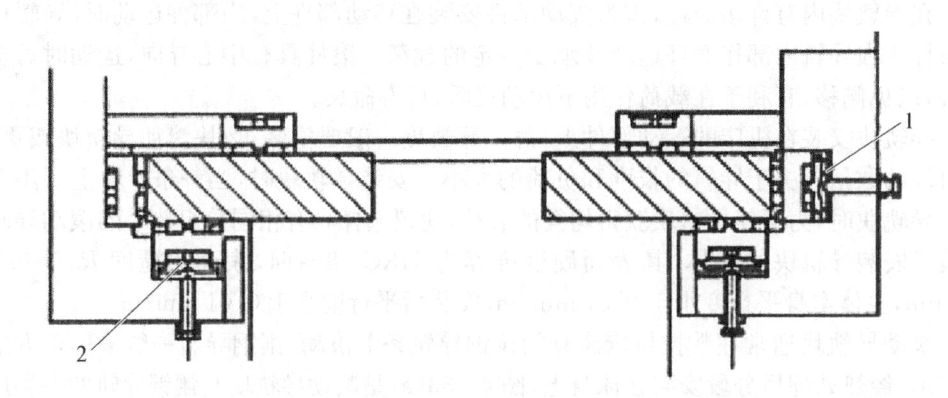

1、2—弹簧垫或调整垫。

图 4-34 滚动导轨块的宽式安装

(1) 导轨块本体用安装螺钉通过螺纹过孔直接安装在导轨主体、床身或工作台上。

(2) 当多个滚柱导轨块安装在相同的平台上时，为了使滚柱导轨块获得均衡的载荷，建议选择具有相同分组选号的滚柱导轨块安装。

(3) 与导轨块安装的主体，其表面硬度推荐为 HRC 58～64，表面粗糙度 $Ra>0.4\sim0.8\ \mu m$，主体本身平行度<0.01 mm/m，安装后平行度<0.01 mm/m。

为了保证导轨的导向精度和刚度，滚动导轨块和支承导轨间不能有间隙，还要有适当的预紧力，因此滚动导轨块安装时应能够调整。调整的方法主要通过调整螺钉、调整垫片和楔铁，也可用弹簧垫压紧。

图 4－35 是采用楔铁方式进行预紧的机构。楔铁 1 固定不动，滚动导轨块 2 固定在楔铁 4 上，随同楔铁 4 一同移动，通过调节螺钉 5、7，使楔铁 4 相对楔铁 1 运动，可以调整滚动导轨块对支承导轨 3 压力的大小，得到需要的预紧力。注意，如果预紧力过大，容易造成滚动体不转或产生滑动，影响运行精度。从油孔 9 装入润滑油，对滚动体进行润滑。

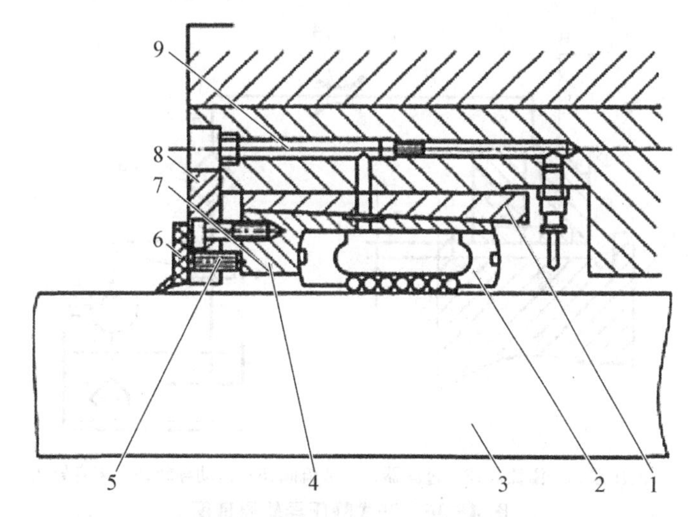

1—楔铁；2—滚动导轨块；3—支承导轨；4—楔铁；5、7—调整螺钉；6—刮屑板；8—楔铁调整板；9—润滑油孔。

图 4－35　滚动导轨块的预紧

由于滚动导轨块中的滚柱在基体中循环运动，导轨块的数目取决于导轨的长度和负载的大小，可根据承载大小及选用规格确定导轨块数量。滚动导轨块有专业厂家生产，可以外购，但与导轨块相配使用的导轨需要按要求加工制造。

滚动导轨块具有以下特点。

(1) 导轨块是一种精密的直线滚动导轨，具有较高的承载能力和较高的刚性，对反复动作、启动、停止往复运动频率较高情况下可减少整机重量和传动机构及动力费用。

(2) 导轨块可获得较高的灵敏度和高性能的平面直线运动。在重载或变载的情况下，弹性变形较小且能获得平稳的直线运动，没有爬行。

(3) 导轨块由于其滚动体在滚动时导向好，能自动定心，故可提高机械的定位精度。

(4) 导轨块中的滚柱在基体中循环运动，故采用滚动导轨块，不受机床床身长度的限制，可根据承载大小及选用规格确定导轨块数量。

(5) 滚柱导轨块的应用面较广,小规格的可用在模具、仪器等的直线运动部件上,大规格的则可用于重型机床、精密仪器的平面直线运动,尤其适用于 NC、CNC 数控机床。

3. 静压导轨

静压导轨是指在两个相对运动导轨面之间通入具有一定压力的润滑油以后,使动导轨微微抬起,在导轨面间充满润滑油膜,保证导轨面间在纯液体摩擦状态下工作。工作过程中,导轨面上油腔的油压随外加载荷的变化自动调节。液体静压导轨由于导轨面处于纯液体摩擦状态,摩擦因数极低,$f\approx 0.0005$,因而驱动功率大大降低,低速运动无爬行现象。除了液体静压导轨之外,还有气体静压导轨,气体静压导轨多用于载荷不大的场合,像数控坐标磨床、三坐标测量机等。

液体静压导轨的工作原理,如图 4-36 所示。液压油在液压泵 1 的作用下,经过滤器 3 和节流阀 4,注入运动导轨 5 和机床导轨 6 间的导轨面,将运动导轨微微托起。液体静压导轨在高精度高效率的大型、重型数控机床上应用得较多。

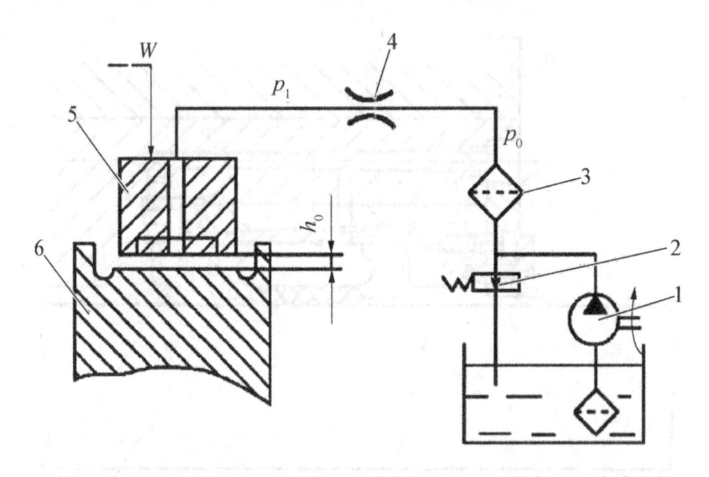

1—液压泵;2—溢流阀;3—过滤器;4—节流阀;5—运动导轨;6—床身导轨。

图 4-36 开式静压导轨原理图

液体静压导轨按供油方式不同分为恒压供油和恒流供油两种,按结构特征分为开式、闭式及卸荷式三类。

开式静压导轨是指导轨只设置在床身的一边,依靠运动件自重和外载荷保持运动件不从床身上分离,因此它只能承受指向导轨的单向载荷,不能承受相反方向的载荷,而且承受偏载力矩的能力差,适用于载荷较均匀,偏载和倾覆力矩小的水平放置,运动速度比较低的重型机床。

闭式静压导轨是指导轨设置在床身的几个方向,并在导轨的几个方向开若干个油腔,能限制运动件从床身上分离,因此能承受正、反向载荷,承受偏载荷及颠覆力矩的能力较强,油膜刚度高,可应用于载荷不均匀、偏载大、有正反向载荷和存在颠覆力矩的场合。

闭式静压导轨结构如图 4-37 所示。A 为进油口,B 为出油口。

卸荷静压导轨没有油膜分开两导轨面,两导轨面是直接接触的,但在两接触面仍有少量流动的润滑油,其刚度较大,结构较简单,适用于要求导轨的接触刚度较大,同时减少导轨磨损,工作台在低速下运动平稳均匀或运动件特别长的机床导轨。

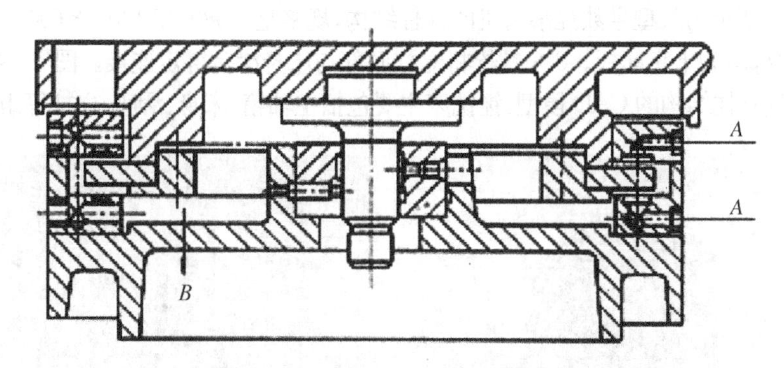

图 4-37　回转运动闭式静压导轨

液体静压导轨的尺寸不受限制，可根据具体需要确定，一般要考虑载荷的性质与大小，灵活选用油腔的形状、数目及配置。

静压导轨和其他形式导轨相比，具有工作寿命长、摩擦系数低、速度变化和载荷变化对液体油膜的刚性影响小、运动平稳、低速无爬行、油液有吸振作用、抗振减振强等优点。缺点是结构复杂，成本高，需要有一套过滤效果良好的供油系统，油液的清洁度要求高，制造和调整的难度都较大。

4.5.2　立柱

1. 立柱的功用

立柱是立式数控车床、铣床与加工中心的重要结构部件之一，它的功用是支承主轴箱，主轴箱与立柱通过轨道相连，使主轴箱能在立柱上进行 Z 向运动。立柱结构特性对加工中心的性能影响很大，主要体现在加工精度、抗震性能、切削效率、使用寿命等方面。因此立柱是加工中心最关键的受力构件，它的强度、刚度将直接影响到机床的精度和寿命。

2. 立柱的结构布局

依据不同类型的机床，立柱的拓扑结构是不同的。如图 4-38 所示，这些立柱结构不仅形状不同，尺寸也不相同，而立柱的拓扑结构取决于其制造工艺、加工难度、刚度强度的要求，以及工程师设计经验等因素。立柱结构形式不一样，其性能、重量不一样，制造难度也不一样。工程中需综合考虑各种因素，设计出实际可行可靠的结构方案。

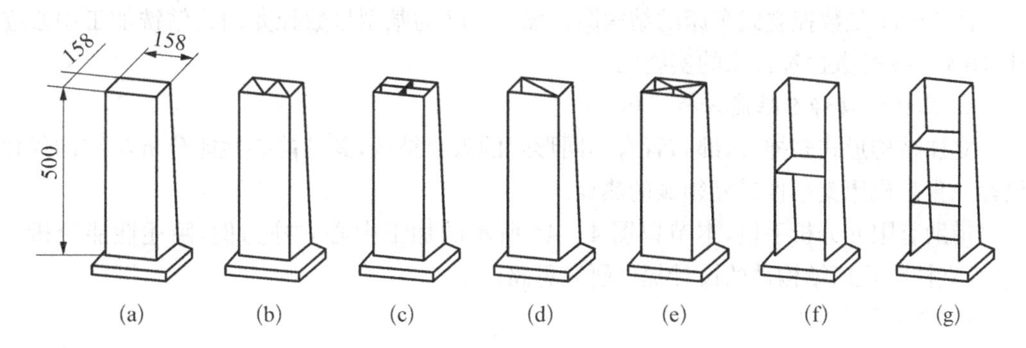

图 4-38　不同结构形式的机床立柱部件

图 4－39 所示为某型号数控滚齿机的立柱结构，规格是 2 580×2 160×3 600。四面外壁厚度 30 mm，内部均为十字筋板。8 个螺栓将立柱底部与床身滑台绑定连接。图 4－40 所示为落地镗铣床及其立柱结构的 CAD 模型，镗铣床主要包括主轴箱、床身、滑座、立柱等组成部分。

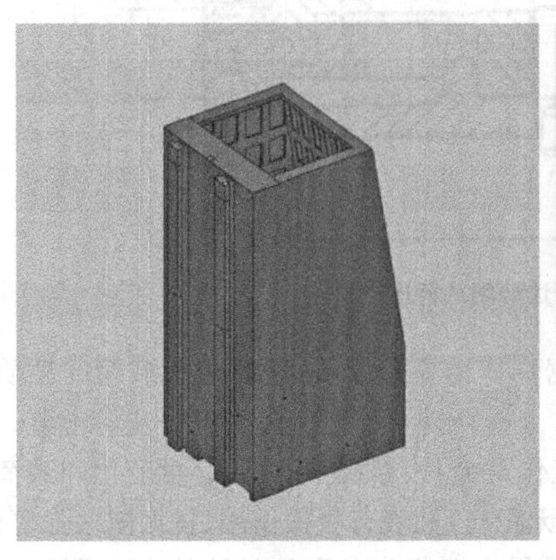

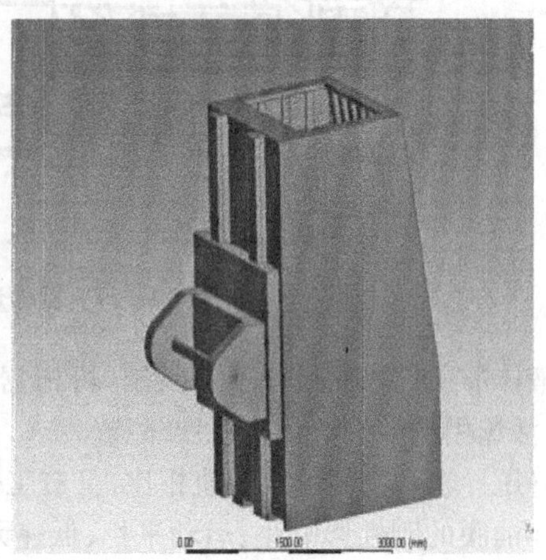

图 4－39　某数控滚齿机的立柱主体及其装配体

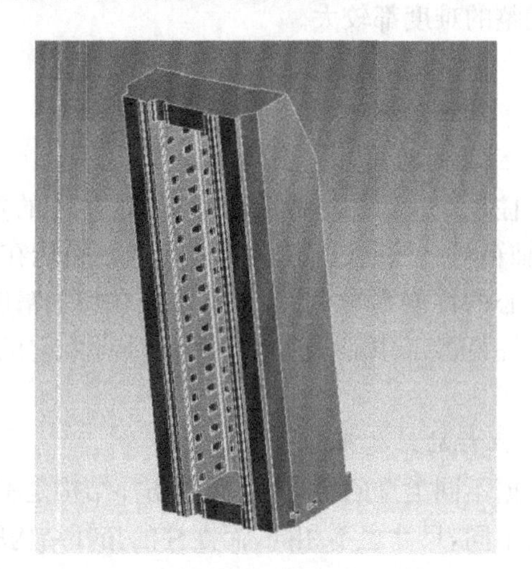

图 4－40　某落地镗铣床 CAD 模型及铣床立柱结构

图 4－41 是数控立式车床的结构图。图 4－42 为某型号数控龙门式钻铣加工中心立柱，图 4－43 是数控镗铣床的实物图。

3. 立柱的动静态性能分析实例

立柱结构形式多样，内部布置有不同形式的钣金结构，其动静态性能分析与结构优化设计一直是机床支承件研究领域的热点。

借助有限元分析手段，本节以图 4－44 所示的加工中心立柱为例，阐述性能分析方法，为立柱等机床结构件的设计提供研究思路。

1）静态受力分析

基于图 4－45，给出立柱的受力边界条件：Z 方向上的载荷 F 是一个垂直于立柱顶面

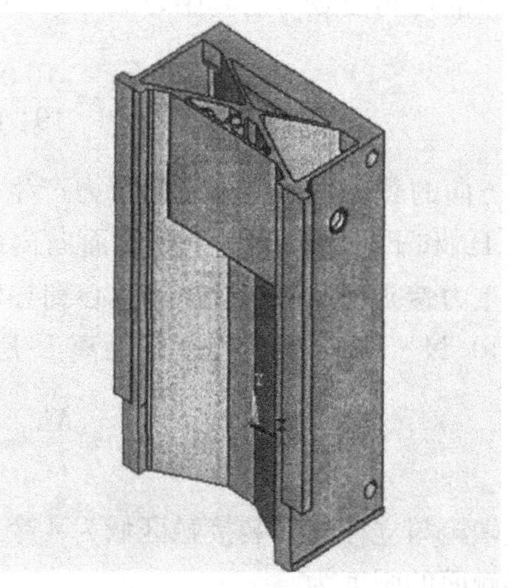

图 4-41　数控立式车床及其立柱结构模型图

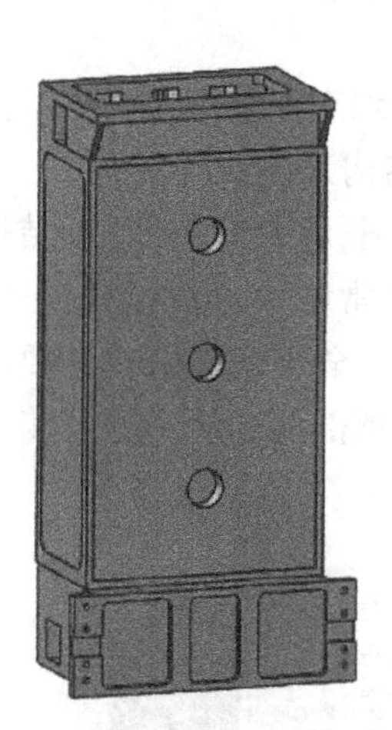
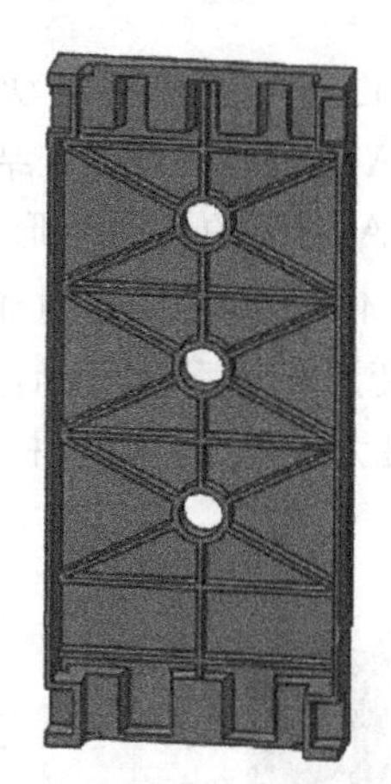

图 4-42　龙门式钻铣加工中心立柱结构

图 4-43　数控镗铣床实物图

图 4-44　加工中心立柱 CAD 模型

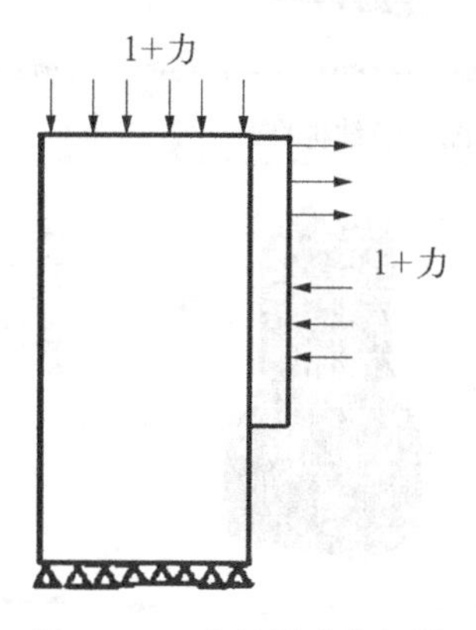

图 4-45　立柱受力分析图

方向向里的均布面载荷。其中，$F_z=10\,000$ N，顶面面积 $S_1=191\,180$ mm^2。

$$F=\frac{F_z}{S_1}=\frac{10\,000}{191\,180}=0.052\,3\text{ MPa}$$

Y 方向的载荷是由主轴箱的重力产生的弯矩，形成上半部分垂直于立柱导轨面向外的载荷 P_1 和下半部分垂直于导轨面向内的载荷 P_2，P_1 和 P_2 大小相等，方向相反。主轴箱的重力接近于 10 000 N，其质心到导轨的距离为 353 mm，所以其产生的弯矩 M 为 3.53×10^6 N·mm。受力点间的距离 L 是 330 mm，基于此，P_1 和 P_2 计算如下。

$$P_1=-P_2=\frac{M}{L}=\frac{3.53\times10^6}{330}=10\,700\text{ N}$$

主轴箱与立柱的安装接触区域为 4 个正方形，每个正方形的面积 S_2 为 15 001 mm^2，计算接触面的强度为

$$F_1=-F_2=\frac{P_{1,2}}{2S_2}=\frac{10\,700}{30\,002}=0.357\text{ MPa}$$

基于上述受力分析，设定两种工况。工况 1：主轴箱运动到立柱顶部；工况 2：主轴箱运动到立柱底部。对立柱三种板筋结构（A 结构、B 结构、C 结构）进行分析。

图 4-46 给出了工况 1 和工况 2 下，A 结构的各向变形图、综合变形图、A 结构应力图。通过 ANSYS 分析知道，由于 X 方向不受力，其变形量非常微小，可以忽略。变形量最大的方向为 Y 方向，其受力最大，最大变形量为 7.12 μm，完全符合精密机的要求。工况 2 的变形比工况 1 小，符合力学原理，最大变形发生在立柱顶部两列轨道处。将来进一步设计我们可以增加 Y 方向的板筋强度。

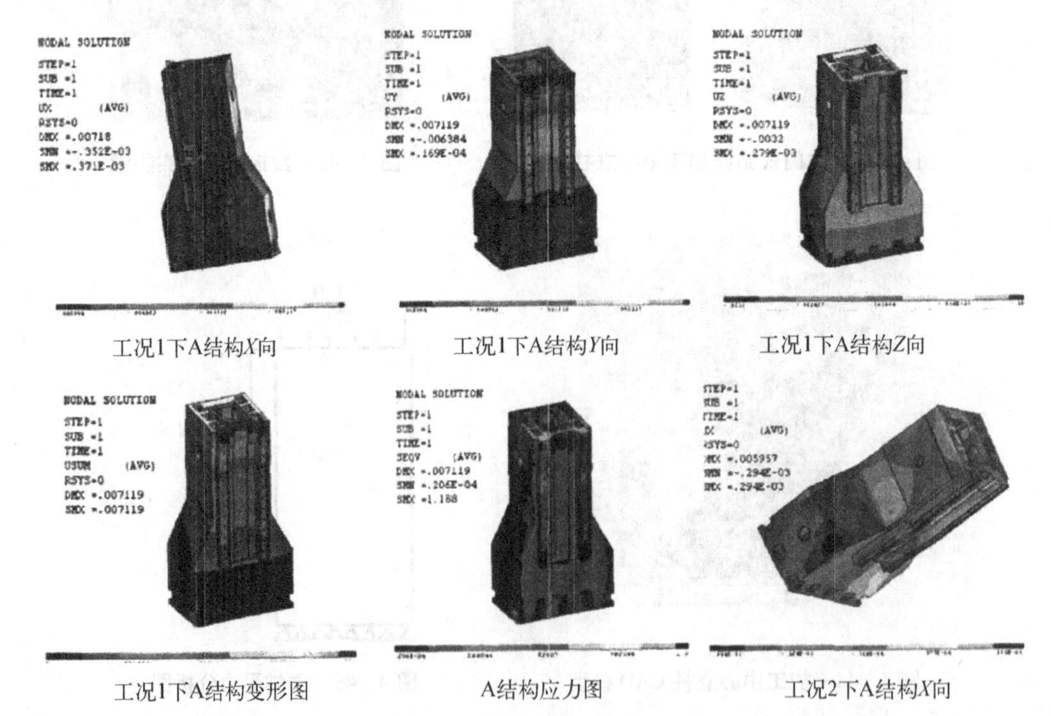

工况1下A结构X向　工况1下A结构Y向　工况1下A结构Z向

工况1下A结构变形图　A结构应力图　工况2下A结构X向

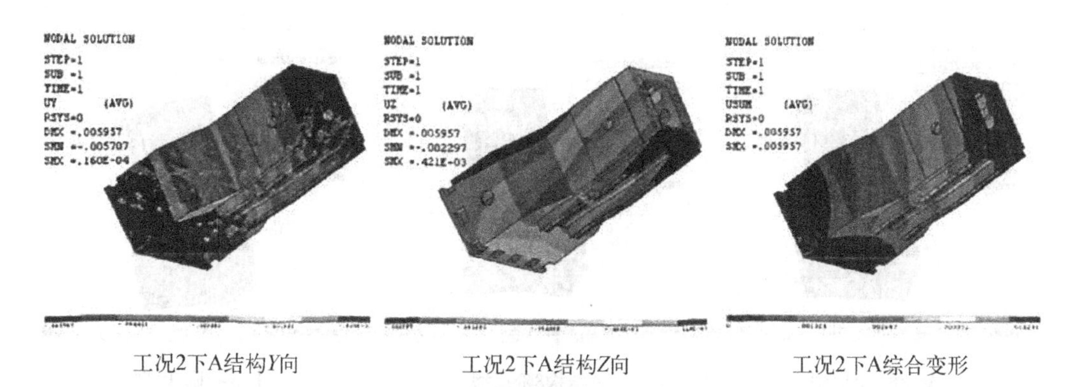

工况2下A结构Y向　　工况2下A结构Z向　　工况2下A综合变形

图 4-46　立柱 A 结构的各方向应变分析结果

对立柱进行静态分析,分析表明应变应力基本符合要求。对机床立柱进行动态刚度分析,约束状态下,第一阶频率不高,应继续提高。分别按两种工况进行分析,工况 1 比工况 2 变形量大,对立柱影响较大,应重点考虑。

2) 立柱结构的动态性能分析

立柱的动态特性能反映其结构在动态切削力作用下的抗振能力,对机床的加工精度有直接的影响。

ANSYS 产品家族中的模态分析是一个线性分析。任何非线性特性,如塑性和接触(间隙)单元,即使定义了也将被忽略。在自由状态,无指定外界载荷的情况下,利用 ANSYS 软件对立柱进行动态分析,结果如图 4-47 所示。自由状态下,固有频率前六阶为刚体位移,所以它们等于或接近 0。第一阶固有频率从第七阶开始。

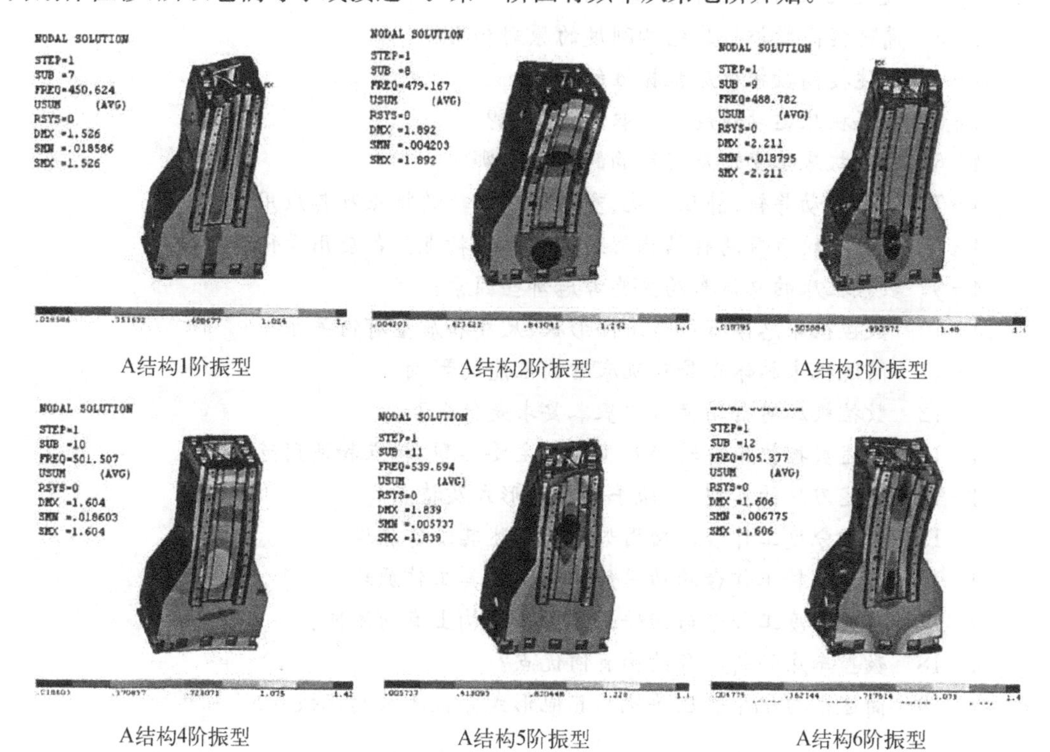

A结构1阶振型　　A结构2阶振型　　A结构3阶振型

A结构4阶振型　　A结构5阶振型　　A结构6阶振型

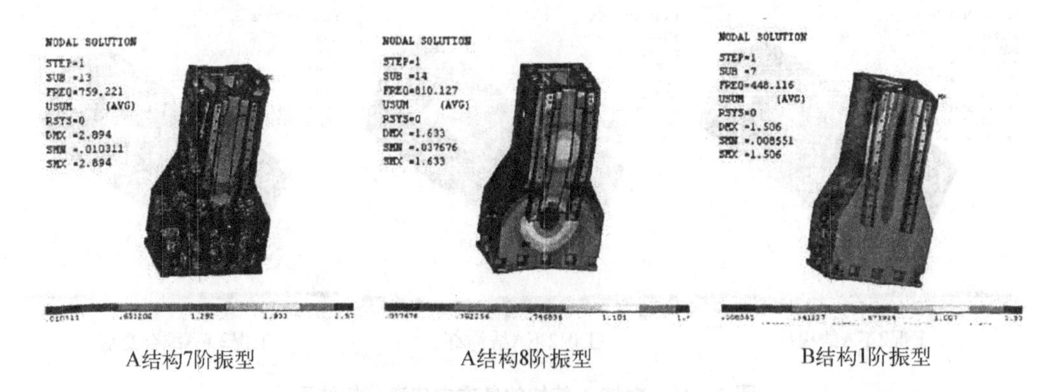

A结构7阶振型　　A结构8阶振型　　B结构1阶振型

图 4-47　立柱(A、B 结构)模态分析结果

计算结果表明,B结构的低阶固有频率最低,板筋左右对称,上下没有联系。C呈米字型结构,低阶固有频率较高。通过模态分析,我们知道由于结构形式的改变,立柱的动态性能发生了变化,但筋板的尺寸和密度变化不大,所以立柱的性能没有巨大的差别。A、B、C三种结构的低阶频率均在116 Hz以上,较为理想。

我们可以看到,A结构的刚度最好。另外,简单的增加板筋数量,改变单个板筋形式,并不能提高结构性能。这为今后机床板筋设计提供必要的理论依据。

习题与思考题

4-1　数控机床的机械结构包括哪些部分?

4-2　数控机床的结构有哪些要求?

4-3　简述提高数控机床结构刚度的原则和措施。

4-4　简述提高数控机床抗振性的措施。

4-5　提高机床运动精度应采取哪些措施?

4-6　减少机床热变形及其影响的措施有哪些?

4-7　试述滚动导轨、静压导轨、塑料滑动导轨的特点及其应用。

4-8　滚动导轨有哪两种结构形式?各有何特点?各应用于何种场合?

4-9　数控机床的总体布局主要考虑哪些因素?

4-10　数控机床总体布局与工件形状、尺寸和质量有何关系?

4-11　简述机床总体布局对机床结构性能的影响。

4-12　数控机床对自动换刀的基本要求是什么?

4-13　简述数控机床自动换刀装置的主要类型、特点和适用范围。

4-14　简述刀库的类型、机械手换刀的形式及特点。

4-15　数控分度工作台的功用如何?试述其工作原理。

4-16　数控回转工作台的功用如何?试述其工作原理。

4-17　数控分度工作台与回转工作台在结构上有何不同?

4-18　数控车床的斜床身结构有何优点?

4-19　简述数控机床静压导轨和其他形式导轨比较的优缺点。

第5章　数控系统轨迹控制原理

5.1　插补的概念与分类

5.1.1　插补的基本概念

在数控机床中，刀具或工件的最小位移量是机床坐标轴运动的一个分辨单位，称为分辨率或脉冲当量，也叫最小设定单位，由检测装置辨识。因此，刀具不可能绝对地沿着所要求的零件廓形运动，其运动轨迹在微观上是由小线段构成的折线，只能用折线逼近所要求的廓形曲线。机床数控系统依据一定方法确定刀具运动轨迹，进而产生基本廓形曲线，如直线、圆弧等，其他需要加工的复杂曲线由基本廓形曲线逼近，这种拟合方法称为“插补”。

“插补”实质是数控系统根据零件轮廓线型的有限信息，如直线的起点、终点，圆弧的起点、终点和圆心等，计算出刀具的一系列加工点，完成所谓的数据“密化”工作。插补有两层意思：一是产生基本线型；二是用基本线型拟合其他轮廓曲线。插补运算具有实时性，要满足刀具运动实时控制的要求，其运算速度和精度会直接影响数控系统的性能指标。

5.1.2　插补方法分类

数控系统中完成插补运算的装置称为插补器。在早期的NC系统中，插补器是一种硬件数字逻辑电路装置，故称为硬件插补，其结构复杂，成本较高。而在CNC系统中，硬件插补器的部分或全部功能可由计算机中的插补程序实现，用软件编程实现插补工作的称为软件插补。由于硬件插补具有速度高的特点，为了满足插补速度和精度的要求，现代CNC系统采用软件与硬件相结合的方法，由软件完成粗插补，由硬件完成精插补。

由于直线和圆弧是构成零件轮廓的基本线型，早期NC系统一般都具有直线插补和圆弧插补两种基本类型，而在三坐标以上联动的CNC系统中，一般还具有螺旋线插补和其他线型插补。为了方便对各种曲线、曲面的直接加工，人们一直研究各种曲线的插补算法，在一些高档CNC系统中，已经出现了抛物线插补、渐开线插补、正弦线插补、样条曲线插补、球面螺旋线插补以及曲面直接插补等功能。

插补运算所采用的原理和方法一般可归纳为基准脉冲插补和数据采样插补两大类型。

1. 基准脉冲插补

基准脉冲插补又称为脉冲增量插补或行程标量插补，其特点是每次插补结束仅向各运动坐标轴输出一个控制脉冲，因此各坐标产生一个脉冲或行程的增量。脉冲序列的频率代表坐标运动的速度，而脉冲的数量代表运动位移的大小。这类插补运算简单，容易用硬件电路来实现，早期的硬件插补都是采用这类方法。在目前的CNC系统中这类算法可以用软件来实现，但仅适用于一些中等速度和中等精度的系统，主要用于步进电动机驱动的开环系统。也有的数控系统将其用做数据采样插补中的精插补。

基准脉冲插补的方法主要有，逐点比较法、数字积分法、脉冲乘法器、矢量辨别法、比较积分法、最小偏差法、单步追踪法等。其中逐点比较法和数字积分法应用较多。

2. 数据采样插补

数据采样插补又称为数字增量插补、时间分割插补或时间标量插补，其运算采用时间分割思想，根据编程的进给速度将轮廓曲线分割为每个插补周期的进给直线段(也称轮廓步长)，以此来逼近轮廓曲线。数控装置将轮廓步长分解为各坐标轴的插补周期进给量，作为命令发送给伺服驱动装置。伺服系统按位移检测采样周期采集实际位移量，并反馈给插补器进行比较完成闭环控制。伺服系统中指令执行过程实质也是数据密化工作。闭环或半闭环控制系统都采用数据采样插补方法，它能满足控制速度和精度的要求。数据采样插补方法很多，如直线函数法、扩展数字积分法、二阶递归算法等。

用户输入的加工程序代码必须经过译码、刀具补偿、速度处理和辅助功能处理等一系列的数据处理过程，才能得出插补所需的数据，最终控制机床加工出合格的零件。

5.2 逐点比较法

5.2.1 插补原理及特点

逐点比较法又称代数运算法或醉步法，早期数控机床中广泛采用该方法。其基本原理是每次仅向一个坐标轴输出一个进给脉冲，而每走一步都要通过偏差函数计算，判断偏差点的瞬时坐标与规定加工轨迹之间的偏差，然后决定下一步的进给方向。逐点比较法可进行直线插补、圆弧插补，也可用于其他曲线的插补，其特点是运算直观，插补误差不大于一个脉冲当量，脉冲输出均匀，调节方便。

例如图5-1(a)中，为了加工直线AB，可以让A点沿$+X$方向走一步，刀具到达1点，为了逼近直线，第二步沿$+Y$方向移动一步到达2点，如此继续，直到终点B结束。加工图5-1(b)中的圆弧也一样，先从A点沿$-X$方向走一步，刀具处在圆弧内1点，然后沿$+Y$方向走一步，使刀具靠近圆弧，刀具到达2点，但仍在圆内，故沿$+Y$再前进一步，刀具到达圆外3点，为靠近圆弧应沿$-X$方向走一步，如此继续移动，走完九步后到达终点B。

这种插补方法是走一步计算一次，并比较刀具与工件轮廓的相对位置，使刀具向减小误差的方向进给，故称为逐点比较法。

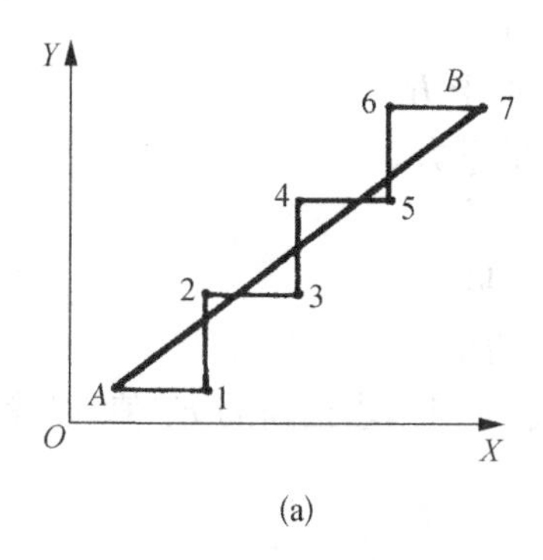

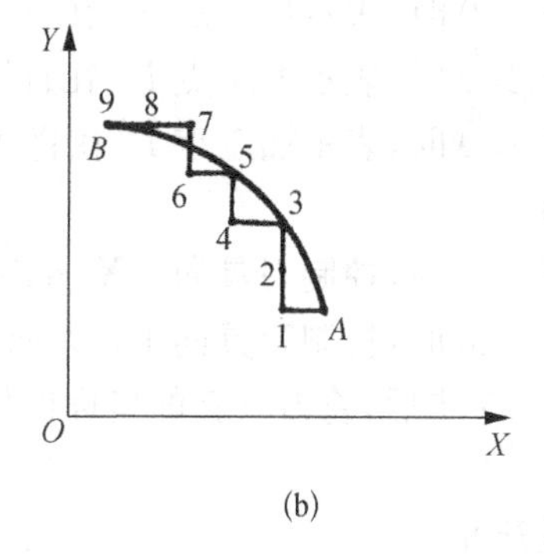

图 5-1　逐点比较插补示意图

逐点比较法的四个步骤。

(1) 偏差判别。根据刀具的实际位置，确定进给方向。

(2) 进给。沿减少偏差的方向前进一步。

(3) 偏差计算。计算出进给后的新偏差，作为下一步偏差判别的依据。

(4) 终点判断。判断是否到达终点，若未到达终点，返回步骤(1)进行偏差判别，再重复上述过程。若到达终点，发出插补完成信号。

逐点比较插补法流程图如图 5-2 所示。由上述分析可见，加工时，各坐标轴分时进给，究竟是哪个轴进给，完全取决于偏差的结果，而偏差判别又是根据偏差计算的结果进行，因此，最重要的是找到一个简便的偏差计算公式。

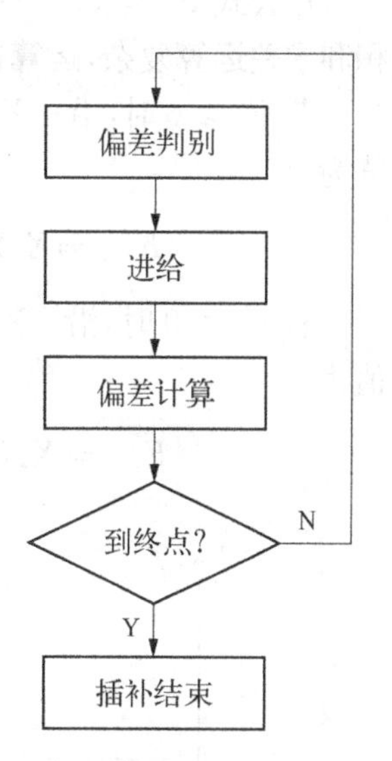

图 5-2　逐点比较插补法流程图

5.2.2　逐点比较法直线插补运算

1. 偏差判别

直线插补时，通常将坐标原点设在直线起点上。对于第一象限直线 OA，如图 5-3 所示，坐标起点为(0, 0)，终点为(X_e, Y_e)。设刀具在任意位置 P_i 点的坐标值为(X_i, Y_i)。

若 P_i 点在直线 OA 上，则 OP 与 OA 重合，它们的斜率相等，即

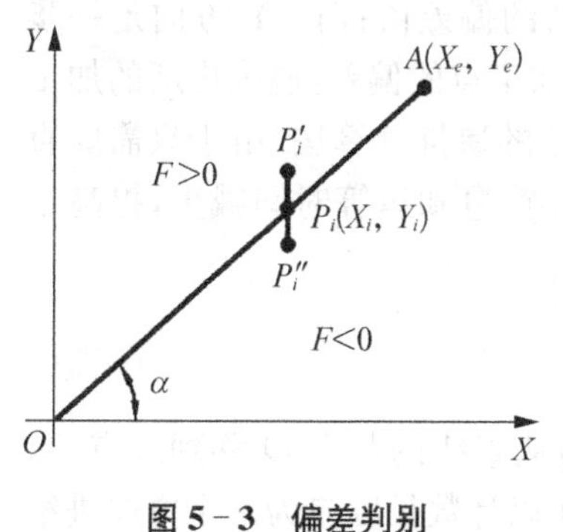

图 5-3　偏差判别

$$\frac{Y_i}{X_i}=\frac{Y_e}{X_e}$$

改写成

$$X_eY_i=X_iY_e$$

得

$$X_eY_i-X_iY_e=0$$

则该点的偏差函数 F_i 可表示为

$$F_i=X_eY_i-X_iY_e \tag{5-1}$$

显然，偏差函数有三种情况：

① 当 $F_i=0$ 时，表示加工点 P_i 在直线 OA 上；

② 当 $F_i>0$ 时，表示加工点 P'_i 在直线 OA 的上方；

③ 当 $F_i<0$ 时，表示加工点 P''_i 在直线 OA 的下方。

2. 进给

① 当 $F_i\geqslant 0$ 时，控制刀具向 $+X$ 方向前进一步；

② 当 $F_i<0$ 时，控制刀具向 $+Y$ 方向前进一步。

刀具每走一步后，将刀具新的坐标值代入式(5-1)，求出新的 F_i 值，以确定下一步进给方向。

3. 偏差计算

用公式 $F_i=X_eY_i-X_iY_e$ 计算偏差值时，要求进行两数乘积和求差运算。因两数乘积和求差运算复杂，运算速度慢。实际计算时作如下变换：

若 $F_i\geqslant 0$ 时，沿 $+X$ 方向走一步，到达 $(X_i+1,\ Y_i)$ 点，如图 5-4(a)所示，新的偏差值为

$$F_{i+1}=X_eY_i-(X_i+1)Y_e=X_eY_i-X_iY_e-Y_e=F_i-Y_e \tag{5-2}$$

若 $F_i<0$ 时，沿 $+Y$ 方向走一步，到达 $(X_i,\ Y_i+1)$ 点，如图 5-4(b)所示，新的偏差值为

$$F_{i+1}=X_e(Y_i+1)-X_iY_e=X_eY_i-X_iY_e+X_e=F_i+X_e \tag{5-3}$$

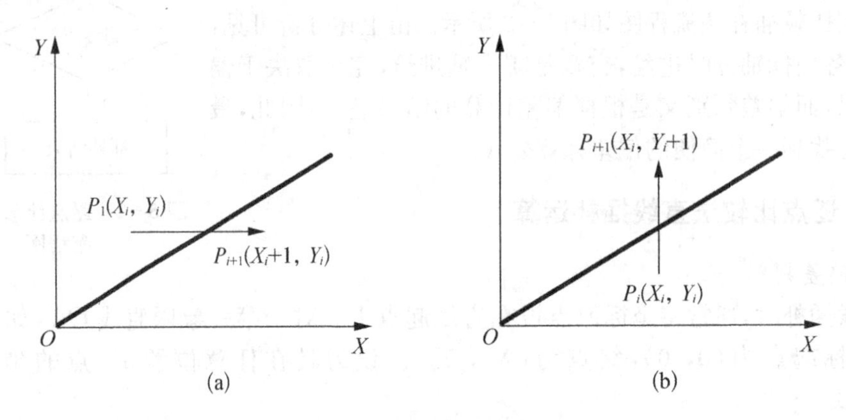

图 5-4 直线插补坐标进给

可见，向 $+X$ 方向走一步后，可采用 (F_i-Y_e) 计算新的偏差值；向 $+Y$ 方向走一步后，可采用 (F_i+X_e) 计算新的偏差值。这种利用前一个加工点的偏差，递推出新的加工点的计算方法，称为递推法。这种不用乘除法，只用加减法的递推计算法，由于只需要直线的终点坐标值，而不用计算和保存刀具中间坐标点，故计算量和运算时间减少，提高了插补速度，使插补器结构简单。

逐点比较法直线插补计算方法归纳见表 5-1。

4. 终点判别

最常用的终点判别方法是设置一个长度计数器，因为从直线的起点 O 移到终点 A，刀具沿 X 轴应走的步数为 X_e，沿 Y 轴应走的步数为 Y_e，所以计数长度应为两个方向进给

表 5-1　直线插补计算方法

偏差判别	进给方向	偏差计算
$F_i \geqslant 0$	$+X$	$F_{i+1}=F_i-Y_e$
$F_i<0$	$+Y$	$F_{i+1}=F_i+X_e$

步数之和，即

$$N=X_e+Y_e$$

无论 X 轴还是 Y 轴，每送出一个进给脉冲，计数长度减 1，当计数长度减到零时，即 $N=0$ 时，表示到达终点，插补结束。也可以分别判断各坐标轴的进给步数或仅判断进给步数较多的坐标轴的进给步数。

例 5-1　加工直线的起点坐标为坐标原点，终点坐标为(6，4)。试用逐点比较法对该段直线进行插补，并画出插补轨迹。

解：插补直线起点从原点开始，故此时偏差值 $F_0=0$。终点判别是设置进给总步数 $N=6+4=10$，将其存入终点判别计数器中，每进给一步减 1，若 $N=0$ 则停止插补。其插补运算过程见表 5-2，插补轨迹如图 5-5 所示。

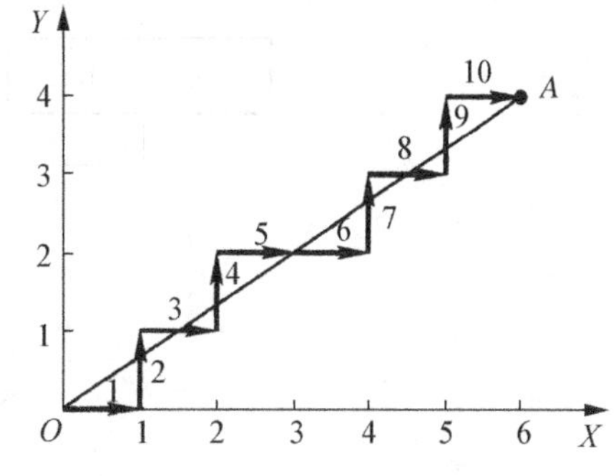

图 5-5　逐点比较法直线插补轨迹

表 5-2　例 5-1 插补过程

步　数	偏差判别	坐标进给	偏　差　计　算	终点判别
0			$F_0=0$	$N=10$
1	$F_0=0$	$+X$	$F_1=F_0-Y_e=0-4=-4$	$N=10-1=9$
2	$F_1<0$	$+Y$	$F_2=F_1+X_e=-4+6=2$	$N=9-1=8$
3	$F_2>0$	$+X$	$F_3=F_2-Y_e=2-4=-2$	$N=8-1=7$
4	$F_3<0$	$+Y$	$F_4=F_3+X_e=-2+6=4$	$N=7-1=6$
5	$F_4>0$	$+X$	$F_5=F_4-Y_e=4-4=0$	$N=6-1=5$
6	$F_5=0$	$+X$	$F_6=F_5-Y_e=0-4=-4$	$N=5-1=4$
7	$F_6<0$	$+Y$	$F_7=F_6+X_e=-4+6=2$	$N=4-1=3$
8	$F_7>0$	$+X$	$F_8=F_7-Y_e=2-4=-2$	$N=3-1=2$
9	$F_8<0$	$+Y$	$F_9=F_8+X_e=-2+6=4$	$N=2-1=1$
10	$F_9>0$	$+X$	$F_{10}=F_9-Y_e=4-4=0$	$N=1-1=0$

第一象限直线插补流程图如图 5-6 所示。初始化读入终点坐标值 X_e、Y_e，计算出计数长度，设置初始值 $F=0$ 等。

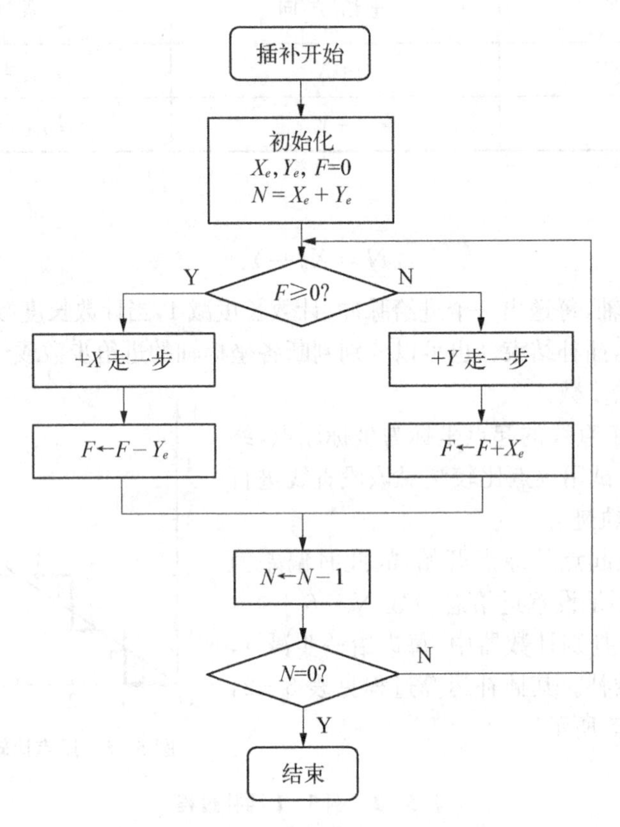

图 5-6　第一象限直线插补流程图

5. 其他象限的直线插补

其他象限的插补方法和第一象限类似。插补运算时，取 $|X|$ 和 $|Y|$ 代替 X、Y。进给方向规定：在第二象限时，若 $F\geqslant 0$ 时，向 $-X$ 方向步进，$F<0$ 时，向 $+Y$ 方向进给；在第三象限时，若 $F\geqslant 0$ 时，向 $-X$ 方向步进，$F<0$ 时，向 $-Y$ 方向进给；在第四象限时，若 $F\geqslant 0$ 时，向 $+X$ 方向步进，$F<0$ 时，向 $-Y$ 方向进给。四个象限的步进方向如图 5-7 所示。由图中可看出，$F\geqslant 0$ 时，进给方向都是沿 X 轴方向，并沿X 轴的 $|X|$ 增大方向步进；$F<0$ 时，进给方向都是沿 Y 轴方向，并沿 Y 轴的 $|Y|$ 增大方向步进。

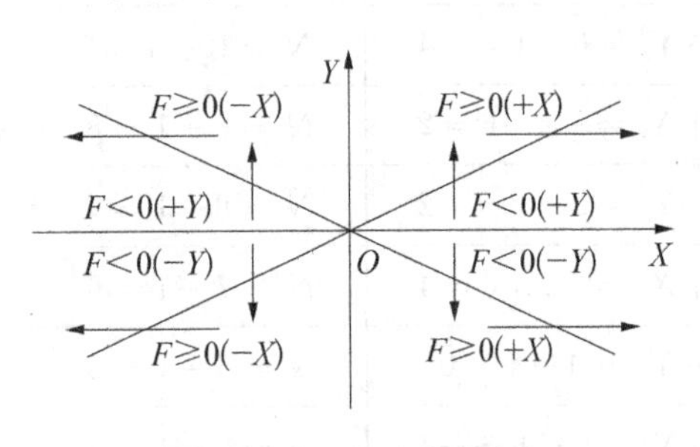

图 5-7　四象限步进方向

四个象限的插补方向归纳见表 5-3。不管是哪个象限，都用与第一象限相同的偏差计算公式，只是式中的终点坐标值为(X_e，Y_e)均取绝对值。四象限直线插补流程图如图 5-8 所示。

表 5-3　四象限的进给方向和偏差计算

偏　差　判　别		$F\geqslant 0$	$F<0$
进　给	第一象限	$+X$	$+Y$
	第二象限	$-X$	$+Y$
	第三象限	$-X$	$-Y$
	第四象限	$+X$	$-Y$
偏差计算		$F_{i+1}=F_i-\mid Y_e\mid$	$F_{i+1}=F_i+\mid X_e\mid$

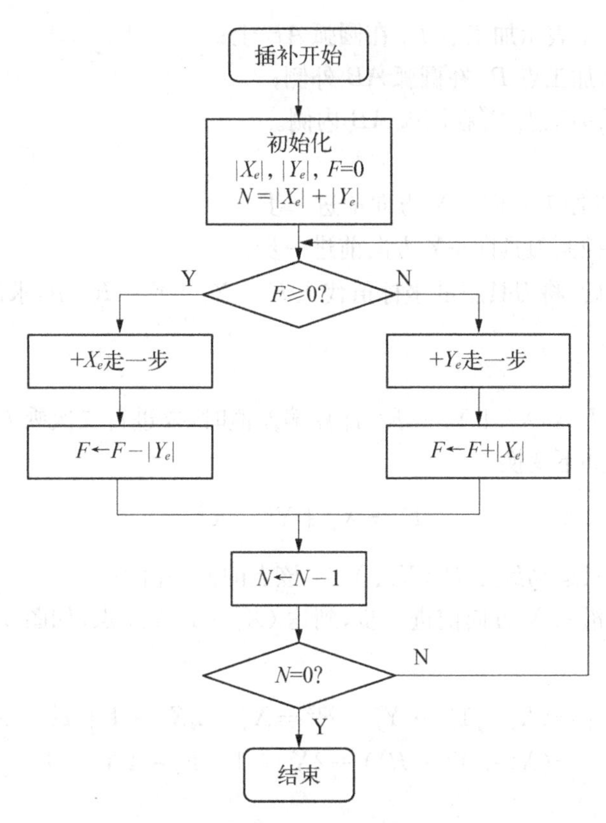

图 5-8　四象限直线插补流程图

5.2.3　逐点比较法圆弧插补运算

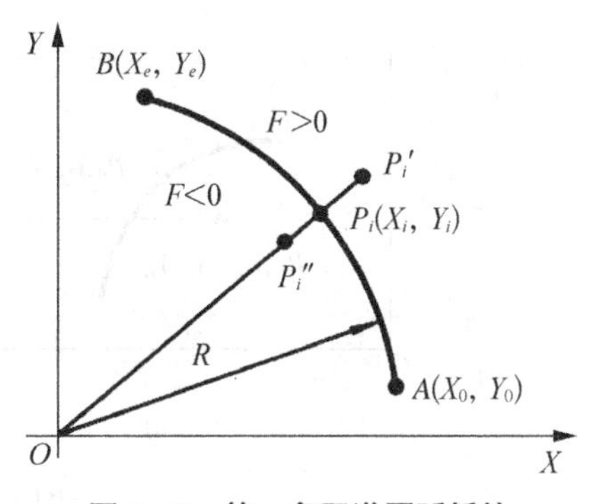

图 5-9　第一象限逆圆弧插补

圆弧曲线加工分逆圆弧插补(G03)和顺圆弧插补(G02)。图 5-9 是表示第一象限逆圆弧插补的简图,图中以圆弧圆心为坐标原点,给出圆弧的起点 A 坐标(X_0, Y_0)和终点 B 坐标(X_e, Y_e),已知圆弧的半径为 R。

1. 偏差判别

任取一点 P_i,设 P_i 点的坐标是(X_i, Y_i),则 P_i

点相对圆弧 AB 的位置有在圆弧上、圆弧外侧和圆弧内侧三种情况。

若 P_i 点在圆弧 AB 上，则 OP 等于圆弧半径 R，即

$$X_i^2+Y_i^2=R^2$$

可改写成

$$X_i^2+Y_i^2-R^2=0$$

其偏差函数 F_i 可表示为

$$F_i=X_i^2+Y_i^2-R^2 \tag{5-4}$$

显然，若 $F_i=0$，表示加工点 P_i 在圆弧 AB 上；

若 $F_i>0$，表示加工点 P'_i 在圆弧 AB 外侧；

若 $F_i<0$，表示加工点 P''_i 在圆弧 AB 内侧。

2. 进给

当 $F_i\geqslant 0$ 时，控制刀具向 $-X$ 方向前进一步；

当 $F_i<0$ 时，控制刀具向 $+Y$ 方向前进一步。

刀具每走一步后，将刀具新的坐标值代入 $F_i=X_i^2+Y_i^2-R^2$ 中，求出新的 F_i 值，以确定下一步进给方向。

3. 偏差计算

因为采用公式 $F_i=X_i^2+Y_i^2-R^2$ 计算偏差值时，要进行二次乘方的计算，运算速度慢。实际计算时作如下变换。

$$F_i=X_i^2+Y_i^2-R^2$$

设某一时刻刀具运动到点 $P_i(X_i、Y_i)$，该点的偏差值为：

若 $F_i\geqslant 0$ 时，沿 $-X$ 方向前进一步，到达 (X_i-1, Y_i) 点，如图 5-10(a)所示，新的偏差值为

$$\begin{aligned}F_{i+1}&=(X_i-1)^2+Y_i^2-R^2=X_i^2-2X_i+1+Y_i^2-R^2\\&=(X_i^2+Y_i^2-R^2)-2X_i+1=F_i-2X_i+1\end{aligned} \tag{5-5}$$

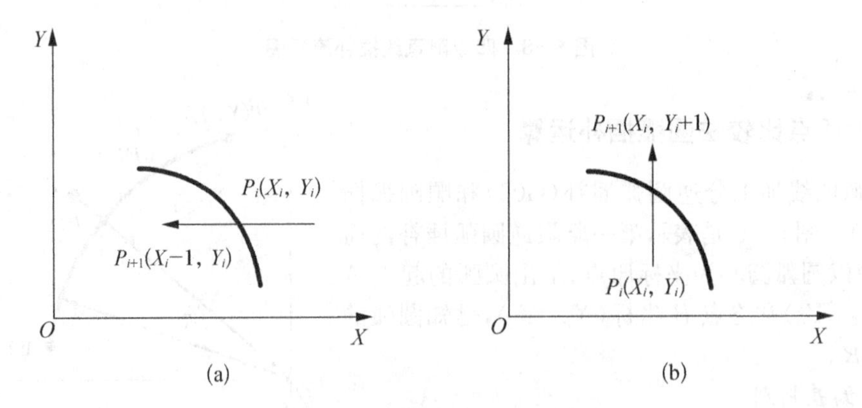

图 5-10 圆弧插补坐标进给

若 $F_i<0$ 时,沿 $+Y$ 方向前进一步,到达 (X_i, Y_i+1) 点,如图5-10(b)所示,新的偏差值为

$$\begin{aligned}F_{i+1}&=X_i^2+(Y_i+1)^2-R^2=X_i^2+Y_i^2+2Y_i+1-R^2\\&=(X_i^2+Y_i^2-R^2)+2Y_i+1=F_i+2Y_i+1\end{aligned}\tag{5-6}$$

式(5-5)和式(5-6)就是第一象限逆圆弧插补的偏差递推计算公式。与偏差值直接计算式(5-4)相比,递推计算只进行加、减法运算(乘2运算可采用移位法实现),避免了乘方运算,计算机容易实现。

逐点比较逆圆插补的计算方法归纳见表5-4。

表5-4 逆圆插补计算方法

偏差判别	进给方向	偏差计算	坐标计算
$F_i\geqslant 0$	$-X$	$F_{i+1}=F_i-2X_i+1$	$X_{i+1}=X_i-1 \quad Y_{i+1}=Y_i$
$F_i<0$	$+Y$	$F_{i+1}=F_i+2Y_i+1$	$X_{i+1}=X_i \quad Y_{i+1}=Y_i+1$

同理可以推出第一象限顺圆弧插补偏差值计算公式,读者可自行完成,此处不再叙述。第一象限顺圆弧插补的计算方法如表5-5。

表5-5 顺圆插补计算方法

偏差判别	进给方向	偏差计算	坐标计算
$F_i\geqslant 0$	$-Y$	$F_{i+1}=F_i-2Y_i+1$	$X_{i+1}=X_i \quad Y_{i+1}=Y_i-1$
$F_i<0$	$+X$	$F_{i+1}=F_i+2X_i+1$	$X_{i+1}=X_i+1 \quad Y_{i+1}=Y_i$

4. 终点判别

与直线插补的终点判别一样,设置一个长度计数器,取 X、Y 坐标轴方向上的总步数作为计数长度值,即

$$N=|X_e-X_0|+|Y_e-Y_0|$$

无论 X 轴还是 Y 轴,每进一步,计数器减1,当长度计数器减到零时,插补结束。也可以分别判断各坐标轴的进给步数 $N_x=|X_e-X_0|$, $N_y=|Y_e-Y_0|$。

例5-2 加工第一象限的一段圆弧 AB,起点 A 的坐标值为 $A(4, 3)$,终点 B 的坐标值为 $B(0, 5)$。试用逐点比较法进行圆弧插补,并画出插补轨迹。

解:因从起点 $A(4, 3)$ 开始插补,故初始插补的偏差值为 $F_0=0$,计数长度为

$$N=|X_e-X_0|+|Y_e-Y_0|=|0-4|+|5-3|=6$$

插补的运算过程见表5-6,插补轨迹如图5-11所示。

表5-6 例5-2插补过程

步数	偏差判别	坐标进给	偏 差 计 算	终 点 判 别
0			$F_0=0$, $X=4$, $Y=3$	$N=6$
1	$F_0=0$	$-Y$	$F_1=F_0-2Y+1=-7$, $X=4-1=3$, $Y=3$	$N=6-1=5$
2	$F_1<0$	$+Y$	$F_2=F_1+2Y+1=0$, $X=3$, $Y=3+1=4$	$N=5-1=4$
3	$F_2=0$	$-X$	$F_3=F_2-2X+1=-5$, $X=3-1=2$, $Y=4$	$N=4-1=3$
4	$F_3<0$	$+Y$	$F_4=F_3+2Y+1=4$, $X=2$, $Y=4+1=5$	$N=3-1=2$
5	$F_4>0$	$-X$	$F_5=F_4-2X+1=1$, $X=2-1=1$, $Y=5$	$N=2-1=1$
6	$F_5>0$	$-X$	$F_6=F_5-2X+1=0$, $X=1-1=0$, $Y=5$	$N=1-1=0$

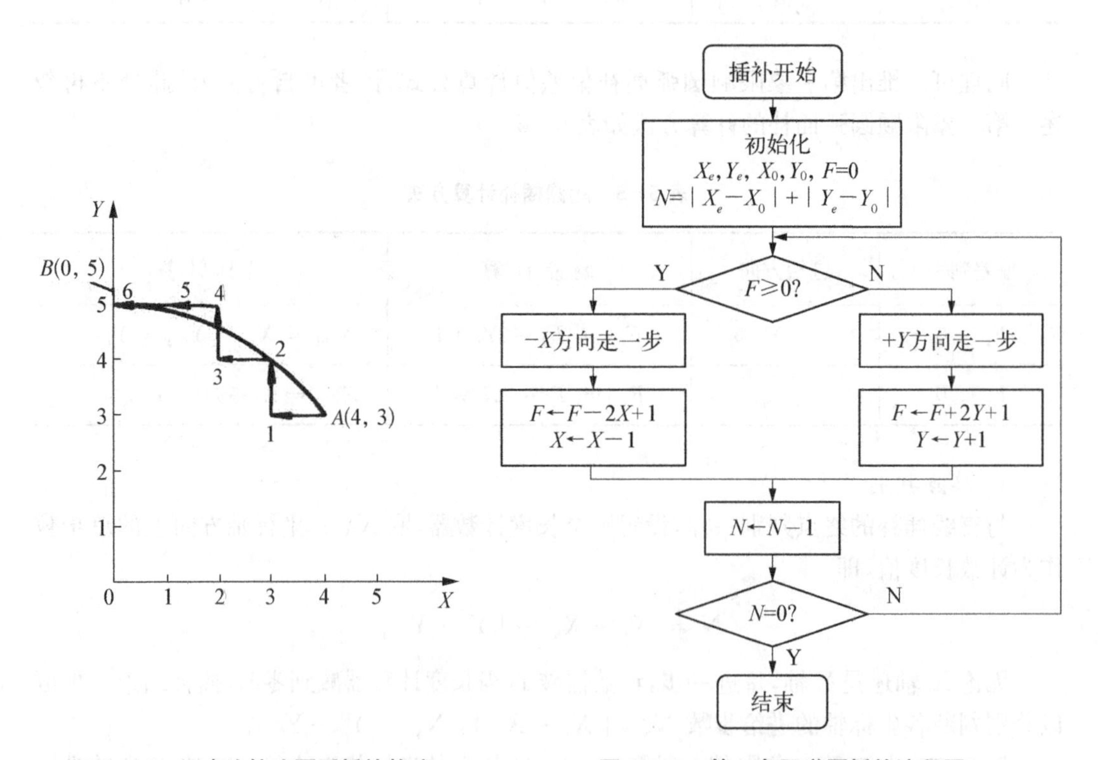

图5-11 逐点比较法圆弧插补轨迹

图5-12 第一象限逆圆插补流程图

第一象限逆圆弧插补流程如图5-12所示。

5. 其他象限的圆弧插补

上面讨论的是第一象限的圆弧插补方法。实际上圆弧所在象限不同，进给方向不同，所以圆弧插补有八种形式。用 SR_1、SR_2、SR_3、SR_4 代表第一、二、三、四象限的顺圆弧，NR_1、NR_2、NR_3、NR_4 代表四个象限的逆圆弧，一共 8 种形式归纳成两组。

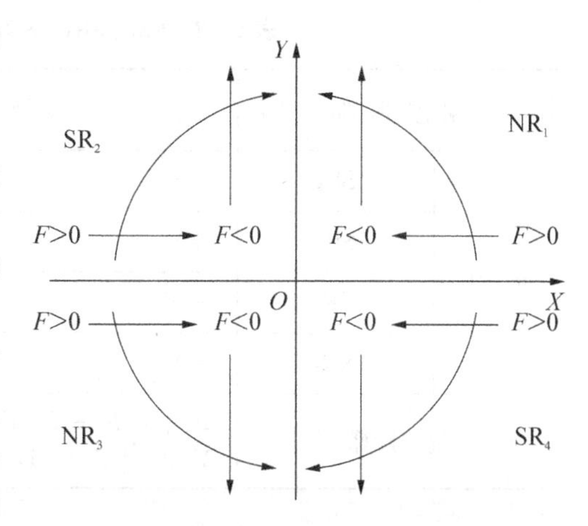

图 5-13　NR_1、NR_3、SR_2、SR_4 为一组的进给方向

(1) NR_1、NR_3、SR_2、SR_4 为一组。设都从圆弧起点开始插补，则刀具的进给方向如图 5-13 所示。其共同特点是：当 $F \geqslant 0$ 时，向 X 方向进给，NR_1、SR_4 走 $-X$ 方向，NR_3、SR_2 走 $+X$ 方向；当 $F<0$ 时，向 Y 方向进给，NR_1、SR_2 走 $+Y$ 方向，NR_3、SR_4 走 $-Y$ 方向。偏差计算与第一象限逆圆插补相同，只是 X、Y 值都采用绝对值。这组圆弧的偏差计算和进给脉冲归纳于表 5-7 所示。

表 5-7　NR_1、NR_3、SR_2、SR_4 为一组的插补方法

偏差判别		$F \geqslant 0$	$F<0$
进　给	NR_1	$-X$	$+Y$
	NR_3	$+X$	$-Y$
	SR_2	$+X$	$+Y$
	SR_4	$-X$	$-Y$
偏差计算		$F_{i+1}=F_i-2\mid X_i\mid+1$ $X_{i+1}=\mid X_i\mid-1,\ Y_{i+1}=Y_i$	$F_{i+1}=F_i+2\mid Y_i\mid+1$ $X_{i+1}=X_i,\ Y_{i+1}=\mid Y_i\mid+1$

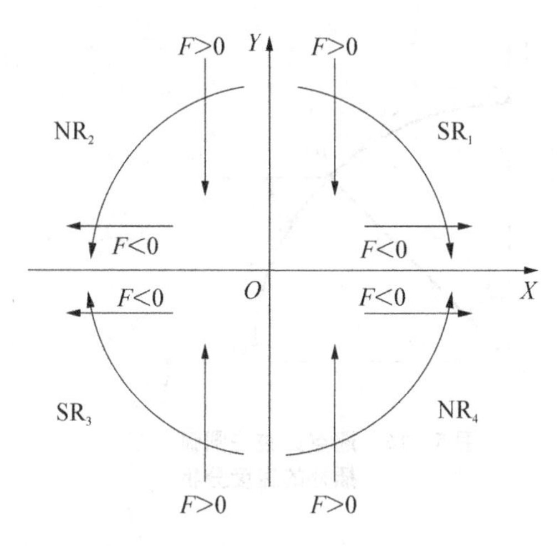

图 5-14　SR_1、SR_3、NR_2、NR_4 为另一组的进给方向

(2) SR_1、SR_3、NR_2、NR_4 为另一组。设都从圆弧起点开始插补，则刀具的进给方向如图 5-14 所示。其共同点是：当 $F \geqslant 0$ 时，向 Y 方向进给，SR_1、NR_2 走 $-Y$ 方向，SR_3、NR_4 走 $+Y$ 方向；当 $F<0$ 时，向 X 方向进给，SR_1、NR_4 走 $+X$ 方向，SR_3、NR_2 走 $-X$ 方向。偏差计算与第一象限顺圆插补相同，只是 X、Y 值都采用绝对值。这组圆弧的偏差计算和进给脉冲归纳于表 5-8 所示。

5.2.4　逐点比较法的速度分析

刀具进给速度是插补方法的重要性能指标，也是选择插补方法的重要依据。这里仅对

表 5-8　SR₁、SR₃、NR₂、NR₄为另一组的插补方法

偏差判别		$F \geqslant 0$	$F < 0$
进给	SR_1	$-Y$	$+X$
	SR_3	$+Y$	$-X$
	NR_2	$-Y$	$-X$
	NR_4	$+Y$	$+X$
偏差计算		$F_{i+1}=F_i-2\mid Y_i\mid+1$ $Y_{i+1}=\mid Y_i\mid-1,\ X_{i+1}=X_i$	$F_{i+1}=F_i+2\mid X_i\mid+1$ $Y_{i+1}=Y_i,\ X_{i+1}=\mid X_i\mid+1$

逐点比较法的进给速度进行简要分析，进给速度计算将在本章第四节介绍。

1. 直线插补的速度分析

直线加工时，有

$$\frac{L}{v}=\frac{N}{f}$$

式中，L 是直线长度；v 是刀具进给速度；N 是插补循环数；f 是插补脉冲的频率。

$$N=X_e+Y_e=L\cos\alpha+L\sin\alpha$$

式中，α 是直线与 X 轴的夹角。

则
$$v=\frac{f}{\sin\alpha+\cos\alpha} \tag{5-7}$$

式(5-7)说明刀具进给速度与插补时钟频率 f 和 X 轴夹角 α 有关。如果保持 f 不变，加工 0°和 90°倾角的直线时刀具进给速度最大(为 f)，加工 45°倾角直线时速度最小(为 $0.707f$)，如图 5-15 所示。

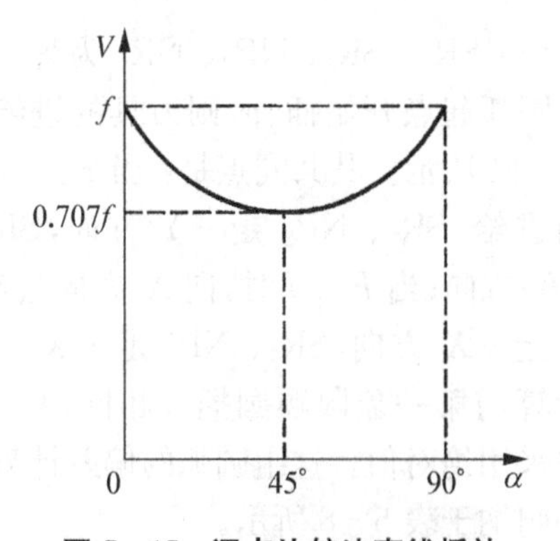

图 5-15　逐点比较法直线插补速度的变化

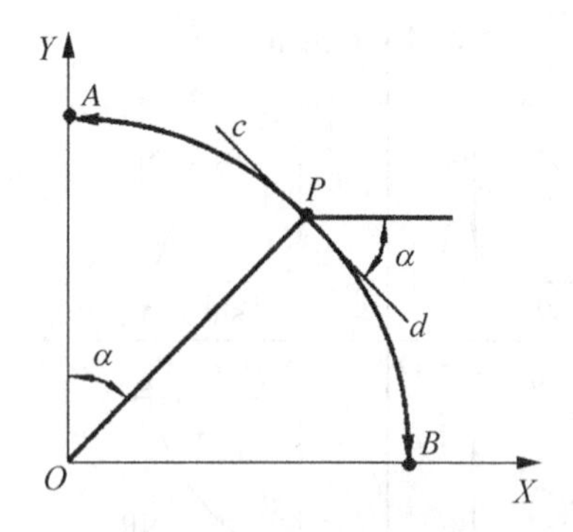

图 5-16　逐点比较法圆弧插补的速度分析

2. 圆弧插补的速度分析

如图 5-16 所示，P 是圆弧 AB 上任意一点，cd 是圆弧在 P 点的切线，切线与 X 轴夹

角为 α。显然，刀具在 P 点的速度可认为与它在切线 cd 方向上的速度基本相等，因此，由式(5-7)可知加工圆弧时刀具的进给速度是变化的，除了与插补时钟的频率成正比外，还与切削点处的半径同 Y 轴的夹角 α 有关，在 0°和 90°附近进给速度最快(为 f)，在 45°附近速度为最慢($f=0.707$)，进给速度在(1～0.707)f 间变化。

5.3　数字积分法

数字积分法又称 DDA(Digital Differential Analyzer)法，其最大优点是易于实现坐标扩展，每个坐标是一个模块，几个相同的模块组合就可以实现多坐标联动控制。同时，DDA 法运算速度快、脉冲分配均匀，易于实现各种曲线、特别是多坐标空间曲线的插补，因此应用广泛。

5.3.1　插补原理及其特点

若加工如图 5-17 所示的圆弧 AB，刀具在 X、Y 轴方向的速度必须满足

$$\begin{cases} v_X = v\cos\alpha \\ v_Y = v\sin\alpha \end{cases}$$

式中，v_X、v_Y 是刀具在 X、Y 轴方向的进给速度；v 是刀具沿圆弧运动的切线速度；α 是圆弧上任一点处切线同 X 轴的夹角。

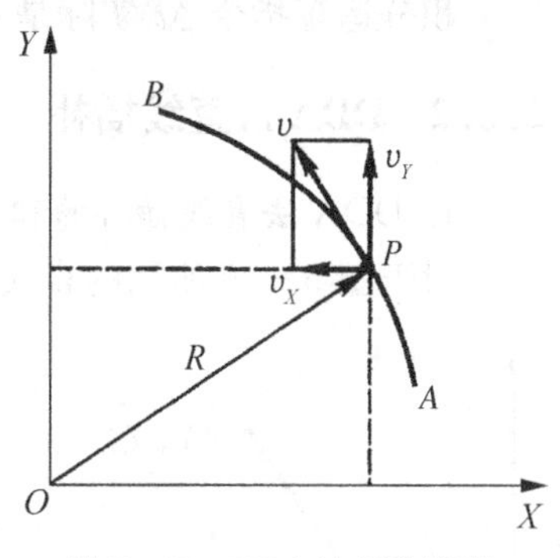

图 5-17　DDA 法插补原理

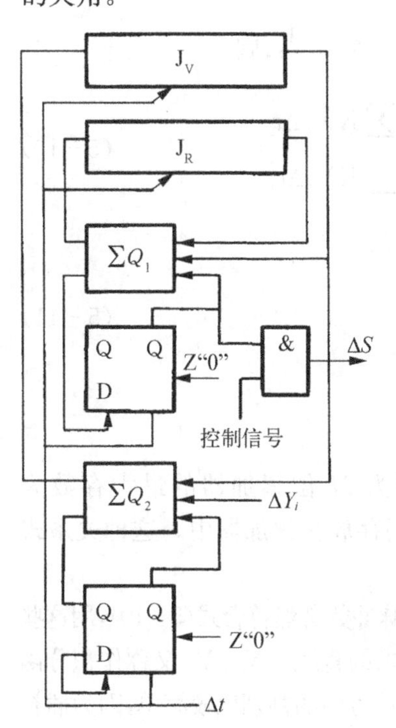

图 5-18　数字积分器原理框图

用积分法可以求得在 X、Y 方向的位移，即

$$X = \int v_X \mathrm{d}t = \int v\cos\alpha \mathrm{d}t$$

$$Y = \int v_Y \mathrm{d}t = \int v\sin\alpha \mathrm{d}t$$

其数字积分表达式为

$$\begin{cases} X = \sum v_X \Delta t = \sum v\cos\alpha\Delta t \\ Y = \sum v_Y \Delta t = \sum v\sin\alpha\Delta t \end{cases} \tag{5-8}$$

式中，Δt 是插补循环周期。

可见只要能求出曲线的切线方向，便可对曲线进行插补。

数字积分器是一种用近似求和运算代替积分运算的电路，如图 5-18 所示，它通常由两个容量相同的移位寄存器和两个加法器组成，其中一个寄存器存放被积函数 Y_i，称被积函数寄存器 J_V，另一个存放被积函数累加运算的余数，称余数寄存器或累加寄存器 J_R。积分器的工作原理如下。

当积分指令到来后，在加法器 $\sum Q_1$ 中，把被积函数

寄存器 J_V 中的被积函数 Y_i 与余数寄存器 J_R 中的余数相加，结果仍放在余数寄存器 J_R 中，J_R 中存放的数是第 i 次累加后的和 $\sum Y_i$。

同时，在加法器 $\sum Q_2$ 中，被积函数寄存器的 Y_i 与被积函数的变化量 ΔY_i 相加，结果仍放在被积函数寄存器 J_V 中，从而得到新的被积函数 $Y_{i+1}=Y_i+\Delta Y_i$。因为寄存器的容量大于被积函数的最大值，故被积函数寄存器中寄存的数在运算过程中不会发生溢出。

当新的积分运算指令 Δt 到来时，重复上述过程，即再进行一次累加运算。当余数寄存器 J_R 中的数值超出容量时，会在最高位产生进位，称为溢出 ΔS。若将余数寄存器 J_R 的容量看作一个单位面积值，则溢出一个 ΔS 表示获得一个单位面积值。因此，J_R 的溢出脉冲总数即为求得的积分值 S。溢出 ΔS 的获得是通过控制信号控制，当一次累加运算结束，控制信号将与门打开，如果运算有进位(溢出)，通过与门送出。

积分运算指令 Δt 实际是一列运算移位脉冲序列，脉冲的个数应等于寄存器的位数。

5.3.2 DDA 法直线插补

1. DDA 法直线插补的积分表达式

对于图 5-19 所示的直线 OA，有

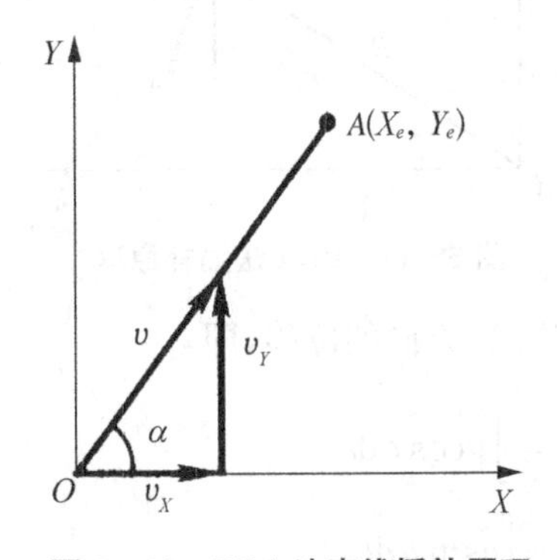

图 5-19 DDA 法直线插补原理

$$\frac{v}{L}=\frac{v_X}{X_e}=\frac{v_Y}{Y_e}=K \tag{5-9}$$

式中，L 是直线长度；K 是比例系数。

则 $v_X=KX_e$，$v_Y=KY_e$，代入式(5-8)得

令 $\Delta t=1$，$K=\frac{1}{2^N}$，则

$$\begin{cases} X=\sum KX_e\Delta t \\ Y=\sum KY_e\Delta t \end{cases} \tag{5-10}$$

$$\begin{cases} X=\sum\limits_{i=1}^{m}\frac{X_e}{2^N} \\ Y=\sum\limits_{i=1}^{m}\frac{Y_e}{2^N} \end{cases} \tag{5-11}$$

式中，N 是积分累加器的位数。

式(5-11)就是 DDA 直线插补的积分表达式。因为 N 位累加器的最大存数为 2^N-1，当累加数等于或大于 2^N 时，便发生溢出，而余数仍存放在累加器中。这种关系式还可以表示为：积分值=溢出脉冲数+余数。

当两个积分累加器根据插补时钟进行同步累加时，溢出脉冲数必然符合式(5-10)，用这些溢出脉冲数分别控制相应坐标轴的运动，必然能加工出所要求的直线。X_e、Y_e 又称作积分函数，而积分累加器又称为余数寄存器。DDA 法直线插补的进给方向的判别比较简单，因为插补是从直线起点即坐标原点开始，坐标轴的进给方向总是直线终点坐标绝对值增加的方向。

2. 终点判别

若累加次数 $m=2^N$，由式(5-11)可得

$$X=\frac{1}{2^N}\sum_{i=1}^{2^N}X_e=X_e,\quad Y=\frac{1}{2^N}\sum_{i=1}^{2^N}Y_e=Y_e \tag{5-12}$$

显然，累加次数、即插补循环数是否等于 2^N 可作为DDA法直线插补终点判别的依据。

3. DDA法直线插补举例

例5-3　插补第一象限直线 OA，起点为 $O(0, 0)$，终点为 $A(5, 3)$，并画出插补轨迹。取被积函数寄存器分别为 J_{VX}、J_{VY}，余数寄存器分别为 J_{RX}、J_{RY}，终点计数器为 J_E，均为三位二进制寄存器。

解：插补过程见表5-9，插补轨迹如图5-20所示。从该例可以看出，DDA法允许向两个坐标轴同时发出进给脉冲，这一点与逐点比较法不同。

表5-9　DDA直线插补过程

累加次数(Δt)	X积分器			Y积分器			终点计数器 J_E	备　注
	J_{VX} (X_e)	J_{RX}	溢出 ΔX	J_{VY} (Y_e)	J_{RY}	溢出 ΔY		
0	101	000		100	000		000	初始状态
1	101	101		100	100		001	第一次迭代
2	101	010	1	100	000	1	010	J_{RX} 有进位，ΔX 溢出脉冲
3	101	111		100	100		011	J_{RY} 有进位，ΔY 溢出脉冲
4	101	100	1	100	000	1	100	ΔX 溢出
5	101	001	1	100	100		101	ΔX 溢出
6	101	110		100	000	1	110	ΔY 溢出
7	101	011	1	100	100		111	ΔX 溢出
8	101	000	1	100	000	1	000	ΔX，ΔY 同时溢出 $J_E=0$，插补结束

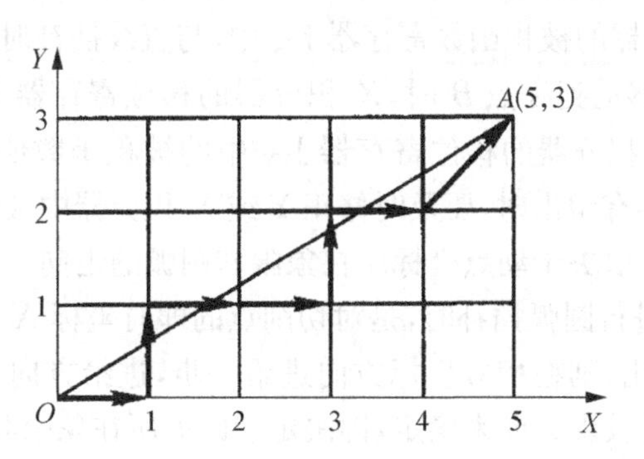

图5-20　DDA法直线插补轨迹

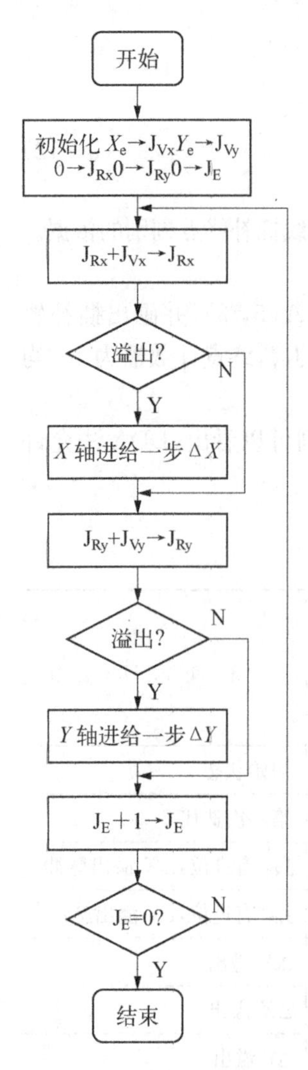

图 5-21　DDA 法直线插补运算流程图

4. DDA 法直线插补运算流程

用数字积分进行直线插补时，X 和 Y 两坐标可同时进行插补，即可以同时送出 ΔX、ΔY 进给脉冲，每累加一次进行一次终点判别，终点判别值是 2^N，故可由一个与积分器中寄存器容量相等的终点减法计数器 J_E 实现，其初值为 0，每迭代一次，J_E 加 1，迭代 2^N 次后，J_E 产生溢出，使 $J_E=0$，插补结束。其流程图如图 5-21 所示。

5.3.3　DDA 法圆弧插补

1. DDA 法圆弧插补的积分表达式

第一象限圆弧的 DDA 法圆弧插补原理如图 5-17 所示（在前面），圆心 O 位于坐标原点，半径为 R，两端点为 $A(X_A, Y_A)$、$B(X_B, Y_B)$，刀具位置为 $P(X_i, Y_i)$，若采用逆时针加工，有

$$\frac{v}{R}=\frac{v_X}{Y_i}=\frac{v_Y}{X_i}=K \tag{5-13}$$

则 $v_X=KY_i$，$v_Y=KX_i$，代入式(5-8)中，令 $\Delta t=1$，$K=\frac{1}{2^N}$（N 为累加器的位数），则有

$$\begin{cases} X=\dfrac{1}{2^N}\sum\limits_{i=1}^{m}Y_i \\ Y=\dfrac{1}{2^N}\sum\limits_{i=1}^{m}X_i \end{cases} \tag{5-14}$$

与 DDA 法直线插补相似，也可以用两个积分器实现圆弧插补。圆弧插补积分器与直线插补积分器的主要区别有两点：一是直线插补积分器的被积函数寄存器 J_V 中的数值是常数，是直线的终点坐标值，而圆弧插补时被积函数寄存器中存放的是动点坐标，是变量。在插补过程中随刀具相对工件的移动，坐标值作相应的变化；二是 X 轴坐标值 X_i 存放在 Y 积分器的被积函数寄存器 J_{VY} 中，而 Y 轴坐标值 Y_i 存放在 X 积分器的被积函数寄存器 J_{VX} 中，与直线插补时存放被积函数的情况相反。当刀具由起点 A 移动到终点 B 时，X 积分器的移位寄存器 J_{VX} 中的被积函数值 Y_i 由 Y_A 改变到 Y_B，而 Y 积分器的移位寄存器 J_{VY} 中的被积函数值 X_i 由 X_A 改变到 X_B。因此，当 X 或 Y 积分器有溢出时，要及时修正 Y 或 X 积分器中被积函数的值，是作“+1”修正还是作“−1”修正，取决于动点坐标所在象限和圆弧的走向。

因此，用 DDA 法进行圆弧插补时，是对切削点的即时坐标 X_i 与 Y_i 的数值分别进行累加，若累加器产生溢出，则在相应坐标方向进给一步，进给方向则必须根据刀具的切向运动方向在坐标轴上的投影方向来确定，即决定于圆弧所在象限和顺圆或逆圆插补，四象限 DDA 法顺圆、逆圆插补进给方向见表 5-10。

表 5-10　DDA 法圆弧插补的进给方向

插补方向	顺圆				逆圆			
象限	Ⅰ	Ⅱ	Ⅲ	Ⅳ	Ⅰ	Ⅱ	Ⅲ	Ⅳ
ΔX	+	+	−	−	−	−	+	+
ΔY	−	+	+	−	+	−	−	+

2. 终点判别

DDA 法圆弧插补的终点判别不能通过插补运算的次数来判别，而必须根据进给次数来判别。由于利用两坐标方向进给的总步数进行终点判别时，会引起圆弧终点坐标出现大于一个脉冲当量，但小于两个脉冲当量的偏差，偏差较大。因此，可利用两个终点计数器 J_{EX} 和 J_{EY} 分别判断各坐标方向进给步数的方法，即 $N_X = |X_A - X_B|$，$N_Y = |Y_A - Y_B|$。

3. DDA 法圆弧插补举例

例 5-4　第一象限圆弧的两端点为 $A(5, 0)$和 $B(0, 5)$，采用逆时针圆弧插补，画出插补轨迹。取被积函数寄存器分别为 J_{VX}、J_{VY}，余数寄存器分别为 J_{RX}、J_{RY}，终点计数器 J_{EX} 和 J_{EY} 均为三位二进制寄存器。

解：插补脉冲计算过程见表 5-11，插补轨迹如图 5-22 所示。

表 5-11　DDA 圆弧插补过程

运算次数	X 积分器			J_{EX}	Y 积分器			J_{EY}	备注
	J_{VX} (Y_i)	J_{RX} $(\sum Y_i)$	ΔX		J_{VY} (X_i)	J_{RY} $(\sum X_i)$	ΔY		
0	000	000	0	101	101	000	0	101	初始状态
1	000	000	0	101	101	101	0	101	第一次迭代
2	000	000	0	101	101	010	1	100	ΔY 溢出 修正 J_{VX}(即 Y_i)
	001								
3	001	001	0	101	101	111	0	100	
4	001	010	0	101	101	100	1	011	ΔY 溢出 修正 Y_i
	010								
5	010	100	0	101	101	001	1	010	ΔY 溢出 修正 Y_i
	011								

续 表

运算次数	X积分器			J_{EX}	Y积分器			J_{EY}	备 注
	J_{VX} (Y_i)	J_{RX} ($\sum Y_i$)	ΔX		J_{VY} (X_i)	J_{RY} ($\sum X_i$)	ΔY		
6	011	111	0	101	101	110	0	010	
7	011	010	1	100	101	011	1	001	ΔX、ΔY 同时溢出,修正 X_i、Y_i
	100				100				
8	100	110	0	100	100	111	0	001	
9	100	010	1	011	100	011	1	000	ΔX、ΔY 溢出,Y 至终点,停止 Y 迭代
	101				011				
10	101	111	0	011	011				
11	101	001	1	001	011				ΔX 溢出 修正 X_i 值
					010				
12	101	001	1	001	010				ΔX 溢出 修正 X_i 值
					001				
13	101	110	0	001	001				
14	101	011	1	000	001				ΔX 溢出,X 至终点,插补结束
					000				

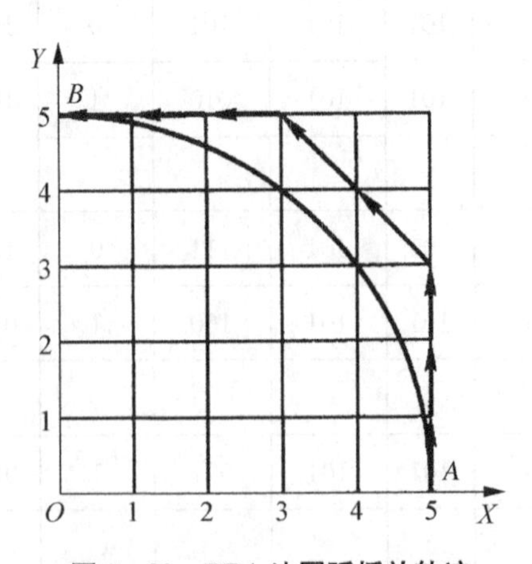

图 5-22 DDA 法圆弧插补轨迹

因为插补中要对刀具位置坐标数值进行累加，因此一旦累加器发生溢出，即说明刀具在相应坐标方向走了一步，则必须对其坐标值（即被积函数）进行修改。该例中，两坐标的进给步数均为 5。插补过程中，一旦某坐标进给步数达到了要求，则停止该坐标方向的插补运算。

4. DDA 法直线插补运算流程

用数字积分进行圆弧插补时，每溢出一个脉冲，就要对相应的坐标值进行修正，并计算该轴的终点判别值，其运算流程图如图 5－23 所示。

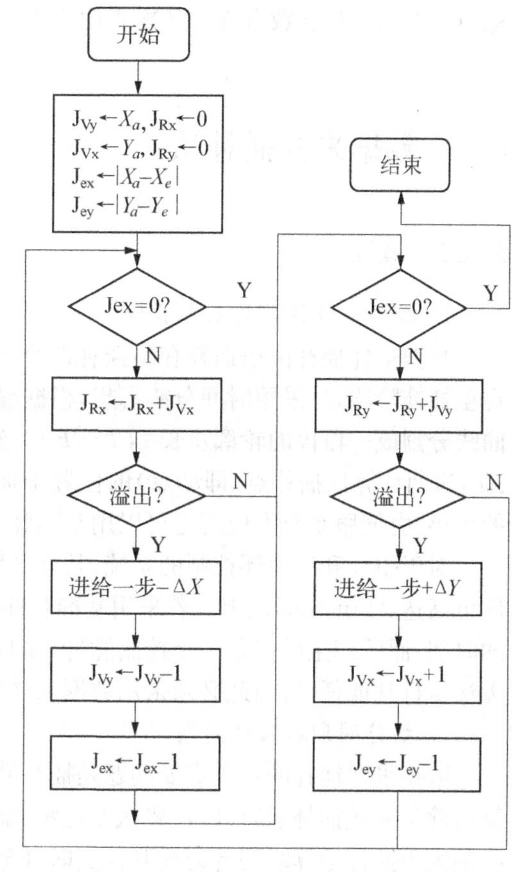

图 5－23　DDA 法圆弧插补运算流程

5.3.4　DDA 法插补的速度分析

由式(5－9)和式(5－13)，可将直线插补与圆弧插补时的进给速度分别表示为

$$\begin{cases} \upsilon = \dfrac{1}{2^N} L f \delta \\ \upsilon = \dfrac{1}{2^N} R f \delta \end{cases} \tag{5-15}$$

式中，f 是插补时钟频率；δ 是坐标轴的脉冲当量。

显然，进给速度受到被加工直线的长度和被加工圆弧的半径的影响，行程长则走刀快，行程短则走刀慢，会引起各程序段进给速度的不一致，影响加工质量和加工效率，为此人们采取了许多改善措施。

1) 设置进给速率数 FRN

利用 G93 设置 FRN(Feed Rate Number)

$$\begin{cases} \mathrm{FRN} = \dfrac{\upsilon}{L} = \dfrac{1}{2^N} f \delta \\ \mathrm{FRN} = \dfrac{\upsilon}{R} = \dfrac{1}{2^N} f \delta \end{cases} \tag{5-16}$$

则 $\upsilon = \mathrm{FRN} \cdot L$，或 $\upsilon = \mathrm{FRN} \cdot R$，通过 FRN 调整插补时钟频率 f，使其与给定的进给速度相协调，消除线长 L 与圆弧半径 R 对进给速度造成的不一致。

2) 左移规格化

左移规格化是指当被积函数过小时将被积函数寄存器中的数值同时左移，使两个方向的脉冲分配速度扩大同样的倍数而两者的比值不变，提高加工效率，同时还会使进给脉冲变得比较均匀。直线插补时，左移的位数要使坐标值较大的被积函数寄存器的最高有效位数为 1，以保证每经过两次累加运算必有一次溢出。圆弧插补时，左移的位数要使坐标值较大的被积函数寄存器的次高位为1，以保证被积函数修改时不致直接导致溢出。

5.4 数据采样插补法

5.4.1 概述

1. 数据采样插补的基本原理

数据采样插补由粗插补和精插补两个步骤组成。一般数据采样插补都是指粗插补，在粗插补阶段，是采用时间分割思想，根据编程规定的进给速度 F 和插补周期 T，将廓形曲线分割成一段段的轮廓步长 l，$l=FT$，然后计算出每个插补周期的坐标增量 ΔX 和 ΔY，进而计算出插补点(即动点)的位置坐标。在精插补阶段，要根据位置反馈采样周期的大小，由伺服系统完成。也可以用基准脉冲法进行精插补。

对于闭环和半闭环控制的系统，其分辨率较小(≤0.001 mm)，运行速度较高，加工速度可高达24 m/min以上。若采用基准脉冲插补，计算机要执行20多条指令，约需40 μs的时间，而所产生的仅是一个控制脉冲，坐标轴仅移动一个脉冲当量，这样一来系统根本无法执行其他任务，因此必须采用数据采样插补。

2. 插补周期和采样周期

数据采样插补的一个重要问题是插补周期 T 的合理选择。在一个插补周期 T 内，计算机除了完成插补运算外，还要执行显示、监控和精插补等项实时任务，所以插补周期 T 必须大于插补运算时间与完成其他实时任务时间之和，一般为8～10 ms左右，现代数控系统已缩短到2～4 ms，有的已达到零点几毫秒。此外，插补周期 T 对圆弧插补的误差也会产生影响。

插补周期 T 应是位置反馈采样周期的整数倍，该倍数应等于对轮廓步长实时精插补时的插补点数。

3. 插补精度

1) 直线插补

直线插补时，由于坐标轴的脉冲当量很小，再加上位置检测反馈的补偿，可以认为轮廓步长 l 与被加工直线重合，不会造成轨迹误差。

2) 圆弧插补

圆弧插补时，一般将轮廓步长 l 作为弦线和割线对圆弧进行逼近，因此存在最大半径误差 e_r，如图5-24所示。

如图5-24(a)所示，采用弦线对圆弧进行逼近时，有

$$r^2-(r-e_r)2=\left(\frac{l}{2}\right)2$$

$$2re_r-e_r^2=\frac{l^2}{4}$$

忽略高阶无穷小 e_r^2，则

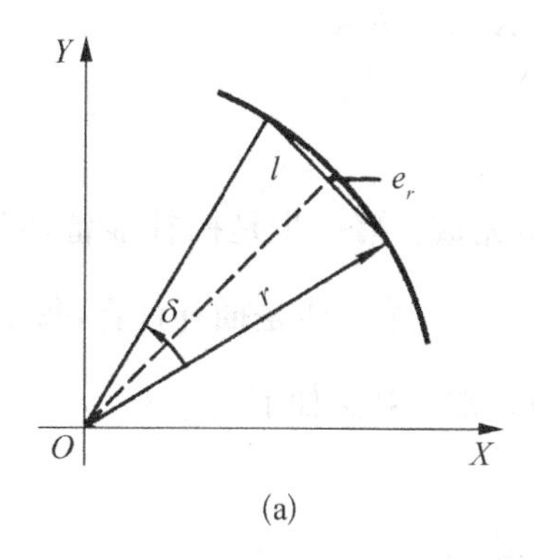

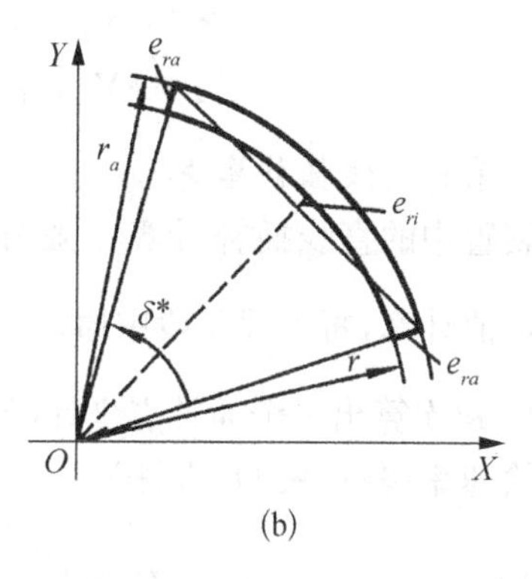

图 5-24　圆弧插补的径向误差

(a) 弦线逼近　(b) 割线逼近

$$e_r=\frac{l^2}{8r}=\frac{(FT)^2}{8r} \tag{5-17}$$

如图 5-24(b)所示，若采用理想割线、又称内外差分弦对圆弧进行逼近，因为内外差分弦使内外半径的误差 e_r 相等，则有

$$(r+e_r)^2-(r-e_r)^2=\left(\frac{l}{2}\right)^2$$

得
$$e_r=\frac{l^2}{16r}=\frac{(FT)^2}{16r} \tag{5-18}$$

从以上分析可知，圆弧插补时的半径误差 e_r 与圆弧半径 r 成反比，而与插补周期 T 和进给速度 F 的平方成正比。当 e_r 给定时，可根据圆弧半径 r 选择插补周期 T 和进给速度 F。显然，当轮廓步长相等时，内外差分弦的半径误差是内接弦的一半。若令半径误差相等，则内外差分弦的轮廓步长 l 或角步距 δ 可以是内接弦的 $\sqrt{2}$ 倍，但由于前者计算复杂，很少应用。

5.4.2　数据采样法直线插补

1. 数据采样直线插补原理

设刀具在 XY 平面内作直线运动，如图 5-25 所示，起点在原点，终点为 $A(X_e, Y_e)$，刀具移动速度为 F。设插补周期为 T，则每个插补周期的进给步长为 $l=FT$，各坐标轴的位移量为

$$\Delta X=\frac{l}{L}X_e=KX_e$$

$$\Delta Y=\frac{l}{L}Y_e=KY_e$$

式中，L 是直线段长度；K 是系数，$K=\frac{l}{L}$。

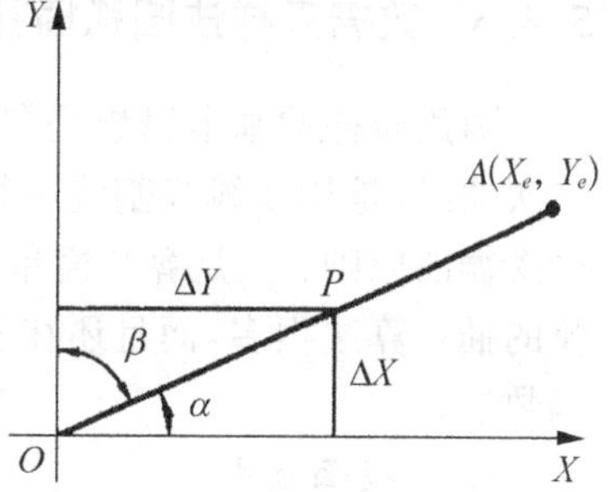

图 5-25　数据采样直线插补

插补动点 i 的坐标

$$X_i = X_{i-1} + \Delta X_i = X_{i-1} + KX_e$$
$$Y_i = Y_{i-1} + \Delta Y_i = Y_{i-1} + KY_e$$

2. 数据采样直线插补算法

CNC 装置中的直线插补计算一般分为两步完成：第一步是插补准备，完成一些如 $K=\dfrac{l}{L}$ 等常值计算，每个程序段中通常只需计算一次；第二步是插补计算，每个插补周期中进行一次，每次算出一个插补点坐标(X_i, Y_i)。常用算法如下。

1）进给速率法（扩展 DDA 法）

插补准备 $$K=\frac{l}{L}=\frac{FT}{L}=T\cdot \mathrm{FRN}$$

插补计算 $$\Delta X_i = KX_e,\quad \Delta Y_i = KY_e \tag{5-19}$$

$$X_i = X_{i-1} + \Delta X_i,\quad Y_i = Y_{i-1} + \Delta Y_i \tag{5-20}$$

2）方向余弦法

插补准备 $$\cos\alpha = \frac{X_e}{L},\quad \cos\beta = \frac{Y_e}{L}$$

插补计算 $$\Delta X_i = l\cos\alpha,\quad \Delta Y_i = l\cos\beta \tag{5-21}$$

$$X_i = X_{i-1} + \Delta X_i,\quad Y_i = Y_{i-1} + \Delta Y_i \tag{5-22}$$

3）直接函数法

插补准备 $$\Delta X_i = \frac{l}{L}X_e,\quad \Delta Y_i = \Delta X_i\frac{Y_e}{X_e} \tag{5-23}$$

插补计算 $$X_i = X_{i-1} + \Delta X_i,\quad Y_i = Y_{i-1} + \Delta Y_i \tag{5-24}$$

4）一次计算法

插补准备 $$\Delta X_i = \frac{l}{L}X_e,\quad \Delta Y_i = \frac{l}{L}Y_e \tag{5-25}$$

插补计算 $$X_i = X_{i-1} + \Delta X_i,\quad Y_i = Y_{i-1} + \Delta Y_i \tag{5-26}$$

5.4.3 数据采样法圆弧插补

圆弧插补的基本思想是在满足精度要求的前提下，用直线逼近圆弧。由于圆弧是二次曲线，是用弦线或割线进行逼近，因此其插补计算要比直线插补复杂。研究插补算法遵循的原则：一是算法简单，计算速度快；二是插补误差小，精度高。用直线逼近圆弧的插补算法很多，而且还在发展。下面简要介绍直线函数法、扩展 DDA 法以及递归函数法。

1. 直线函数法

直线函数法也称弦线法。如图 5-26 所示，顺圆上 B 点是继 A 点之后的瞬时插补

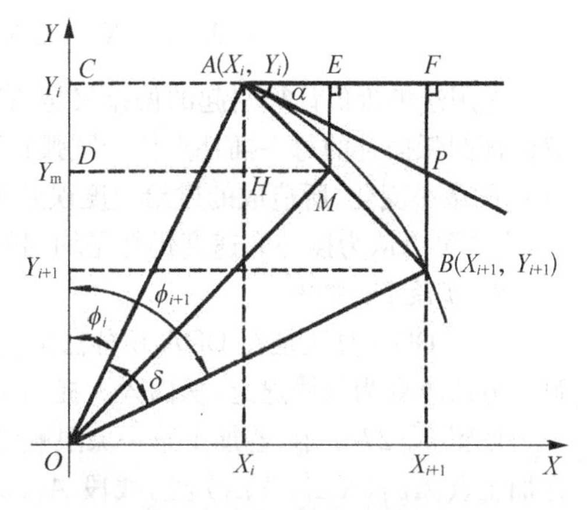

图 5-26　直线函数法圆弧插补

点，坐标值分别为 $A(X_i, Y_i)$、$B(X_{i+1}, Y_{i+1})$。为求出 B 点的坐标值，过 A 点作圆弧的切线 AP，M 是弦线 AB 的中点，AF 平行与 X 轴，而 ME、BF 平行于 Y 轴。δ 是轮廓步长 AB 弦对应的角步距。$OM \perp AB$，$ME \perp AF$，E 为 AF 的中点。因为 $OM \perp AB$，$AF \perp OD$，所以有

$$\alpha = \angle MOD = \varphi_i + \frac{\delta}{2}$$

在$\triangle MOD$ 中，有

$$\tan\left(\varphi_i + \frac{\delta}{2}\right) = \frac{DH + HM}{OC - CD}$$

将 $DH = X_i$，$OC = Y_i$，$HM = \frac{1}{2} l\cos\alpha = \frac{1}{2}\Delta X$ 和 $CD = \frac{1}{2} l\sin\alpha = \frac{1}{2}\Delta Y$，代入上式，则有

$$\tan\alpha = \frac{X_i + \frac{1}{2} l\cos\alpha}{Y_i - \frac{1}{2} l\sin\alpha} = \frac{X_i + \frac{1}{2}\Delta X}{Y_i - \frac{1}{2}\Delta Y} \tag{5-27}$$

在式(5-27)中，$\sin\alpha$ 和 $\cos\alpha$ 都是未知数，难以用简单方法求解，因此采用近似计算求解 $\tan\alpha$，用 $\cos 45°$ 和 $\sin 45°$ 来取代，即

$$\tan\alpha \approx \frac{X_i + \frac{\sqrt{2}}{4} l}{Y_i - \frac{\sqrt{2}}{4} l}$$

从而造成了 $\tan\alpha$ 的偏差，使角 α 变为 α'（在 0～45°间，$\alpha' < \alpha$），使 $\cos\alpha'$ 变大，因而影响 ΔX 值使之成为 $\Delta X'$，即

$$\Delta X' = l\cos\alpha' = AF' \tag{5-28}$$

α 角的偏差会造成进给速度的偏差，而在 α 为 0°和 90°附近偏差较大。为使这种偏差不会使插补点离开圆弧轨迹，Y' 不能采用 $l\sin\alpha'$ 计算，而采用式(5-29)来计算，即

$$\Delta Y' = \frac{\left(X_i + \frac{1}{2}\Delta X'\right)\Delta X'}{Y_i - \frac{1}{2}\Delta Y'} \tag{5-29}$$

则 B 点一定在圆弧上，其坐标为

$$X_{i+1}=X_i+\Delta X',\quad Y_{i+1}=Y_i-\Delta Y'$$

采用这种近似计算引起的偏差仅是$\Delta X\to\Delta X'$，$\Delta Y\to\Delta Y'$，$\Delta l\to\Delta l'$。这种计算能够保证圆弧插补的每一插补点位于圆弧轨迹上，它仅造成每次插补的轮廓步长（合成进给量l）的微小变化，所造成的进给速度误差小于指令速度的1%，这种误差在加工中是允许的，完全可以认为插补的速度仍然是均匀的。

2. 扩展DDA法

扩展DDA算法是在DDA积分法的基础上发展起来的，它是将DDA法切线逼近圆弧的方法改变为割线逼近，从而大大提高圆弧插补的精度。

如图5-27所示，若加工第一象限顺时针圆弧AD，圆心为O点，半径为R，设刀具现在加工点$A_{i-1}(X_{i-1},Y_{i-1})$处，线段$A_{i-1}A_i$是沿被加工圆弧的切线方向的轮廓进给步长，$A_{i-1}A_i=l$。显然，刀具进给一个步长后，点A_i偏离所要求的圆弧轨迹较远，径向误差较大。若通过$A_{i-1}A_i$线段的中点B，作以OB为半径的圆弧切线BC，并在$A_{i-1}H$上截取直线段$A_{i-1}A'_i$，使$A_{i-1}A'_i=A_{i-1}A_i=l=FT$，此时可以证明$A'_i$点必定在所要求圆弧$AD$之外。如果用直线段$A_{i-1}A'_i$替代切线$A_{i-1}A_i$进给，使径向误差大大减少。这种用割线进给代替切线进给的插补算法称为扩展DDA算法。

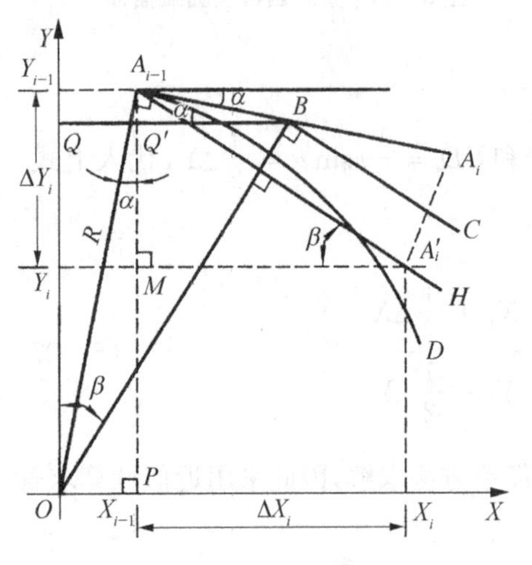

图5-27 扩展DDA法圆弧插补算法

下面推导在一个插补周期T内，轮廓步长l的坐标分量ΔX_i和ΔY_i，据此可以很容易求出本次插补后新加工点A'_i的坐标位置(X_i,Y_i)。

由图5-27可知，在直角$\triangle OPA_{i-1}$中

$$\sin\alpha=\frac{OP}{OA_{i-1}}=\frac{X_{i-1}}{R}$$

$$\cos\alpha=\frac{A_{i-1}P}{OA_{i-1}}=\frac{Y_{i-1}}{R}$$

过B点作X轴的平行线BQ交Y轴于Q，并交$A_{i-1}P$线段于Q'点。由图中可知，直角$\triangle OQB$与直角$\triangle A_{i-1}MA'_i$相似，则有

$$\frac{MA'_i}{A_{i-1}A'_i}=\frac{OQ}{OB}\tag{5-30}$$

在图5-27中，$MA'_i=\Delta X_i$，$A_{i-1}A'_i=l$，在$\triangle A_{i-1}Q'B$中，$A_{i-1}Q'=A_{i-1}B\cdot\sin\alpha=\frac{1}{2}l\cdot\sin\alpha$，则

$$OQ=A_{i-1}P-A_{i-1}Q'=Y_{i-1}-\frac{1}{2}l\cdot\sin\alpha$$

在直角 $\triangle OA_{i-1}B$ 中，可得 $OB=\sqrt{(A_{i-1}B)^2+(OA_{i-1})^2}=\sqrt{\left(\frac{1}{2}l\right)^2+R^2}$，再将 OQ 和 OB 代入式(5-30)，并因为 $l \ll R$，略去高阶无穷小 $\left(\frac{l}{2}\right)^2$，得

$$\Delta X_i \approx \frac{l}{R}\left(Y_{i-1}-\frac{1}{2}l\frac{X_{i-1}}{R}\right)=\frac{FT}{R}\left(Y_{i-1}-\frac{1}{2}\cdot\frac{FT}{R}X_{i-1}\right) \tag{5-31}$$

在相似直角 $\triangle OQB$ 和直角 $\triangle A_{i-1}MA'_i$ 中，还有

$$\frac{A_{i-1}M}{A_{i-1}A'_i}=\frac{QB}{OB}=\frac{QQ'+Q'B}{OB}$$

在直角 $\triangle A_{i-1}Q'B$ 中，有 $Q'B=A_{i-1}B\cdot\cos\alpha=\frac{1}{2}\cdot\frac{Y_{i-1}}{R}$，$QQ'=X_{i-1}$，且由于 $l \ll R$，略去 $\left(\frac{l}{2}\right)^2$，则有

$$\Delta Y_i=A_{i-1}M\approx\frac{l}{R}\left(X_{i-1}+\frac{1}{2}\cdot\frac{l}{R}Y_{i-1}\right)=\frac{FT}{R}\left(X_{i-1}+\frac{1}{2}\cdot\frac{FT}{R}Y_{i-1}\right) \tag{5-32}$$

若令 $K=\frac{FT}{R}=T\cdot \mathrm{FRN}$，则

$$\begin{cases}\Delta X_i=K\left(Y_{i-1}-\frac{1}{2}KX_{i-1}\right)\\ \Delta Y_i=K\left(X_{i-1}+\frac{1}{2}KY_{i-1}\right)\end{cases} \tag{5-33}$$

则 A'_i 点的坐标值为

$$\begin{cases}X_i=X_{i-1}+\Delta X_i\\ Y_i=Y_{i-1}-\Delta Y_i\end{cases} \tag{5-34}$$

式(5-33)和式(5-34)为第一象限顺时针圆弧插补计算公式，同理，可求出其他象限及其走向的扩展 DDA 圆弧插补计算公式。

扩展 DDA 法是比较适合于 CNC 系统的一种插补算法。由上述扩展 DDA 圆弧插补公式可知，采用该方法只需进行加法、减法及有限次的乘法运算，因而计算较方便、速度较高。此外，该法用割线逼近圆弧，其精度也比用弦线逼近的直线函数法高。

3. *递归函数法*

递归函数采样插补是通过对轨迹曲线参数方程的递归计算实现插补的。由于它是根据前一个或前两个已知插补点来计算本次插补点，故分为一阶递归插补或二阶递归插补。

1）一阶递归插补

要插补如图 5-28 所示的圆弧，起点为 $P_0(X_0, Y_0)$，终点为 $P_E(X_E, Y_E)$，圆心位

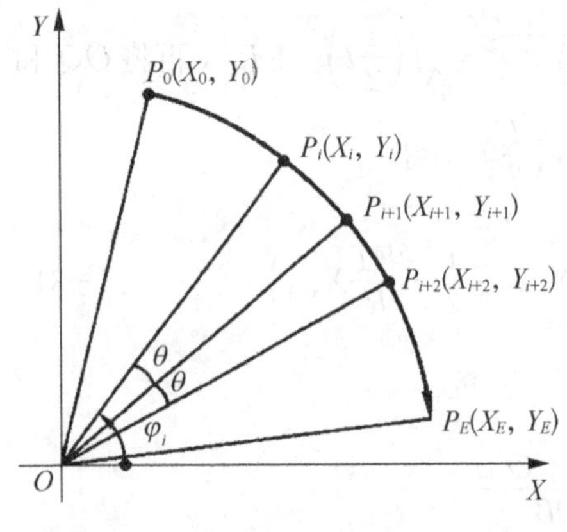

图 5-28 函数递归法圆弧插补

于坐标原点,圆弧半径为 R,进给速度为 F。设刀具现在位置为 $P_i(X_i, Y_i)$,经过一个插补周期 T 后到达 $P_{i+1}(X_{i+1}, Y_{i+1})$,刀具运动轨迹为 P_iP_{i+1},每次插补所转过的圆心角(也称为步距角)为 θ,$\theta \approx \frac{FT}{R}=K$,$P_i$ 点坐标为

$$\begin{cases}X_i=R\cos\varphi_i\\Y_i=R\sin\varphi_i\end{cases}$$

插补一步后,因为 $\varphi_{i+1}=\varphi_i-\theta$,可得插补点 P_{i+1} 的坐标为

$$\begin{cases}X_{i+1}=X_i\cos\theta+Y_i\sin\theta\\Y_{i+1}=Y_i\cos\theta-X_i\sin\theta\end{cases}\tag{5-35}$$

式(5-35)称为一阶递归插补公式。

将式(5-35)中的三角函数 $\cos\theta$ 和 $\sin\theta$ 用幂级数展开,并进行二阶近似,即

$$\cos\theta\approx 1-\frac{\theta^2}{2}\approx 1-\frac{K^2}{2}$$

$$\sin\theta\approx\theta\approx K$$

代入式(5-35),则

$$\begin{cases}X_{i+1}=X_i+K\left(Y_i-\frac{1}{2}KX_i\right)\\Y_{i+1}=Y_i-K\left(X_i+\frac{1}{2}KY_i\right)\end{cases}$$

这个结果与扩展 DDA 法插补的结果一致[见式(5-33)和式(5-34)],因此扩展 DDA 法也可称为一阶递归二阶近似插补。

2) 二阶递归插补

二阶递归插补算法中,需要两个已知插补点。若插补点 P_{i+1} 已知,则对于下一插补点 P_{i+2} 有 $\varphi_{i+2}=\varphi_{i+1}-\theta$,则

$$\begin{cases}X_{i+2}=X_{i+1}\cos\theta+Y_{i+1}\sin\theta\\Y_{i+2}=Y_{i+1}\cos\theta-X_{i+1}\sin\theta\end{cases}\tag{5-36}$$

将式(5-35)代入式(5-36),则有

$$\begin{cases}X_{i+2}=X_i+2Y_{i+1}\sin\theta=X_i+2Y_{i+1}K\\Y_{i+2}=Y_i-2X_{i+1}\sin\theta=Y_i-2X_{i+1}K\end{cases}\tag{5-37}$$

显然,二阶递归插补计算更为简单,但需要用其他插补法计算出第二个已知的插补点 P_{i+1},同时考虑到误差的累积影响,参与计算的已知插补点应计算得尽量精确。

5.5　输入数据处理

零件加工程序段通过输入，被送到零件程序缓冲器(BS)，程序段中包含了零件上某一段轮廓的几何和运动信息。对于用户输入的零件加工程序，插补程序是不能直接应用的，必须先由数据处理程序模块对用户程序进行数据处理，得出插补程序(包括进给驱动程序)所需要的数据信息和控制信息。所以数据处理程序又称插补准备程序。数据处理主要包括译码、刀具补偿计算、辅助信息处理和进给速度计算等。

译码程序的功能主要是将用户程序翻译成便于数控系统的计算机处理的格式，其中包括数据信息和控制信息，并按规定的格式存放在译码结果缓冲器(DS)中。

刀具补偿包括刀具半径补偿和刀具长度补偿，目的是将工件轮廓轨迹转化成刀具中心轨迹，减轻编程工作量，刀具补偿后的刀具中心轨迹的数据存放在刀补缓冲器(CS)中。

速度计算主要解决加工运动中的速度问题，速度处理因插补方式而异，对于基准脉冲插补方式主要是计算输出脉冲的频率；对于数据采样插补方式则需根据程编速度计算出采样周期内的位移量。速度计算的结果存放在系统工作缓存器(AS)中。

由此可见，一个程序段输入进来后，经过译码、刀具补偿计算和速度计算，就完成了插补前的准备工作。提供给插补的信息参数传送至插补工作寄存器(AR)，供插补程序调用。图 5-29 所示为一个程序段在系统中的数据流动过程。

图 5-29　数据流动过程

5.5.1　译码

译码是任何一个计算机系统要执行输入程序必须经过的一个步骤。译码程序以程序段为单位处理用户加工程序，将其中的轮廓信息(如起点、终点、直线、圆弧等)、加工速度和辅助功能信息，翻译成便于计算机处理的信息格式，存放在指定的内存专用区间。在译码过程中，对程序段进行语法检查，若有语法错误则报警。

译码有解释和编译两种方法。解释方法是将输入程序整理成某种形式，在执行时，由计算机顺序取出进行分析、判断和处理，即一边解释，一边执行。数控代码比较简单，零件程序不复杂，解释执行并不慢，同时解释程序占用内存少，操作简单。编译方法是将输入程序作为源程序，对他进行编译，形成由机器指令组成的目的程序，然后计算机执行这个目的程序。和通常所说的编译的意义不同的是生成的不是计算机能直接运行的机器语言，而是便于应用的数据。

在数控系统中，用户程序一般都先读入内存存放。程序存放的位置可以是零件程序存储区、零件程序缓冲区或者键盘输入(MDI)缓冲区。译码程序对内存中的用户程序进行译码。译码程序必须找到要运行的程序的第一个字符，即第一个程序段的第一地址字

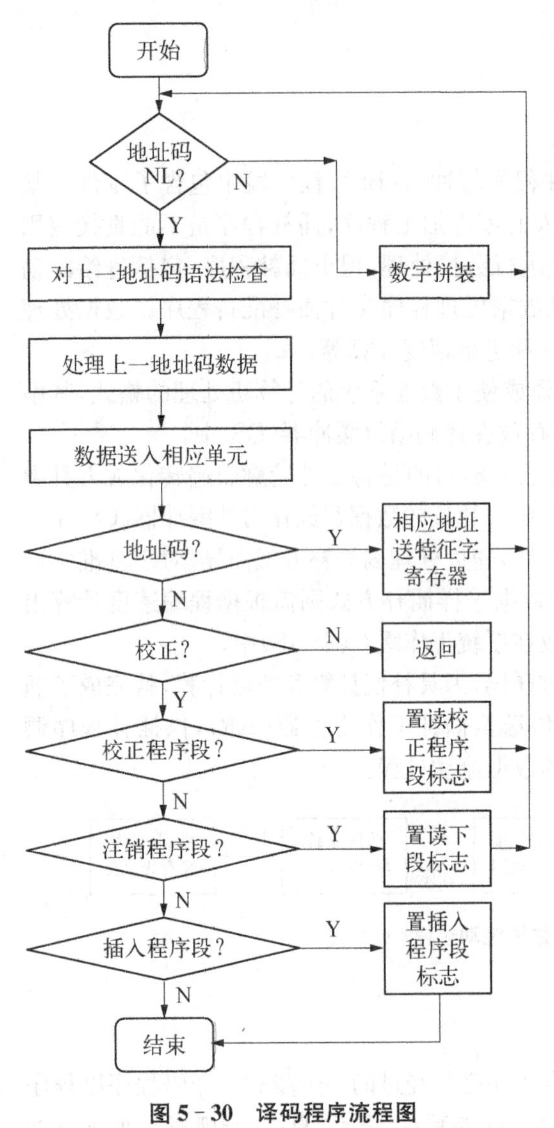

图 5-30 译码程序流程图

符(地址字符应为字母),才能开始译码。译码程序读进地址字符(字母),根据不同的字母做不同的处理。遇到如 G、M 等功能代码,将其后的数据(G、M 后为二位数)转换为特征码,并存放于对应的规定单元。若是遇到如 X、Y 等尺寸代码,将其后的数字串转换为二进制数,并存放于对应的规定区域(如 X 区、Y 区)。数字串以空格或字母(下一地址码)结束。处理完一个地址字后继续往后读,放弃地址之间的空格,读下一地址字符,处理其后的数据,直到读到程序段结束字符(如"LF"或";"等)为止,即翻译完一段程序。

用绝对坐标编程时,译码中不出现的坐标保持原值。若用增量方式编程,在译码之前应将坐标增量的区域清零,也就是说译码中不出现的坐标增量为零。

译码程序流程图如图 5-30 所示。

5.5.2 刀具补偿

经过译码后得到的数据还不能直接用于插补控制,要通过刀具补偿计算,将编程轮廓数据转换成刀具中心轨迹的数据才能用于插补。刀具补偿分为刀具长度补偿和刀具半径补偿。刀具长度补偿比较简单,这里主要介绍刀具半径补偿的软件计算方法。

刀具半径补偿不是由编程人员完成的。编程人员在程序中只需指明何处进行刀具半径补偿,指明是进行左刀补还是右刀补,并指定刀具半径。刀具半径补偿的具体工作由数控系统中的刀具半径补偿程序来完成。根据 ISO 规定,当刀具中心轨迹在程序规定的前进方向的右边时称为右刀补,用 G 42 表示;反之称为左刀补,用 G 41 表示;撤销刀补用 G 40 表示。

刀具半径补偿的执行过程分为刀补的建立、刀补进行和刀补撤销三个步骤。

(1) 刀补的建立。刀具由起刀点接近工件,因为建立刀补,本段程序执行的结果,刀具中心轨迹的终点不在下一段程序指定轮廓起点,而是在法线方向上偏移一个刀具半径的距离,偏移的左右方向取决于是 G 41 还是 G 42,如图 5-31 所示。

(2) 刀具补偿进行。一旦建立刀补,则刀补状态就一直维持到刀补撤销。在刀补进行期间,刀具中心轨迹始终偏离程序轨迹一个刀具半径的距离。

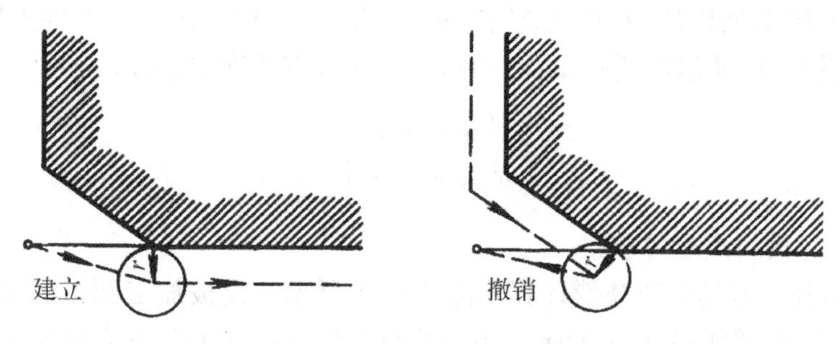

图5-31　刀补的建立与撤销

(3) 刀具补偿撤销。刀具撤离工件，刀具中心回到起刀点或与本程序段给定的坐标点重合。刀补撤销用G 40指令。

刀补仅在指定的二维坐标平面内进行。平面的指定由代码G 17($X-Y$平面)、G 18($Y-Z$平面)、G 19($Z-X$平面)表示。刀具半径值通过代码D(有的系统用H)来指定。

1. B功能刀具半径补偿

B功能刀具半径补偿是基本的刀具半径补偿，它仅根据本段程序的轮廓尺寸进行刀具半径补偿，计算刀具中心的运动轨迹。一般数控系统的轮廓控制通常仅限于直线与圆弧。对于直线而言，刀补后的刀具中心轨迹为平行于轮廓直线的一条直线。因此，只要计算出刀具中心轨迹的起点和终点坐标，刀具中心轨迹即可确定。对于圆弧而言，刀补后的刀具中心轨迹为与指定轮廓圆弧同心的一段圆弧，因此，圆弧的刀具半径补偿，需要计算出刀具中心轨迹圆弧的起点、终点和半径。B功能刀具半径补偿要求编程轮廓为圆角过渡，如图5-32所示。所谓圆角过渡是指轮廓线之间以圆弧连接，并且连接处轮廓线必须相切。切削内角时，过渡圆弧的半径应大于刀具半径。编程轮廓为圆角过渡，则前一段程序刀具中心轨迹终点即为后一段程序刀具中心的起点，系统不需要计算段与段之间刀具轨迹交点。

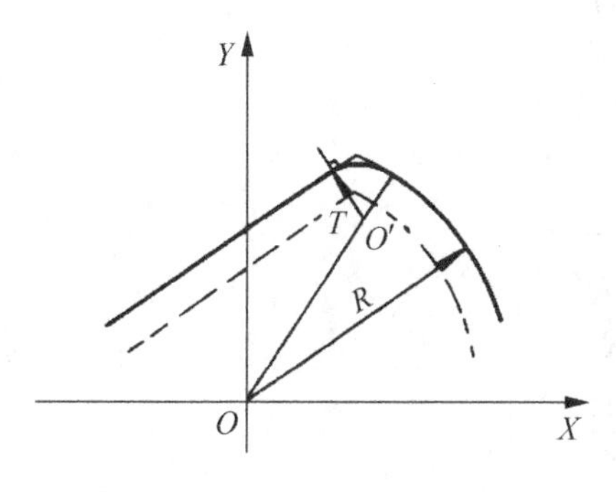

图5-32　B功能刀补圆角过渡

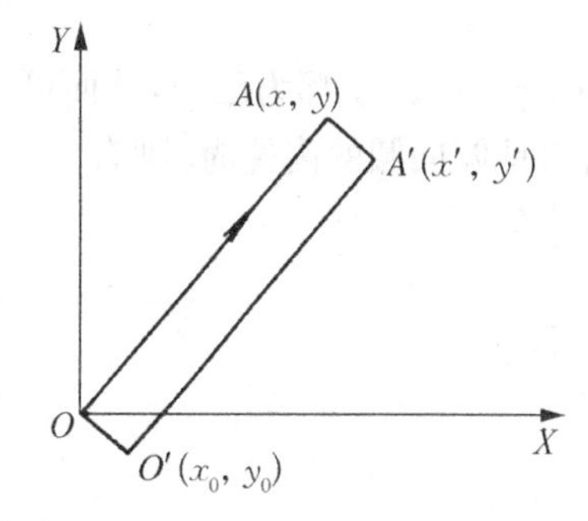

图5-33　直线的B刀补

直线功能刀具半径补偿计算如图5-33所示。设要加工的直线为OA，其起点在坐标原点O，终点为$A(x,\ y)$。因为是圆角过渡，上一段程序的刀具中心轨迹终点$O'(x_0,\ y_0)$为本段程序刀具中心的起点，OO'为轮廓直线OA的垂线，且O'点与OA的距离为刀具半径r。$A'(x',\ y')$为刀具中心轨迹直线的终点，AA'也必然垂直于OA，A'点与OA的距离也为刀具半径r。A'点同时也是下一段程序刀具中心轨迹的起点。$O'A'$与OA

斜率和长度都相同,所以从 O' 点到 A' 点的坐标增量与从 O 点到 A 点的坐标增量相等,而且 x_0、y_0 为已知,本段的增量 x、y 可由本段轮廓直线确定,所以

$$\left.\begin{aligned} x' &= x + x_0 \\ y' &= y + y_0 \end{aligned}\right\} \tag{5-38}$$

即刀具中心轨迹的终点也可求得。

圆弧 B 刀补的刀具半径补偿计算如图 5-34 所示。设被加工圆弧的圆心在坐标原点,圆弧半径为 R,圆弧起点为 $A(x_0, y_0)$,终点为 $B(x_e, y_e)$,刀具半径为 r。

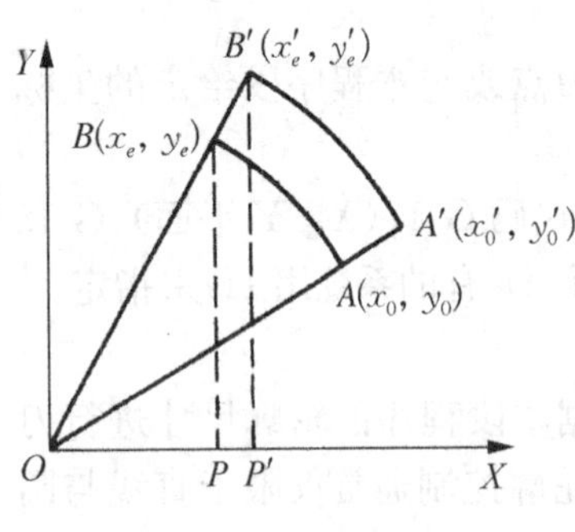

图 5-34 圆弧 B 功能刀补

当刀具偏向圆外侧时,设 $A'(x_0', y_0')$ 为前一阶段刀具中心轨迹的终点,且坐标为已知。因为是圆角过渡,A' 点一定在半径 OA 或其延长线上,与 A 点的距离为 r。A' 点即为本段程序刀具中心轨迹的起点。圆弧刀具半径补偿计算的目的,是要计算刀具中心轨迹的终点 $B'(x_e', y_e')$ 和半径 R'。因为 B' 点在半径 OB 或其延长线上,所以三角形 $\triangle OBP$ 与 $\triangle OB'P'$ 相似。根据相似三角形原理,有

$$\frac{x_e'}{x_e} = \frac{y_e'}{y_e} = \frac{R + r}{R}$$

即

$$\begin{cases} x_e' = \dfrac{x_e(R + r)}{R} \\ y_e' = \dfrac{y_e(R + r)}{R} \\ R' = R + r \end{cases} \tag{5-39}$$

式中,R、r、x_e、y_e 都为已知,从而可求得 x_e'、y_e'。

若刀具偏向圆的内侧时,则有

$$\begin{cases} R' = R - r \\ x_e' = \dfrac{x_e R'}{R} \\ y_e' = \dfrac{y_e R'}{R} \end{cases} \tag{5-40}$$

2. C 功能刀具半径补偿

由以上介绍可知,B 功能刀具半径补偿只根据本段程序进行刀补计算,对程序段之间的过渡问题不能处理,所以要求编程人员将工件轮廓处理成圆角过渡,即人为地加上过渡圆弧。这样处理带来两个弊端:一是编程复杂;二是工件尖角处工艺性不好。

随着计算机技术的发展,计算机的运算速度和存储功能已显著提高,数控系统的计算

机计算相邻两段程序刀具中心轨迹交点已不成问题。所以，现代 CNC 数控机床几乎都采用 C 功能刀具半径补偿。C 功能刀补自动处理两个程序段刀具中心轨迹的转接，编程人员可完全按工件轮廓编程。

C 功能刀补根据前后两段程序及刀补的左右情况，首先判断是缩短型转接、插入型转接或是伸长型转接。图 5－35 为 G 41 直线转接的情况。对于图 5－35(a)和图 5－35(b)所示的缩短型转接，需要算出前后两段程序刀具中心轨迹的交点。对于插入型转接可插入一段直线，如图 5－35(c)所示；也可插入一段圆弧；如图 5－35(e)所示。插入直线段的转接情况，要计算出插入段直线的起点和终点。插入圆弧的计算要简单一些，与 B 功能刀补有些相似，只要插入一段圆心在轮廓交点，半径为刀具半径的圆弧就行了。插入圆弧的方式虽计算简单，但在插补过渡圆弧时刀具始终在刀具处切削，尖点处的工艺性不如插入直线的方式好。

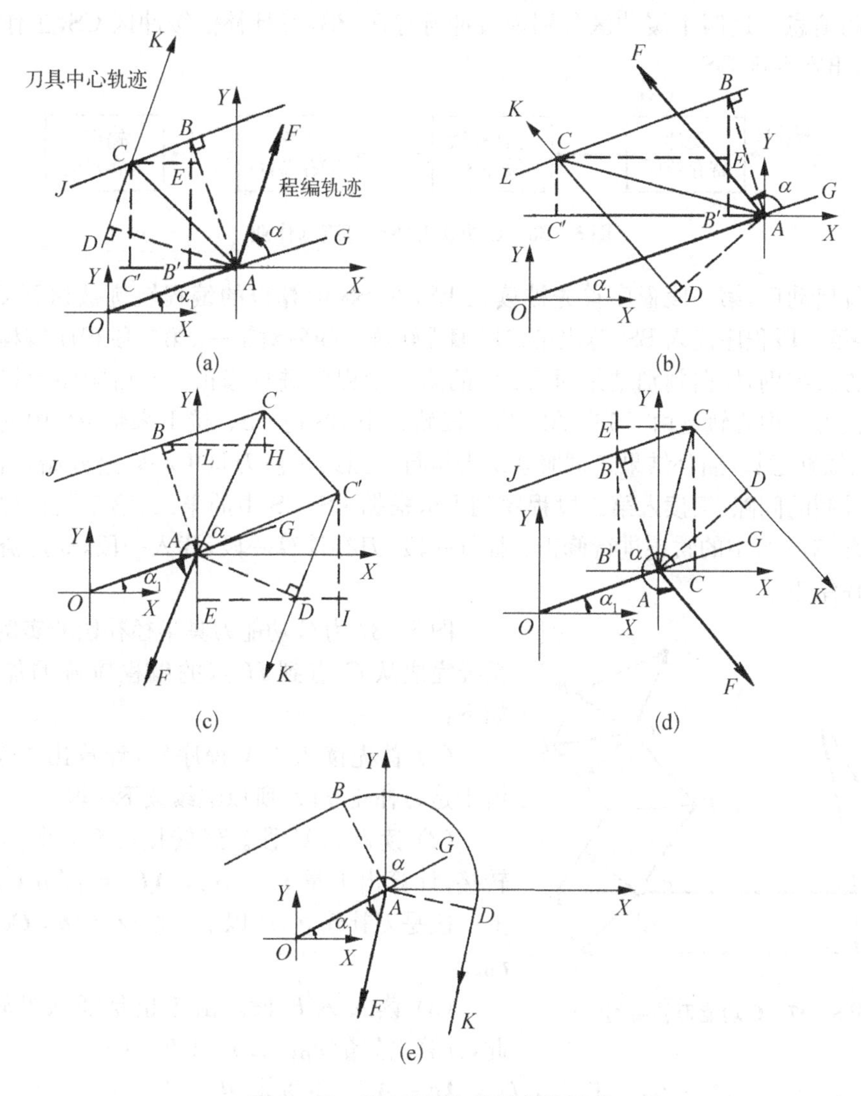

图 5－35　G41 直线与直线转接形式

(a)(b) 缩短型转接　(c)(e) 插入型转接　(d) 伸长型转接

圆弧和直线、圆弧和圆弧转接的刀具补偿，也分为缩短型、插入型和伸长型三种转接情况来处理。

C功能刀具半径补偿的计算比较复杂。为了便于交点计算以及对各种编程情况进行分析，C功能刀补几何算法将所有的编程轨迹、计算中的各种线段都作为矢量处理。C功能刀补程序主要计算转接矢量，所谓转接矢量主要指刀具半径矢量，如图5－36(a)中的AB、AD和前后程序段的轮廓交点与刀具中心轨迹交点的连接线矢量，如图5－36(c)中的AC、AC'。转接矢量的计算可以采用平面几何方法或解联立方程组的方法。离线计算常采用联立方程的方法。如在加工过程中进行刀具半径补偿计算，则常用平面几何的方法，计算软件简单，不用进行复杂的判断。

若C功能刀补在加工过程中进行，必须在插补和控制间歇进行刀补计算，所以一般需要流水作业。如图5－36所示，通常要开辟四个内存缓冲区来存放流水作业中加工的几段程序的信息。这四个缓冲区分别为缓冲寄存区BS，刀具补偿缓冲区CS，工作寄存区AS和输出寄存区OS。

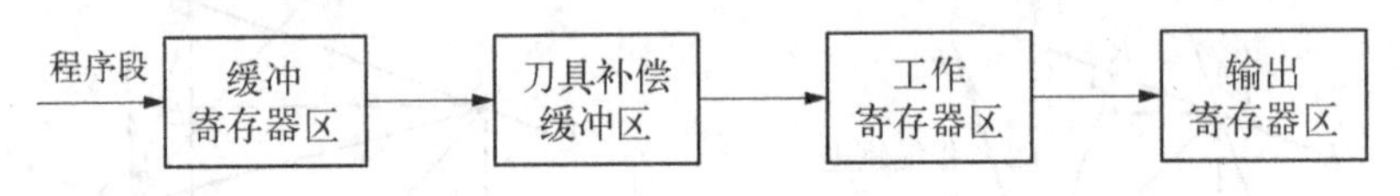

图5－36　C功能刀补计算流水作业

系统启动后，第一段程序首先被读入BS，在BS中算得的编程轨迹被送到CS暂存后，又将第二段程序读入BS，算出第二段编程轨迹。随后对第一、第二段程序编程轨迹进行转接方式判别，根据判别结果对CS中的第一段程序进行修正。然后顺序地将修正后的第一段刀具中心轨迹由CS送AS，第二段轨迹由BS送CS。接下来将AS中的数据送OS中去插补运算，插补结果送伺服系统去执行。当第一段刀具中心轨迹开始执行，利用插补和控制的间隙，又读入第三段程序到BS，根据BS、CS中的第二、第三段编程轨迹的转接情况，对CS中的轨迹进行修正。插补一段，刀补计算一段，读入一段，如此流水作业直到程序结束。

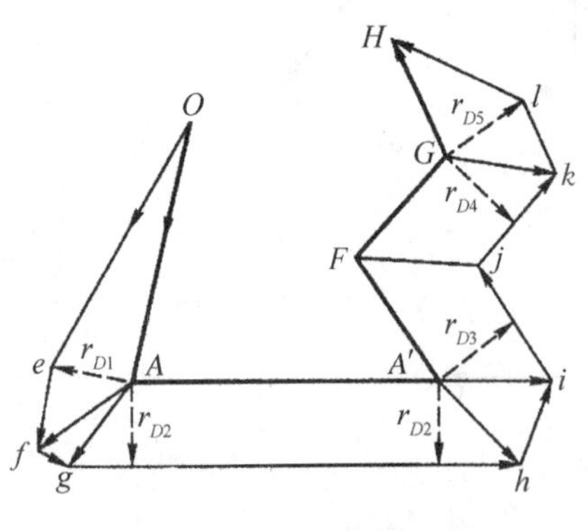

图5－37　C功能刀补实例

图5－37为C功能刀具半径补偿的实例。数控系统完成从O点到H点的编程轨迹的加工过程如下：

(1) 首先读入OA程序段，计算出矢量$\boldsymbol{OA}$。由于是刀补建立段，所以继续读下一段。

(2) 读入AA'段。经转接类型判断是插入型转接，计算出矢量$\boldsymbol{r_{D2}}$，$\boldsymbol{Ag}$，$\boldsymbol{Af}$，$\boldsymbol{r_{D1}}$，$\boldsymbol{AA'}$。因为上一段是刀补建立，所以上一段应走$\boldsymbol{Oe}$，$\boldsymbol{Oe}=\boldsymbol{OA}+\boldsymbol{r_{D1}}$。

(3) 读入$A'F$段。由于也是插入型转接，因此，计算出矢量$\boldsymbol{r_{D3}}$、$\boldsymbol{A'i}$、$\boldsymbol{A'h}$、$\boldsymbol{A'F}$。走$\boldsymbol{ef}$，$\boldsymbol{ef}=\boldsymbol{Af}-\boldsymbol{r_{D1}}$。走$\boldsymbol{fg}$，$\boldsymbol{fg}=\boldsymbol{Ag}-\boldsymbol{Af}$。继续走$\boldsymbol{gh}$，$\boldsymbol{gh}=\boldsymbol{AA'}-\boldsymbol{Ag}+\boldsymbol{A'h}$。

(4) 读入FG段，经转接类型判别为缩短型，所以仅计算$\boldsymbol{r_{D4}}$、$\boldsymbol{Fj}$、$\boldsymbol{FG}$。继续走$\boldsymbol{hi}$，

$hi = A'i - A'h$。走 ij，$ij = A'F - A'i + Fj$。

(5) 读入 GH 段(假定有刀补撤销指令 G 40)。经判断为伸长型转接，所以尽管要撤销刀补，仍需计算 r_{D5}、Gk、GH。继续走 jk，$jk = FG - Fj + Gk$。

(6) 由于上段是刀补撤销，所以要做特殊处理，直接命令走 kl，$kl = r_{D5} - Gk$。

(7) 最后走 lH，$lH = GH - r_{D5}$。

加工结束。

5.5.3　速度计算及辅助信息处理

一个程序段的译码结果除与轨迹有关的几何信息之外，还包含有 F、M、S、T 等辅助信息需要处理。它们虽然与加工路径无关，但却是加工控制中不可缺少的信息。

1. 进给速度计算

数控程序中用 F 代码指定了进给速度，F 值与插补计算及伺服控制有着不可分割的联系，速度计算的任务是为插补提供必要的速度信息。对 F 代码的处理因插补方式不同而异。基准脉冲插补方式用于以步进电动机为执行元件的系统中，坐标轴运动速度是通过向步进电动机输出脉冲的频率来实现的。速度计算就是根据程编的进给速度值来计算这一脉冲频率值。数据采样插补方式用在闭环或半闭环系统中，则须根据程编进给速度来计算在一定时间间隔内的位移量，以此作为伺服电动机的位移命令。

1) 开环系统的进给速度计算

在开环系统中，每输出一个脉冲，步进电动机转过一定的角度，驱动坐标轴进给一个脉冲当量。各坐标轴的进给速度是由插补程序根据零件程序要求向相应坐标轴发送的脉冲的频率来确定。程编进给速度 F(mm/min)与脉冲发送频率 f(1/s)和脉冲当量 δ(mm)有如下关系。

$$F = 60\delta f \tag{5-41}$$

则

$$f = \frac{F}{60\delta} \tag{5-42}$$

两轴联动时，各坐标轴速度为

$$v_x = 60 f_x \delta$$
$$v_y = 60 f_y \delta$$

式中，v_x、v_y 是 X 轴、Y 轴方向的进给速度；f_x、f_y 是 X 轴、Y 轴方向的进给脉冲频率。

合成速度(即进给速度)v 为

$$v = \sqrt{v_x^2 + v_y^2} = F \tag{5-43}$$

进给速度要求稳定，因此，要选择合适的插补算法(原理)以及采取稳速措施。

2) 半闭环和闭环系统的速度计算

在半闭环和闭环系统中，插补程序在每个插补周期内被调用一次，向坐标轴输出一个小数据段，即位移增量或进给步长，又称为一个插补周期内的插补进给量。半闭环和闭环系统的速度计算的任务就是为插补程序提供各坐标轴在一个插补周期内的进给量。直线插补时，首先要求出刀补后一个直线段（程序段）在 X 和 Y 轴上的投影 L_x 和 L_y，如图 5-38 所示。

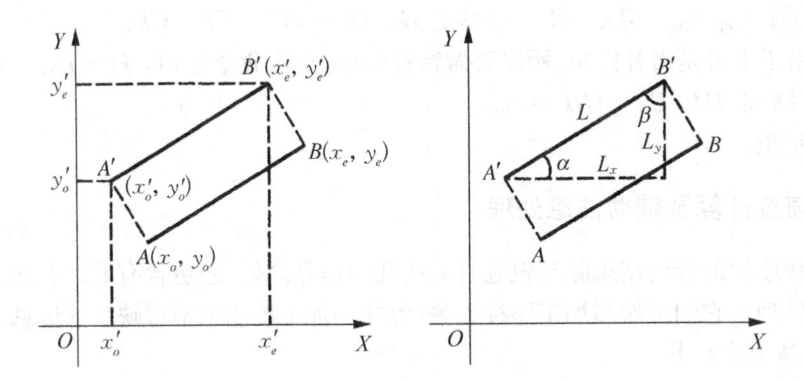

图 5-38　直线插补速度处理

$$L_x = x'_e - x'_o$$

$$L_y = y'_e - y'_o$$

式中，x'_e、y'_e 是刀补后直线段终点坐标值；x'_o、y'_o 是刀补后直线段起点坐标值。随后计算直线段的方向余弦

$$\cos\alpha = \frac{L_x}{L}$$

$$\cos\beta = \frac{L_y}{L}$$

一个插补周期的步长为

$$\Delta L = \frac{1}{60}F \times 1\,000 \times \Delta t / 1\,000 = \frac{1}{60}F\Delta t$$

式中，F 是合成速度（mm/min）；Δt 是插补周期（ms）；ΔL 是每个插补周期小直线段的长度（μm）。

各坐标轴在一个采样周期内的运动步长为

$$\begin{cases} \Delta x = \Delta L\cos\alpha = \dfrac{F\Delta t\cos\alpha}{60} \\ \Delta y = \Delta L\sin\alpha = \dfrac{F\Delta t\sin\alpha}{60} \end{cases} \tag{5-44}$$

圆弧插补时，由于采用插补原理及插补算法不同，将算法步骤分配在速度计算中还是插补计算中也各不相同。图 5-39 中，坐标轴在一个采样周期内的步长为

$$\begin{cases} \Delta x_i = \dfrac{F\Delta t\cos\alpha_i}{60} = \dfrac{F\Delta t J_{i-1}}{60R} = \lambda_d J_{i-1} \\ \Delta y_i = \dfrac{F\Delta t\sin\alpha_i}{60} = \dfrac{F\Delta t I_{i-1}}{60R} = \lambda_d I_{i-1} \end{cases} \tag{5-45}$$

式中，R 是圆弧半径(mm)；I_{i-1}，J_{i-1} 是圆心相对第 $i-1$ 点的坐标；α_i 是第 i 点和第 $i-1$ 点连线与 X 轴的夹角(即圆弧上某点切线方向，亦即进给速度方向与 X 轴的夹角)。速度计算的任务是计算 $\lambda_d=\dfrac{F\Delta t}{60R}$ 的值，λ_d 还可以表示为 $\lambda_d=\dfrac{1}{60}\cdot \mathrm{FRN}\cdot \Delta t$。式中，$\lambda_d$ 称为步长分配系数(也叫速度系数)，它与圆弧上一点的 I、J 值的乘积，可以确定下一插补周期的进给步长；$\mathrm{FRN}=\dfrac{F}{R}$ 为进给速率数表示的速度代码，直线插补时，$\mathrm{FRN}=\dfrac{F}{L}$。

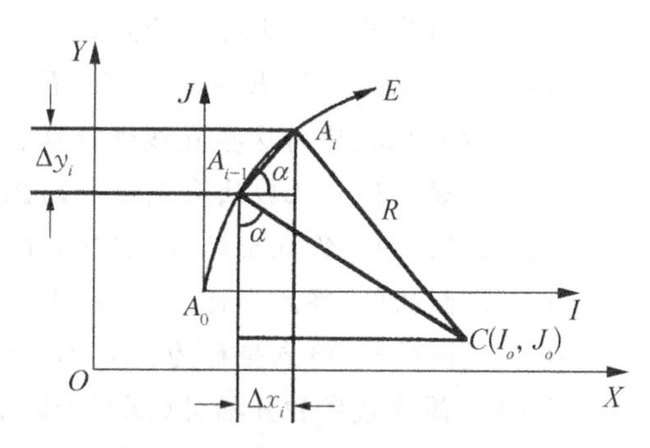

图 5-39　圆弧插补速度计算

2. 其他辅助信息处理

一个程序段中的辅助信息主要包括 F、M、S、T 码，除了前面介绍的速度 F 必须计算外，而 S、M、T 仅进行传送处理。S 功能的信息用于主轴控制，主轴一般不由数控系统来直接控制，数控系统只是将译码后的 S 信息传送给主轴控制系统，由主轴控制系统对主轴进行控制。M、T 功能主要涉及开关量的逻辑控制，它们一般不由数控系统的计算机直接处理。

S、M、T 码的处理在早期的 CNC 系统中由继电器电路(机床硬件接口)完成，现代的 CNC 系统由可编程控制器 PLC(或简单的微机)来处理。数控系统计算机只需将译码后的 S、M、T 信息适时地送到工作寄存区(内存单元)各标志单元，然后送到 PLC 中，由 PLC 输出执行。

若是开环或半闭环系统，在插补控制的过程中，还必须对进给部分机械传动链的误差加以补偿。在进给伺服电动机改变转向时，由于反向间隙(主要是齿隙)的存在，会引起电动机空转一定角度，工作台不移动。这个空转在开环和半闭环系统中会造成加工误差，必须采取补偿措施。反向间隙补偿是在电动机改变转向时，让电动机多转动一个角度，消除反向间隙后才正式计算坐标运动的值，即空走不计入坐标运动。各轴的反向间隙值可以离线测出，作为机床参数存入数控系统，供补偿时取用。进给传动的丝杠螺距也存在误差，这种误差在开环和半闭环系统中不能靠反馈来消除，也必须加以补偿。螺距误差可以离线测出，然后在误差达到一个脉冲当量的位置安装微动开关。系统工作时，工作台运动到微动开关位置，开关闭合，送给系统一个信号，系统将坐标值加(或减)一个脉冲当量。螺距补偿的信息也作为机床参数存入数控系统，供补偿时取用。现在微动开关补偿方式已很少采用，而是以参数存入 NC 系统，进给达到补偿位置时自动补偿。

数据处理是在插补的空闲内进行的，也就是说当前程序段正在插补运行过程中，必须将下一段的数据处理全部完成，以保证加工的连续性。数据处理的精度，特别是刀具半径补偿计算的精度直接影响后续的插补运算。因此，精度和实时性是设计数据处理软件时必须重视的问题。

习题与思考题

5-1　简述插补的基本概念。数控加工为什么要使用插补？

5-2 有哪两类插补算法？它们各有什么特点？

5-3 简述逐点比较法的插补原理。

5-4 直线的起点坐标在原点 $O(0,0)$，终点 E 的坐标分别为

(1) $E(10,6)$；(2) $E(9,4)$；(3) $E(-5,10)$；(4) $E(-6,-5)$。

试用逐点比较法对这些直线进行插补，并画出插补轨迹。

5-5 试用逐点比较法分别进行圆弧插补，并画出插补轨迹。

(1) 顺圆的起、终点坐标为：$A(0,10)$、$B(8,6)$；

(2) 逆圆的起、终点坐标为：$A(10,0)$、$B(6,8)$；

(3) 逆圆的起、终点坐标为：$A(0,5)$、$B(-4,3)$。

5-6 简述数字积分插补(DDA)法的插补原理。

5-7 直线的起点坐标在原点 $O(0,0)$，终点 E 的坐标为 $E(6,5)$，试用数字积分直线插补法对直线进行插补，并画出插补轨迹。

5-8 逆圆的起、终点坐标为：$A(6,0)$、$B(0,6)$，试用数字积分圆弧插补法进行逆圆插补，并画出插补轨迹。

5-9 简述数据采样插补法的插补原理。

5-10 数据采样直线插补、圆弧插补有否误差？数据采样插补误差与什么有关系？

5-11 加工零件轮廓时，直线转接有哪些形式？B 刀补和 C 刀补是如何实现的？

5-12 简述数据处理的译码、刀具补偿计算、速度计算及辅助信息处理都包括哪些内容？

5-13 用逐点比较法加工第一象限直线段，起点 $O(0,0)$，终点 $A(4,2)$，计算：

(1) 整个流程与节拍，并画图；

(2) 若采用 G 42 的方式，$\phi 6$ mm 的刀具加工，则计算 A' 的坐标值。

第6章 数控机床的伺服系统

6.1 概述

6.1.1 伺服系统的概念

数控机床伺服系统是以机床移动部件的位移和速度为直接控制目标的自动控制系统,也可称为位置随动系统,简称为伺服系统。常见的伺服系统有开环系统与闭环系统之分,直流伺服系统与交流伺服系统之分,进给伺服系统与主轴驱动系统之分,电液伺服系统与电气伺服系统之分。进给伺服系统控制机床移动部件的位移,以直线运动为主;主轴驱动系统,控制主轴的切削运动,以旋转运动为主,主要是速度控制。

伺服驱动是一种执行机构,它能够准确地执行来自CNC装置的运动指令。驱动装置由驱动部件和速度控制单元组成。驱动部件由交流或直流电动机、位置检测元件及相关的机械传动和运动部件组成。

伺服驱动系统的性能在很大程度上决定了数控机床的性能。数控机床的最高移动速度、跟踪速度、定位精度等重要指标都取决于伺服系统的动态和静态特性。

6.1.2 数控机床对伺服系统的要求

数控机床对伺服系统的主要要求可归纳如下。

(1) 高精度。要求伺服系统定位准确,即定位误差特别是重复定位误差要小,而且伺服系统的跟随精度要高,即跟随误差小。一般要求定位精度为0.01～0.001 mm,高档设备的定位精度要求达到0.1 μm以上。

(2) 快速响应,无超调。加工过程中,为了提高生产率和保证加工质量,要求加(减)速度足够大,以便缩短伺服系统过渡过程时间。一般电动机速度从零变到最高速,或从最高速降至零,时间在200 ms以下,甚至小于几十毫秒。这就要求伺服系统快速响应好,又不超调,否则将影响加工质量。另外,当负载突变时,要求速度的恢复时间短,且无振荡,这样才能得到光滑的加工表面。

(3) 调速范围宽。目前数控机床一般要求进给伺服系统的调速范围是0～30 m/min,有的已达240 m/min,并且在调速过程中速度应均匀、稳定、无爬行。主轴驱动系统主要是速度控制,要求在(11 000∶1)～(100∶1)范围内连续可调及有110∶1以上的恒功率调速。

(4) 低速大转矩。切削加工的特点一般是在低速时进行重切削。为适应加工要求，对伺服系统要求低速大转矩。系统具有这一特性，可以简化传动链，使传动装置机械部分结构得到简化，系统刚性增加，使传动装置的动态质量和传动精度得到提高。

伺服电动机是伺服系统的重要驱动元件。为满足上述要求，对伺服电动机的要求应该是：从最低速度到最高速度能平滑运转，具有大的、较长时间的过载能力、响应快，还要求能承受频繁的启动、制动和反转。

伺服电动机主要有步进电动机、直流和交流调速电动机。20 世纪 80 年代中期开始，由于交流伺服电动机的材料、结构、控制理论和方法均有突破性的进展，使交流伺服电动机驱动及伺服系统发展很快。近年，一些先进的国家机床进给系统几乎全部采用交流驱动。可以预见，交流调速电动机将是最有发展前途的驱动装置。

6.2 开环进给伺服系统

步进电动机伺服系统是典型的开环伺服系统，如图 6-1 所示。在这种系统中，执行元件是步进电动机。步进电动机把进给脉冲转换为机械角位移，并由传动丝杠带动工作台移动。由于该系统中无位置和速度检测环节，因此它的精度主要由步进电动机和与之相连的丝杠等传动机构所决定。步进电动机的最高极限转速通常要比交、直流伺服电动机低，并且在低速时容易产生振动，影响加工精度。但开环伺服系统的结构简单，控制和调整容易，在速度和精度要求不太高的场合有一定的使用价值。步进电动机细分技术的应用，使步进电动机开环伺服系统的定位精度明显提高，并且降低了步进电动机的低速振动，使步进电动机在中、低速场合的开环伺服系统中得到更广泛的应用。

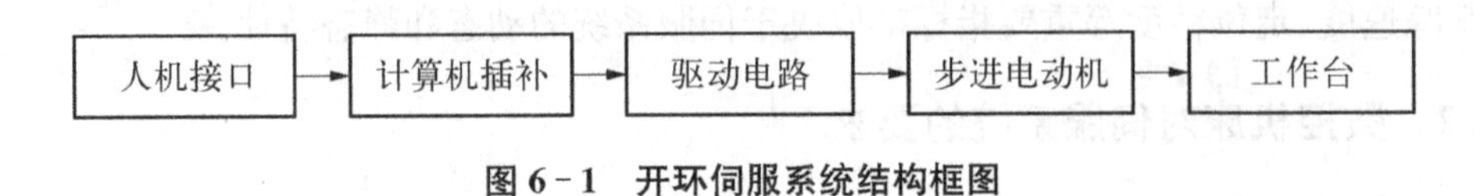

图 6-1 开环伺服系统结构框图

步进电动机是一种将电脉冲信号转换成机械角位移的驱动元件。CNC 装置发出一个电脉冲信号，步进电动机就回转一个固定的角度，称为一步，所以称为步进电动机。又由于它输入的是脉冲电流，也称为脉冲电动机。

步进电动机具有精度高，惯性小的特点，对各种干扰因素不敏感，步距误差不会长期积累，转过 360°以后其累积误差为“0”。按励磁方式的不同，步进电动机可分为反应式、永磁式、感应式和混合式等。目前混合式步进电动机已在数控机床等领域得到了广泛的应用。反应式步进电动机应用普遍，结构也较简单，是下面分析的重点对象。

6.2.1 步进电动机的工作原理

图 6-2 所示为反应式步进电动机结构原理图。它的定子和转子铁芯通常由硅钢片叠成。定子上有 A、B、C 三对磁极，在相对应的磁极上绕有 A、B、C 三相控制绕组(图中未画出)，假设转子上有四个齿，齿宽与定子的极靴宽相等，相邻两齿所对的空间角度为齿距角。

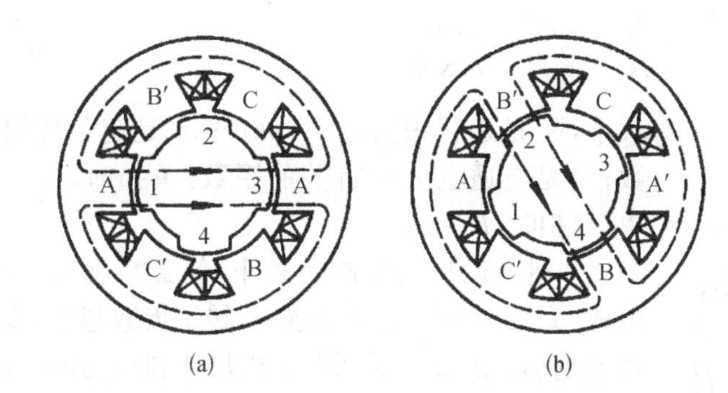

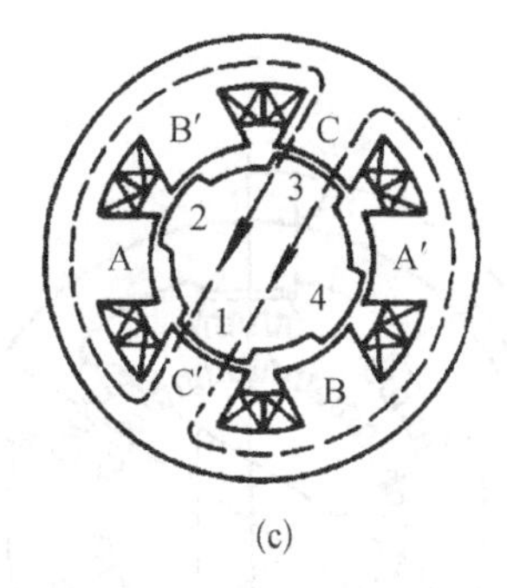

图 6-2　反应式步进电动机结构原理图

齿距角 θ_t 为

$$\theta_t = \frac{360^\circ}{Z_r} \tag{6-1}$$

式中，Z_r 是转子齿数。

在图 6-2 所示的三相步进电动机中，$Z_r=4$，齿距角 $\theta_t=90^\circ$。当 A 相通电，以 A-A′为轴线的磁场对 1、3 齿产生磁拉力，使转子齿 1、3 和定子 A-A′轴线对齐，当 A 相断电、B 相通电时，以 B-B′为轴线的磁场使转子 2、4 齿与定子 B-B′轴线对齐，转子逆时针转过 30°角；当 B 相断开、C 相通电时，以 C-C′为轴线的磁场使转子 1、3 轴线和定子 C-C′轴线对齐。如此按 A-B-C-A 的顺序通电，转子就会不断地按逆时针方向转动。绕组通电的顺序决定了旋转方向。若按 A-C-B-A 的顺序通电，电动机就会顺时针方向转动。

最简单的运行方式为三相单三拍，简称三相三拍。“三相”是指定子三相绕组 A、B、C；“单”是指每次只有一相绕组通电；“拍”是指从一种通电状态转变为另一种通电状态；“三拍”是指经过三次切换控制绕组的通电状态为一个循环，接着重复第一拍的通电情况。

在单三拍通电方式中，由于单一控制绕组通电吸引转子，容易使转子在平衡位置附近产生振动，因而稳定性不好，实际中很少采用。同样的步进电动机，可以采用三相单、双拍通电方式。

若通电顺序为：A-AB-B-BC-C-CA-A。步进电动机按逆时针方向转动。三相绕组经过六次切换完成一个循环，因而称为六拍；在一个循环之内既有一相绕组通电，又有两相绕组同时通电，因此称为“单、双六拍”。如果电动机按相反的顺序通电，转子将沿顺时针方向旋转。

步进电动机还可用双三拍通电方式，导通的顺序依次为 AB-BC-CA-AB，每拍都由两相导通。它与单、双拍通电方式时两个绕组通电的情况相同。由于总有一相持续导通，也具有阻尼作用，工作比较平稳。

输入一个脉冲信号转子转过的角度称为步距角 θ_s。由上面的分析可以看到，每切换一次，转子转过的角度为 1/3 齿距角，经过一个循环，转子走了 3 步，才转过一个齿距角。由此得出步距角为

$$\theta_s = \frac{\theta_t}{N} = \frac{360^\circ}{Z_r N} = \frac{360^\circ}{mKZ_r} \tag{6-2}$$

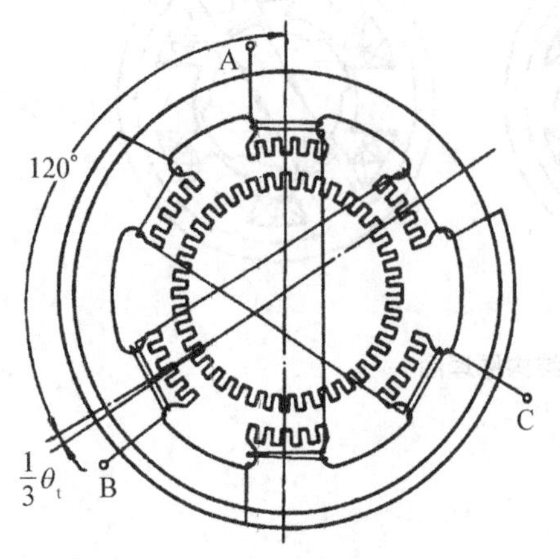

图 6-3 三相反应式步进电动机结构原理图

式中，N 是运行拍数，$N=mK$；m 是定子绕组相数；K 是与通电方式有关的系数，单拍时，$K=1$，单、双拍时，$K=2$。

步进电动机的步距角越小，位置精度就越高。由式(6-2)知道，磁极数越多，转子齿数越多，步距角就越小。磁极数受到电动机尺寸和结构的限制，一般做到六相(个别的也有八相或更多相数)，因此应尽量增大转子上的齿数。图 6-3 所示的结构是最常见的一种小步距角三相反应式步进电动机，定子上有 A、B、C 三相绕组，转子上均匀分布了 40 个齿，定子的每个极上有 5 个齿，与转子的齿宽和齿距相同。齿距角为 360°/40=9°。

单三拍运行方式 $\theta_s = \frac{360^\circ}{3 \times 40} = 3^\circ$

单、双六拍运行方式 $\theta_s = \frac{360^\circ}{3 \times 2 \times 40} = 1.5^\circ$

由式(6-2)可见，输入一个脉冲，转子转过 $\frac{1}{Z_r N}$ 转/s，如果输入 f 个脉冲/s，电动机的转子为 $\frac{f}{Z_r N}$ 转/s，故电动机的转速 n(r/min)为

$$n = \frac{60f}{Z_r N} \tag{6-3}$$

式中，f 是控制脉冲的频率，即每秒输入的脉冲数。

由式(6-3)可知，步进电动机的齿数和拍数一定时，电动机转速与输入脉冲频率成正比，因此通常采用改变输入频率来控制步进电动机的速度。

步进电动机具有自锁能力，是它的另一特点，当控制输入电脉冲停止时，转子就保持在最后一个脉冲应使转子达到的终点位置上。

6.2.2 步进电动机的主要性能指标

1. 步距角及步距精度

同一相数的步进电动机通常有两种步距角，如 1.5°/0.75°、1.2°/0.6°、3°/1.5°等。单、双拍制的步距角比单拍制或双拍制的步距角减少一半。

步进电动机的精度可用步距角误差或积累误差衡量。静态步距角误差是实际步距角与理论步距角之间的偏差，以偏差的角度或理论步距角的百分数来衡量。它的值越小，就表示精度越高。积累误差是指转子从任意位置开始，经过任意步后，转子的实际转角与理

论转角之差的最大值。电动机转一周，其积累误差应为零，在一周内积累误差可大可小，可正可负。

2. 最大静转矩 T_{max}

当定子一相绕组通电后，转子如果没有加负载，则转子齿与通电相定子齿对准，这个位置称为步进电动机的初始平衡位置。齿距角 θ_t 与转子齿之间位置关系如图 6-4 所示。

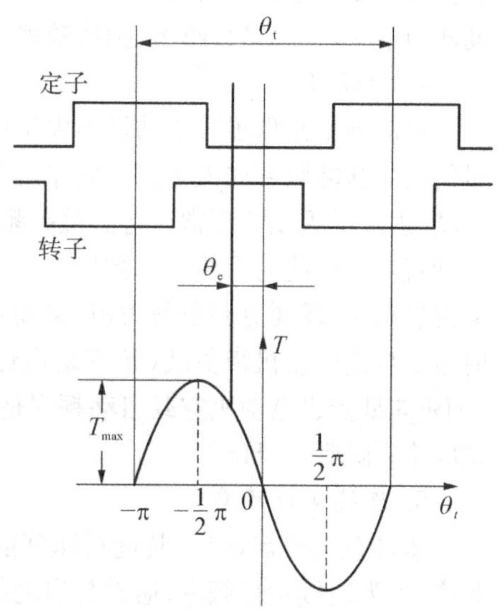

图 6-4　步进电动机的静态特性

可以看出转子不受外力作用，且定子不通电时，转子在 $-\pi$ 到 π 之间任何一个位置停留，当定子通电后，转子与定子齿都会对准，回到初始平衡位置；所以把空载静稳定区定为 $-\pi$ 到 π 之间。

当转子受到外力作用后，转子齿要偏离初始平衡位置，这时定转子之间产生的电磁转矩用以克服负载转矩，直到相互平衡，转子停在一个新的平衡点，这时转子齿所偏离的角度称为失调角 θ_e，转子所受的电磁转矩 T 称为静态转矩。图 6-4 中可看出，电动机的静态转矩与失调角之间关系接近正弦变化，称之为矩角特性。

$$T=-T_{max}\sin\theta_e$$

当 $\theta_e=\pm\pi/2$ 时，T 为最大静转矩，它表示步进电动机所能承受的最大静态转矩 T_{max}。最大静转矩与通电状态和相绕组电流有关。在一定通电状态下，当控制电流很小时，最大静转矩与电流的平方成正比增大；但电流增加到一定值时使磁路饱和，最大转矩 T_{max} 上升变缓；当电流很大时，T_{max} 趋于一个稳定值。

显然，当转子加上负载后，其负载静稳定区在 $-\frac{\pi}{2}<\theta<\frac{\pi}{2}$ 之间。当转子受到负载转矩是脉动的情况下，转子的失调角将随负载变化而变化，可以看见转子在作轻微的晃动，这种现象是正常的。步距角越小，晃动范围越小（只要不超出最大静转矩），对数控系统精度的影响也就越小。

3. 最大启动转矩 T_q

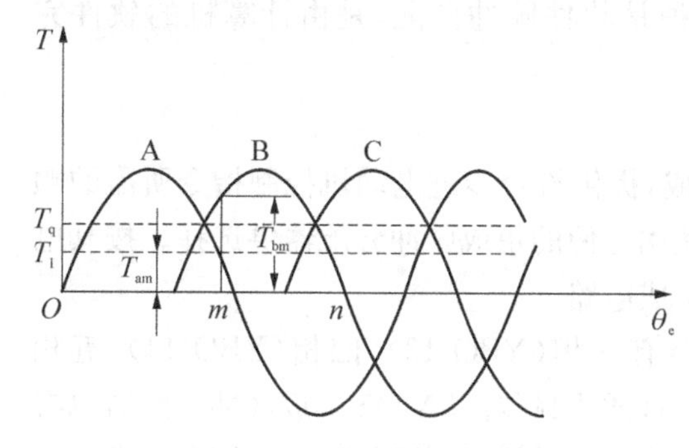

图 6-5　步进电动机的最大启动转矩

图 6-5 表示三相步进电动机的矩角特性，图中相邻两个矩角特性的交点所对应的电磁转矩为启动转矩 T_q，它代表步进电动机单相励磁时所能带动的极限负载转矩。

当电动机所带负载 $T_1<T_q$ 时，A 相通电，转子的平衡点转到 m 处，在此点 $T_{am}=T_1$；当由 A 相切换到 B 相时，B 相在 m 点的电磁转矩 $T_{bm}>T_{am}$，在电磁转矩作用下，转过一个步距角到达新的平衡位置 n，此时，$T_{bn}=T_1$。显然，如果负载 $T_1>T_q$，A、B 相的切换无法使转子到达新的平衡位置 n，而产生“失步”现象。不同相数的步进电动机的启动转矩不同，一般相数越多，拍数越多，则启动转矩越大。

4. 启动频率

启动频率是指步进电动机不失步启动所能施加的最高控制脉冲频率。加给步进电动机的指令脉冲频率如大于启动频率，就不能正常工作。在空载时步进电动机由静止突然启动，进入不丢步的正常运行的最高频率，称为空载启动频率或突跳频率。它是衡量步进电动机快速性能的重要技术数据。启动频率要比连续运行频率低得多，这是因为步进电动机启动时，既要克服负载力矩，又要克服运转部分的惯性矩，电动机的负担比连续运转时重。步进电动机带负载(尤其是惯性负载)的启动频率比空载的启动频率要低。例如 70 BF 3 型步进电动机空载启动频率是 1 400 Hz，当负载为最大转矩 T_{max} 的 0.55 倍时，启动频率下降到 50 Hz。

5. 连续运行频率

步进电动机启动后，其运行速度能跟踪指令脉冲频率连续上升而不丢步的最高工作频率，称为连续运行频率，通常是启动频率的 4～10 倍。因此步进电动机常采用升降速控制，起停时频率降低，正常运行时，频率升高。图 6-6 表示了负载转矩与运行频率的关系。随着连续运行频率的上升，输出转矩下降，承载能力下降。其原因是，频率越高，电动机绕组感抗（$X_L=2\pi fL$）越大，使绕组中的电流波形变坏，幅值变小，从而使输出转矩下降。对于某特定步进电动机，单拍工作频率要比双拍工作时低。一个好的驱动方式和功率驱动电源可以提高启动频率和运行频率。

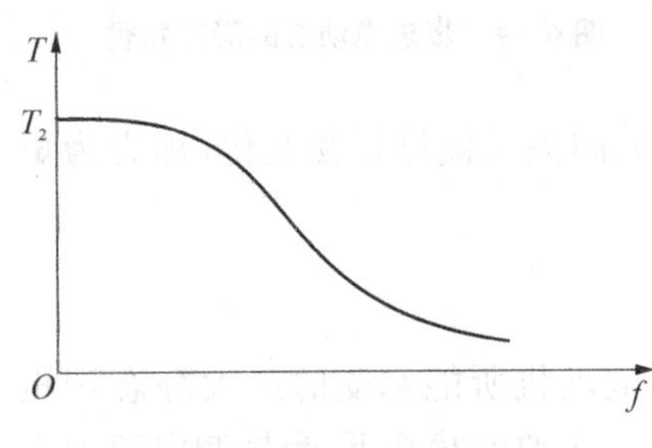

图 6-6　步进电动机的矩频特性

6.2.3　步进电动机开环控制

1. 脉冲分配

由步进电动机的工作原理知道，要使电动机正常的一步一步地运行，控制脉冲必须按一定的顺序分别供给电动机各相，例如三相单拍驱动方式，供给脉冲的顺序为 A-B-C-A 或 A-C-B-A，称为脉冲分配，也可称为环形脉冲分配。脉冲分配有两种方式：一种是硬件脉冲分配(或称为脉冲分配器)，另一种是软件脉冲分配，是由计算机的软件完成的。

1) 脉冲分配器

脉冲分配器可以用门电路及逻辑电路构成，提供符合步进电动机控制指令所需的顺序脉冲。目前已经有很多可靠性高、尺寸小、使用方便的集成脉冲分配器供选择。按其电路结构不同可分为 TTL 集成电路和 CMOS 集成电路。

目前市场上提供的国产 TTL 脉冲分配器有三相(YBO 13)、四相(YBO 14)、五相(YBO 15)和六相(YBO 16)，均为 18 个管脚的直插式封装。CMOS 集成脉冲分配器也有不同型号，例如 CH250 型用来驱动三相反应式步进电动机、封装形式为 16 脚直插式。

这两种脉冲分配器的工作方法基本相同，当各引脚连接好之后，主要通过一个脉冲输入端，控制步进的速度；一个输入端控制电动机的转向；并有与步进电动机相数相同数目的输出端分别控制电动机的各相。

2）软件脉冲分配

不同种类、不同相数、不同分配方式的步进电动机必须有不同的环形分配器，可见所需环形分配器的品种将很多。用软环形分配器只需编制不同的软环形分配程序，将其存入 CNC 装置的 EPROM 中即可。用软件环形分配器可以使线路简化，成本下降，并可灵活地改变步进电动机的控制方案。因此在计算机控制的步进电动机驱动系统中，通常采用软件的方法实现环形脉冲分配。

2. *驱动电路及速度控制*

环形脉冲分配器输出的电流很小（毫安级），必须经过功率放大，才能驱动步进电动机。过去常常采用高低压驱动电源，现在则多采用恒流斩波和调频调压等形式的驱动电源。

1）高低压驱动电路

高低压驱动电路的特点是步进电动机绕组有两种供电电压：一种是高电压 U_1，由电动机参数和晶体管特性决定，一般在 80 V 或更高范围；另一种是低电压 U_2，即步进电动机绕组额定电压，一般为几伏，不超过 20 V。

图 6－7(a)所示是一个高低压切换型电源的原理图，当有输入的控制信号 u 后，三极管 VT_1、VT_2 的基极有电压输入，使 VT_1 和 VT_2 导通，在高压电源 U_1 的作用下，二极管 VD_1 承受反相电压，使低压电源不起作用。因此，电流 i 可以迅速上升，当到达 a 点时，利用定时电路使 VT_1 截止，这时切换为低压电源 U_2 起作用，此时绕组中电流如图 6－7(b)中 ab 段所示。这种电源的电动机绕组不需串联电阻，电源功耗小，电流波形得到了很大改善，矩频特性很好，启动和运行频率得到较大的提高。

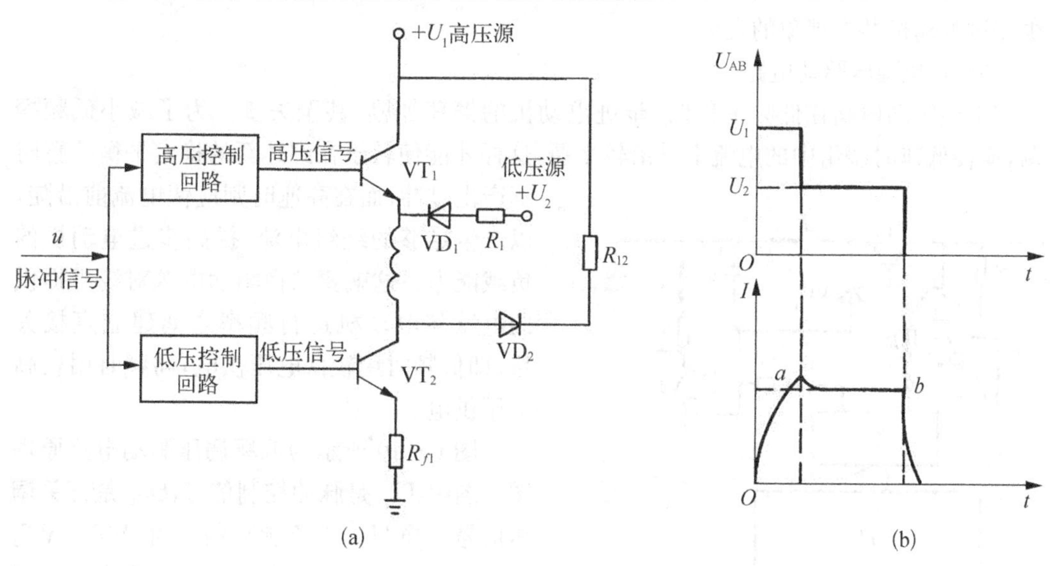

图 6－7　高低压切换型电源电压、电流波形

(a) 电路图　(b) 电压及电流波形图

2）恒流斩波驱动电路

高低压驱动电路的电流波形的波顶会出现凹形，造成高频输出转矩的下降。为了使励磁绕组中的电流维持在额定值附近，常采用斩波驱动电路。

斩波驱动电路的原理图如图 6－8 所示，环形分配器输出的脉冲作为输入信号，若为正脉冲，则 VT_1、VT_2 通导，由于 U_1 电压较高，绕组回路又没有串联电阻，所以绕组中的电流迅速上升，当绕组中的电流上升到额定值以上某个数值时，采样电阻 R_c 的电压将达到某一设定值，经整形、放大后送至 VT_1 的基极，使 VT_1 截止。接着绕组由 U_2 低压供电，绕组中的电流立即下降，但刚降至额定值以下时，由于采样电阻 R_c 的反馈作用，使整形电路无信号输出，此时高压前置放大电路又使 VT_1 导通，电流又上升。如此反复进行，形成一个在额定电流值处上下波动呈锯齿状的绕组电流波形，近似恒流，如图 6－9 所示，所以斩波电路也称恒流斩波驱动电路。锯齿波的频率可通过调整采样电阻 R_c 和整形电路的电位器来调整。

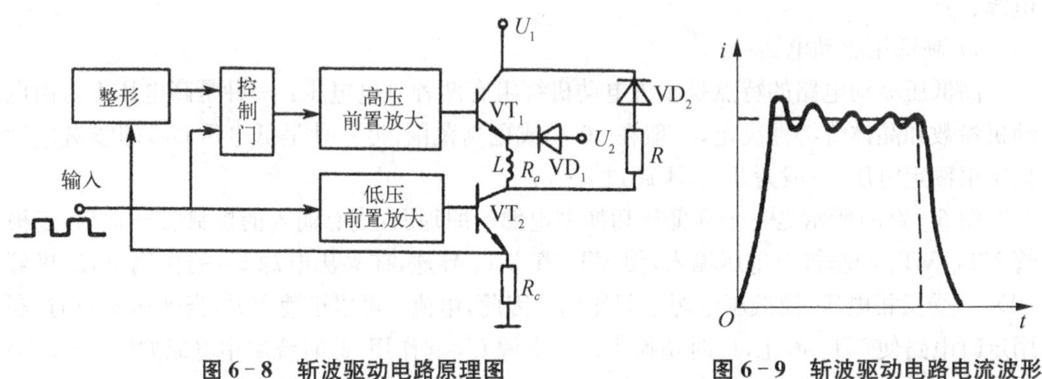

图 6－8　斩波驱动电路原理图　　　　图 6－9　斩波驱动电路电流波形

斩波驱动电路虽然复杂，但它的快速响应好，功耗小，效率高，可输出恒定转矩，可减少步进电动机共振现象的发生。

3）调频调压驱动电路

上述驱动电路在低频工作时，步进电动机的振荡加剧，甚至失步。为了减小低频振荡，应使低速时绕组中的电流上升沿较平缓，这样才能使转子在到达新的稳定平衡位置时不产生过冲；而在高速时则应使电流前沿陡，以产生足够的绕组电流，提高步进电动机的负载能力。这就要求在驱动电源对绕组提供的电压与电动机运行频率之间建立直接关系，即低频时用较低电压供电，高频时用较高电压供电。

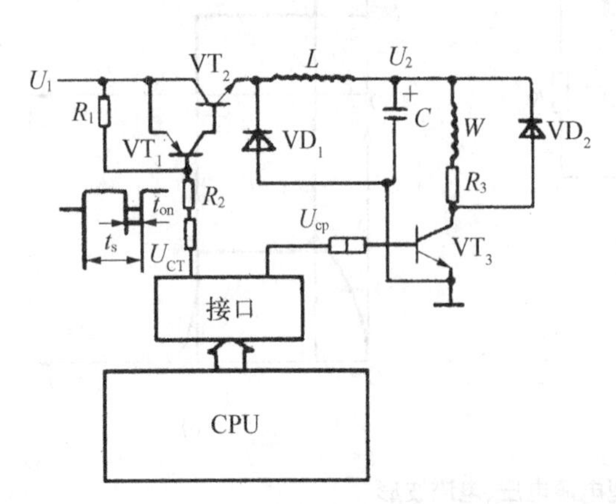

图 6－10　调频调压驱动电路原理图

图 6－10 所示为调频调压驱动电路原理图。图中，U_{cp} 是脉冲控制信号，U_{CT} 是开关调压信号。当 U_{CT} 为负脉冲信号时，VT_1、VT_2 导通，电源电压 U_1 作用在电感 L 和电动机绕组 W 上，L 感应出负电动势，电流逐渐增大，

并对电容 C 充电，充电时间由 U_{CT} 的负脉冲宽度 t_{on} 决定。U_{CT} 负脉冲过后，VT_1、VT_2 截止，此时 L 产生的感应电动势方向是 U_2 处为正。若 VT_3 导通，该感应电动势便经 $W \to R_3 \to VT_3 \to VD_1 \to L$ 回路泄放，同时电容 C 也向绕组 W 放电。可见，向电动机绕组供电的电压 U_2 取决于 VT_1 和 VT_2 的导通时间，亦即取决于负脉冲 U_{CT} 的宽度。负脉冲宽度 t_{on} 越大，U_2 越高。因此，根据 U_{cp} 的频率，调整 U_{CT} 负脉冲宽度 t_{on}，便可实现调频调压。

调频调压驱动方式综合了高低压驱动和斩波驱动的优点，是一种十分可取的步进电动机驱动电路。

4）细分驱动电路

上述各种驱动电路都是按照环形分配器决定的分配方式，控制步进电动机各相绕组的导通与断电，使电动机产生步进运动。步距角只有两种，即整步与半步。通常电动机绕组电流为矩形波，绕组中电流从零阶跃到额定值或从额定值降到零。如果将电动机绕组电流由方波改为阶梯波，即每次输入脉冲切换时，只改变相应绕组额定电流的一部分，那么电动机转子每步运动也只有步距角的一部分。若将额定电流分成 N 个台阶，则转子就以 N 步转过一个步距角。这种将步距角细分成若干步的驱动方式称细分驱动或微分驱动。细分驱动使电动机每步的值减小，从而可减弱或消除振荡，使步进电动机运行更加平稳。

6.3　闭环进给伺服系统

6.3.1　直流伺服电动机调速系统

1. 直流伺服电动机结构和工作原理

直流伺服电动机的种类很多，但在机床系统中，目前使用最多的是永磁式的直流宽调速电动机。

1）结构

图 6－11 是直流电动机结构原理图，主要由定子磁极、转子电枢、电刷与换向片等几

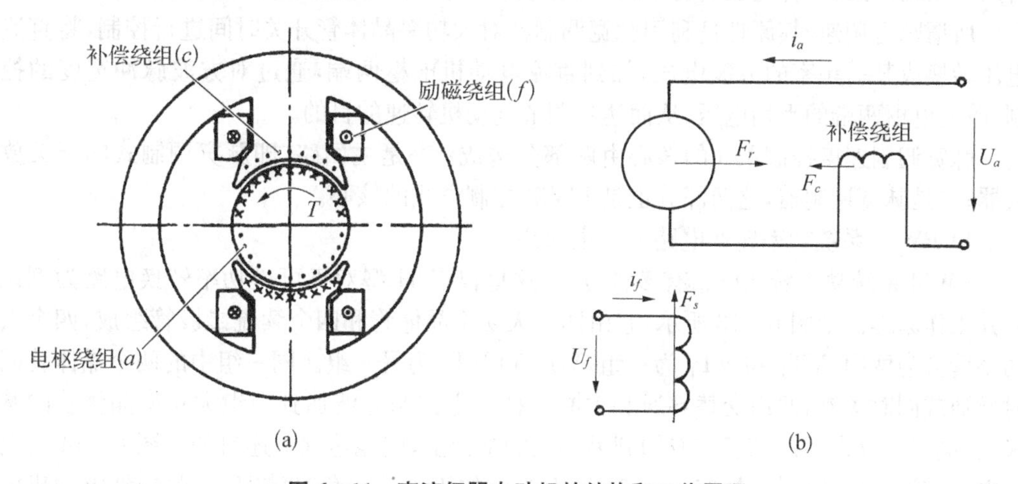

图 6－11　直流伺服电动机的结构和工作原理

部分组成,在定子上有励磁绕组和补偿绕组,转子绕组通过电刷供电。定子励磁电流 i_f 产生定子磁势 F_s,转子电枢电流 i_a 产生转子磁势 F_r, F_s 与 F_r 垂直正交,补偿绕组与电枢绕组串联,电流 i_a 又产生补偿磁势 F_c, F_c 与 F_r 方向相反,它的作用是抵消电枢磁场对定子磁场的扭斜,使电动机有良好的调速特性。当电枢线圈通以直流电流时,就会在定子磁场作用下,产生带动负载旋转的电磁转矩。

2) 工作原理

永磁直流伺服电动机的工作原理与普通他励直流电动机的工作原理相同。只不过他励直流电动机的定子磁动势由励磁电流 i_f 产生,而永磁直流伺服电动机的定子磁动势由永磁体产生。图 6-12 所示为他励直流电动机原理图。电动机转速 n 为

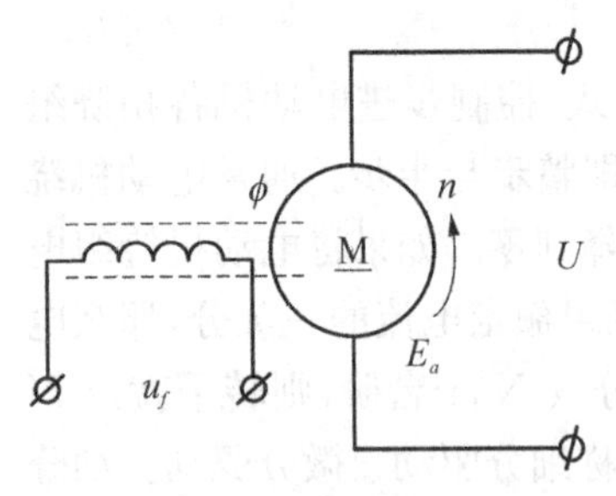

图 6-12 他励直流电动机原理图

$$n=\frac{U}{C_e\phi}-\frac{R_a}{C_eC_T\phi^2}T_e=n_0-\Delta n \qquad (6-4)$$

式中,U 是电枢外加电压;C_e 是电机械常数;ϕ 是励磁磁通;R_a 是转子回路电阻;C_T 是转矩系数,是电动机的结构常数;T_e 为电动机的电磁转矩。

式(6-4)为他励直流电动机的机械特性方程式。由该方程式可知,他励直流电动机有三种调速方法,即改变外加电压、改变励磁磁通及改变转子回路电阻调速。对于永磁直流伺服电动机,不能采用改变励磁磁通的调速方法。改变转子回路电阻的调速方法,其性能不能满足数控机床的要求。当采用永磁直流伺服电动机作为数控机床进给伺服系统的驱动元件时,通常采用改变转子回路外加电压的调速方法。这种调速方法是从额定电压往下降低转子电压,即从额定转速向下调速。该种调速方法属恒转矩调速,且调速范围宽。另外,这种调速方法是用减小输入功率来减小输出功率的,所以具有比较好的经济性。

2. 直流电动机的 PWM 调速原理

永磁式宽调速直流伺服电动机的磁场磁通是恒定的,只能按电压控制方式调速,目前有两种驱动方式,一种是晶闸管驱动(SCR)方式,另一种是晶体管脉宽调制方式(PWM)。

所谓脉宽调速,其原理是利用脉宽调制器对大功率晶体管开关时间进行控制,将直流电压转换成某一频率的方波电压,加到直流电动机电枢两端,通过对方波脉冲宽度的控制,改变电枢两端的平均电压,从而达到调节电动机转速的目的。

脉宽调制速度控制单元的核心由两部分构成:一是主回路,即脉宽调制式的开关放大器;二是脉宽调制器,这两部分也是 PWM 控制方式的核心。

1) PWM 系统功率转换电路——主回路

PWM 系统功率转换电路有多种方式,这里仅以 H 型双极可逆功率转换电路为例说明其工作原理。如图 6-13 所示,它由四个大功率晶体管和四个续流二极管组成,四个大功率管分为两组,VT_1 和 VT_4 为一组,VT_2 和 VT_3 为另一组。同一组中的两个晶体管同时导通或同时关断,两组交替导通和关断。把一组控制方波加到一组大功率晶体管的基极上,同时把反向后的该组方波加到另一组的基极上,就能达到上述目的。图 6-14 是电压电流波形。由图可知,加在 u_{b1} 和 u_{b4} 上方波的正半波比负半波宽,因此加到电动机电

枢两端的平均电压为正(设从 A 到 B 为正),电动机正转。在 $0 \leqslant t < t_1$ 期间,u_{b1}、u_{b4} 为正,晶体管 VT_1 和 VT_4 导通;u_{b2}、u_{b3} 为负,VT_2、VT_3 截止。当外加电压大于反电动势 ($U_a > E_g$) 时,电枢电流 i_a 从 A 流向 B,电动机正转。在 $t_1 \leqslant t < T$ 期间,u_{b1}、u_{b4} 为负,VT_1,VT_4 截止。虽然 u_{b2}、u_{b3} 为正,但在电枢反电势的作用下,在 $t_1 \rightarrow t_2$ 期间,VT_2、VT_3 不能导通,电流经 VD_2、VD_3 沿路线 2 流动,维持 i_a 从 A 流向 B。在 t_2 点,i_a 衰减到零,在 $t_2 \rightarrow T$ 期间,VT_2、VT_3 导通,电流经 VT_2、VT_3 沿回路 3 从 B 流向 A。电动机工作在反接制动状态。在 $T \rightarrow t_3$ 期间,u_{b1}、u_{b4} 为正,VD_1、VD_4 导通,在电源电压 U_s 的作用下,使反向电流迅速衰减到零,在 $t_3 \rightarrow t_4$ 时间内电枢电流 i_a 又沿回路 1 从 A 流向 B。

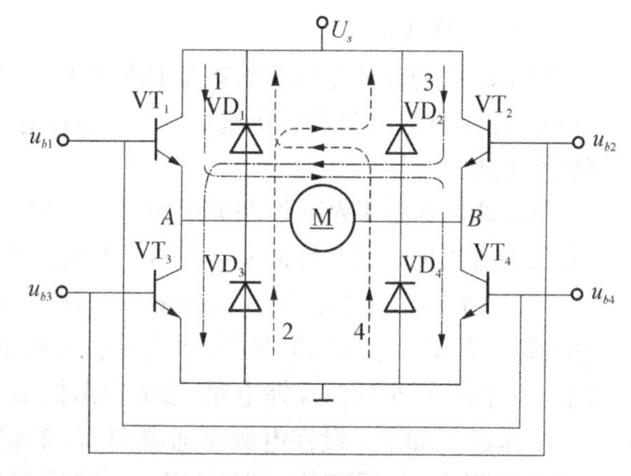

图 6-13　H 型双极模式 PWM 功率转换电路

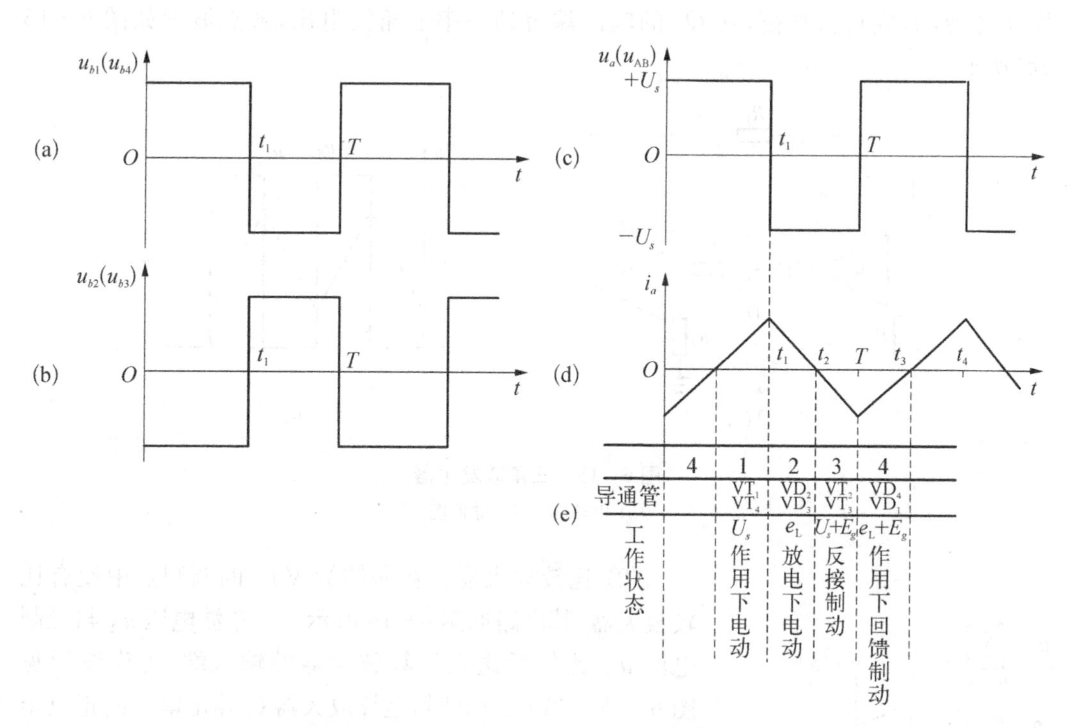

图 6-14　H 型双极模式 PWM 电压电流波形

(a) VT_1、VT_4 基极激励电压　(b) VT_2、VT_3 基极激励电压　(c) 电枢电压波形　(d) 电枢电流波形　(e) 工作状态表示

当方波电压的正、负宽度相等时,加到电枢的平均电压等于零,电动机不转,这时电枢回路中的电流没有断续,而是流过一个交变的电流,这个电流可使电动机发生高频颤动,有利于减小静摩擦。

2) 脉宽调制器

脉宽调制的任务是将连续控制信号变成方波脉冲信号,作为功率转换电路的基极输入信号,控制直流电动机的转速和转矩。方波脉冲信号可由脉宽调制器生成,也可由全数字软件生成。

脉宽调制器是PWM控制方式的另一个核心部分。脉宽调制器由调制脉冲发生器和比较放大器组成。调制脉冲发生器有三角波发生器和锯形波发生器。

(1) 三角波发生器。图6-15(a)为一种三角波的方案,其中运算放大器Q_1构成方波发生器,亦即是一个多谐振荡器,在它的输出端接上一个由运算放大器Q_2构成的反相积分器。它们共同组成正反馈电路,形成自激振荡。

工作过程如下:设在电源接通瞬间Q_1的输出压u_B为$-V_d$(运算放大器的电源电压),被送到Q_2的反相输入端,由于Q_2的反相作用C_2被正向充电,输出电压u_Δ逐渐升高,同时又被反馈至Q_1的输入端与u_A进行比较。当比较之后的$u_A>0$时,比较器Q_1就立即翻转(因为Q_1由R_2接成反馈电路),u_B电位由$-V_d$变为$+V_d$。此时,$t=t_1$,$u_\Delta=(R_5/R_2)V_d$。而在$t_1<t<T$的区别,Q_2的输出电压u_Δ线性下降。当$t=T$时,u_A略小于零,Q_1再次翻转至原态。此时$u_B=-V_d$而$u_\Delta=-(R_5/R_2)V_d$。如此周而复始,形成自激振荡,在Q_2的输出端得到一串三角波电压,各点波形如图6-15(b)所示。

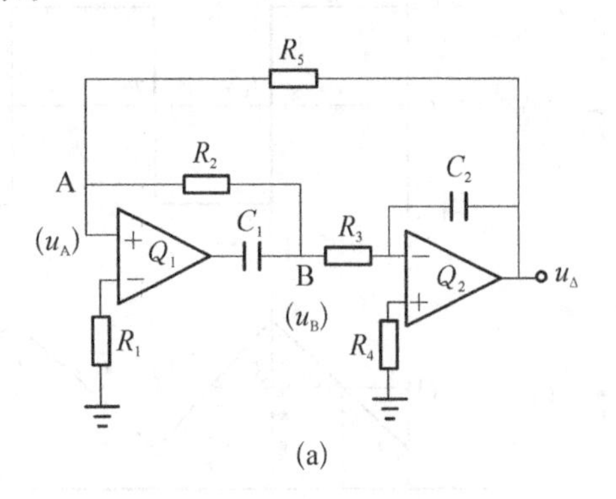

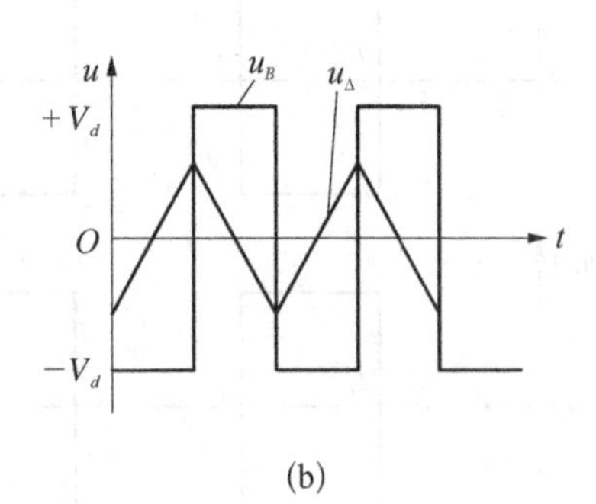

图6-15 三角波发生器

(a) 电路图 (b) 波形图

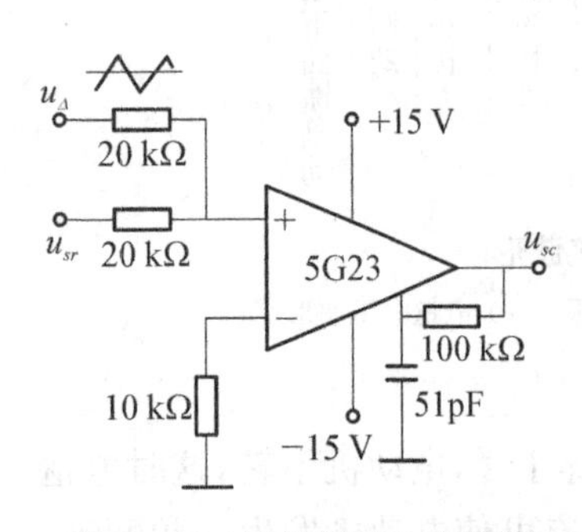

图6-16 晶体管VT_1调制用比较放大电路

(2) 比较放大器。在晶体管VT_1的调制器中设有比较放大器,其电路如图6-16所示。三角波电压u_Δ与控制电压u_{sr}比较后送入运算放大器的输入端,工作波形见图6-17。当$u_{sr}=0$时,运算放大器Q输出电压的正负半波脉宽相等。当$u_{sr}>0$时,比较放大器输出脉冲正半波宽度大于负半波宽度,输出平均电压大于零。而当$u_{sr}<0$时,比较放大器输出脉冲正半波宽度小于负半波宽度,输出平均电压小于零。如果三角波线性度好,则输出脉冲宽度可正比于控制电压u_{sr},从而实现了控制电压到脉冲宽度之间的转换。

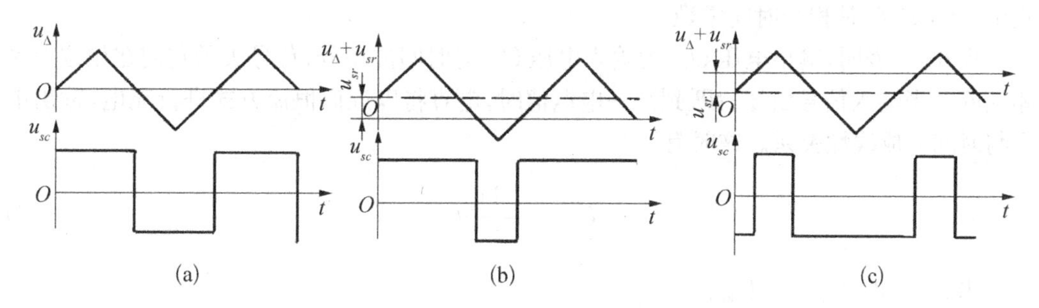

图 6-17　三角波脉冲宽度调制器工作波形图

(a) $u_{sr}=0$　(b) $u_{sr}>0$　(c) $u_{sr}<0$

3. 直流伺服电动机调速系统

1) 积分调节器和比例积分调节器

(1) 积分调节器和积分控制规律。图 6-18 为用运算放大器构成的积分调节器原理图,利用电容 C 充放电作用工作。由于 A 点为“虚”地,运算放大器的内阻为无穷大,则有

$$i=U_{in}/R_0 \tag{6-5}$$

$$U_{ex}=-\frac{1}{C}\int i\,dt=-\frac{1}{R_0C}\int U_{in}dt=-\frac{1}{\tau}\int U_{in}dt \tag{6-6}$$

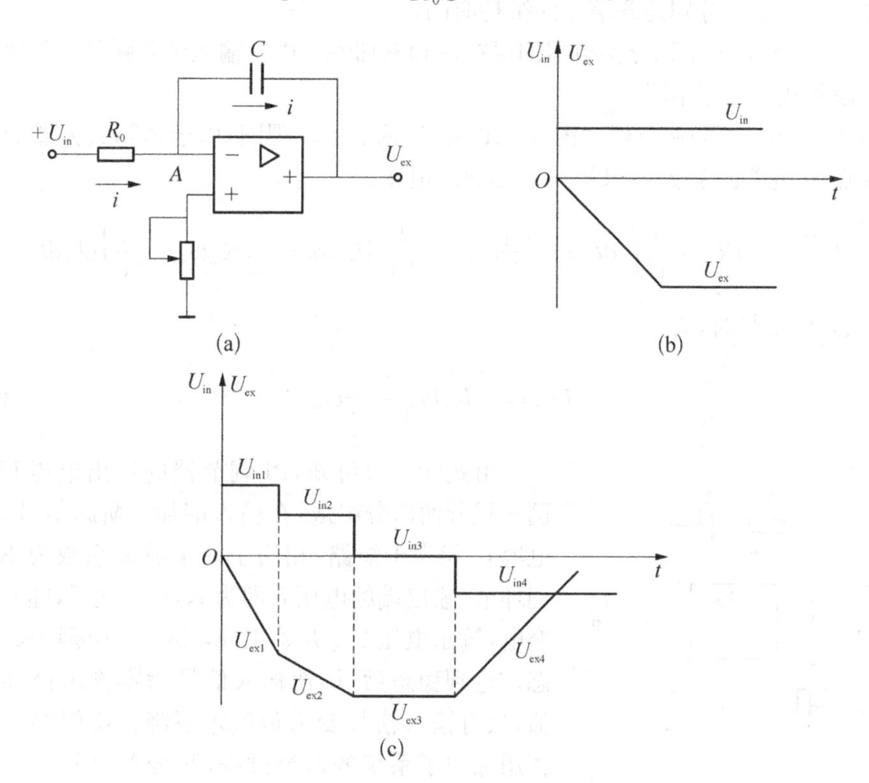

图 6-18　积分调节器原理及特性

(a) 原理图　(b) 输入阶跃信号时输出特性　(c) 积分调节器原理及特性

式中，$\tau = R_0C$ 是积分时间常数。

式 6-6 表明，输出电压 U_{ex} 为输入电压 U_{in} 对时间的积分，负号表示它们在相位上是相反的。当输入信号由零阶跃到某一电压值时，电容将以近似恒流方式进行充电，输出电压与时间 t 成线性关系。这时有

$$U_{ex} = -\frac{U_{in}}{\tau}t \tag{6-7}$$

当 $t=\tau$ 时，$U_{ex}=-U_{in}$。

积分调节器有三个重要特性。

① 延缓性。由于电容充分放电需要时间，因此，输入阶跃电压后，输出变化较缓慢，且成线性关系增长。

② 保持性。当输入的阶跃信号 U_{in} 变为零后，输出仍能保持在输入信号改变前的瞬时值上，当信号在 $t<\tau$ 时消失，$U_{ex}=-U_{in}t/\tau$；当信号在 $t\geqslant\tau$ 时消失，$U_{ex}=-U_{in}$。

③ 叠加性。当输入一个阶跃信号后，再输入若干个阶跃信号，在输出端能把这些信号累加起来，若阶跃信号是上跳变则相加，下跳变则相减。若输入的阶跃信号分别是 U_{in1}、U_{in2}、U_{in3} 和 $-U_{in4}$ 则输出为

$$U_{ex} = -U_{in1}t_1/\tau - U_{in2}t_2/\tau - U_{in3}/\tau + U_{in4}/\tau \tag{6-8}$$

式中，t_1、t_2、t_3、t_4 分别是各信号的维持时间。

图 6-19(c)表示了积分调节器的保持性和累加性。由于输入端阶跃信号的跳变量不同，使各段斜线的斜率不同。

(2) 比例积分(PI)调节器　图 6-19 是 PI 调节器原理图，由于运算放大器的内阻无穷大，A 点为“虚”地，因此 $i=U_{in}/R_0$，输出端电压为

$$U_{ex} = -iR_1 - \frac{1}{C}\int i\,\mathrm{d}t = -\frac{R_1}{R_0}U_{in} - \frac{1}{R_0C}\int U_{in}\,\mathrm{d}t = -K_pU_{in} - \frac{1}{\tau}\int U_{in}\,\mathrm{d}t \tag{6-9}$$

输入阶跃信号时，有

$$U_{ex} = -K_pU_{in} - \frac{t}{\tau}U_{in} \tag{6-10}$$

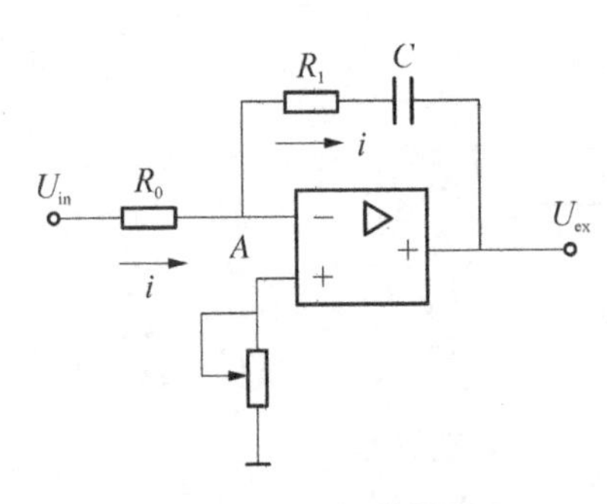

图 6-19　PI 调节器原理

由式(6-9)可知，PI 调节器的输出电压 U_{ex} 由比例和积分两部分组成，在输入端加入阶跃信号的瞬间，电容 C 相当于短路，相当于一个放大系数为 K_P 的比例环节，输出端的电压立即为 K_PU_{in}，此后，随着电容的充电，输出电压 U_{ex} 开始积分，其数值不断增长，直到稳态。达到稳态后，即使输入信号为零输出仍维持稳态值，只有输入信号变为负值才下降。比例部分的放大作用加快了系统的调节过程，积分部分发挥了保持性和叠加性特征，可实现稳态无静差调速。

2）转速负反馈单闭环无静差调速系统

调速的概念有两个方面含义：第一是改变电动机的转速，当速度指令改变时，电动机的转速随着改变，并希望以最快的加减速达到新的指令速度值；第二是当速度指令值不变时，希望电动机速度保持稳定不变。直流电动机的机械特性较软，当外加电压不变时，电动机的转速随负载的变化而变化。调速的重要任务就是当负载变化时或电动机驱动电源电压波动时保持电动机的转速稳定不变。

最基本的调速方法是转速负反馈单闭环无静差调速系统。所谓无静差调速是指稳定运行时，输入端的给定值与实测量的反馈值保持相等，其差为零。当电动机的速度变化时，反馈值与指令值才不相等，用两者的差值纠正速度偏差。用比例积分(PI)调节器可以实现闭环无静差调速，PI 调节器输入端输入给定值和反馈值，当两者之差不等于零时，比例部分能迅速响应控制作用，积分部分则最终消除稳态偏差。

在速度负反馈单闭环调速系统中，可以保证在系统稳定时实现转速无静差，但动态响应过程不是最快。最大的缺点是不能控制电枢电流的波形。在电动机升速的过程中，希望电枢电流一直保持恒定的最大允许值，使电动机处在最大转矩恒值下加速，这样就可以充分利用电动机的过载能力，获得最快的动态响应。

对于一般直流伺服电动机，电磁时间常数 T_i（受整个电枢回路的阻抗影响）的数值通常在 10～30 ms，有些小于 1 ms。而机械常数 T_m（受电动机转子及被拖动部分折算到电动机轴上的惯量影响）数值较大，从几毫秒到几秒。由于 T_i 和 T_m 相差较大，用一个调节器调节两个参数，很难达到良好的动态品质。

为克服上述单闭环系统的缺点，采用速度、电流双闭环系统更为理想。

3）转速、电流双闭环调速系统

图 6-20 是转速、电流双闭环无静差调速系统原理图，在系统中设置了两个调节器，分别调节转速和电流。电流调节器(ACR)在内环，速度调节器(ASR)在外环。速度调节器是主调节器，电流调节器是从调节器，内环的工作从属于外环，两个调节器都可采用 PI 调节器，为限制输出电压过大，防止超过允许值，可采用带限幅的调节器。

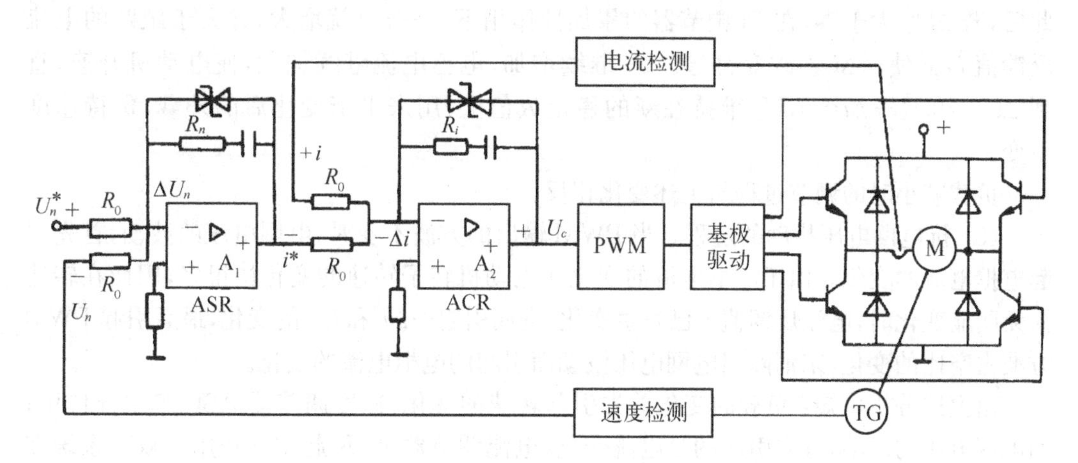

图 6-20　速度、电流双闭环无静差调速系统原理图

(1) 突加给定时的启动过程。设启动前系统处于停车状态，此时$U_n^*=0$，$U_n=0$。在突加给定信号U_n^*的瞬间，电动机转速$n=0$，$\Delta U_n=U_n^*-U_n$有最大值。若速度调节器ASR采用的是带限幅的PI调节器，则很大的ΔU_n使ASR的输出i^*迅速达到饱和值i_m^*，并且一直持续到ΔU_n为负值，即实测转速值U_n略高于给定值U_n^*为止。这是因为PI调节器有积分作用，在ΔU_n为正时，ASR的输出有累加性。在达到饱和值以后，由于限幅电路的作用才停止累加，只有在ΔU_n为负值时才能退出饱和状态。

在刚启动的瞬间，由于电动机电流的反馈值$i=0$，在$-i_m^*$的作用下，电流调节器ACR的输入信号$|-\Delta i|=|-i_m^*+i|$有最大值。在这个信号作用下，ACR的输出U_c迅速加大，因而使PWM输出的控制方波的脉宽发生变化，电枢电流迅速加大，电动机启动。当启动电流达到最大值时，电流反馈值i与最大电流给定值i_m^*几乎相等，ACR的输入信号$-\Delta i=0$，它的输出信号U_c达到最大稳定值。这时电动机的电枢电流也稳定在最大值，电动机在最大转矩下迅速升速，直至达到给定转速。由于电磁常数T_i比机械常数T_m小得多，使电枢电流达到最大启动电流的时间比转子达到给定转速的时间小得多，在电枢达到最大电流到转子达到给定转速的时间内是最大转矩加速，这就使启动的动态响应时间最短。

在转速达到给定值的瞬间，ASR的反馈值U_n与给定值U_n^*相等，$\Delta U_n=0$，但它的输出仍为最大饱和值$-i_m^*$，ACR也处在最大稳定值，电动机仍在加速。当$U_n>U_n^*$时，ΔU_n为负值，ASR退出饱和，它的输出值$|-i^*|$开始减小。若电流反馈值i仍然是最大启动电流值，则$-i^*+i$变为正值，由于PI调节器的反相作用，使ACR的输出U_c减小，PWM输出的控制方波发生变化，使电动机降速、电枢电流减小，直到$|U_n^*|=|U_n|$且$|-i^*|=|i|$，达到稳定状态。

(2) 抗负载扰动过程。在速度给定值U_n^*不变的情况下，电动机负载变化时，双环系统能很好地维持电动机的速度不变。其调节过程如下：负载加大时，电动机降速，U_n减小，$\Delta U_n=U_n^*-U_n$增大，$|-i^*|$增大。在刚加载的瞬间i没变，因而使$|-\Delta i|=|-i^*+i|$增大，进而使ACR的输出U_c增大，PWM输出方波的占空比变化，使电枢电流增大。此后，若ΔU_n大于零，在PI调节器的累加性作用下，$|-i^*|$就增大，并大于跟踪的电流反馈值i，而使$-\Delta i$不改变符号。U_c继续增加，电枢电流继续加大，使电动机升速，直到$\Delta U_n=0$且$-\Delta i=0$，U_c维持在新的稳定数值上，用来平衡变化后的外载，保持速度不变。

负载减小时的调节过程与上述变化相反。

(3) 抗电网电压扰动的过程。当PWM输出的方波不变时，电网电压的波动，首先引起电枢电流的变化。由于电枢电流的变化比电动机转子转速的变化快得多，因而在转速尚无明显变化时，电流反馈值i已发生变化，进而引起$-\Delta i$和U_c的变化，最后引起PWM方波占空比的变化，来消除因电网电压波动而引起的电枢电流的变化。

由上述分析可知：负载的变化首先引起转速的变化，速度调节器ASR起主导作用；而电网电压的波动，首先引起的是电流变化，电流调节器ACR起主导作用。双环系统在两个调节器的协调工作下，使调速性能更为理想。

6.3.2　交流伺服电动机调速系统

1. 交流伺服电动机

上节我们了解到直流伺服电动机具有优良的调速性能，但由于它的电刷和换向器易磨损，有时产生火花，电动机的最高速度受到限制，且直流伺服电动机结构复杂，成本较高，所以在使用上受到一定限制。交流伺服电动机无电刷，结构简单，动态响应好，输出功率较大，因而在数控机床上被广泛应用。

交流伺服电动机分为交流永磁式伺服电动机和交流感应式伺服电动机。永磁式相当于交流同步电动机，常用于进给系统；感应式相当于交流感应异步电动机，常用于主轴驱动系统。其电动机旋转机理都是由定子绕组产生旋转磁场使转子运转。

2. 交流伺服电动机变频调速特性

由电机学基本原理可知，交流伺服电动机的转速为

$$n=\frac{60f_1}{p}(1-s) \tag{6-11}$$

式中，f_1 是电源供电频率；p 是定子绕组磁极对数；s 是转差率。

对于同步电动机，$s=0$，所以改变电源供电频率 f_1，可相应改变电动机转速 n。

对于异步电动机，$s\neq0$。当定子绕组通入三相交流电时，就会产生转速为 n_1（$n_1=60f_1/p$）的旋转磁场，该磁场切割转子中的导体，在导体中产生感应电流。导体感应电流与定子磁场相互作用而产生电磁转矩，从而推动转子以转速 n 旋转。转速 n_1 被称为同步转速。可见电动机转速比其同步转速小。外加负载越大，转速差越大。改变电源频率，可改变同步转速。

由此可见，两种电动机均可采用改变供电频率的方法来调速。

由电工学得知

$$U_1\approx E_1=4.444f_1N_1K_1\varphi_m \tag{6-12}$$

$$\varphi_m\approx\frac{1}{4.44N_1K_1}\frac{U_1}{f_1} \tag{6-13}$$

式中，f_1 是定子供电频率；N_1 是定子绕组匝数；K_1 是定子绕组系数；U_1 是相电压；E_1 是定子绕组感应电动势；φ_m 是每极气隙磁通量。

式 6-13 中 N_1、K_1 为常数，当 U_1 和 f_1 为额定值时，φ_m 达到饱和状态。以额定值为界限，供电频率低于额定值时叫基频以下调速，高于额定值时叫基频以上调速。

1）基频以下调速

由式(6-13)可知，当 φ_m 处在饱和值不变时，降低 f_1，必须减小 U_1，保持 U_1/f_1 为常数，若不减小 U_1，将使定子铁芯处在过饱和供电状态，这时不但不能增加 φ_m，反而会烧坏电动机。

在基频以下调速时，保持 φ_m 不变，即保持绕组电流不变，转矩不变，为恒转矩调速。

2）基频以上调速

在基频以上调速时，频率从额定值向上升高，受电动机耐压的影响，相电压不能升高，

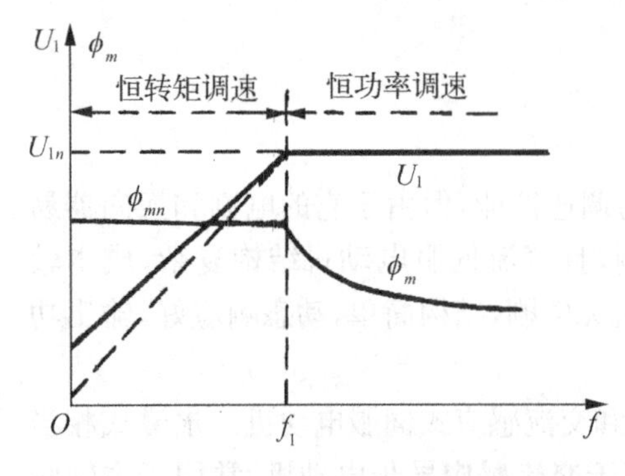

图 6-21 交流电动机变频调速特性曲线

只能保持额定电压值，在电动机定子内，因供电的频率升高，使感抗增加，相电流降低，使磁通 φ_m 减少，因而输出转矩也减小，但因转速升高而使输出的功率保持不变，这时为恒功率调速。图 6-21 是上述两种情况下的特性曲线。

3. 交流伺服电动机的变频调速

1) 交流伺服电动机调速主电路

工业用电的频率是固定的 50 Hz，必须采用变频的方法改变电动机供电频率。常用的方法有：直接的交-交变频和间接的交-直-交-变频。交-交变频器是用可控硅整流器直接把工频交流电变成频率较低的脉动交流电。这个脉动交流电的基波就是所需变频电压。这种方法得到的交流电波动较大。交-直-交变频器先把交流电整流成直流电，然后把直流电压变成矩形脉冲波电压，这个矩形脉冲波的基波就是所要的变频电压，所得交流电波动小，调频范围宽，调节线性度好。数控机床上经常用这种方法。

2) SPWM 波调制原理

SPWM 波调制称正弦波 PWM 调制，它是 PWM 调制方法的一种。SPWM 采用正弦规律脉宽调制原理，具有功率因数高，输出波形好等优点，因而在交流调速系统中获得广泛应用。SPWM 波调制变频器不仅适用于交流永磁式伺服电动机，也适用于交流感应式伺服电动机。

(1) 一相 SPWM 波调制原理。在直流电动机 PWM 调速系统中，PWM 输出电压是由三角载波调制直流电压得到的。同理，在交流 SPWM 中，输出电压是由三角载波调制的正弦电压得到，如图 6-22 所示。三角波和正弦波的频率比通常为 15～168 或更高。SPWM 的输出电压 U_0 是一个幅值相等，宽度不等的方波信号。其各脉冲的面积与正弦波下的面积成比例，所以脉宽基本上按正弦分布，其基波是等效正弦波。用这个输出脉冲信号经功率放大后作为交流伺服电动机的相电压(电流)。改变正弦基波的频率就可改变电动机相电压(电流)的频率，实现调频调速的目的。

在调制过程中可以是双极调制(如图 6-22 中的调制是双极性调制)，也可以是单极调制。在双极性调制过程中同时得到正负完整的输出 SPWM 波(见图 6-22)。当控制电压 U_1 高于三角波电压 U_t 时，比较器输出电压为“高”电平，否则输出“低”电平。只要正弦控制波 U_1 的最大值低于三角波的幅值，调制结果必然形成图中左边输出(U_0)的等幅不等宽的 SPWM 脉宽调制波。双极性调制能同时调制出正半波和负半波。而单极调制只能调制出正半波或负半波，再把调制波倒相得到另外半波形，然后相加得到一个完整的 SPWM 波。

在图 6-22 中，比较器输出 U_0 的“高”电平和“低”电平控制图 6-23 中功率开关管的基极，即控制它的通和断两种状态。双极式控制时，功率管同一桥臂上下两个开关器件交替通断。在图 6-22 中可以看到输出脉冲的最大值为 $U_s/2$，最小值是 $-U_s/2$，以图 6-23 中 A 相为例，当处于最大值时 VT_1 导通，处于最小值时 VT_4 导通。B 和 C 相同理。

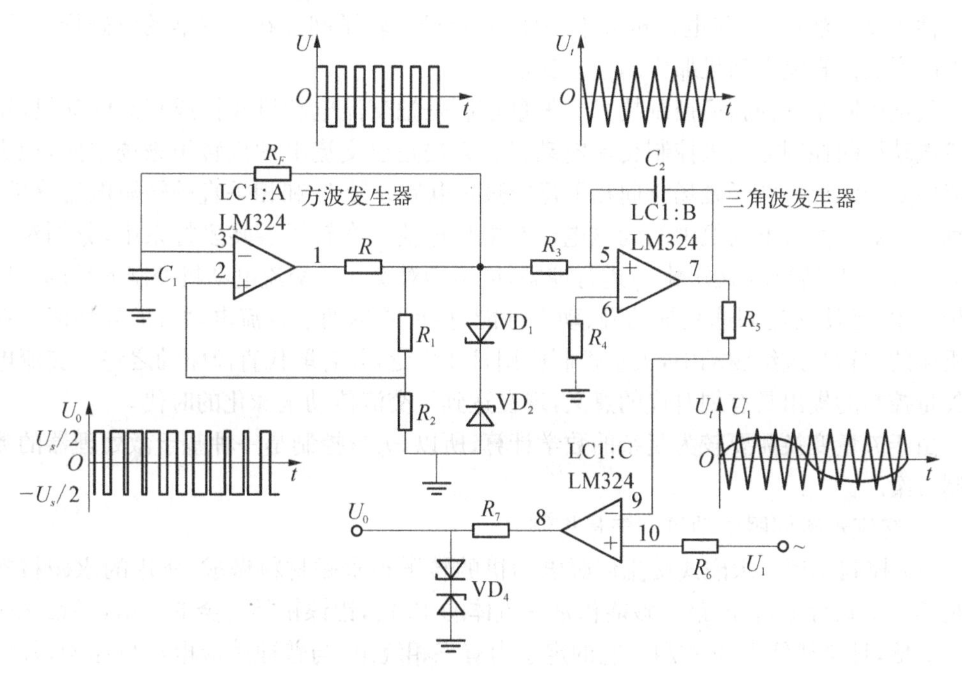

图 6 - 22　双极性 SPWM 波调制原理(一相)

在三相 SPWM 调制中,每一相有一个输入正弦信号和一个 SPWM 调制器。

(2) SPWM 变频器的功率放大。SPWM 调制波经功率放大后才能驱动电动机。图 6 - 23 为双极性 SPWM 通用型功率放大主回路。图左侧是桥式整流电路,将工频交流电变成直流电;右侧是逆变器,用 VT_1～VT_6 六个大功率开关管把直流电变成脉宽按正弦规律变化的等效正弦交流电,用来驱动交流伺服电动机。三相 SPWM 调制波 U_{0a}、U_{0b}、U_{0c} 及它们的反向波 $\bar{U}_{0a}$、$\bar{U}_{0b}$、$\bar{U}_{0c}$ 控制图 6 - 23 中 VT_1～VT_6 的基极。VD_7～VD_{12} 是续流二极管,用来导通电动机绕组产生的反电势。功放输出端(右端)接在电动机上。由于电动机绕组电感的滤波作用,其电流则变成正弦波。三相输出电压(电流)相位上相差 120°。

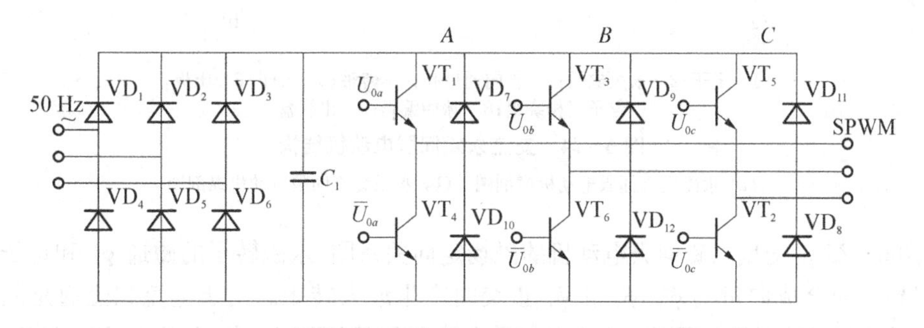

图 6 - 23　双极性 SPWM 通用型功率放大主回路

4. 交流伺服电动机的矢量控制

1) 概述

由直流电动机理论可知,分别控制励磁电流和电枢电流,即可方便地进行转矩与转速的线性控制。然而，交流电动机大不一样，其定子与转子间存在着强烈的电磁耦合关系，而不能形成像直流电动机那样的独立变量。

矢量控制是一种新型控制技术。矢量控制是把交流电动机模拟成直流电动机，用对直流电动机的控制方法来控制交流电动机。方法是以交流电动机转子磁场定向，把定子电流向量分解成与转子磁场方向相平行的磁化电流分量 i_d 和相垂直的转矩电流分量 i_q，分别使其对应直流电动机中的励磁电流和电枢电流。在转子旋转坐标系中，分别对磁化电流分量 i_d 和转矩电流分量 i_q 进行控制，以达到对实际的交流电动机控制的目的。应用这种技术，已使交流调速系统的静、动态性能，接近或达到了直流电动机的高性能。在数控机床的主轴与进给驱动中，矢量控制应用日益广泛，并有取代直流驱动之势。交流电动机矢量控制的提出具有划时代的意义，现在达到了交流传动全球化的时代。

由于矢量变换需要较为复杂的数学计算，所以，矢量控制是一种基于微处理器的数字控制方案。

2）交流永磁伺服电动机的矢量控制

(1) 控制原理。永磁式交流伺服电动机的转子是永磁材料做成，所用的永磁材料主要是稀土永磁合金，它的最大磁能积是铁氧体的 12 倍，铝镍钴类合金的 8 倍，钐钴永磁合金的 2 倍，且价格低 1/3～1/4。它的定子内有三相绕组，与普通感应电动机相同，外形是多边形，无外壳，易于散热，图 6 - 24 是它的结构原理图。

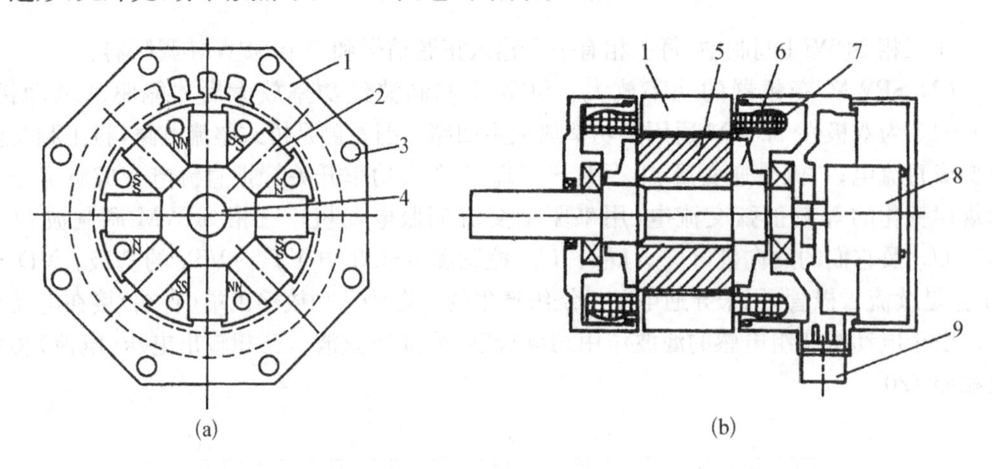

1—定子；2—永久磁铁；3—轴向通风孔；4—转轴；5—转子；6—压板；
7—定子三相绕组；8—脉冲编码；9—出线盒。

图 6 - 24 交流永磁伺服电动机结构

(a) 永磁交流伺服电动机横剖图 (b) 永磁交流伺服电动机纵剖图

图 6 - 25 是交流永磁伺服电动机的磁场定向关系图，永磁转子的磁通 ϕ_r 和定子的磁通向量 ϕ_s 的合成向量为 ϕ。ϕ_s 和 ϕ_r 正交时产生最大转矩。由于电流和磁通是同方向的，去掉绕组的有效匝数因素，可求出定子电流矢量的幅值 I_s，矢量 $\vec{I}_s$ 的方向与 ϕ_s 同向且与 ϕ_r 垂直。永磁磁通 ϕ_r 为常数，与 ϕ_s 保持同步旋转。转子的位置角 λ 可由装在转子轴上的检测装置测出。I_s、λ 和定子相电流 i_a、i_b、i_c 的关系可由下式求出

$$i_a = I_s\cos(\lambda + 90^\circ) = -I_s\sin\lambda \tag{6-14}$$

$$i_b = -I_s \sin\left(\lambda - \frac{2}{3}\pi\right) \tag{6-15}$$

$$i_c = -I_s \sin\left(\lambda + \frac{2}{3}\pi\right) \tag{6-16}$$

转矩 T_d 与磁势的大小有关，因而与电流 I_s 成正比，即

$$T_d = K_m I_s$$

式中，K_m 是比例系数。

定子电流幅值 I_s 可由速度给定值 V_p^* 和速度反馈值 V_p 之差经数字 PID 调节器或由模拟 PI(或 PID)调节器求得。由图 6-25 可知，由检测装置测出的 λ 角可直接算出相差 120°相角的定子电流的正弦函数值 a、b、c

$$a = -\sin\lambda \tag{6-17}$$

$$b = -\sin\left(\lambda - \frac{2\pi}{3}\right) \tag{6-18}$$

$$c = -\sin\left(\lambda + \frac{2\pi}{3}\right) \tag{6-19}$$

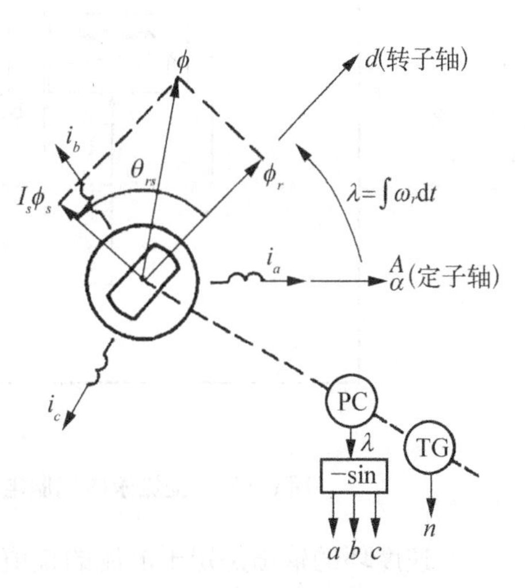

图 6-25　交流永磁伺服电动机磁场定向示意图

再由 I_s 和 a、b、c 用式(6-14)～式(6-16)计算出 i_a、i_b、i_c，用来控制永磁交流电动机的转矩和速度。

(2) 速度、电流双环 SPWM 控制系统原理。图 6-26 是永磁交流伺服电动机速度、电流双环 SPWM 控制系统原理图。来自位置环的速度给定值 V_p^* 和由测速发电动机(或光电编码盘等其他检测元件)检测的实际速度值 V_p 之差 ΔV_p 是 PI(或 PID)调节器的输入信号，PI(或 PID)调节器的输出便是与转矩成正比的定子电流幅值 I_s^*。这个电流幅值与正弦函数 a、c 相乘，得到三相定子电流给定值中的两相 i_a^* 和 i_c^*。i_a^* 和 i_c^* 与 A、C 相的实测电流 i_a、i_c 相减，并经 PI 调节器后，得到 V_a^*、V_c^* 正弦信号。由于定子三相电流之和为 0，即 $i_a+i_b+i_c=0$，所以 $i_b=-i_a-i_c$。因此 V_b^* 可由 $(-V_a^*-V_c^*)$ 求出。V_a^*、V_b^*、V_c^* 经三角波调制后，就是逆变器的基极驱动信号。

电动机开始启动时，系统得到一个阶跃信号 V_p^*，由于此时的 V_p 为零，因而使 PI(PID)调节器处于饱和状态，输出饱和电流 I_s^*。在电动机转速为零时，仍然有最大转矩。设这时 $\lambda=0$，由前面公式知，$a=-\sin 0°=0$，$c=-\sin\left(0+\frac{2\pi}{3}\right)=-0.866$。由式(6-14)和式(6-16)可计算出 $i_a^*=0$，$i_c^*=0.866I_s^*$。在这个电流作用下，产生 V_a^*、V_b^*、V_c^*，使电动机启动。随着电动机的转动，λ 值不断变化，使 i_a^*、i_c^* 产生正弦波。由于 λ 值是转子角度检测值，因此 i_a^*、i_c^* 是跟踪转子转角的正弦波。正弦波上各点的值可由硬件给出，也可由计算机算出。

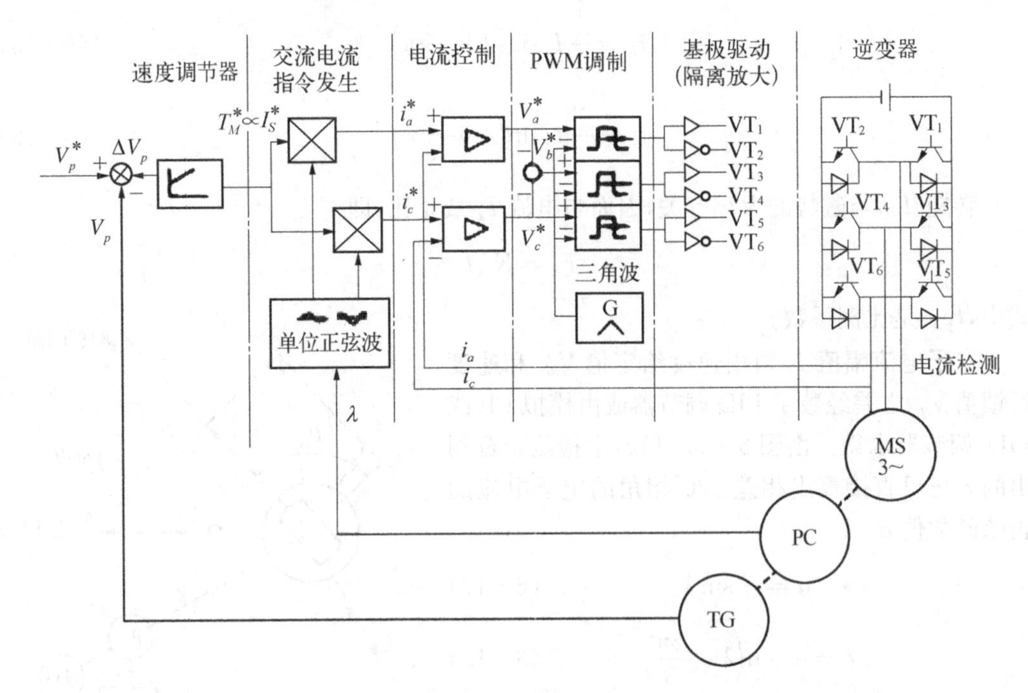

图 6-26　交流永磁伺服电动机速度、电流双环 SPWM 控制系统原理图

速度环的输出是定子电流的幅值 I_s^*，稳态时若速度给定值 V_p^* 不变，I_s^* 也不变，这样就与直流电动机速度环的控制方法是完全一样的。

6.4　位置检测装置

6.4.1　概述

1. 位置检测装置的要求

数控机床若按伺服系统有无检测装置进行分类，可分为开环系统和闭环(或半闭环)系统，位置检测装置是数控机床闭环(半闭环)系统的重要组成部分之一。它的主要作用是检测工作台实际位移量，反馈送至数控装置，构成闭环控制。对于闭环系统来说，检测装置决定了它的定位精度和加工精度。为了提高数控机床的加工精度，必须提高检测元件和监测系统的精度。不同类型的数控机床，对检测元件和检测系统的精度要求和允许的最高移动速度各不相同。一般要求检测元件的分辨率在 0.000 1～0.01 mm 之内，测量精度为 0.001～0.02 mm/m，运动速度为 0～0.4 m/s。

数控机床对位置检测装置的要求如下。

(1) 在数控机床工作环境下，受温度、湿度的影响小，能长期保持精度，抗干扰能力强。

(2) 在机床执行部件移动范围内，能满足精度和速度的要求。

(3) 使用维护方便，适应机床工作环境。

(4) 成本低。

2. 位置检测装置的分类

位置检测装置的分类列于表 6-1 中。本章仅就其中常用的检测装置(感应同步器、旋转变压器、编码盘、光栅、磁尺等)的结构和原理予以讲述。

表 6-1　位置检测装置分类

	数 字 式		模 拟 式	
	增 量 式	绝对式	增 量 式	绝 对 式
回转型	光电盘、圆光栅	编码盘	感应同步器、旋转变压器、圆形磁尺	多级旋转变压器、旋转变压器组合
直线型	长光栅、激光干涉仪	编码尺	直线感应同步器、磁尺	绝对值式磁尺

按工作条件和测量要求不同,可采用不同的测量方式。

1) 数字式测量和模拟式测量

(1) 数字式测量。数字式测量是将被测的量以数字的形式来表示。测量信号一般为电脉冲,可以直接把它送到数控装置进行比较、处理,如光栅位置检测装置。

数字式测量装置的特点是:

被测的量转换为脉冲个数,便于显示和处理;

测量精度取决于测量单位,和量程基本上无关(但存在累积误差);

测量装置比较简单,脉冲信号抗干扰能力较强。

(2) 模拟式测量。模拟式测量是将被测的量用连续变量来表示,如电压变化、相位变化等。数控机床所用模拟式测量主要用于小量程的测量,如感应同步器的一个线距(2 mm)内的信号相位变化等。在大量程内作精确的模拟式测量时,对技术要求较高。

模拟式测量的特点是:

直接测量被测的量,其信号是连续的;

在小量程内实现较高精度的测量,技术上较为成熟。如用旋转变压器、感应同步器等。

2) 增量式测量和绝对式测量

(1) 增量式测量。增量式测量的特点是:只测位移增量,如测量单位为 0.01 mm,则每移动 0.01 mm 就发出一个脉冲信号。其优点是测量装置较简单,任何一个对中点都可作为测量的起点。在轮廓控制的数控机床上大都采用这种测量方式。典型的测量元件有感应同步器、光栅、磁尺等。

在增量式检测系统中,移距是由测量信号计数读出的,一旦计数有误,以后的测量结果则会完全错误。所以,在增量式检测系统中,基点特别重要。此外,由于某种事故(如停电、刀具损坏)而停机,当事故排除后不能再找到事故前执行部件的正确位置,这是由于这种测量方式没有一个特定的标记,必须将执行部件移至起始点重新计数才能找到事故前的正确位置。后面介绍的绝对式测量装置可以克服以上缺点。

(2) 绝对式测量。绝对式测量装置对于被测量的任意一点位置均由固定的零点标起,每一个被测点都有一个相应的测量值。装置的结构较增量式复杂,如编码盘中,对应于码盘的每一个角度位置便有一组二进制位数。显然,分辨精度要求越高,量程越大,则所要求的二进制位数也越多,结构也就越复杂。

3) 直接测量和间接测量

(1) 直接测量。直接测量是将检测装置直接安装在执行部件上,如光栅、感应同步器等可用来直接测量工作台的直线位移,其缺点是测量装置要和工作台行程等长,因此,不便于在大型数控机床上使用。

(2) 间接测量。间接测量是将检测装置安装在滚珠丝杠或驱动电动机轴上,通过检测转动件的角位移来间接测量执行部件的直线位移。间接测量的优点是方便可靠,无长度限制。其缺点是测量信号中增加了由回转运动转变为直线运动的传动链误差,从而影响了测量精度。

6.4.2 感应同步器

1. 感应同步器的工作原理和分类

1) 感应同步器的工作原理

感应同步器是利用电磁耦合原理,将位移或转角转变为电信号,借以进行位置检测和反馈控制。感应同步器作为一种电磁式位置检测元件,有直线式和旋转式两种。它们的工作原理与下一节所述的旋转变压器相似,现以直线感应同步器为例简述其工作原理。

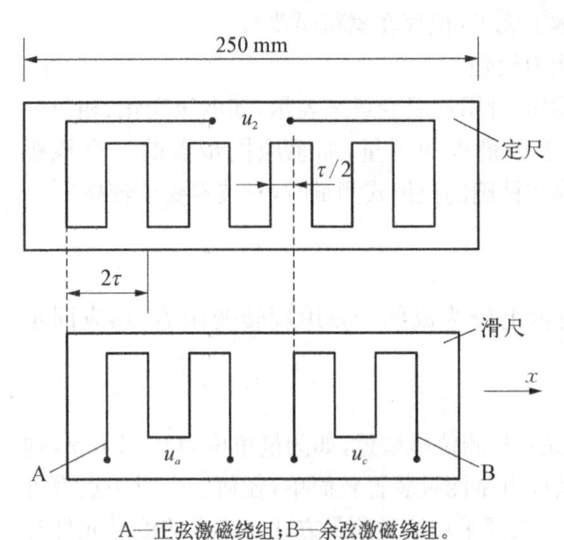

A—正弦激磁绕组;B—余弦激磁绕组。

图 6-27 直线感应同步器

直线感应同步器中有定尺和滑尺两部分,如图 6-27 所示,定尺与滑尺平行安装,且保持一定间隙。感应同步器定尺和滑尺上的绕组节距相等。定尺固定不动,当滑尺移动时,在定尺上产生感应电压,通过对感应电压的测量,可以精确地测量出位移量。滑尺有两个激磁绕组,即正弦绕组 A 和余弦绕组 B,它们在空间位置上相差 1/4 节距,节距用 2τ 表示,其值一般为 2 mm。定尺上的绕组是连续分布的。

工作时,当滑尺的绕组上加上一定频率的交流电压后,根据电磁感应原理,在定尺上感应出相同频率的感应电压。滑尺在不同位置时定尺上的感应电压如图 6-28 所示。当定尺与滑尺绕组重合时,如图 6-28 中 a 点,这时感应电压最大。当滑尺相对于定尺平行移动后,感应电压便逐渐减小,在错开 1/4 节距的 b 点时,感应电压为零。再继续移到 1/2 节距的 c 点时,得到的电压值与 a 点位置相同,但极性相反。随后感应电压在 3/4 节距位置 d 点时又变为零,在移动一个节距到 e 点时,电压幅值与 a 点位置相同。这样滑尺在移动一个节距的过程中，感应电压变化了一个余弦波形。可见，在激磁绕组中加上一定的交变激磁电压，感应绕组中就产生相同频率的感应电压，其幅值大小随着滑尺移动作余弦规律变化。滑尺移动一个节距，感应电压变化一个周期。感应同步器就是利用这个感应电压的变化来进行位置检测的。

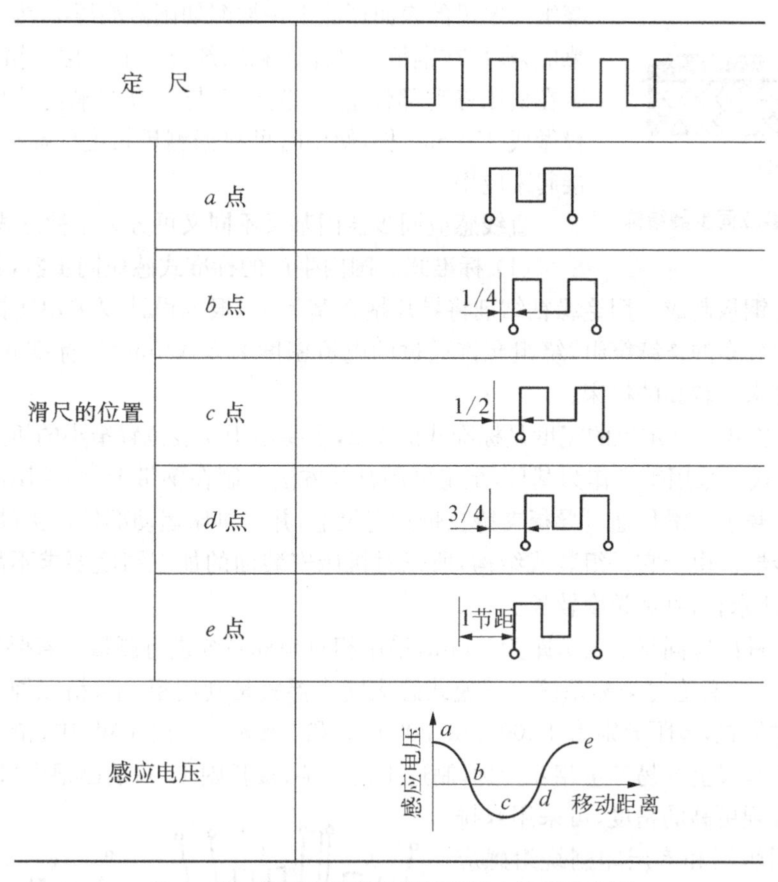

图 6-28　滑尺在不同位置时定尺上的感应电压

2）感应同步器的分类

按结构形式可分为直线式感应同步器和旋转式（圆）感应同步器两类，它们分别用来测量直线位移和角位移。直线式感应同步器由定尺和滑尺组成；旋转式感应同步器由转子和定子组成。前者用于直线位移的测量，后者用于角度位移的测量。如图 6-29(a)和图 6-29(b)所示分别为定子和转子的示意图。直线感应同步器的定尺和旋转感应同步器的转子上的绕组为连续绕组，而滑尺或定子上的绕组则是分段绕组，又称正、余弦绕组，相当于变压器的初级和次级线圈。

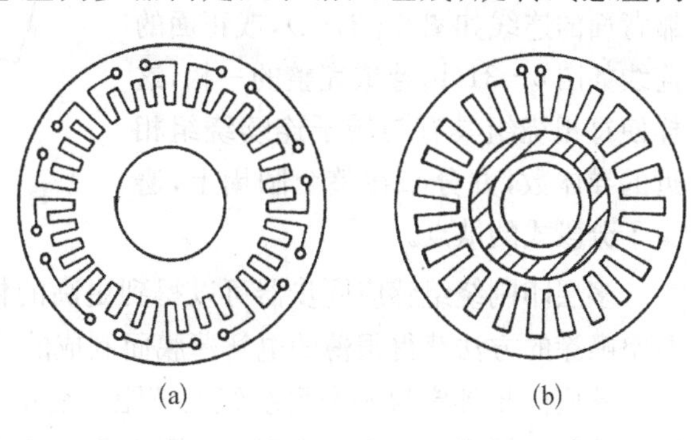

图 6-29　定子及转子的示意图

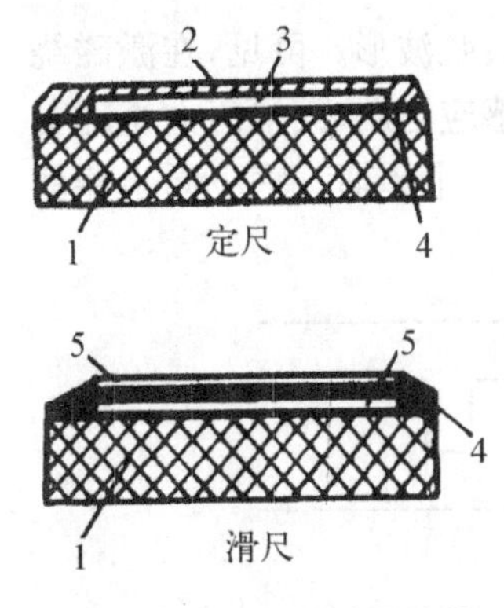

图 6-30 感应同步器结构

这两种感应同步器都采用同样的制造工艺，其结构如图 6-30 所示。其定尺和滑尺的基板 1 由与机床热膨胀系数相近的钢板做成，定尺和滑尺均用绝缘粘结剂 4 把铜箔 3 贴在基尺 1 上，用做印刷线路板的腐蚀方法，把铜箔做成印刷线路绕组。定尺的表面还涂上一层耐切削液涂层 2，为了防止静电感应，滑尺在铜箔上的绝缘粘结剂外贴上一层铝箔 5。当滑尺装在机床移动部件上时，铝箔 5 与床身接触而接地。定尺一般做成 250 mm 长，使用时可根据测量长度的需要，将几段连接起来应用。

直线感应同步器因基尺不同又可分为三种形式。

(1) 标准式。国内生产的标准式感应同步器，其基尺用优质碳素结构钢板制成。用绝缘粘结剂将导片粘在基尺上，根据设计要求用腐蚀方法将导片制成均匀分布的连续绕组，绕组允许通过的电流密度为 5 A/mm^2。标准式的精度高，用于精度要求比较高的机床。

(2) 窄长式。其定尺的宽度是标准式的 1/2，主要用于安装位置窄小的机床上。

(3) 带式。采用钢带作为基尺，绕组可用腐蚀方法印制在钢带上，两端用固定块固定在机床的床身上。滑尺通过导板夹持在带式定尺上，并与机床运动部件连接，属于普及型的感应同步器。由于它是组装式结构，所以对机床安装面的加工精度要求不高。安装简单，可做成几米长，测量长度较长。

上述三种感应同步器的节距为 2 mm，采用相对坐标系统进行测量。若要测量绝对位置，就需建立一套绝对坐标系统。三速式感应同步器就是利用粗、中、精三种不同的节距来测量绝对位置，节距分别为 4 000 mm、200 mm 和 2 mm。但由于粗、中、精三个绕组同时制在一块基尺上容易产生相互干扰，制造工艺复杂、接长困难，目前已很少采用。

为了得到更高的精度，可采用双排绕组感应同步器和多层印刷绕组感应同步器。如图 6-31 所示为圆盘式，它由内外两排绕组构成，每排各有两相绕组，同一般分段绕组一样，但两排的同一相绕组沿圆周相差半个扇形距；它们靠背面的连线如图 6-31(a)，或正面的连线如图 6-31(b)连成完整的一相，这样使每相绕组具有与转子连续绕组相近的导体数，并分布在整个圆周上，避免了分段式的缺点。

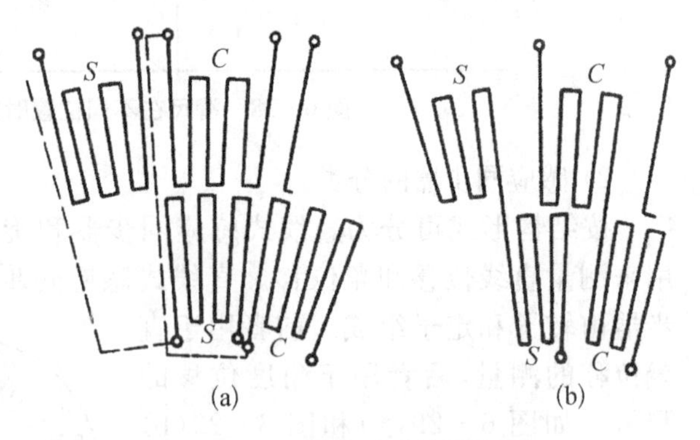

图 6-31 圆盘式感应同步器

多层印刷绕组感应同步器可以得到更高的精度，它是通过金属真空镀膜和绝缘材料真空喷涂的方法获得很薄的电解薄膜而制成的。

感应同步器定尺和滑尺绕组的节距是衡量感应同步器精度的主要参数，工艺上要保证其节距的精度。一块标准型感应同步器定尺长度为 250 mm，其绝对精度可达 2.5 μm，分辨率可达 0.25 μm。

2. 鉴相型系统的工作原理

根据对滑尺绕组供电方式的不同，以及对输出电压检测方式的不同，感应同步器的测量系统可分为鉴幅型和鉴相型两种，前者是通过检测感应电压的幅值来测量位移，后者是通过检测感应电压的相位来测量位移。

在鉴相型系统中，供给滑尺的正、余弦绕组的激磁信号是频率、幅值相同，相位差为 90°的交流电压，并根据定尺上感应电压的相位来测定滑尺和定尺之间的相对位移量，即

$$u_s = U_{sm}\sin\omega t \tag{6-20}$$

$$u_c = U_{cm}\cos\omega t \tag{6-21}$$

式中，u_s、u_c 分别是滑尺正弦、余弦绕组的交流电压；U_{sm}、U_{cm} 是最大瞬时电压，一般取 $U_{sm}=U_{cm}=U_m$。

开始时，正弦激磁绕组与定尺绕组重合，此时滑尺绕组相对于定尺绕组的空间相位角 $\theta=0$。当滑尺移动时，两绕组不再重合，此时在定尺上感应电压 u'_2 为

$$u'_2 = ku_s\cos\theta = kU_m\sin\omega t\cos\theta \tag{6-22}$$

同理，由于余弦激磁绕组与定尺绕组在空间相差 1/4 节距，在定尺上感应电压 u''_2 为

$$u''_2 = ku_c\cos\left(\theta+\frac{\pi}{2}\right) = -kU_m\cos\omega t\sin\theta \tag{6-23}$$

式中，k 是电磁耦合系数；U_m 是最大瞬时电压；θ 是滑尺绕组相对于定尺绕组的空间相位角。

由于感应同步器的磁路系统可视为线性，根据叠加原理，定尺上感应的总电压为

$$\begin{aligned} u_2 &= u'_2 + u''_2 \\ &= kU_m\sin\omega t\cos\theta - kU_m\cos\omega t\sin\theta \\ &= kU_m\sin(\omega t-\theta) \end{aligned} \tag{6-24}$$

若感应同步器的节距为 2τ，则滑尺直线位移量 x 和 θ 之间的关系为

$$\theta = \frac{x}{2\tau}\times 2\pi = \frac{x\pi}{\tau} \tag{6-25}$$

从式(6-25)可知，通过鉴别定尺上感应电压的相位，即可测得定尺和滑尺之间的相对位移。例如，若定尺感应电压与滑尺激磁电压之间的相角差 θ 为 18°，当节距 $2\tau=2$ mm 的情况下，表明滑尺直线移动了 0.1 mm。

数控机床闭环系统采用鉴相型系统时，其结构方框图如图 6-32 所示。误差信号 $\pm\Delta\theta_2$ 用来控制数控机床的伺服驱动机构，使机床向消除误差的方向运动，构成位置反馈，指令信号 $u_T=k''\sin(\omega t+\theta_1)$ 的相位角 θ_1 由数控装置发出。机床工作时，由于定尺和滑尺之间产生了相对移动，则定尺上感应电压 $u_2=k\sin(\omega t+\theta)$ 的相位发生了变化，其值

为 θ。当 $\theta \neq \theta_1$ 时，鉴相器有信号 $\pm\Delta\theta_2$ 输出，使机床伺服驱动机构带动机床工作台移动。当滑尺与定尺的相对位置达到指令要求值 θ_1 时，即 $\theta=\theta_1$，鉴相器输出电压为零，工作台停止移动。

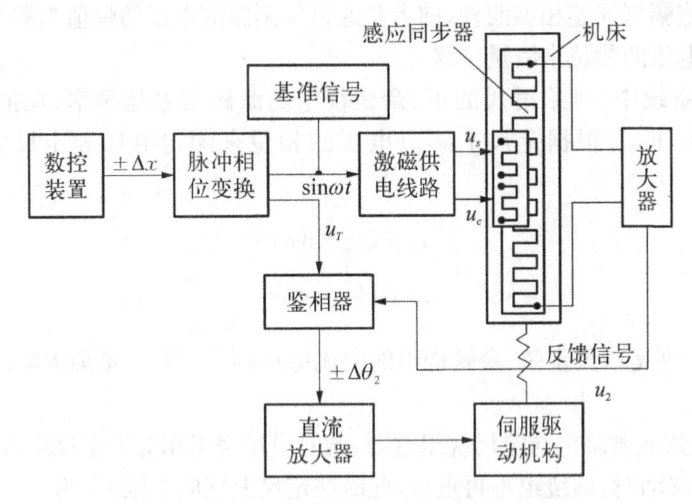

图 6-32 鉴相型系统结构方框图

3. 鉴幅型系统的工作原理

在鉴幅型系统中，供给滑尺的正、余弦绕组的激磁信号是频率和相位相同而幅值不同的交流电压，并根据定尺上感应电压的幅值变化来测定滑尺和定尺之间的相对位移量。

加在滑尺正、余弦绕组上激磁电压幅值的大小，应分别与要求工作台移动的指令值 x_1(与位移相应的电角度为 θ_1)成正、余弦关系，即

$$u_s=U_m\sin\theta_1\sin\omega t \tag{6-26}$$

$$u_c=U_m\cos\theta_1\sin\omega t \tag{6-27}$$

当正弦绕组单独供电时

$$u_s=U_m\sin\theta_1\sin\omega t,\quad u_c=0 \tag{6-28}$$

当滑尺移动时，定尺上感应电压 u_2 随滑尺移动的距离 x(相应的位移角为 θ)而变化。设滑尺正弦绕组与定尺绕组重合时 $x=0$(即 $\theta=0$)，若滑尺从 $x=0$ 开始移动，则在定尺上感应电压为

$$u'_2=kU_m\sin\theta_1\sin\omega t\cos\theta \tag{6-29}$$

当余弦绕组单独供电时

$$u_c=U_m\cos\theta_1\sin\omega t,\quad u_s=0 \tag{6-30}$$

若滑尺从 $x=0$(即 $\theta=0$)开始移动，则定尺上感应电压为

$$u''_2 = -kU_m \cos\theta_1 \sin\omega t \sin\theta \tag{6-31}$$

当正、余弦绕组同时供电时，根据叠加原理

$$\begin{aligned} u_2 &= kU_m \sin\theta_1 \sin\omega t \cos\theta - kU_m \cos\theta_1 \sin\omega t \sin\theta \\ &= kU_m \sin\omega t \sin(\theta_1 - \theta) \end{aligned} \tag{6-32}$$

由上式可知，定尺上感应电压的幅值随指令给定的位移量 $x_1(\theta_1)$ 与工作台实际位移量 $x(\theta)$ 的差值的正弦规律变化。

鉴幅型系统用于数控机床闭环系统的结构方框图如图 6-33 所示。当工作台位移值未达到指令要求值时，即 $x \neq x_1(\theta \neq \theta_1)$，定尺上感应电压 $u_2 \neq 0$。该电压经检波放大控制伺服驱动机构带动机床工作台移动。当工作台移动至 $x = x_1(\theta = \theta_1)$ 时，定尺上感应电压 $u_2 = 0$，误差信号消失，工作台停止移动。定尺上感应电压 u_2 同时输至相敏放大器，与来自相位补偿器的标准正弦信号进行比较，以控制工作台运动的方向。

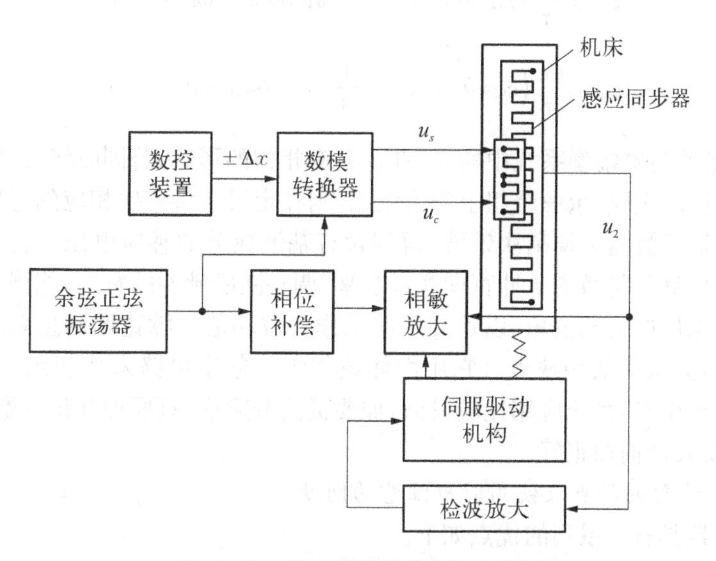

图 6-33　鉴幅型系统的结构方框图

鉴幅型系统的另一种型式为脉宽调制型系统，同样是根据定尺上感应电压的幅值变化来测定滑尺和定尺之间的相对位移量。但是供给滑尺的正、余弦绕组的激磁信号不是正弦电压，而是方波脉冲。这样便于用开关线路实现，使线路简化，性能稳定。

设 u_c 和 u_s 分别为提供给感应同步器滑尺的激磁信号，如图 6-34 所示方波。方波在一个周期 2π 内的值为

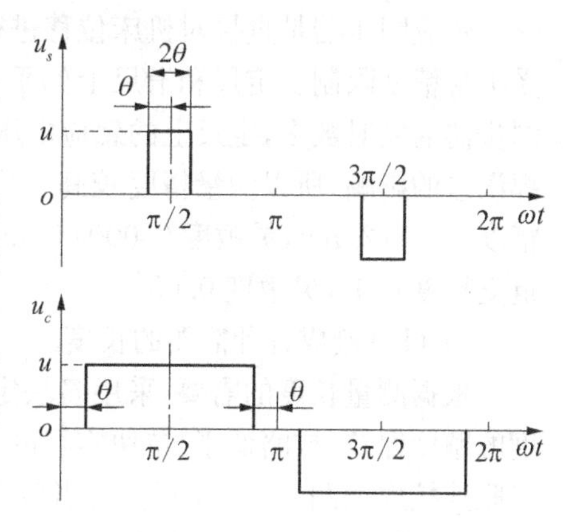

图 6-34　方波激磁信号

$$u_s=\begin{cases}u & \dfrac{\pi}{2}-\theta\leqslant\omega t<\dfrac{\pi}{2}+\theta\\ -u & \dfrac{3\pi}{2}-\theta\leqslant\omega t<\dfrac{3\pi}{2}+\theta\\ 0 & 0\leqslant\omega t<\dfrac{\pi}{2}-\theta;\ \dfrac{\pi}{2}+\theta\leqslant\omega t<\dfrac{3\pi}{2}-\theta\text{ 及 }\dfrac{3\pi}{2}+\theta\leqslant\omega t<2\pi\end{cases}\tag{6-33}$$

$$u_c=\begin{cases}u & \theta\leqslant\omega t<\pi-\theta\\ -u & \pi+\theta\leqslant\omega t<2\pi-\theta\\ 0 & 0\leqslant\omega t<\theta;\ \pi-\theta\leqslant\omega t<\pi+\theta\text{ 及 }2\pi-\theta\leqslant\omega t<2\pi\end{cases}\tag{6-34}$$

从波形图可知，它们是一个周期为 2π，幅值为 u，宽度分别为 2θ 和 $(\pi-2\theta)$ 的周期性方波。因为是奇函数，用傅里叶变换可得展开式为

$$u_s=\frac{4u}{\pi}\left(\sin\theta\sin\omega t+\frac{1}{3}\sin 3\theta\sin 3\omega t+\cdots\right)\tag{6-35}$$

$$u_c=\frac{4u}{\pi}\left(\cos\theta\sin\omega t+\frac{1}{3}\cos 3\theta\sin 3\omega t+\cdots\right)\tag{6-36}$$

式中，第一项基波与鉴幅型系统中的 u_s 和 u_c 具有相似的形式，若同时将 u_s 和 u_c 的方波脉冲分别加到滑尺的正弦、余弦绕组上作为激磁，则在定尺上将产生相应的感应电压。利用性能良好的低通滤波器去掉高次谐波，得到含有基波成分的感应电压。它将定尺和滑尺的相对运动的位移角与激磁脉冲宽度联系起来，调整激磁脉冲的宽度，相当于改变鉴幅型系统中的激磁电压中的相位角，以达到跟踪工作台位移值。脉宽调制型系统保留了鉴幅型系统的优点，克服了某些缺点。它用固体组件组成数字电路来代替函数变压器，体积小、重量轻、易于生产，系统应用比较灵活，如要提高分辨率，只要加几位计数器即可实现。因此，这种系统发展前途很好。

4. 感应同步器的特点及使用时应注意的问题

感应同步器具有一系列的优点如下。

1) 精度高

感应同步器是直接对机床位移进行测量，中间不经过任何机械转换装置，测量精度只受本身精度限制。定尺和滑尺上的平面绕组，采用专门的工艺方法制作精确。由于感应同步器的极对数多，定尺上的感应电压信号是多周期的平均效应，从而减少了制造绕组局部误差的影响，所以测量精度较高。目前直线感应同步器的精度可达±0.001 mm，重复精度 0.000 2 mm，灵敏度 0.000 05 mm。直径为 302 mm 的感应同步器的精度可达 0.5″，重复精度 0.1″，灵敏度 0.05″。

2) 可拼接成各种需要的长度

根据测量长度的需要，采用多块定尺接长，相邻定尺间隔也可以调整，使拼接后总长度的精度保持(或略低于)单块定尺的精度。当定尺少于 10 块时，将尺与尺之间的各绕组串联连接成如图 6-35(a)所示；当多于 10 块时，以不使定尺绕组阻抗过高为原则，先将各绕组分成两组串联，然后再将此两组并联如图 6-35(b)所示。

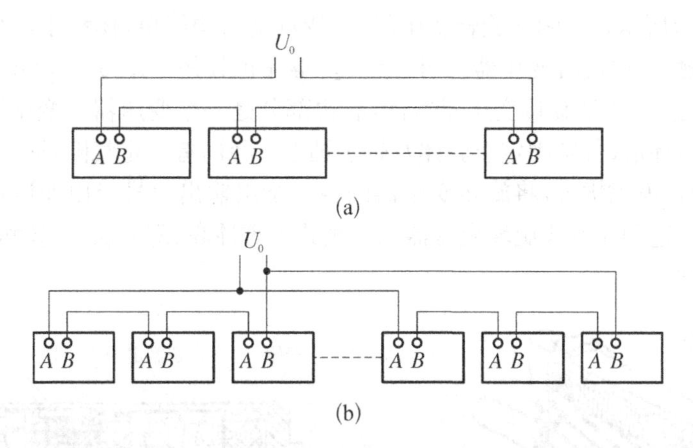

图 6-35　绕组连接方式

3）对环境的适应性强

直线式感应同步器金属基尺与安装部件的材料（钢或铸铁）的膨胀系数相近，当环境温度变化时，两者的变化规律相同，而不影响测量精度。感应同步器为非接触式电磁耦合器件，可选耐温性能好的非导磁性材料作保护层，加强了其抗温防湿能力，同时在绕组的每个周期内，任何时候都可给出与绝对位置相对应的单值电压信号，不受环境干扰的影响。

4）使用寿命长

由于感应同步器定尺与滑尺之间不直接接触，没有磨损，所以寿命长。但是感应同步器大多装在切屑或切削液容易入侵的部位，必须用钢带或盖板伸缩式防护装置覆盖，以免切屑划伤滑尺与定尺的绕组。

使用感应同步器时应注意安装间隙：

感应同步器安装时要注意定尺与滑尺之间的间隙，一般在 0.02～0.25(±0.05)mm 以内，滑尺移动过程中，由于晃动所引起的间隙变化也必须控制在 0.01 mm 之内。如间隙过大，必将影响测量信号的灵敏度。

6.4.3　旋转变压器

旋转变压器是一种控制用的微电动机或者小型交流电动机，其用途是测量转角，在工业上是一种常用的角度测量元件。旋转变压器结构简单、动作灵敏，对环境无特殊要求，维护方便，输出信号幅度大，抗干扰性强，工作可靠，且其精度能满足一般的检测要求。

1. 旋转变压器的结构

旋转变压器在结构上与两相绕线式异步电动机相似，旋转变压器由定子和转子组成，定子绕组为变压器的原边，转子绕组为变压器的副边。其定子和转子铁芯由高导磁的铁镍软磁合金或硅铜薄板冲成的带槽芯片叠成，槽中嵌入定子绕组和转子绕组。激磁电压接到定子绕组上，激磁频率通常为 400 Hz、500 Hz、1 000 Hz 及 5 000 Hz。定子绕组通过固定在壳体上的接线板直接引出；转子绕组有两种不同的引出方式。根据转子绕组不同的引出方式可将旋转变压器分为有刷式和无刷式两种结构形式。

图 6－36(a)所示是有刷式旋转变压器，其特点是结构简单，体积小，但因电刷与滑环是机械滑动接触，所以旋转变压器的可靠性差，寿命也较短。图 6－36(b)所示是无刷式旋转变压器，左边部分是旋转变压器本体，右边部分是一个变压器。变压器的原、副边铁芯及线圈均做成环形，分别固定于壳体及转子轴上。径向有一定气隙，原边线圈可在副边线圈中回转，通过电磁耦合，将旋转变压器的转子绕组输出信号经由变压器原边，引出最后的输出信号。这种无刷式旋转变压器比有刷式可靠性高、寿命长，但体积、重量、转动惯量及成本有所增加。

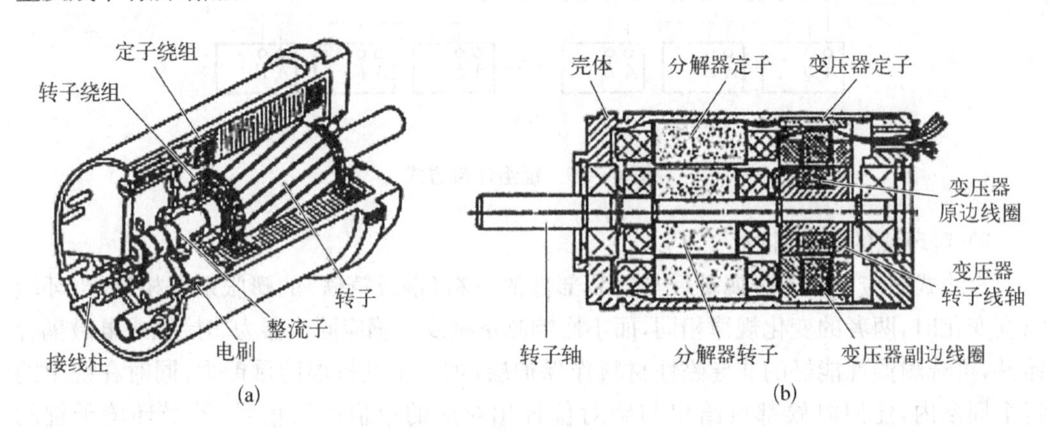

图 6－36　旋转变压器

(a) 有刷构造　(b) 无刷构造

2. 旋转变压器的工作原理

如图 6－37 所示，当激磁电压加到定子绕组时，通过电磁耦合，转子绕组中将产生感应电压。由于转子是可以旋转的，当转子绕组磁轴转到与定子绕组磁轴垂直时 ($\theta=0$)，如图 6－37(a)所示，激磁磁通 ϕ_1 不穿过转子绕组的横截面，因此，感应电压 $u_2=0$。当转子绕组磁轴自垂直位置转过任一角度 $\theta=\theta_t$ 时，如图 6－37(b)所示。转子绕组中产生的感应电压为

$$u_2=ku_1\sin\theta=kU_m\sin\omega t\sin\theta \tag{6-37}$$

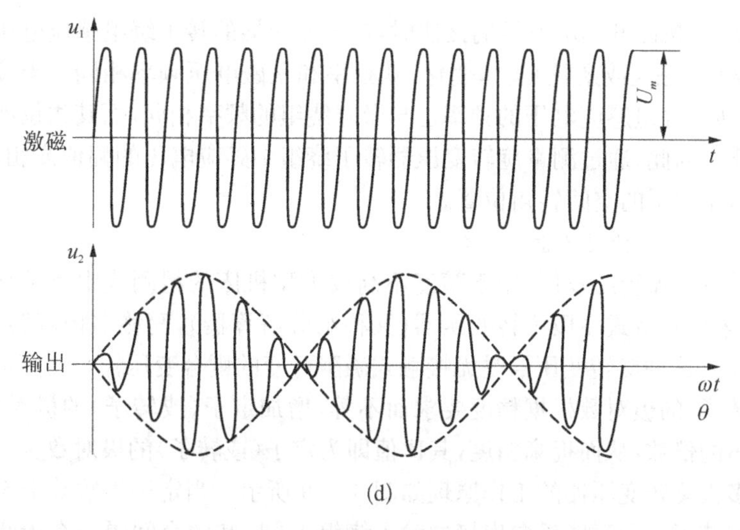

图 6-37　旋转变压器的工作原理

式中，k 是电磁耦合系数；u_1 是定子的激磁电压，$u_1=U_m\sin\omega t$；U_m 是定子的最大瞬时电压。

当转子绕组磁轴转到与定子绕组磁轴平行时 $\theta=90°$，如图 6-37(c)所示。磁通 ϕ_1 几乎全部穿过转子绕组的横截面，因此，转子绕组中产生的感应电压为最大，其值为

$$u_2=kU_m\sin\omega t \tag{6-38}$$

旋转变压器在结构上保证其定子和转子之间空气气隙内磁通分布符合正弦规律，这样使转子绕组中的感应电压随转子的转角按正弦规律变化。当转子绕组中接入负载时，其绕组中便有正弦感应电流通过，该电流所产生的交变磁通将使定子和转子间的气隙中的合成磁通畸变，从而使转子绕组中输出电压也发生畸变。

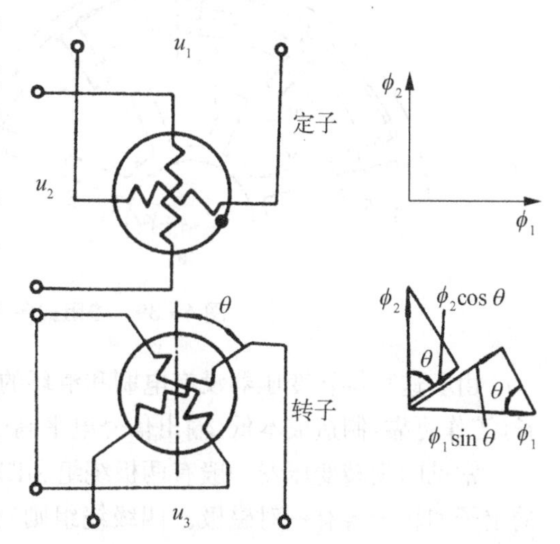

图 6-38　正弦、余弦旋转变压器

为了克服上述缺点，通常采用正弦、余弦旋转变压器，其定子和转子绕组均由两个匝数相等，且相互垂直的绕组构成，如图 6-38 所示。一个转子绕组作为输出信号，另一个转子绕组接高阻抗作为补偿。当定子绕组用两个相位相差 90°的电压激磁时，即

$$\begin{aligned} u_1&=U_m\sin\omega t\\ u_2&=U_m\cos\omega t \end{aligned} \tag{6-39}$$

应用叠加原理，转子绕组中一个绕组的输出电压(另一个绕组短接)为

$$\begin{aligned} u_3&=kU_m\sin\omega t\sin\theta+kU_m\cos\omega t\cos\theta\\ &=kU_m\cos(\omega t-\theta) \end{aligned} \tag{6-40}$$

综上所述，当按图 6－37 所示的接法时，旋转变压器的转子绕组感应电压的幅值严格按转子偏角 θ 的正弦(或余弦)规律变化，其频率和激磁电压频率相同。当按图 6－38 所示的接法时，转子绕组感应电压的频率也与激磁绕组的频率相同，而其相位严格地随转子偏角 θ 而变化。因此，通过测量旋转变压器转子绕组中感应电压的幅值或相位 θ，就可以测得转子相对于定子的空间转角位置。

3. 磁阻式多极旋转变压器

普通旋转变压器精度较低，用于精度不高或大型机床的粗测或中测系统中。为了提高精度，广泛采用磁阻式多极旋转变压器(又称细分解算器)，简称多极旋转变压器，其误差不超过 3.5″。这种旋转变压器是无接触式磁阻可变的耦合变压器。在多极旋转变压器中，定子(或转子)的极对数根据精度要求而不等，增加定子(或转子)的极对数，使电气转角为机械转角的倍数，从而提高精度，其比值即为定子(或转子)的极对数。

磁阻式多极旋转变压器的工作原理如图 6－39 所示。当定子齿数等于 5，转子齿数为 4，定子槽内安装了一个逐槽反向串接的输入绕组 1－1，和两个间隔一个齿绕制的反向串接输出绕组 2－2、3－3，当输入绕组为正弦电压时，两个输出绕组分别产生相应的电压，其幅值主要取决于定子和转子齿的相对位置间气隙磁导的大小。当转子转过一个齿距，气隙磁导变化一个周期，输出电压幅值也随之变化一个周期。而当转子转过一周时，输出电压幅值变化的周期等于转子齿数；转子的齿数就相当于磁阻式多极旋转变压器的极对数。

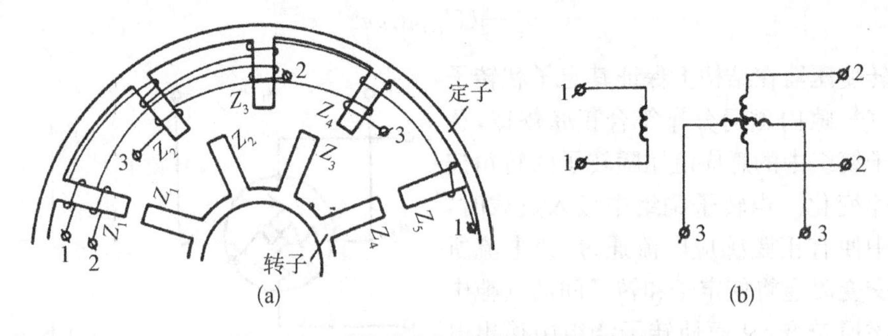

图 6－39　磁阻式多极旋转变压器工作原理

由于这种旋转变压器没有电刷和滑环的直接接触，因而能够连续高速运行，而且寿命长，工作可靠，制造成本低，输出信号电平高(一般为 0.5～1.5 V)。

常见的旋转变压器一般有两极绕组和四极绕组两种结构形式。两级绕组旋转变压器的定子和转子各有一对磁极。四级绕组则有两对磁极，主要用于高精度的检测系统。除此之外，还有多级式旋转变压器，用于高精度绝对式检测系统。

旋转变压器的测量系统也分为鉴幅型和鉴相型两种，其工作原理与感应同步器相同，可参见前述感应同步器的测量系统。

6.4.4　编码器

1. 编码器概述

编码器是一种位置检测元件，其主要元件编码盘(又名编码尺)是一种直接编码式的测量元件，可直接把被测转角或位移转换成相应的代码，指示其绝对位置。

这种检测方式的特点：① 没有累积误差，而且电源切除后位置信息不丢失；② 检测方式是非接触式的，无摩擦和磨损，驱动力矩小；③ 由于光电变换器性能的提高，可得到较快的响应速度，由于照相腐蚀技术的提高，可以制造高分辨率、高精度的光电盘，母盘制作后，复制很方便，且成本低。其缺点是检测通道数多，构造复杂，不易做到高精度和高分辨率，价格较贵；④ 抗污染能力差，容易损坏。

编码器的作用原理分接触式、光电式、电磁式等几种。其编码类型有二进制编码、二—十进制计数码、葛莱码、余三码等。

接触式编码器由于电刷安装不准，或工作过程中意外的原因使得个别电刷偏离原来的位置，将带来很大的误差。接触式编码器优点是简单、体积小、输出信号强、不需放大；缺点是电刷磨损造成寿命降低，转速不能太高，而且精度受到最外圈上分段宽度的限制。目前电刷最小宽度可做到 0.1 mm 左右。

光电式编码器是目前用得较多的一种。编码盘由透明与不透明区域构成。转动时，由光电元件接收相应的编码信号。光电式编码器的优点是没有接触磨损、码盘寿命长、允许转速高，而且最外层每片宽度可做得更小，因而精度较高。单个码盘可做到 18 位二进制数，组合码盘达 22 位；缺点是结构复杂、价格高、光源寿命短，而且安装困难。

电磁式编码器是在导磁性较好的软铁圆盘上，用腐蚀的方法做成相应码制的凹凸图形。当有磁通穿过码盘时，由于圆盘凹下去的地方磁导小，凸起的地方磁导大，其感应电势也不同，因而可区分 0 或 1，达到测量转角的目的。电磁式编码器同样是一种无接触式的码盘，具有寿命长、转速高等优点，其精度可达到很高，是一种有发展前途的直接编码式测量元件。

2. 脉冲编码器

脉冲编码器是一种光学式位置检测元件，按照编码化的方式，可分为增量式和绝对值式两种。

1）增量式编码器

增量式编码器工作原理如图 6-40 所示。在图 6-40(a)中 E 为等节距的辐射状透光窄缝圆盘，Q_1、Q_2 为光源，D_A、D_B、D_C 为光电元件（光敏二极管或光电池），D_A 与 D_B 错开 90°相位角安装。当圆盘旋转一个节距时，在光源照射下，就在光电元件 D_A、D_B 上的图 6-40(b)所示的光电波形输出，A、B 信号为具有 90°相位差的正弦波，这组信号经放大器放大与整形，得到如图 6-40(c)所示的输出方波，A 相比 B 相导前 90°，其电压幅值为 5 V，设 A 相导前 B 相时为正方向旋转，则 B 相导前 A 相时就是负方向旋转。利用 A 相与 B 相的相位关系可以判别编码器的旋转方向。C 相产生的脉冲为基准脉冲，又称零点脉冲，它是轴旋转一周在固定位置上产生一个脉冲。如数控车床切削螺纹时，可将这种脉冲当作车刀进刀点和退刀点的信号使用，以保证切削螺纹不会乱扣。也可用于高速旋转的转数计数或加工中心等数控机床上的主轴准停信号。A、B 相脉冲信号经频率—电压变换后，得到与转轴转速成比例的电压信号，它就是速度反馈信号。

2）绝对值式编码器

用增量式编码器的缺点是有可能由于噪声或其他外界干扰产生计数错误。若因停电、刀具破损而停机，事故排除后不能再找到事故前执行部件的正确位置。采用绝对值式

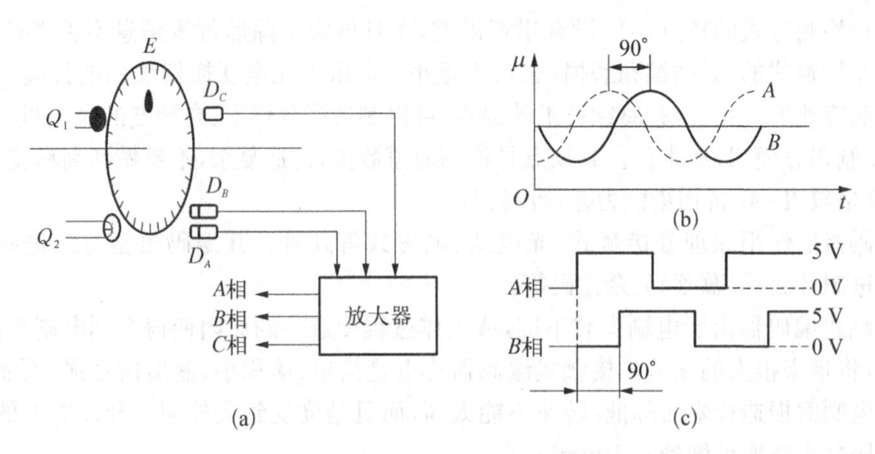

图 6-40　增量式编码器工作原理

编码器可以克服这些缺点，这种编码器是通过读取编码盘上的图案来表示数值的。下面介绍常用的编码盘——二进制编码盘和葛莱编码盘。

图 6-41 所示为二进制编码盘，图中空白的部分透光，用“0”表示，涂黑的部分不透光，用“1”表示。按照圆盘上形成二进位的每一环配置光电变换器，即图中用黑点所示位置。隔着圆盘从后侧用光源照射。此编码盘共有四环，每一环配置的光电变换器对应为 2^0、2^1、2^2、2^3。图中里侧是二进制的高位即 2^3，外侧是低位，如二进制的“1101”，读出的是十进制“13”的角度坐标值。

二进制编码盘主要缺点是图案转移点不明确，在使用中产生较多的误读。图 6-42 所示是经改进后的葛莱编码盘，它的特点是每相邻十进制数之间只有一位二进制码不同。因此，图案的切换只用一位数（二进制的位）进行。所以能把误读控制在一个数单位之内，提高了可靠性。

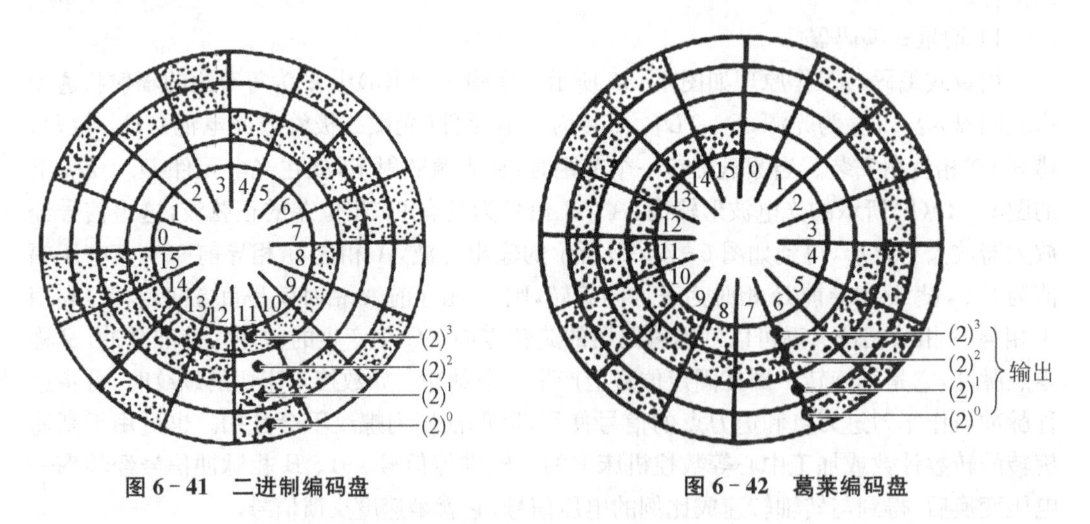

图 6-41　二进制编码盘　　图 6-42　葛莱编码盘

绝对值式编码器比增量式具有许多优点：坐标值从绝对编码盘中直接读出，不会有累积进程中的误计数；运转速度可以提高，编码器本身具有机械式存储功能，即使因停电或其他原因造成坐标值清除，通电后仍可找到原绝对坐标位置。其缺点是当进给转数大于一转，需作特别处理，而且必须用减速齿轮将两个以上的编码器连接起来，组成多级检测装置，使其结构复杂、成本高。

6.4.5　光栅

光栅作为检测装置，已有几十年的历史，主要用以测量长度、角度、速度、加速度、振动和爬行等。它是数控机床闭环系统中用得较多的一种检测装置。在高精度的数控机床上，目前大量使用光栅作为检测元件。光栅与旋转变压器、感应同步器不同，它是一种将机械位移或模拟量转变为数字脉冲的测量装置。

常见的光栅从形状上可分为圆光栅和直线光栅两大类。圆光栅用于测量转角位移，直线光栅用于检测直线位移。光栅的检测精度较高，一般可达几微米。本节主要以直线光栅为例讲述其构成和工作原理。

1. *光栅检测的工作原理及分类*

光栅检测装置是利用光的透射、衍射现象制成的光电检测元件。它主要由光源、长光栅、短光栅和光电元件等组成。如图 6-43 所示为光栅位置检测装置，由光源 1、聚光镜 2、标尺光栅 3（长光栅）、指示光栅 4（短光栅）和硅光电池 5 等光电元件组成。标尺光栅 3 和指示光栅 4 分别安装在机床的移动部件及固定部件上，两者相互平行，它们之间保持 0.05 mm 或 0.1 mm 的间隙。

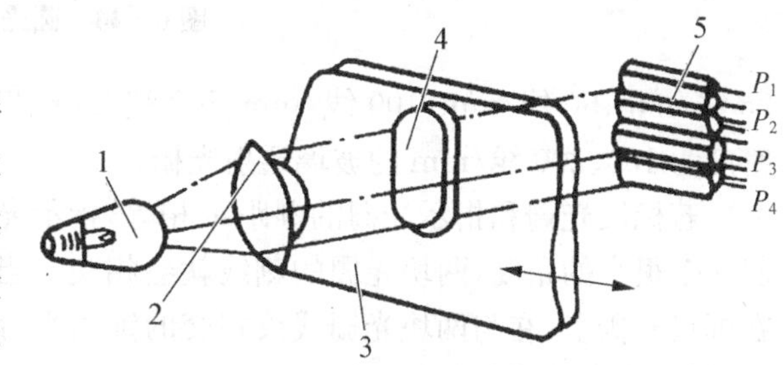

图 6-43　光栅位置检测装置

光栅就是在一块长条形的光学玻璃上或在金属镜面上均匀地刻上很多和运动方向垂直的线条。线条之间的距离（即栅距）可以根据检测的精度确定。刻线密度一般是 50 线/mm、100 线/mm、200 线/mm。根据制造方法和光学原理的不同，光栅可分为透射光栅和反射光栅。

透射光栅采用经磨制的光学玻璃或在玻璃表面感光材料的涂层上刻成光栅线纹，这种光栅的特点是：光源可以采用垂直入射光，光电元件直接接受光照，因此信号幅值比较大，信噪比好，光电转换器（光栅读数头）的结构简单；同时光栅每毫米的线纹数多，如刻线密度为 200 线/mm 时，光栅本身就已经细分到 0.005 mm，从而减轻了电子线路的负担。其缺点是玻璃易破裂，热胀系数与机床金属部件不一致，影响测量精度。

反射光栅是用不锈钢带经照相腐蚀或直接刻线制成，金属反射光栅的特点是：光栅和机床金属部件的线膨胀系数一致，接长方便，也可用钢带做成长达数米的长光栅。标尺安装在机床上所需的面积小，调整也很方便，适应于大位移测量的场所。其缺点是：为了使反射后的莫尔条纹反差较大，每毫米内线纹不宜过多，常用线纹数为 4、10、25、40、50。

上述为直线光栅，此外还有测量角位移的圆光栅，如图 6-44 所示。圆光栅刻有辐射形的线纹，相互间的夹角相等。根据不同的使用要求，在圆周内线纹的数制也不相同，一般有二进制、十进制和六十进制三种形式。

光栅线纹是光栅的光学结构，相邻两线纹间的距离称为栅距 ω，可根据所需的精度确定。单位长度上的刻线数目称为线纹密度，常见的线纹密度为 4 线/mm、10 线/mm、

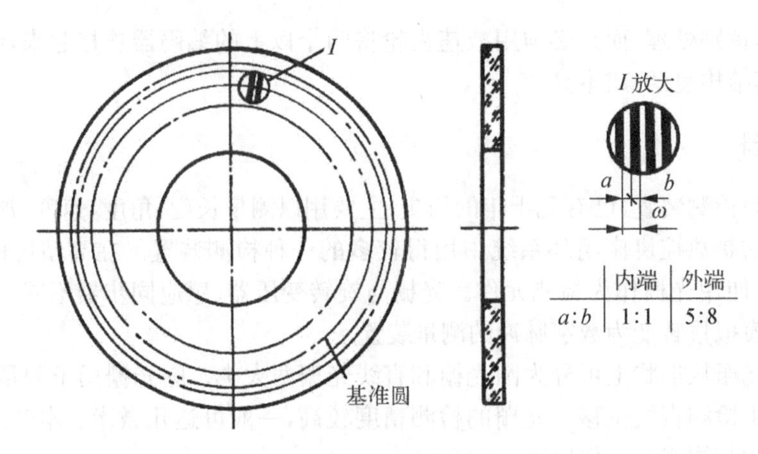

图 6-44 圆光栅

25 线/mm、50 线/mm、100 线/mm、200 线/mm、250 线/mm。国内机床上一般采用线纹密度为 100、200 线/mm 的玻璃透射光栅。

若标尺光栅和指示光栅的栅距 ω 相等，指示光栅在其自身平面内相对于标尺光栅倾斜一个很小的角度，两块光栅的刻线就会相交。当灯光通过聚光镜呈平行光线垂直照射在标尺光栅上，在与两块光栅线纹相交的钝角平分线方向，出现明暗交替，间隔相等的粗短条纹，称之为横向莫尔条纹。

常见光栅的工作原理都是基于物理上的莫尔条纹形成原理。莫尔条纹形成的原因，对于粗光栅主要是挡光积分效应，对于细光栅则是光线通过线纹衍射后，产生干涉的结果。

粗光栅形成莫尔条纹的原理如图 6-45 所示。由于两光栅间有一微小的倾斜角 θ，使其线纹相互交叉，在交叉点近旁黑线重叠，减少了挡光面积，挡光效应弱，在这个区域内则出现亮带，光强最大。相反，离交点远的地方，两光栅不透明黑线的重叠部分减少，挡光面积增大，挡光效应增强，由光源发出的光几乎全被挡住而出现暗带，光强为零。这就形成了粗光栅的横向莫尔条纹，其节距为 W_c。当指示光栅沿标尺光栅连续移动时，莫尔条纹光强变化规律近似正弦曲线。光电元件所感应的光电流 I 变化规律也近似正弦曲线，如图 6-46 所示。将光电流的正弦信号经放大、整形、微分线路处理后，就可将其转换为

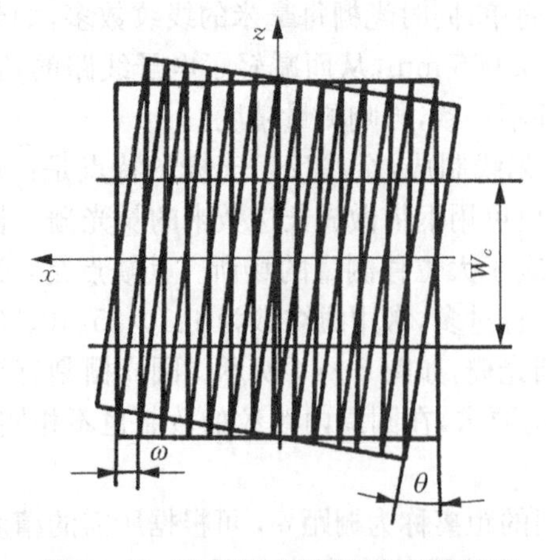

图 6-45 粗光栅形成莫尔条纹的原理

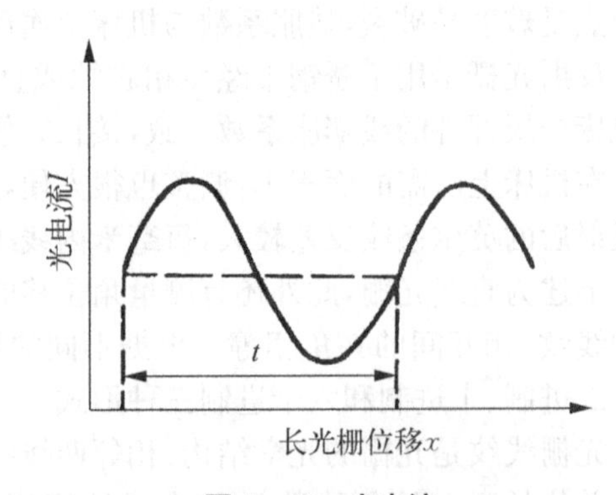

图 6-46 光电流

数字脉冲信号，如图 6-47 所示。每当标尺光栅移动一个栅距 ω，莫尔条纹也正好移动一个节距 W_c，相应的产生一个计数脉冲，用计数器来计算脉冲数，由数码管以数字的形式显示出来，则可测得机床工作台的位移量。此外，根据脉冲信号的频率就可确定位移速度。

图 6-47　光电流信号转换为数字脉冲信号的过程

细光栅的莫尔条纹是因光线通过线纹衍射后，产生干涉的结果。如图 6-48 所示。对光栅法面以 α 角入射的光线，在标尺光栅 G_s 分成 0 级和 1 级衍射光后，通过指示光栅 G_i，再次衍射被分成四种组合，同方向前进的(0, 1)及(1, 0)两种组合光，因相互干涉而形成莫尔条纹。

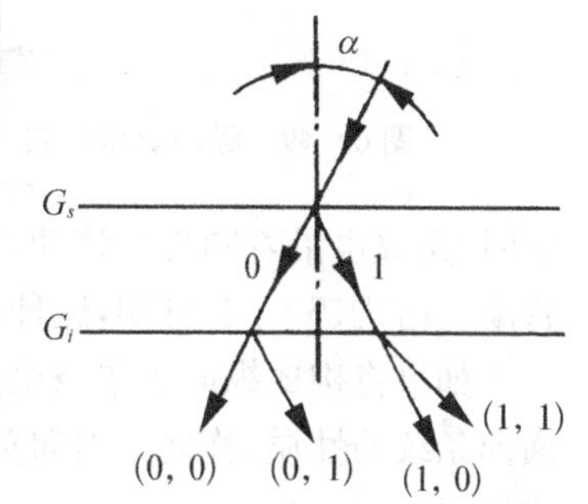

图 6-48　细光栅莫尔条纹的干涉

横向莫尔条纹有以下特点。

1) 放大作用

当交角 θ 很小时，栅距 ω 和莫尔条纹节距 W_c 有下列关系。

$$W_c = \frac{\omega}{\sin\theta} \approx \frac{\omega}{\theta} \tag{6-41}$$

由式(6-41)可知，莫尔条纹的节距为光栅栅距的 $\frac{1}{\theta}$ 倍。由于 θ 很小(小于 $10'$)，因此节距比栅距放大了很多倍。若 $\omega=0.01$ mm，通过减小 θ 角，当莫尔条纹的节距调成 10 mm 时，其放大倍数相当于 1 000 倍。因此，不需要经过复杂的光学系统，便将光栅的栅距放大了 1 000 倍，从而大大简化了电子放大线路，这是光栅技术独有的特点。

2) 平均效应

莫尔条纹是由若干线纹组成，例如每毫米 100 线的光栅，10 mm 长的莫尔条纹，等亮带由 2 000 根刻线交叉形成。因而对个别栅线的间距误差(或缺陷)就平均化了，在很大程度上消除了短周期误差的影响。因此莫尔条纹的节距误差就取决于光栅刻线的平均误差。

3) 莫尔条纹的移动规律

莫尔条纹的移动与栅距之间的移动成比例，当光栅向左或向右移动一个栅距 ω，莫尔条纹也相应地向上或向下准确地移动一个节距 W_c。而且莫尔条纹的移动还具有以下规律：若标尺光栅不动，将指示光栅逆时针方向转一很小的角度(设为 $+\theta$)后，并使标尺光栅向右移动，则莫尔条纹便向下移动；反之，当标尺光栅向左移动时，则莫尔条纹向上移动。若将指示光栅顺时针方向转动一很小的角度(设为 $-\theta$)后，当标尺光栅向右移动，则莫尔条纹向上移动；反之，标尺光栅向左移动，则莫尔条纹向下移动。

除上述横向莫尔条纹外，还有纵向莫尔条纹，斜向莫尔条纹和圆弧形莫尔条纹。

若线纹相互平行，即交角 $\theta=0$，栅距各为 ω_1、ω_2，两者很相近但不相等的两块光栅

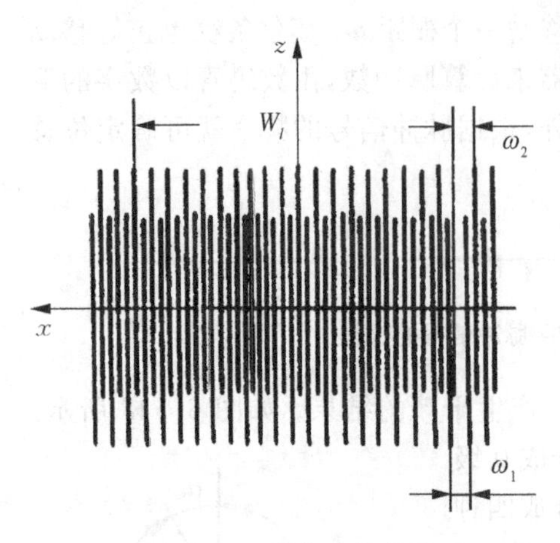

图 6-49 纵向莫尔条纹

叠置时，便可形成与线纹平行的莫尔条纹，称为纵向莫尔条纹，如图 6-49 所示。其形成原理与游标原理相同。纵向莫尔条纹间距的计算公式如下。

$$W_l=\left(\frac{\omega_1+\omega_2}{2}\right)^2\Big/(\omega_1-\omega_2) \quad (6-42)$$

式中，ω_1、ω_2 分别是为两光栅的栅距；$\frac{\omega_1+\omega_2}{2}$ 是平均栅距；$\left(\frac{\omega_1+\omega_2}{2}\right)\Big/(\omega_1-\omega_2)$ 是 W_l 长度内所包含的平均栅距数。

若栅距较小的一块光栅沿 x 轴方向作相对移动时，条纹也沿着同方向移动，若栅距较大的一块沿 x 轴方向移动时，条纹则向相反方向移动。由式(6-42)可知，这种条纹的间距不能调整。

如果将构成纵向莫尔条纹的两块光栅相对转过 θ 角，所形成的莫尔条纹，兼有纵向和横向条纹的性质，称之为斜向莫尔条纹，如图 6-50 所示。其斜角 φ 和间距 W_s 的计算公式如下：

$$\varphi=\arctan\frac{W_c}{W_l}=\arctan\left[\frac{\omega_1+\omega_2}{2\theta}\Bigg/\frac{\left(\frac{\omega_1+\omega_2}{2}\right)^2}{\omega_1-\omega_2}\right]=\arctan\frac{2(\omega_1-\omega_2)}{\theta(\omega_1+\omega_2)} \quad (6-43)$$

$$W_s=W_cW_l/\sqrt{W_c^2+W_l^2} \quad (6-44)$$

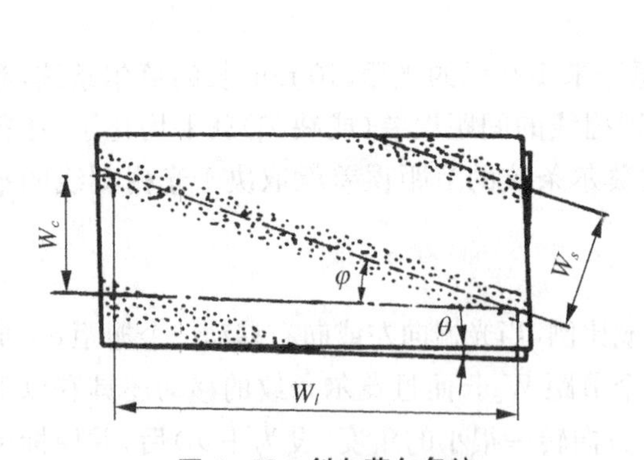

图 6-50 斜向莫尔条纹

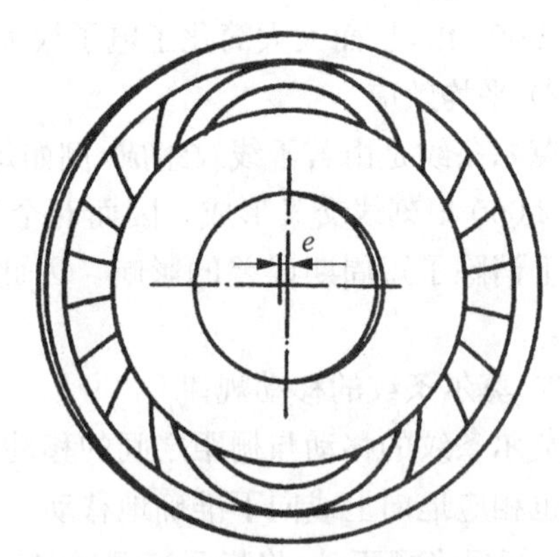

图 6-51 圆光栅的圆弧形莫尔条纹

圆光栅的莫尔条纹的形状随两块光栅的线纹结构和彼此的相对位置而不同。现以刻线通过圆心的径向光栅所形成的圆弧形莫尔条纹来说明。两块栅距相同的径向光栅叠置，同时保持很小的偏心量 e，所形成的莫尔条纹如图 6-51 所示。因有偏心使沿偏心方向的栅距不一致，故产生纵向莫尔条纹；而沿垂直于偏心的方向上，因偏心而使两光栅的线纹交叉，故产生横向莫尔条纹；其他方向上都是斜向莫尔条纹；于是在整个线纹区内由于各部分线纹的交角的不同，形成不同曲率半径的圆弧形莫尔条纹。

由以上分析可知，可以通过分析观察窗口中光强变化的过程、光强的超前滞后相位关系和光强变化的频率来检测到机床移动部件的位移、方向和速度。在实际应用中，透过观察窗口的光强变化过程并不是靠人眼去观察获得的，而是用光敏元件来检测的。光敏元件把透过观察窗口的近似于余弦函数的光强变化全部转换成近似于余弦函数的电压信号。因此，根据光敏元件产生的交变电压信号的变化情况、相位关系及频率来确定机床移动部件的移动情况。光敏元件把光强信号转变为电压信号，这给信号处理和应用带来很大的方便。

2. 光栅读数头

在实际使用中，大多把光源、指示光栅（短光栅）和光电元件等组合在一起称之为读数头。因此光栅检测装置也可以看成是由读数头和标尺光栅（长光栅）两部分组成。光栅读数头是位置信号的检出装置，是光栅与电子线路转接的部件，即位移—光—电变换器。它由光源、指示光栅及光学系统、光电元件等组成，读数头的结构形式很多，但可归纳为以下几种。

1) 分光读数头

这种光学系统是衍射光栅莫尔条纹光学系统的基本型，适用于细纹的衍射光栅，其工作原理如图 6-52 所示。光源 Q 发出的光，经透镜 L_1 变成平行光，照射到标尺光栅 G_s 和指示光栅 G_i 上，再利用透镜 L_2 并经光缝 S 能取出(0, 1)，(1, 0)级组合光（参见图 6-48）。同时由透镜 L_2 将在指示光栅 G_i 上形成的莫尔条纹聚焦，并在它的焦面上安装光电接受元件 P，接受莫尔条纹的明暗信号。这种光栅的莫尔条纹反差较强，但栅距较小，因此两块光栅之间的间隙也较小，为保护光栅表面，需要粘一层保护玻璃，而这样小的间隙是无法完成的。在实际使用中采用等倍投影系统，如图 6-53 所示。即在光栅 G_s 和 G_i 之间装上等倍投影透镜 L_3、L_4。使 G_s 的像以同样大小投影到 G_i 上形成莫尔条纹，G_s 和 G_i 之间的距离加大后，便于粘上保护玻璃。这种读数头主要用在高精度坐标镗床和精密测量仪器上。

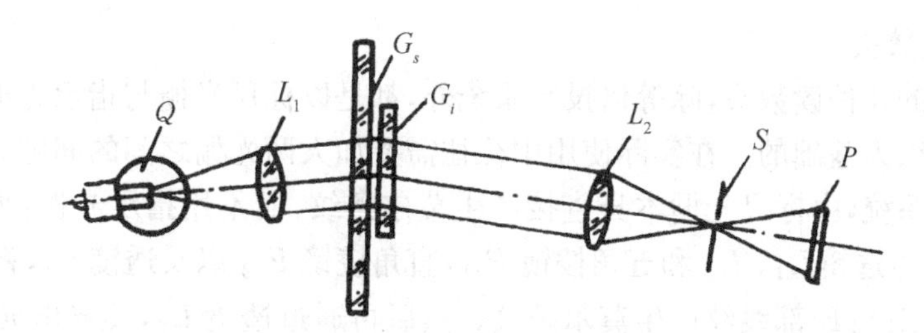

图 6-52　光学系统工作原理

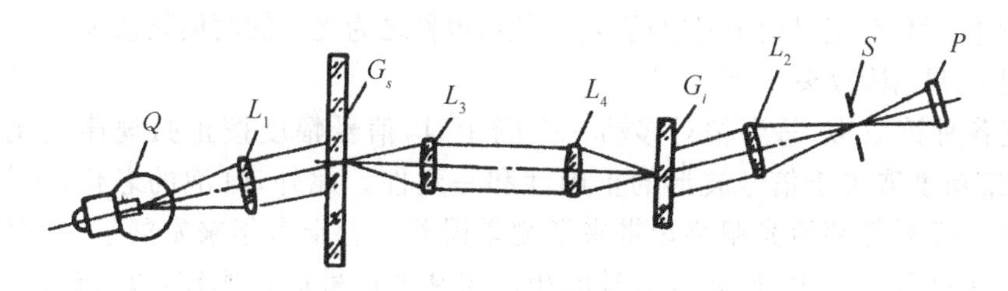

图 6-53　等倍投影系统

2）垂直入射读数头

这种读数头主要用于25～125线/mm的玻璃透射光栅系统，如图6-54所示。由光源Q发出的光，经透镜L准直后，垂直投射到标尺光栅G_s上，并通过指示光栅G_i，由光电元件P接受。两块光栅之间距离t是根据有效光波的波长λ和栅距ω来选择，即

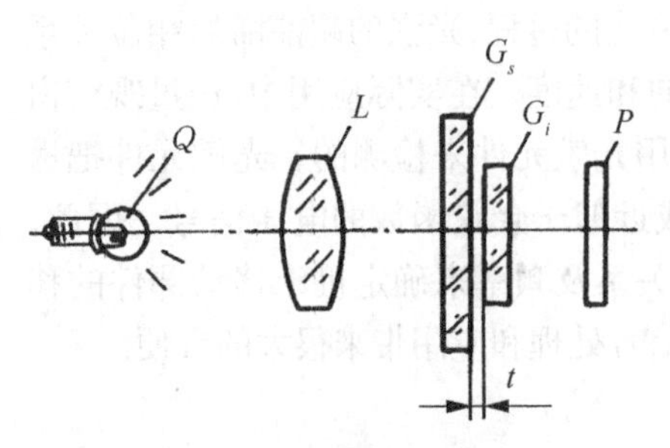

图6-54　玻璃透射光栅系统

$$t=\omega^2/\lambda \tag{6-45}$$

但这是理论值，实际使用时还要作适当的调整。

3）反射读数头

这种读数头主要用于每毫米25～50线以下的反射光栅系统，如图6-55所示。从光源Q发出的光，经透镜L_1得到平行光，以对光栅法面成β角的入射角(一般为30°)，经透射指示光栅G_i投射到标尺光栅G_s的反射面上。反射回来的光束，先通过指示光栅G_i形成莫尔条纹，然后经透镜L_2由光电元件P接受信号。

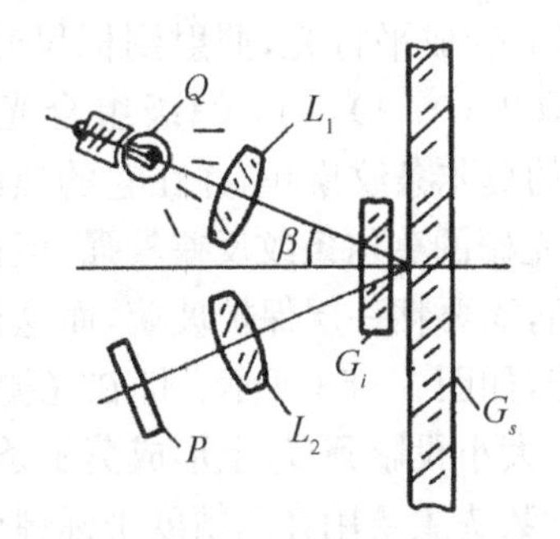

图6-55　反射光栅系统

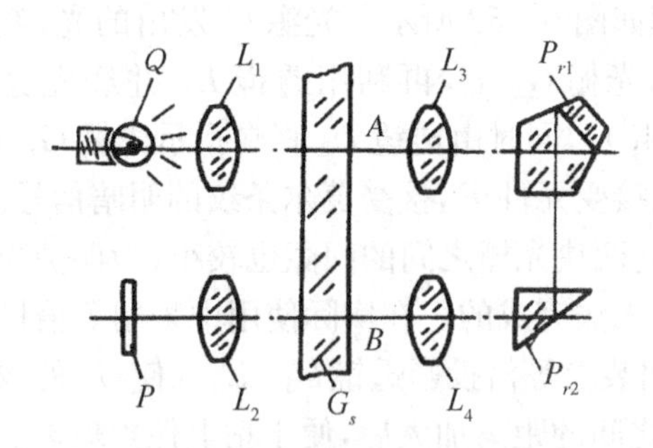

图6-56　透射—反射系统

4）镜像读数头

前面所述的几种读数头，除等倍投影系统外，都是以标尺光栅与指示光栅十分靠近时形成的莫尔条纹为基础的。在实际使用中往往需要加大两光栅之间的间隙，因此，可以利用透射—反射系统，由标尺光栅本身直接产生莫尔条纹，而不用指示光栅，如图6-56所示。光源Q经过透镜L_1、L_3和五角棱镜P_{r1}，直角棱镜P_{r2}以及透镜L_4，将标尺光栅G_s的A部线纹投射到B部线纹产生莫尔条纹。然后再通过透镜L_2，使光电元件P接受信号。在这种系统中，镜像的运动方向与标尺光栅运动方向相反。因而标尺光栅每移动一个栅距，光电元件就记录两个光电信号。所以，也称之为光学的两倍频系统。

5）相位调制读数头

上述各种读数头，每当相对移动一个栅距时，信号幅度按正弦规律变化一周期。因此，测量精度取决于信号波形的正确性和一致性。此外，灯泡的老化，平均透光度以及线纹的反射等都给光栅测量带来了测量误差。近十多年来发展了一种相位调制读数头。在这种系统中，使光电信号的相位与基准信号进行比较，以达到细分栅距的目的。这种读数头的结构形式很多，如将图6-56中的直角棱镜的一端加上振动，就

可变为相位调制读数头。

3. 直线光栅检测装置的辨向

采用一个光电元件所得到的光栅信号只能计数，但不能辨识运动的方向，为了确定运动方向，至少要有两个光电元件，如图 6－57(b)所示。安装两个相距 $W/4$ 的隙缝 S_1 和 S_2，通过 S_1 和 S_2 的光束分别为两个光电元件所接受。当光栅移动时，莫尔条纹通过两个隙缝的时间不同，所以两个光电元件所获得的电信号虽然波形相同，但相位相差 90°。至于哪个导前，则决定于标尺光栅 G_s 的移动方向。如图 6－57(c)所示，当标尺光栅 G_s 向右移动时，莫尔条纹向上移动，隙缝 S_2 的输出信号波形超前 1/4 周期，若 G_s 向左移动时，莫尔条纹向下移动，隙缝 S_1 的输出信号超前 1/4 周期。根据两隙缝输出信号的超前或滞后，可以确定标尺光栅 G_s 移动的方向。

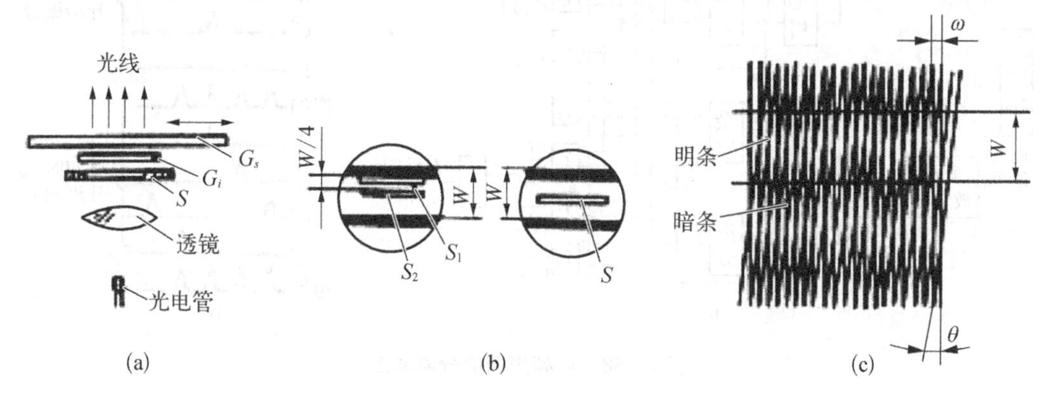

图 6－57　直线光栅检测装置的辨向

4. 提高光栅分辨精度的措施

为了提高光栅检测装置的精度，可以提高刻线精度和增加刻线密度。但刻线密度达 200 线/mm 以上的细光栅刻线制造较困难，成本也高。所以，通常采用倍频的方法来提高光栅的分辨精度，如图 6－58 所示，采用四倍频方案。光栅刻线密度为 50 线/mm，采用 4 个光电元件和 4 个隙缝，每隔 1/4 光栅节距产生一个脉冲，分辨精度可提高四倍。

当指示光栅与标尺光栅相对运动时，硅光电池接受到正弦波电流信号。这些信号送至差动放大器，再通过整形，使之成为两路正弦及余弦方波。然后经微分电路获得脉冲，由于脉冲是在方波的上升沿产生，为了使 0°、90°、180°、270°的位置上都得到脉冲，所以必须把正弦和余弦方波分别各自反相一次，然后再微分，这样可得到 4 个脉冲。为了辨别正向和反向运动，可用一些与门把四个方波 sin、－sin、cos 及－cos(即 A、B、C、D)和四个脉冲进行逻辑组合。当正向运动时，通过与门 $Y_1 \sim Y_4$ 及或门 H_1 得到 $A'B + AD' + C'D + B'C$ 四个脉冲输出。当反向运动时，通过与门 $Y_5 \sim Y_8$ 及或门 H_2 得到 $BC' + AB' + A'D + CD'$ 四个脉冲输出。其波形见图 6－58(c)所示，这样虽然光栅栅距为 0.02 mm，但 4 倍频后，分辨精度提高了 4 倍。此外，也可采用 8 倍频、10 倍频、20 倍频及其他倍频线路。

5. 光栅检测装置的特点

(1) 由于光栅的刻线可以制作十分精确，同时莫尔条纹对刻线局部误差有均化作用，

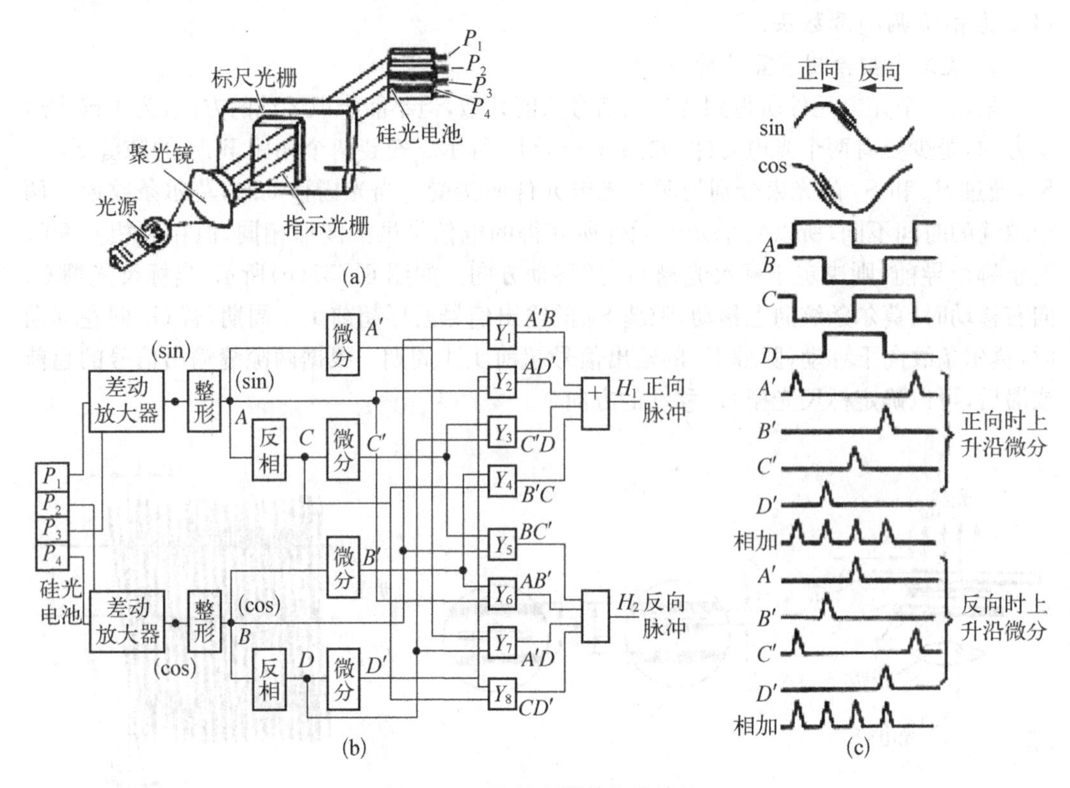

图 6-58 倍频光栅的分辨精度

因此，栅距误差对测量精度影响较小，也可采用倍频的方法来提高分辨精度，所以测量精度高。

(2) 在检测过程中，标尺光栅与指示光栅不直接接触，没有磨损，因此精度可以长期保持。

(3) 光栅刻线要求很精确，两光栅之间的间隙及倾斜角都要求保持不变，故制造调试比较困难。光学系统易受外界的影响产生误差，同时又有灰尘、油、冷却液等污物的侵入，易使光学系统污染甚至变质。为了保证精度和光电信号的稳定，光栅和读数头都应放在密封的防护罩内，对工作环境的要求也较高，测量精度高的都放在恒温室中使用。

6.4.6 磁尺

磁尺，又名磁栅，是用电磁方法计算磁波数目的一种位置检测元件。磁尺按其结构可分为直线磁尺和圆形磁尺，分别用于直线位移和角度位移的测量，具有精度高、制作简单、安装调整方便、对使用环境的条件要求较低如对周围电磁场的抗干扰能力较强等一系列优点，在油污、粉尘较多的工作条件下使用有较好的稳定性。因此可在数控机床、精密机床和各种测量机上应用。

磁尺位置检测装置是由磁性标尺、磁头和检测电路组成，其装置框图如图 6-59 所示。利用录磁原理将一定周期变化的方波、正弦波或脉冲电信号，用录磁磁头记录在磁性标尺(或磁盘)的磁膜上,作为测量的基准。检测时,拾磁磁头将磁性标尺上的磁化信号转化为电信号,然后再送到检测电路处理后,把磁头相对于磁性标尺的位置或位移量用数字显示出来或转化为控制信号输入给数控机床。

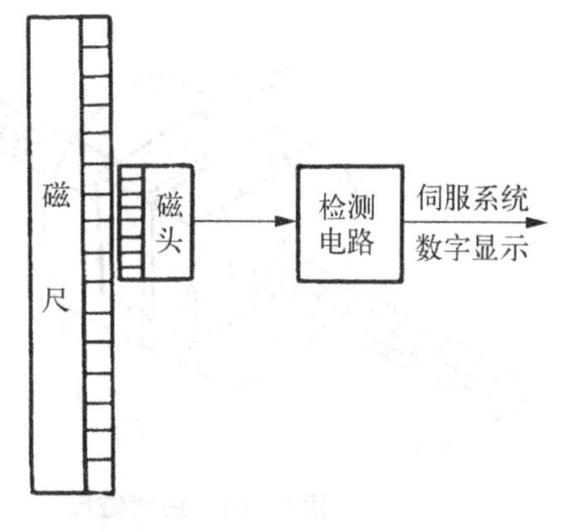

图 6-59　磁尺位置检测装置

1. 磁性标尺

磁性标尺(简称磁尺)是在非导磁材料如铜、不锈钢、玻璃或其他合金材料的基体上,用涂敷、化学沉积或电镀上一层 10～20 μm 厚的硬磁性材料(如 Ni-Co-P 或 Fe-Co 合金),并在它的表面上录制相等节距周期变化的磁信号。磁信号的节距一般为 0.05 mm、0.10 mm、0.20 mm、1.00 mm。为防止磁头对磁性膜的磨损,通常在磁性膜上涂一层厚 1～2 μm 的耐磨塑料保护层。

磁尺基体首先要不导磁,其次要求温度对测量精度的影响小。希望其热膨胀系数在 $10.5 \sim 12.0 \times 10^{-6}$ mm/℃,即与普通钢材和铸铁相近。磁尺按其基体形状不同可以分为直线位移测量用的实体型磁尺、带状磁尺和线状磁尺;用于角位移测量用的圆形磁尺。

1) 平面实体型磁尺

磁头和磁尺之间留有间隙,磁头固定在带有板弹簧的磁头架上。磁尺的形状和加工精度要求较高,刚性要好,因而成本较高。磁尺长度一般小于 600 mm,如要在较长的距离内进行测量,必须用几根磁尺接长使用。

2) 带状磁尺

带状磁尺是在材料为磷青铜带上镀一层 Ni-Co-P 合金磁膜,带宽为 70 mm,厚 0.2 mm,最大长度可达 15 m,如图 6-60 所示。磁带固定在用低碳钢做的屏蔽壳体内,并以一定的预紧力绷紧在框架或支架中,使带状磁尺随同框架或机床一起胀缩,从而减少温度对测量精度的影响。工作时磁头与磁尺接触,因而有磨损。由于磁带是弹性件,允许有一定的变形,因此对机械部件的安装精度要求不高。

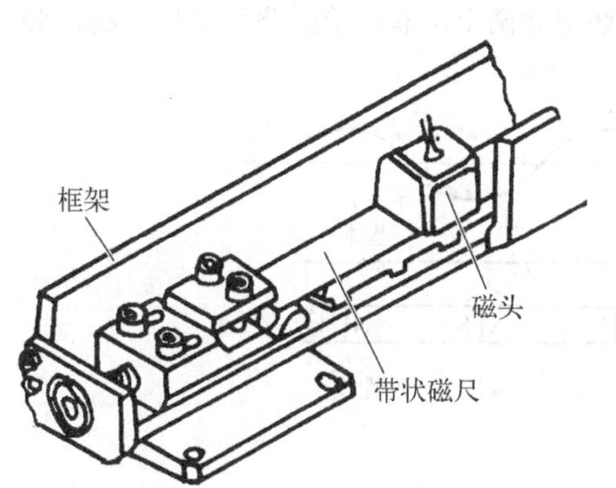

图 6-60　带状磁尺

3) 线状磁尺

线状磁尺如图 6-61 所示,在直径为 2 mm 的青铜丝上镀以镍-钴合金或用永磁材料制成。磁头是特制的,两磁头相距 λ/4。线状磁尺套在磁头中间,与磁头同轴,两者之间具有很小的间隙,由于磁尺包围在磁头中间,对周围电磁场起到了屏蔽作用,所以抗干扰能力强、输出信号大,系统检测精度高。但线膨胀系数大,所以不宜做得过长,一般小于 1.5 m。机械结构可做得很小,通常用于小型精密数控机床、微型量仪或测量机上,其系统精度可达±0.002/300 mm。

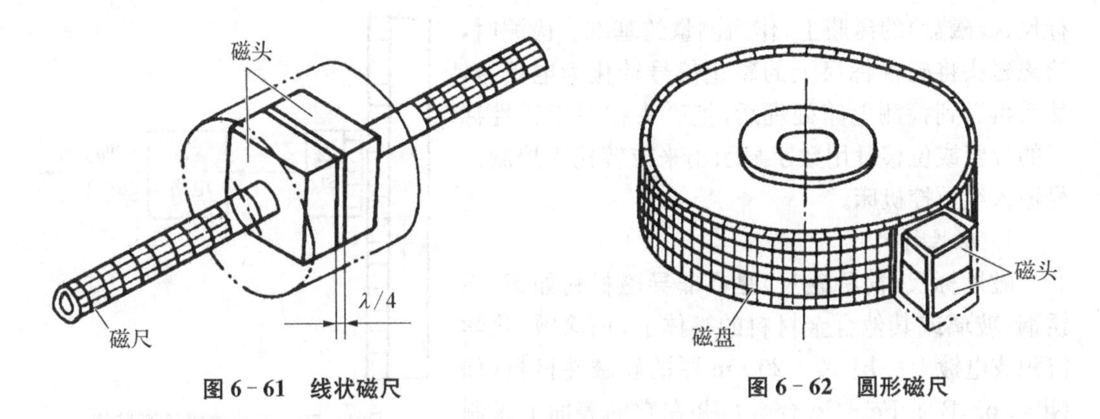

图 6-61　线状磁尺　　　　图 6-62　圆形磁尺

4）圆形磁尺

圆形磁尺如图 6-62 所示，磁头和上述带状磁尺的磁头相同，不同的是将磁尺做成磁盘或磁鼓形状，主要用来检测角位移。

近年来发展了一种粗刻度磁尺，其磁信号节距为 4 mm，经过 1/4、1/40 或 1/400 的内插细分，其显示值分别为 1 mm、0.1 mm、0.01 mm。这种磁尺制作成本低，调整方便，磁头与磁尺之间为非接触式，因而寿命长。

2. *磁头*

磁头是进行磁-电转换的变换器，它把反应空间位置的磁信号转换为电信号输送到检测电路中去。

普通录音机上的磁头输出电压幅值与磁通变化率成比例，属于速度响应型磁头。

根据数控机床的要求，为了在低速运动和静止时也能进行位置检测，必须采用磁通响应型磁头。这种磁头用软磁材料（如铍莫合金）制成二次谐波调制器。其结构如图 6-63 所示，它由铁芯、两个产生磁通方向相反的激磁绕组和两个串联的拾磁绕组组成。将高频

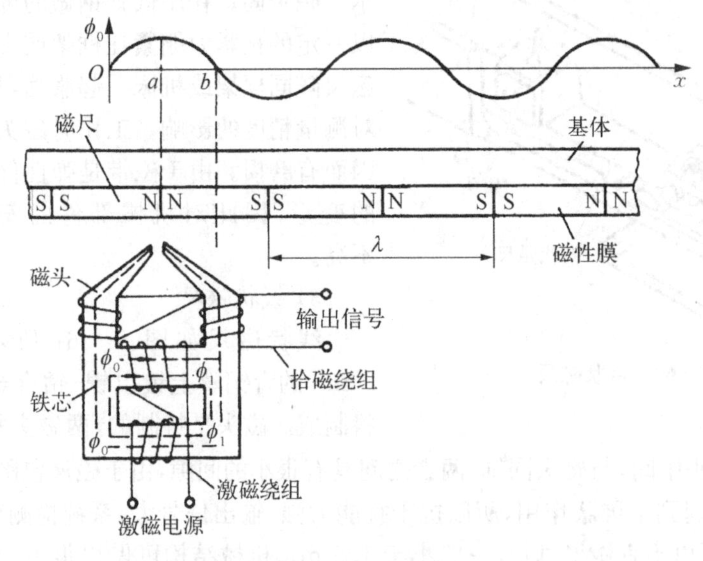

图 6-63　磁　头

激磁电流通入激磁绕组时，在磁头上产生磁通 ϕ，当磁头靠近磁尺时，磁尺上的磁信号产生的磁通进入磁头铁芯，并被高频激磁电流产生的磁通 ϕ_1 所调制。于是在拾磁线圈中感应电压为

$$u = U_0 \sin \frac{2\pi x}{\lambda} \sin \omega t \tag{6-46}$$

式中，U_0 是感应电压系数；λ 是磁尺磁化信号的节距；x 是磁头相对于磁尺的位移；ω 是激磁电流的角频率。

为了辨别磁头在磁尺上的移动方向，通常采用了间距为 $\left(m \pm \frac{1}{4}\right)\lambda$ 的两组磁头（其中 m 为任意正整数）。如图 6-64 所示，i_1、i_2 为激磁电流，其输出电压分别为

$$u_1 = U_0 \sin \frac{2\pi x}{\lambda} \sin \omega t \tag{6-47}$$

$$u_2 = U_0 \cos \frac{2\pi x}{\lambda} \sin \omega t \tag{6-48}$$

u_1 和 u_2 是相位相差 90°的两列脉冲。至于哪个导前，则取决于磁尺的移动方向。根据两个磁头输出信号的超前或滞后，可确定其移动方向。

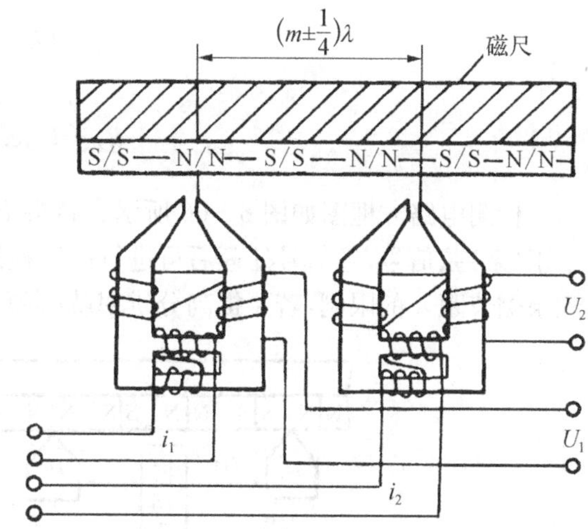

图 6-64　辨别磁头在磁尺上的移动方向

使用单个磁头的输出信号很小，为了提高输出信号的幅值，同时降低对录制的磁化信号正弦波形和节距误差的要求，在实际使用时，常将几个到几十个磁头以一定的方式联接起来，组成多间隙磁头，如图 6-65 所示。多间隙磁头中的每一个磁头都以相同的间距 $\lambda_m/2$ 配置，相邻两磁头的输出绕组反向串接。因此，输出信号为各磁头输出信号的叠加。多间隙磁头具有高精度、高分辨率、输出电压大等优点。输出电压与磁头数 n 成正比，例如当 $n=30$，$\omega/2=5$ kHz 时，输出的峰—峰值达数百 mV，而 $\omega/2=25$ kHz 时，峰—峰值高达 1 V 左右。

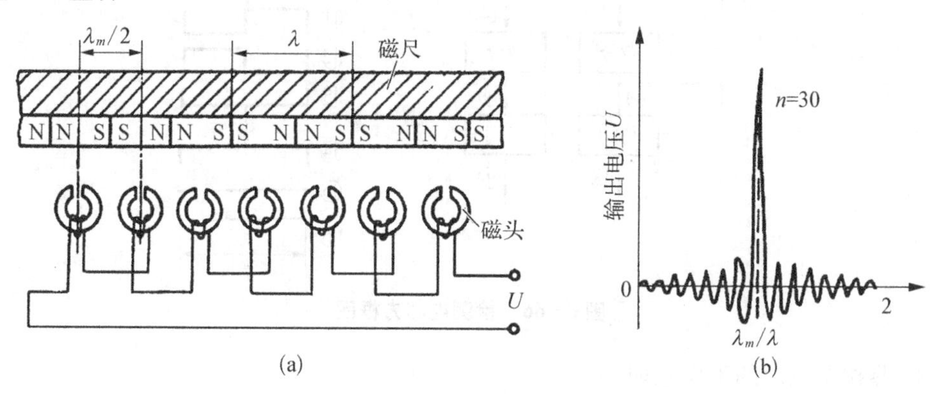

图 6-65　多间隙磁头

3. 检测线路

磁尺检测是模拟测量，必须和检测电路配合才能检测。检测线路包括激磁电路，读取信号的滤波、放大、整形、倍频、细分、数字化和计数等线路。根据检测方法不同，检测电路分为鉴幅型和鉴相型两种。

1）鉴幅型系统工作原理

如前所述，磁头有两组信号输出，将高频载波滤掉后则得到相位差为 $\frac{\pi}{2}$ 的两组信号

$$u_1 = U_0 \sin \frac{2\pi}{\lambda} x \tag{6-49}$$

$$u_2 = U_0 \cos \frac{2\pi}{\lambda} x \tag{6-50}$$

检测电路方框图如图 6-66 所示。磁头 H_1、H_2 相对于磁尺每移动一个节距发出一个正（余）弦信号，经信号处理后可进行位置检测。这种方法的线路比较简单，但分辨率受到录磁节距 λ 的限制，若要提高分辨率就必须采用较复杂的倍频电路，所以不常采用。

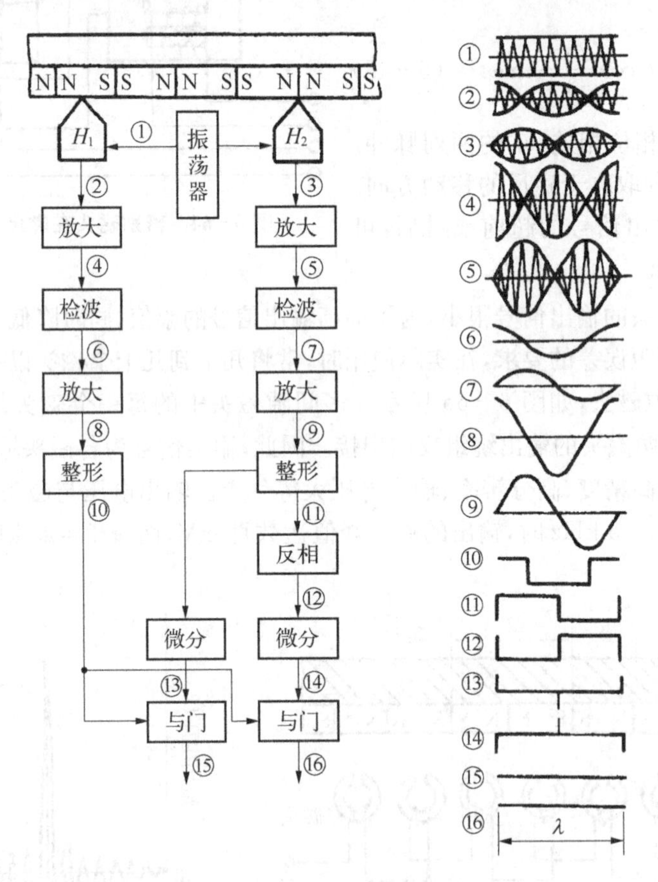

图 6-66 检测电路方框图

2）鉴相型系统的工作原理

采用相位检测的精度可以大大高于录磁节距 λ，并可以通过提高内插脉冲频率以提

高系统的分辨率，据称可达 1 μm。相位检测方框图如图 6－66 所示。将图中一组磁头的激磁信号移相 90°，则得输出电压为

$$u_1 = U_0 \sin \frac{2\pi}{\lambda} x \cos \omega t \tag{6-51}$$

$$u_2 = U_0 \cos \frac{2\pi}{\lambda} x \sin \omega t \tag{6-52}$$

在求和电路中相加，则得磁头总输出电压为

$$u = U_0 \sin\left(\frac{2\pi}{\lambda} x + \omega t\right) \tag{6-53}$$

由式(6－53)可知，合成输出电压 u 的幅值恒定，而相位随磁头与磁尺的相对位置 x 变化而变。其输出信号与旋转变压器、感应同步器的读取绕组中取出的信号相似，所以其检测电路也相同。从图 6－67 看出，振荡器送出的信号经分频器，低通滤波器得到波形较好的正弦波信号。一路经 90°移相后功率放大送至磁头Ⅱ的激磁绕组，另一路经功率放大送至磁头Ⅰ的激磁绕组。将两磁头的输出信号送入求和电路中相加，并经带通滤波器、限幅、放大整形得到与位置量有关的信号，送入检相内插电路中进行内插细分，得到分辨率为预先设定单位的计数信号。计数信号送入可逆计数器，即可进行数字控制和数字显示。

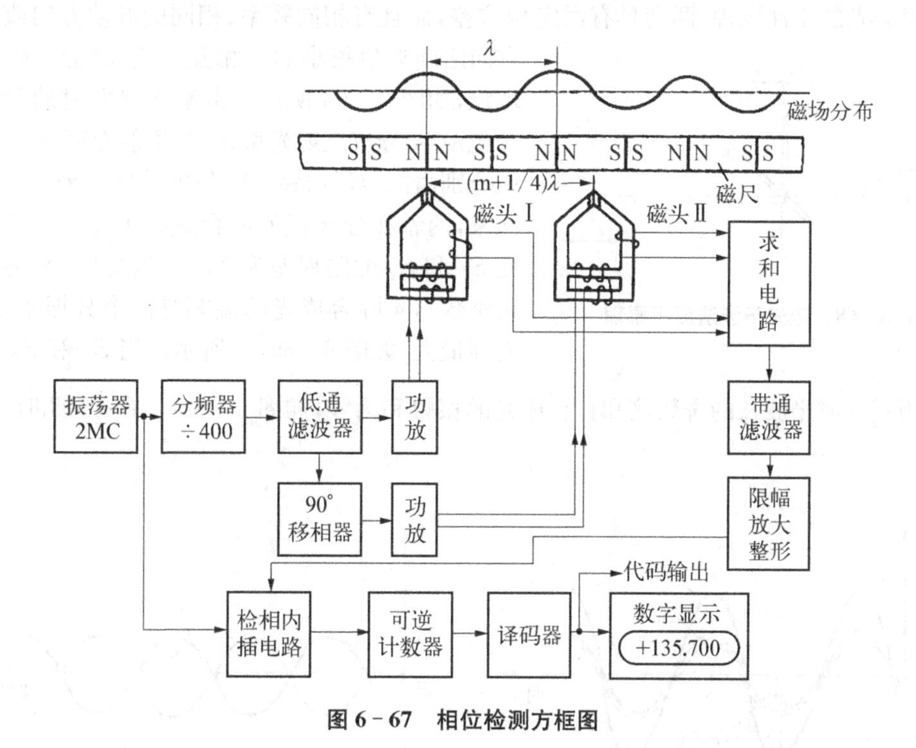

图 6－67　相位检测方框图

磁尺制造工艺比较简单，录磁、去磁都较方便。若采用激光录磁，可得到更高的精度。直接在机床上录制磁尺，不需安装、调整工作，避免了安装误差，从而得到更高的精度。磁尺还可以制作得较长，用于大型数控机床。目前数控机床的快速移动的速度已达到

0.4 m/s,因此,磁尺作为测量元件难以跟上这样高的反应速度,使其应用受到限制。

6.4.7 激光干涉仪

激光是20世纪60年代末兴起的一种新型光源,广泛应用于各个方面。它与普通光相比具有许多特殊性能,具体如下。

(1) 高度相干性。相干波是指两个具有相同方向、相同频率和相位差相同的波。普通光源是自发辐射光,是非相干光。激光是受激辐射光,具有高度的相干性;

(2) 方向性好。普通光向四面八方发光,而从激光器发出来的激光,其发散角很小,几乎与激光器的反射镜面垂直。如配置适当的光学准直系统,其发散角可小到 10^{-4} rad 以下,几乎是一束平行光。

(3) 高度单色性。普通光源包含许多波长,所以具有多种颜色。如日光包含:红、橙、黄、绿、青、蓝、紫七种颜色,其相应波长从 760~380 nm。激光的单色性高,如氦氖激光的谱线宽度只有 10^{-6} nm。

(4) 亮度高。激光束极窄,所以有效功率和照度特别高,比太阳表面高二百亿倍以上。

由于激光有以上特性,因而广泛应用于长距离,高精度的位置检测。

1. 激光干涉法测距原理

根据光的干涉原理,两列具有固定相位差,而且有相同频率、相同的振动方向或振动方向之间夹角很小的光相互交叠,将会产生干涉现象,如图6-68所示。由激光器发射的激光经分光镜 A 分成反射光束 S_1 和透射光束 S_2。两光束分别由固定反射镜 M_1 和可动反射镜 M_2 反射回来,两者在分光镜处汇合成相干光束。若两列光 S_1 和 S_2 的路程差为 $N\lambda$(λ 为波长,N 为零或正整数),实际合成光的振幅是两个分振幅之和,光强最大,如图6-69(a)所示。当 S_1 和 S_2 的路程差为 $\frac{\lambda}{2}$(或半波长的奇数倍)时,合成光的振幅和为零,如图6-69(b)所示,此时,光强最小。

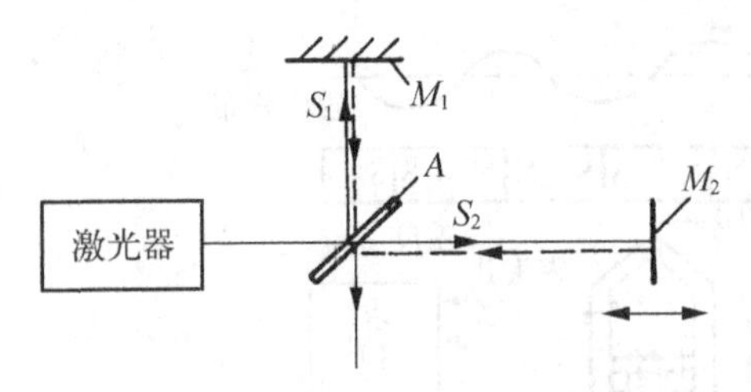

图6-68 激光干涉法测距原理

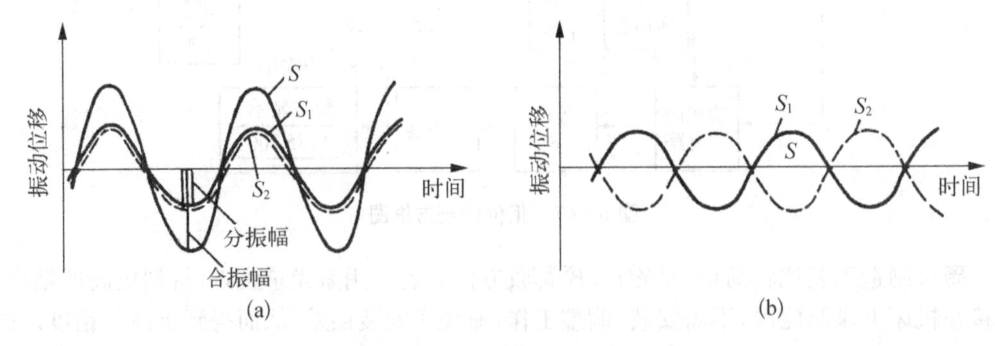

图6-69 实际合成光

激光干涉仪就是利用这一原理使激光束产生明暗相间的干涉条纹，由光电转换元件接受并转换为电信号，经处理后由计数器计数，从而实现对位移量的检测。由于激光的波长极短，特别是激光的单色性好，其波长值很准确。所以利用干涉法测距的分辨率至少为 $\frac{\lambda}{2}$，利用现代电子技术还可测定 0.01 个光干涉条纹。因此，用光干涉法测距的精度极高。

激光干涉仪是由激光管、稳频器、光学干涉部分、光电接受元件、计数器和数字显示器组成。目前应用较多的有单频激光干涉仪和双频激光干涉仪。

2. 单频激光干涉仪

图 6-70 为单频激光干涉仪原理图，激光器 1 发出的激光束，经镀有半透明银箔层的分光镜 5 将光分为两路，一路折射进入固定不动的棱镜 4，另一路反射进入可动棱镜 7。经棱镜 4 和 7 反射回来的光重新在分光镜 5 处汇合成相干光束，此光束又被分光镜分成两路，一路进入光电接受元件 3，另一路经棱镜 8 反射至光电接受元件 2。

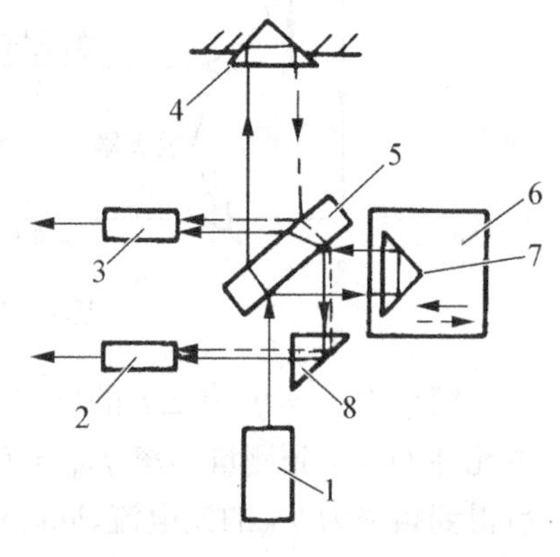

图 6-70　单频激光干涉仪原理图

由于分光镜上镀有半透明半反射的金属膜，所产生的折射光和反射光的波形相同，但相位上有变化，适当调整光电元件 3 和 2 的位置，使两光电信号相位差 90°。两者相位超前或滞后的关系，取决于棱镜 7 的移动方向，当工作台 6 移动时棱镜 7 也移动，则干涉条纹移动，每移动一个干涉条纹，光电信号变化一个周期。如果采用四倍频电子线路细分，采用波长 $\lambda=0.6328\ \mu m$ 的氦—氖激光为光源，则一个脉冲信号相当于机床工作台的实际位移量为

$$\frac{1}{4}\times\frac{1}{2}\lambda=\frac{0.6328}{8}\approx 0.08\ \mu m$$

单频激光干涉仪使用时受环境影响较大，调整麻烦，放大器存在零点漂移。为克服这些缺点，可采用双频激光干涉仪。

3. 双频激光干涉仪

双频激光干涉仪的基本原理与单频激光干涉仪不同，是一种新型激光干涉仪，如图 6-71 所示。它是利用光的干涉原理和多卜勒效应(此处指由于振源相对运动而发生的频率变化的现象)产生频差的原理来进行位置检测的。

激光管放在轴向磁场内，发出的激光为方向相反的右旋圆偏振光和左旋圆偏振光，其振幅相同，但频率不同，分别表示为 f_1 和 f_2。经分光镜 M_1，一部分反射光经检偏器射入光电元件 D_1 作为基准频率 $f_基$($f_基=f_2-f_1$)。另一部分通过分光镜 M_1 的折射光到达分光镜 M_2 的 a 处，频率为 f_2 的光束完全反射经滤光器变为线偏振光 f_2，投射到固定棱镜 M_3 后并反射到分光镜 M_2 的 b 处。频率为 f_1 的光束折射经滤光器变为线偏振光 f_1，投射到可动棱镜 M_4 后也反射到分光镜 M_2 的 b 处，两者产生相干光束。若 M_4 移动，则反射光的频率发生变化而产生多卜勒效应，其频差为多卜勒频差 Δf。

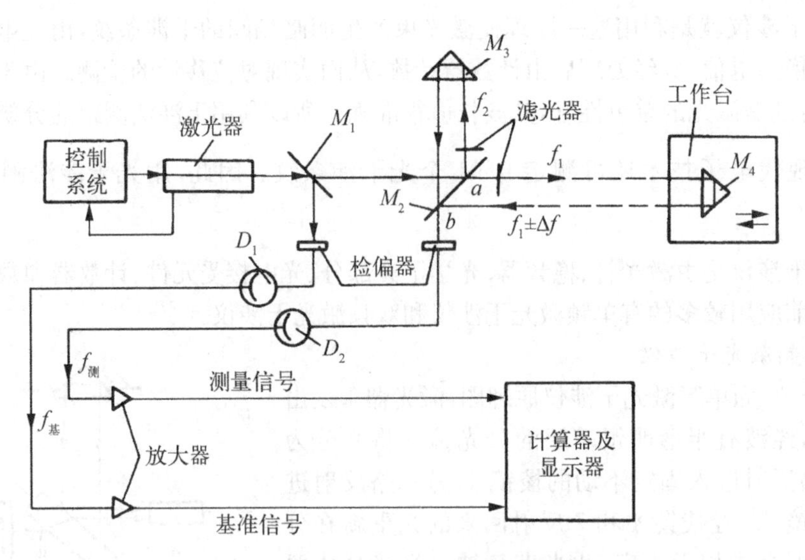

图 6-71　双频激光干涉仪的基本原理

频率为 $f'=f_1 \pm \Delta f$ 的反射光与频率为 f_2 的反射光在 b 处汇合后，经检偏器投入光电元件 D_2，得到测量频率 $f_{测}=f_2-(f_1 \pm \Delta f)$ 的光电流，这路光电流与经光电元件 D_1 后得到频率为 $f_{基}$ 的光电流，同时经放大器放大进入计算机，经减法器和计数器，即可算出差值 $\pm \Delta f$，并按下式计算出可动棱镜 M_4 的移动速度 v 和移动距离 L。

$$\Delta f=\frac{2v}{\lambda} \tag{6-54}$$

$$v=\frac{\mathrm{d}L}{\mathrm{d}t}, \quad \mathrm{d}L=v\mathrm{d}t \tag{6-55}$$

$$L=\int_0^t v\mathrm{d}t=\int_0^t \frac{\lambda}{2}\Delta f\mathrm{d}t=\frac{\lambda}{2}\int_0^t \Delta f\mathrm{d}t=\frac{\lambda}{2}N \tag{6-56}$$

式中，N 是由计算机记录下来的脉冲数，将脉冲数乘以半波长就得到所测位移的长度。

双频激光干涉仪与单频激光干涉仪相比有下列优点：

(1) 接受信号为交流信号，前置放大器为高倍数的交流放大器，不用直流放大，所以没有零点漂移等问题；

(2) 采用多卜勒效应，计数器是计频率差的变化，不受激光强度和磁场变化的影响。在光强度衰减 90%时仍可得到满意的信号，这对于远距离测量是十分重要的，同时在近距离测量时又能简化调整工作；

(3) 测量精度不受空气湍流的影响，无需预热时间。

用激光干涉仪作为机床的测量系统可以提高机床的精度和效率。开始时仅用于高精度的磨床、镗床和坐标测量机上，后来又用于加工中心的定位系统中。但由于在机床上使用感应同步器和光栅一般能达到精度要求，而激光仪器的抗振性和抗环境的干扰性能差，且价格较贵，目前在机械加工现场使用较少。

习题与思考题

6-1　伺服系统的概念是什么？简述数控机床对伺服系统的要求。

6-2　反应式步进电动机的步距角大小和哪些因素有关？如何控制步进电动机的输出角位移量及转速？

6-3　步进电动机的连续工作频率与它的负载转矩有何关系？为什么？

6-4　简述直流电动机 PWM 调速主回路及脉宽调制器的工作原理。

6-5　简述交流伺服电动机一相 SPWM 波调制原理。

6-6　交流伺服电动机变频调速的特点是什么？

6-7　什么是交流伺服电动机的矢量控制？

6-8　简述永磁式交流伺服电动机的矢量控制原理。

6-9　数控机床对位置检测装置的要求是什么？

6-10　数字式测量装置的特点是什么？

6-11　增量式测量和绝对式测量的特点是什么？

6-12　简述直线感应同步器的工作原理。感应同步器的测量系统可分为哪两种？

6-13　感应同步器的特点是什么？

6-14　简述旋转变压器的工作原理。

6-15　何谓脉冲编码器？这种检测方式的特点是什么？

6-16　简述光栅检测的工作原理。

6-17　磁尺位置检测装置由哪几部分组成？并简述其工作原理。

6-18　激光与普通光相比具有哪些特殊性能？

第7章　数控加工工艺基础

7.1　数控加工工艺设计

数控程序编制首先要解决的问题是数控加工工艺，即零件的加工方法和步骤。数控加工工艺的内容包括：安排加工工序、确定各工序所用的机床、工夹量具、装夹方法、测量方法、加工余量、切削余量和工时定额等，并把这些内容编制成工艺文件。工艺文件是生产准备工作的依据，也是组织生产的指导性文件，因此程序编制人员在进行工艺分析时，要充分了解和掌握各种技术资料，如所用机床的说明书、编程手册、切削用量表、标准刀具、夹具手册等，结合生产车间的实际情况，根据被加工工件的材料、轮廓形状等选择合适的机床，制定加工方案。数控加工实践表明：工艺安排合理与否直接影响到被加工件的质量、生产效率及加工成本等。因此程序编制中的工艺分析是一项十分重要的工作。

根据实际生产中的经验，数控加工工艺主要包括下列内容。

7.1.1　数控机床的合理选用

在选用机床时，应遵循既要满足使用要求，又要经济合理的原则。机床的规格要与加工零件相适应，机床的生产率应与加工零件的生产类型相适应，机床的加工精度应与零件的质量要求相适应。概括地讲，应根据零件的表面加工方法、零件的表面形状与尺寸、加工成本、加工精度与粗糙度、零件的复杂程度等要求选择适合加工该零件的数控机床。例如：

(1) 对不太复杂、尺寸不大的孔系加工，可选用数控钻床而不必用价格昂贵的加工中心。

(2) 对四个面都需加工的零件，并有平面的复杂孔系零件(如箱体)，应选用卧式加工中心；对单面的孔系、曲面的板件及端面凸轮等零件，则选用立式加工中心，这样便于定位，加工成本也低。

曲面加工的机床有二轴半、三轴、四轴、五轴控制等之分，可根据零件的曲面形状、加工精度和生产率、采用的刀具形状，选用不同坐标轴数的数控机床。例如，用二轴半、三轴控制的机床都可以加工曲面，如图7-1所示为两轴联动三坐标行切法用球头铣刀加工并按刀心进行编程时的刀心轨迹与切削点轨迹的示意图。$ABCD$ 为被加工曲面，P 平面为平行于 YZ 坐标面的一个行切面，其刀心轨迹 O_1O_2 为曲面 $ABCD$ 的等距面 $IJKL$ 与行切面 P_{YZ} 的交线，显然，O_1O_2 是一条平面曲线。当曲面的曲率变化时，会导致球头刀与曲面切削点的位置亦随之改变，因而，切削点的连线 ab 则是一条空间折线，从而在曲面上形成扭曲的残留沟纹。由于二轴半坐标加工的刀心轨迹为平面曲线，故编程计算较为简单，常用于曲率变化不大及精度要求不高的粗加工。

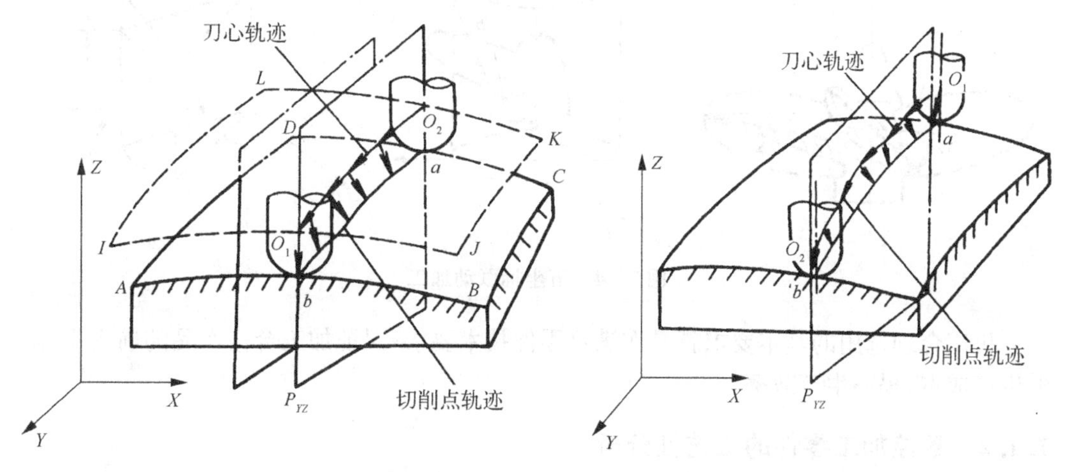

图 7-1 二轴半坐标联动加工　　　　图 7-2 三坐标联动加工

三坐标联动加工如图 7-2 所示，X、Y、Z 三轴可同时插补联动。用三坐标联动加工曲面时，通常亦用行切方法。同样，P 平面为平行于 YZ 坐标面的一个行切面，其与曲面的交线 ab 若要求为一条平面曲线，则应使球头刀与曲面的切削点总是处在平面曲线 ab 上（即沿 ab 切削），以获得规则的残留沟纹。显然，这时的刀心轨迹 O_1O_2 不在 P_{YZ} 平面上，而是一条空间折线，因此，需要 X、Y、Z 三轴联动加工。采用三坐标联动加工，可缩小逼近误差，容易保证加工质量。三坐标联动加工常用于复杂空间曲面的精确加工（如精密锻模）。但编程计算较为复杂，所用机床的数控装置还必须具备三轴联动功能。

对于曲面轮廓的零件，一般都采用三轴或三轴以上坐标联动的铣床或加工中心加工。为保证较高的加工质量和良好的刀具受力状况，加工中应尽量使刀具回转中心与加工表面处处垂直或相切，为此加工这类零件常采用具有四坐标、五坐标联动功能的数控铣床加工。图 7-3 为四坐标联动，采用圆柱铣刀加工的曲面；图 7-4 为五坐标联动，采用端面铣刀加工的螺旋桨叶面。

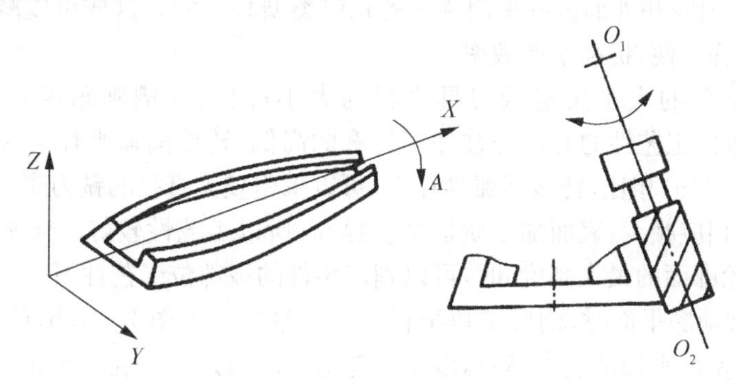

图 7-3 四坐标联动加工

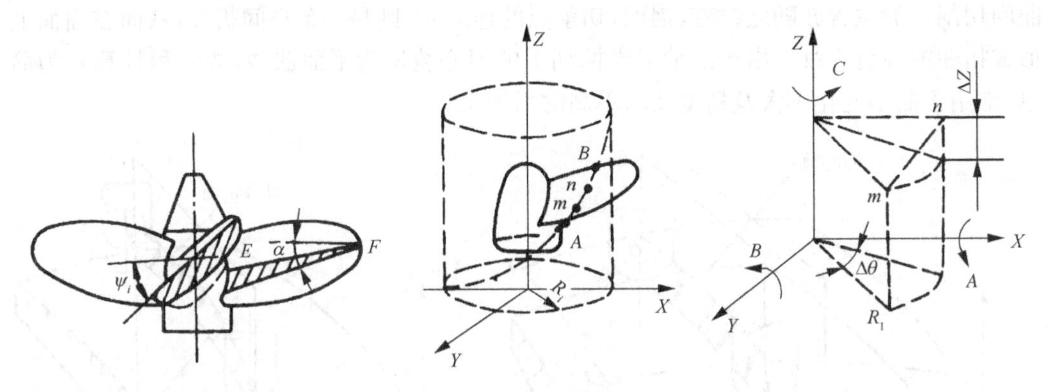

图 7-4 五坐标联动加工

机床合理选用的基本要求就是在满足零件技术要求，保证加工合格产品的前提下，降低生产成本，提高生产效率。

7.1.2 数控加工零件的工艺性分析

可以认为，用普通机床等传统方法加工的零件，都可用数控机床加工。由于数控加工工艺性分析涉及的知识面很广，在此仅从数控加工的几何要素及加工特点上进行分析。

1. 零件图的尺寸标注及轮廓的几何要素

(1) 零件图的尺寸标注。由于数控加工精度和重复定位精度都很高，不会产生较大的积累误差，因此以编程方便为原则，零件尺寸标注要符合数控加工工艺的特点进行标注，即图中所有点、线、面的尺寸和位置，以编程原点为基准或以同一基准引注尺寸或直接标注坐标尺寸，这种标注方法既便于编程，也便于尺寸之间的相互协调。

(2) 轮廓的几何要素。手工编程要计算基点或节点坐标，自动编程要对构成零件轮廓的所有几何元素进行定义。因此在分析零件图时，要分析几何元素的给定条件是否充分。如圆弧与直线，圆弧与圆弧在图样上相切，而根据图上给出的尺寸，在计算相切条件时，变成了相交或相离状态。由于构成零件几何元素条件的不充分，就无法编程。所以在审查图纸时，对构成零件轮廓的几何元素要认真分析，若发现问题，应与零件设计者协商解决。

2. 零件各加工部位的结构工艺性应符合数控加工的特点

(1) 零件的内腔和外形最好采用统一的几何类型和尺寸。这样可以减少刀具规格和换刀次数，使编程方便，提高生产效率。

(2) 内槽圆角的大小决定着刀具直径的大小，因而内槽圆角半径不应过小。如图 7-5 所示，零件工艺性的好坏与被加工轮廓的高低、转接圆弧半径的大小等有关。图 7-5(b)与图 7-5(a)相比，转接圆弧半径大，可以采用较大直径的铣刀来加工。加工平面时，进给次数也相应减少，表面加工质量也会提高，所以工艺性较好。通常 $R<0.2H$（H 为被加工零件轮廓面的最大高度）时，可以判定零件的该部位工艺性不好。

(3) 零件铣削底平面时，槽底圆角半径 r 不应过大。如图 7-5(b)所示，圆角半径 r 越大，铣刀端刃铣削平面的能力越差，效率也越低。因为铣刀与铣削平面接触的最大直径 $d=D-2r$（D 为铣刀直径）。当 D 一定时，r 越大，铣刀端刃铣削平面的面积越小，加工

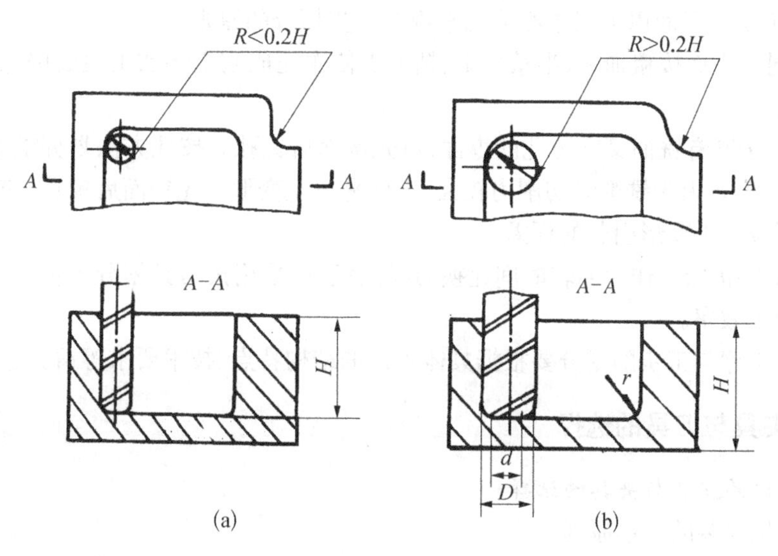

图 7-5　数控加工工艺性对比

表面的能力越差，工艺性也越差。

(4) 应采用统一的基准定位。在数控加工中，若没有统一基准定位，会因工件的重新安装而导致加工后的两个面上轮廓位置及尺寸不协调现象。

零件上最好有合适的孔作为定位基准孔，若没有，要设置工艺孔作为定位基准孔，如在毛坯上增加工艺凸耳或在后续工序要铣去的余量上设置工艺孔。若无法制出工艺孔时，最起码也要用经过精加工的表面作为统一基准，以减少两次装夹产生的误差。

此外，还应分析零件所要求的加工精度、尺寸公差等是否可以得到保证、有无引起矛盾的多余尺寸或影响工序安排的封闭尺寸等。

3. 工序与工步的划分

1) 工序的划分

在划分工序时，一定要视零件的结构与工艺性、机床的功能、零件数控加工内容、安装次数及本单位的生产组织情况等。在数控机床上加工零件，有些工件的加工工序可以比较集中，即在一次装夹中完成大部分或全部工序。有些工件则应采用工序分散的原则。一般工序划分有以下几种方式。

(1) 以一次安装、加工作为一道工序。这种方法适合加工内容不多的工件，加工完成后就能达到待检状态。

(2) 以加工部位划分工序。对于加工内容很多的零件，可按其结构特点将加工部位分成几个部分，如内形、外形、曲面或平面。

(3) 以粗、精加工划分工序。对于易发生加工变形的零件，由于粗加工后可能发生较大的变形而需进行校形，故一般来讲，可根据零件的加工精度、刚度和变形等因素，按粗、精加工分开的原则划分工序。

2) 工步的划分

工步的划分主要从加工精度和效率两方面考虑。在一个工序内往往需要采用不同的刀具和切削用量，对不同的表面进行加工。为了便于分析和描述较复杂的工序，在工序内又细分为工步。下面以加工中心为例来说明工步划分的原则：

(1) 同一表面按粗加工、半精加工、精加工依次完成或全部加工表面按先粗后精加工分开进行。

(2) 对于既有铣面又有镗孔的零件，可先铣面后镗孔。按此方法划分工步，可以提高孔的加工精度。因为铣削时切削力较大，工件易发生变形。先铣面后镗孔，使其有一段时间恢复，可减少由变形引起的误差。

(3) 某些机床工作台回转时间比换刀时间短，可采用按刀具划分工步，以减少换刀次数，提高加工效率。

总之，工序与工步的划分要根据具体零件的结构特点、技术要求等情况综合考虑。

7.1.3 夹具与刀具的选择

1. 零件的安装与夹具的选择

1) 定位安装的基本原则

在数控机床上加工零件时，定位安装的基本原则与普通机床相同，也要合理选择定位基准和夹紧方案。为了提高数控机床的效率，在确定定位基准与夹紧方案时应注意以下三点。

(1) 力求设计、工艺与编程计算的基准统一。

(2) 尽量减少装夹次数，尽可能在一次定位装夹后，加工出全部待加工表面。

(3) 避免采用占机人工调整式加工方案，以充分发挥数控机床的效能。

2) 选择夹具的基本原则

数控加工的特点对夹具提出了两个基本要求：一是要保证夹具的坐标方向与机床的坐标方向相对固定；二是要协调零件和机床坐标系的尺寸关系。除此之外，还要考虑以下四点。

(1) 当零件加工批量不大时，应尽量采用组合夹具、可调式夹具及其他通用夹具，以缩短生产准备时间、节省生产费用。

(2) 在成批生产时才考虑采用专用夹具，并力求结构简单。

(3) 零件的装卸要快速、方便、可靠，以缩短机床的停顿时间。

(4) 夹具上各零部件应不妨碍机床对零件各表面的加工，即夹具要敞开，其定位、夹紧机构元件不能影响加工中的走刀(如产生碰撞等)。

2. 刀具的选择与切削用量的确定

1) 刀具的选择

与传统的加工方法相比，数控加工对刀具的刚度、耐用度要求都较高，它不仅影响机床的加工效率，而且直接影响加工质量。编程时，选择刀具通常要考虑机床的加工能力、工序内容、工件材料等因素。目前已有新型优质材料制造数控加工刀具，并优选刀具参数。

选取刀具时，要使刀具的尺寸与被加工工件的表面尺寸和形状相适应。在生产中，平面零件周边轮廓的加工以及凸台、凹槽的加工，常采用立铣刀；加工毛坯表面或粗加工孔时，可选镶硬质合金的玉米铣刀；对于一些立体曲面和变斜角轮廓外形的加工常采用球头铣刀、环形铣刀、鼓形刀、锥形刀和盘铣刀，如图7-6所示。

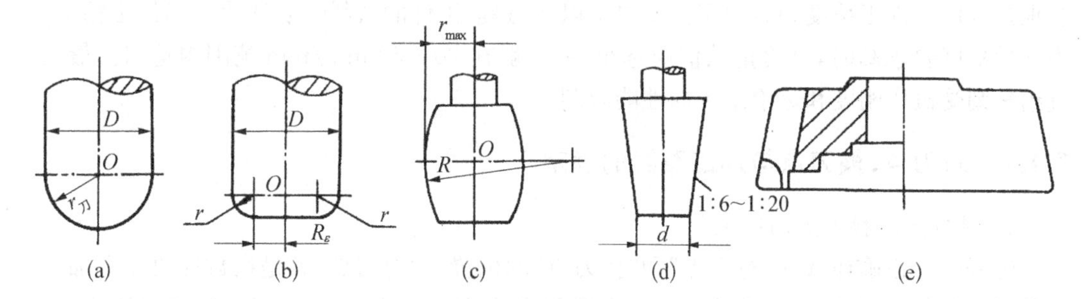

图7-6　常用铣刀

(a) 球头刀　(b) 环形刀　(c) 鼓形刀　(d) 锥形刀　(e) 盘形刀

选择立铣刀加工时，刀具的有关参数，推荐按下述经验数据选取，如图7-7所示。

(1) 刀具半径 r 应小于零件内轮廓面的最小曲率半径 ρ，一般取 $r=(0.8\sim0.9)\rho$。

(2) 加工深槽和盲孔，不通孔(深槽)，选取 $l=H+2$ mm(l 为刀具切削部分长度，H 为零件高度)。

(3) 加工外形及通槽时，选取 $l=H+r_\varepsilon+2$ mm (r_ε 为刀尖角半径)。

(4) 加工内轮廓面时，铣刀直径 D 和刃长 l 的比值推荐值 $D/l\geqslant0.4\sim0.5$，作为检验铣刀刚度的条件。

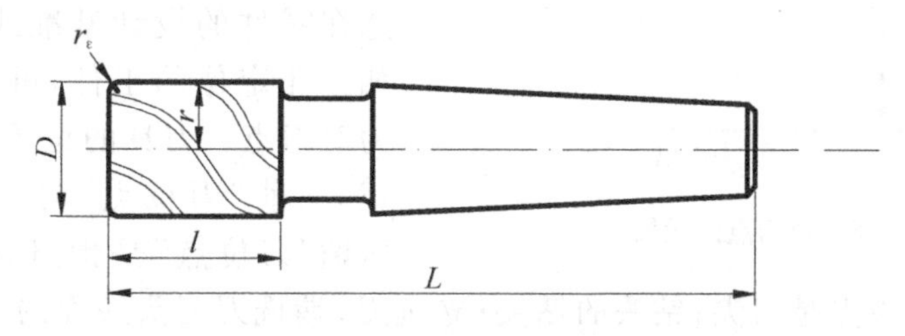

图7-7　刀具尺寸选择

2) 切削用量的确定

切削用量包括主轴转速(切削速度)、背吃刀量、进给量。对于不同的加工方法，需要选择不同的切削用量，并应编入程序单内。

合理选择切削用量的原则：粗加工时，一般以提高生产率为主，但也应考虑经济性和加工成本；半精加工和精加工时，应在保证加工质量的前提下，兼顾切削效率、经济性和加工成本。具体数值应根据机床说明书、切削用量手册，并结合经验而定。

(1) 背吃刀量 a_p(mm) 主要根据机床、夹具、刀具和工件的刚度来决定。在刚度允许的情况下，应以最少的进给次 $x^2=16y$ 数切除加工余量，最好一次切净余量，以提高生产效率。在数控机床上，精加工余量可小于普通机床，一般取(0.2~0.5)mm。

(2) 主轴转速 n(r/min)主要根据允许的切削速度 v (m/min)选取。

$$n=1\,000v/(\pi D)$$

式中，v 是切削速度，由刀具的耐用度决定；D 是工件或刀具直径(mm)。

(3) 进给量(进给速度)F(mm/min 或 mm/r)是数控机床切削用量中的重要参数，主要根据零件的加工精度和表面粗糙度要求以及刀具、工件的材料性质选取。当加工精度，表面粗糙度要求高时，进给量数值应选小些，一般在 20～50 mm/min 范围内选取。最大进给量则受机床刚度和进给系统的性能限制。

7.1.4 对刀点、换刀点与加工路线的确定

1. 对刀点与换刀点的确定

编程时应正确地选择“对刀点”和“换刀点”的位置。“对刀点”就是在数控机床上加工零件时，刀具相对于工件运动的起点。由于程序从该点开始执行，所以对刀点又称为“程序起点”或“起刀点”。

对刀点的选择原则是：① 便于用数字处理和简化程序编制；② 在机床上找正容易，加工中便于检查；③ 引起的加工误差小。

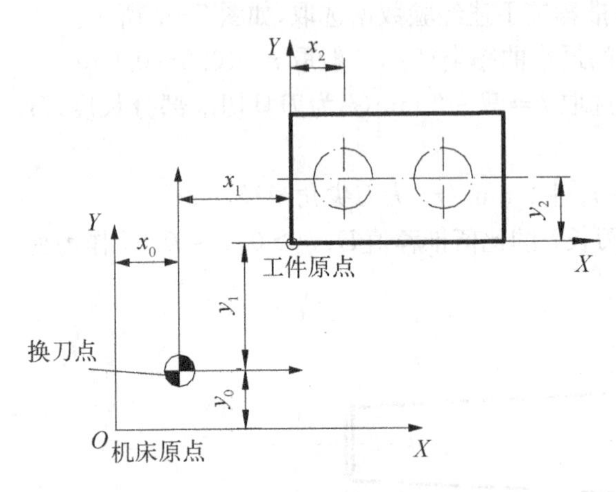

图 7-8 对刀点的设置

对刀点可选在工件上，也可选在工件外面(如选在夹具上或机床上)。但必须与零件的定位基准有一定的尺寸关系，如图 7-8 中的 X_1 和 Y_1，这样才能确定机床坐标系与工件坐标系的关系。

为了提高加工精度，对刀点应尽量选在零件的设计基准或工艺基准上，如以孔定位的工件，可选孔的中心作为对刀点。刀具的位置则以此孔来找正，并使“刀位点”与“对刀点”重合。所谓“刀位点”是指刀具的定位基准，车刀、镗刀的刀位点是刀尖；钻头的钻尖；立铣刀、端铣刀刀头底面的中心；球头铣刀的球头中心。

对刀点既是程序的起点，也是程序的终点。因此在成批生产中要考虑对刀点的重复精度，该精度可用对刀点相距机床原点的坐标值(X_0，Y_0)来校核。

加工过程中需要换刀时，应规定换刀点。所谓“换刀点”是指编程中设置的换刀位置。该点可以是某一固定点(如加工中心机床，其换刀机械手的位置是固定的)，也可以是任意的一点(如车床)。换刀点应设在工件或夹具的外部，以换刀时不碰工件及其他部件为准。其设定值可用实际测量方法或计算确定。

2. 加工路线的确定

在数控加工中，刀具刀位点相对于工件运动的轨迹称为加工路线。编程时，加工路线的确定原则主要有以下几点。

(1) 加工路线应保证被加工零件的精度和表面粗糙度，且效率较高。

(2) 使数值计算简单，以减少编程工作量。

(3) 应使加工路线最短。

此外，确定加工路线时，还要考虑工件的加工余量和机床、刀具的刚度等情况，确定是

一次走刀，还是多次走刀来完成加工；在铣削加工中是采用顺铣还是采用逆铣等。

对点位控制的数控机床，只要求定位精度较高，定位过程尽可能快，这类机床应按空程最短来安排走刀路线。另外还要确定刀具轴向的运动尺寸，其大小主要由被加工零件的孔深来决定，但也应考虑一些辅助尺寸，如刀具的引入距离和超越量。数控钻孔的尺寸关系如图 7-9 所示。

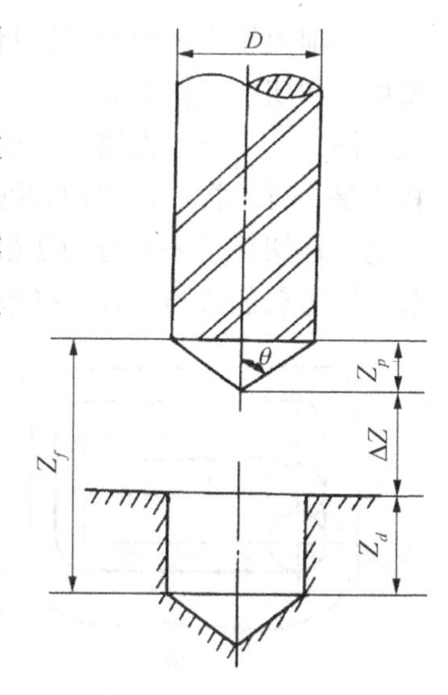

图 7-9　数控钻孔的尺寸

图中，Z_d 是被加工孔的深度；Z_P 是刀具的钻尖长度；ΔZ 是刀具的轴向引入距离；Z_f 是刀具轴向位移量，即程序中的 Z 坐标尺寸，$Z_f = Z_d + \Delta Z + Z_p$。

刀具的轴向引入距离 ΔZ 的经验数据为：已加工面钻、镗、铰孔 $\Delta Z = 1 \sim 3$ mm；毛面上钻、镗、铰孔 $\Delta Z = 5 \sim 8$ mm；攻螺纹、铣削时 $\Delta Z = 5 \sim 10$ mm；钻孔时刀具超越量为 1～3 mm。

对于位置精度要求较高的孔系加工，特别要注意孔的加工顺序的安排，安排不当时，就有可能将坐标轴的反向间隙带入，直接影响位置精度。若在如图 7-10(a)所示的零件上镗六个尺寸相同的孔，当按图 7-10(b)所示路线加工时，由于 5、6 孔与 1、2、3、4 孔定位方向相反，Y 方向反向间隙会使定位误差增加，而影响 5、6 孔与其他孔的位置精度。

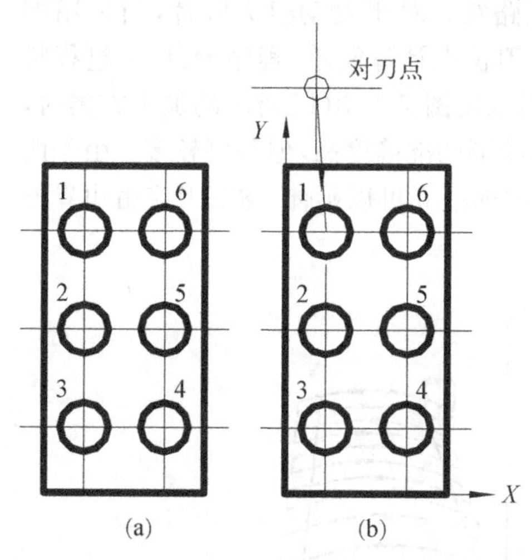

图 7-10　镗孔加工路线示意图

铣削平面零件时，一般采用立铣刀侧刃进行切削。为减少接刀痕迹，保证零件表面质量，对刀具的切入和切出程序需要精心设计。如图 7-11 所示，铣削外表面轮廓时，铣刀的切入和切出点应沿零件轮廓曲线的延长线上切向切入和切出零件表面，而不应沿法向直接切入零件，以避免加工表面产生划痕，保证零件轮廓光滑。

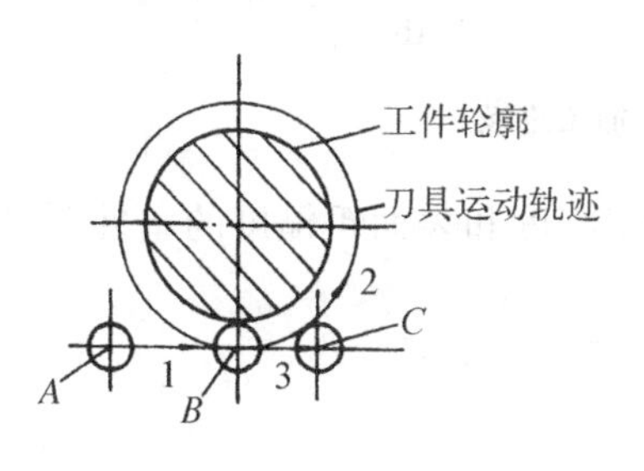

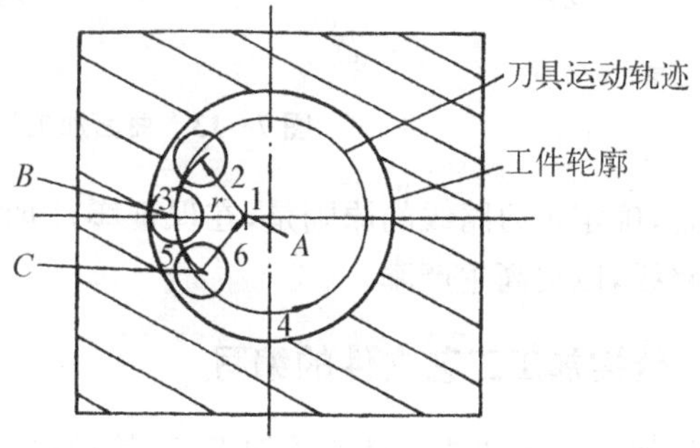

图 7-11　切入切出方式

铣削内轮廓表面时，铣刀也要沿零件轮廓的法线方向切入和切出，刀具可沿一过渡圆弧切入和切出工件轮廓。

图 7－12 所示为加工凹槽的三种走刀路线方法。行切法是指刀具与零件轮廓的切点轨迹是一行一行的，而行间的距离是按零件加工精度的要求确定的。在三种走刀路线中，行切＋环切法是先用行切法最后用环切刀光整轮廓表面，综合了行切法和环切法的优点，既能缩短总的进给路线，又能获得较好的表面粗糙度。

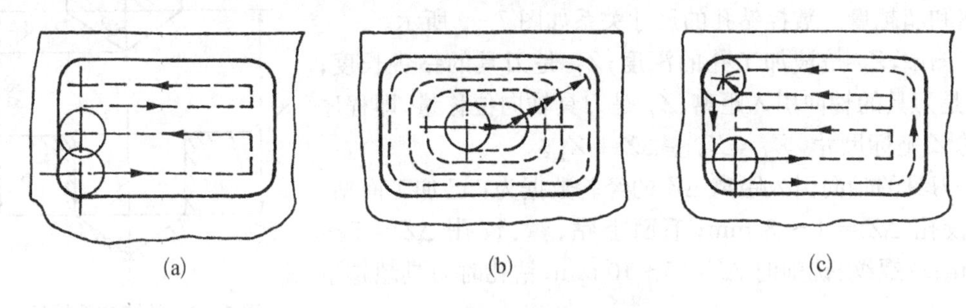

图 7－12　凹槽加工走刀路线

(a) 行切法　(b) 环切法　(c) 行切＋环切法

对于边界敞开的曲面加工，可采用两种加工路线。对于发动机大叶片，当采用如图 7－13(a)所示的加工方案时，每次沿直线加工，刀位点计算简单，程序少，加工过程符合直纹面的形成，可以准确保证母线的直线度。当采用图 7－13(b)所示的加工方案时，符合这类零件数据给出的情况，便于加工后检验，叶形的准确度高，但程序较多。由于曲面零件的边界是敞开的，没有其他表面限制，所以曲面边界可以延伸，球头刀应由边界外开始加工。

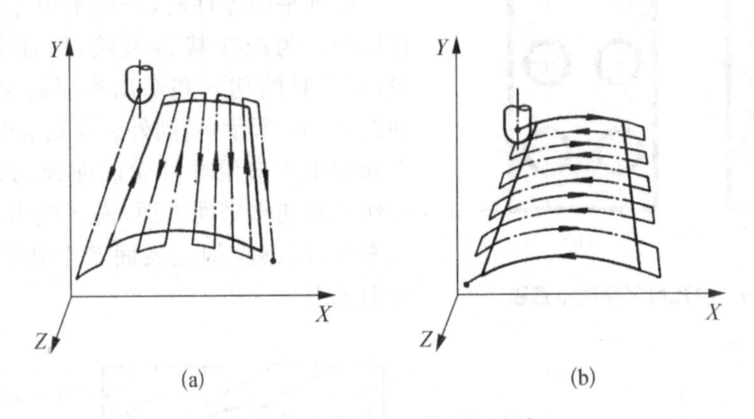

图 7－13　曲面加工的加工路线

总之，确定走刀路线的原则是，在保证零件加工精度和表面粗糙度的条件下，尽量缩短加工路线，以提高生产率。

7.1.5　数控加工工艺文件的编写

数控加工工艺文件既是数控加工、产品验收的依据，也是操作者要遵守、执行的规程、产品零件重复生产的必要工艺技术资料。它是编程员在编制加工程序单时作出的与程序单相关的技术文件。该文件主要包括数控加工工序卡、数控刀具调整单、机床调整单、零件加工程序单等。

不同的数控机床，工艺文件的内容有所不同，为了加强技术文件管理，数控加工工艺文件也应向标准化、规范化的方向发展。但目前由于种种原因国家尚未制定统一的标准，各企业应根据本单位的特点制定上述必要的工艺文件，现简介如下，仅供参考。

1. 工序卡

数控加工工序卡与普通加工工序卡有许多相似之处，但不同的是该卡中应反映使用的辅具、刀具切削参数、切削液等，它是操作人员配合数控程序进行数控加工的主要指导性工艺资料。若在数控机床上只加工零件的一个工步时，也可不填写工序卡。在工序加工内容不十分复杂时，可把零件草图反映在工序卡上，并注明编程原点和对刀点等。

2. 数控刀具调整单

数控刀具调整单主要包括数控刀具卡片（简称刀具卡）和数控刀具明细表（简称刀具表）两部分。数控加工时，对刀具的要求十分严格，一般要在机外对刀仪上，事先调整好刀具直径和长度。刀具卡主要反映刀具编号、刀具结构、尾柄规格、组合件名称代号、刀片型号和材料等。数控刀具明细表是调刀人员组装刀具和调整刀具的依据。

3. 机床调整单

机床调整单是机床操作人员在加工前调整机床的依据。它主要包括机床控制面板开关调整单和数控加工零件安装、零点设定卡片两部分。机床控制面板开关调整单，主要记有机床控制面板上有关“开关”的位置，如进给速度 f、调整旋钮位置或超调（倍率）旋钮位置、刀具半径补偿旋钮位置或刀具补偿拨码开关组数值表、垂直校验开关及冷却方式等内容。数控加工零件安装和零点设定卡片表明了数控加工零件的定位方法和夹紧方法。

4. 数控加工程序单

数控加工程序单是编程员根据工艺分析情况，经过数值计算，按照机床特点的指令代码编制的。它是记录数控加工工艺过程、工艺参数、位移数据的清单以及手动数据输入(MDI)和置备纸带、实现数控加工的主要依据。

7.2　程序编制中的数学处理

数学处理是数控加工程序编制中的一个关键内容。手工编程时，在完成对零件的工艺处理和确定走刀路线后，要进行数学处理。数学处理就是根据被加工零件图样，按照已经确定的加工路线和允许的编程误差，计算数控系统所需要输入的数据，这些数据描述了零件的加工工艺、加工路线和最终的零件形状。数学处理的内容繁简悬殊很大，如点位加工只需进行简单的数学处理，轮廓加工则复杂，不同的轮廓编程差别也很大，如两坐标比多坐标轮廓编程简单。

在实际生产中，加工件的表面形状多种多样，但构成其内外形平面轮廓表面加工的数学处理，归类有如下几种：一是由直线和圆弧组成的平面轮廓；二是由非圆方程曲线 $y=f(x)$ 构成的平面轮廓；三是用一些实验或经验数据点表示的平面轮廓。

空间轮廓加工的数学处理，有效的途径是借助计算机辅助完成坐标数据的计算或者采用自动编程。下面对数学处理的计算方法作一简介。

7.2.1 直线与圆弧平面轮廓的基点计算

一个零件的轮廓往往是由许多不同的几何元素所组成，如直线、圆弧、二次曲线以及阿基米德螺旋线等。所谓基点，即相邻两个几何元素的交点或切点，如两直线间的交点，直线与圆弧或圆弧与圆弧间的交点或切点，圆弧与二次曲线的交点或切点等。对于由直线与直线或直线与圆弧构成的平面轮廓零件，由于目前一般机床数控系统都有直线、圆弧插补功能，故数值计算比较简单，数值处理的主要任务是计算基点坐标和圆心坐标值。

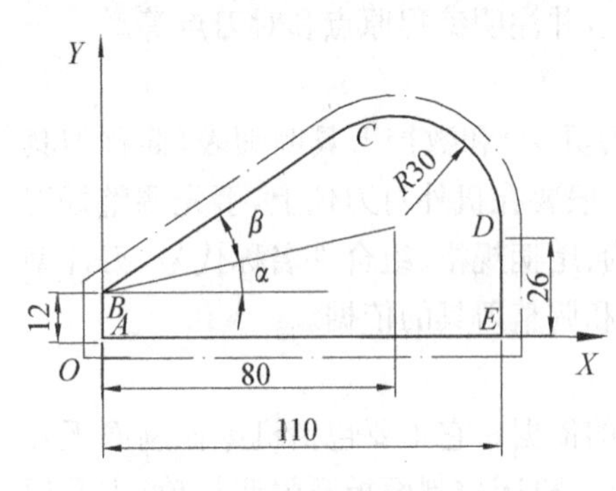

图 7-14 零件轮廓的基点

如图 7-14 所示的平面轮廓加工，实线为工件轮廓，由四段直线与一段圆弧组成，虚线为铣刀(半径 R)中心的运动轨迹。当机床具备刀具半径自动补偿功能时，只需计算并输入轮廓基点与圆心的坐标值及刀具半径，并按 $AB \to BC \to CD \to DE \to EA$ 划分程序段，数控系统会控制铣刀按轮廓法向自动偏移刀具半径 R 的距离并按刀心轨迹加工。但当机床不具备刀具半径自动补偿功能时(如现今还在使用的经济型数控机床)，需在零件轮廓基点计算的基础上，以刀具半径 R 的等距方程计算刀心运动轨迹的基点坐标值并作为编程数据。可应用初等数学中的几何三角函数或联立方程求解，得到各基点和圆弧圆心的坐标。

7.2.2 非圆曲线的数学处理

数控加工中把除直线与圆之外可以用数学方程式表达的平面轮廓曲线，称为非圆曲线。如在生产加工中有阿基米德螺旋线、椭圆、双曲线等二次曲线组成的平面零件。目前虽然已有一些数控机床具有某个或某些二次曲线插补功能，如抛物线插补、螺旋线插补功能，可直接用该指令编程。但对大多数只具有直线插补与圆弧插补功能的数控系统，则需按组成零件轮廓的曲线，根据数控系统插补功能的要求，在满足允许的编程误差的条件下用若干直线段或圆弧段来逼近给定的曲线。逼近线段的交点或切点称为节点，如图 7-15(a)所示为用直线段逼近非圆曲线的情况，图 7-15(b)为用圆弧段逼近非圆曲线的情况。在编写程序时，应按节点划分程序段，逼近线段的近似区间愈大，则节点数目愈少，相应的程序段数目也会减少，但逼近线段的误差应小于或等于编程允许误差。考虑到工艺系统及计算误差的影响，编程允许误差一般取零件公差的 1/5～1/10。

对于非圆曲线组成的零件轮廓，其数值计算过程，一般可按以下步骤进行。

(1) 选择插补方式。首先应决定是采用直线段逼近非圆曲线，还是采用圆弧段逼近非圆曲线。采用直线段逼近非圆曲线，一般数学处理较简单，但计算的坐标数据较多，加工表面质量较差。采用圆弧段逼近的方式，可以大大减少程序段的数目，其数值计算又分为两种情况：一种为相邻两圆弧段间彼此相交；另一种则采用彼此相切的圆弧段来逼近

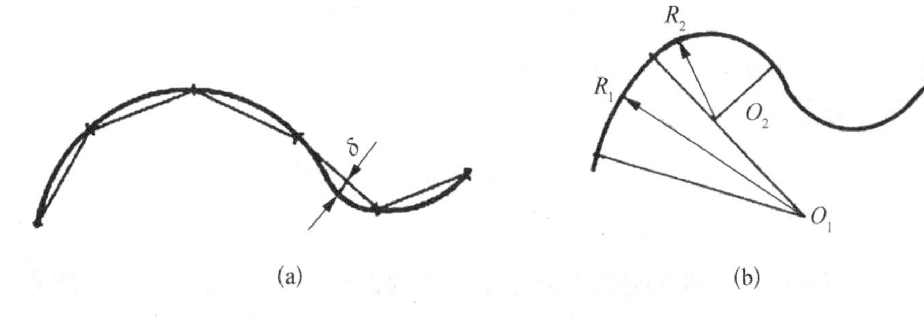

图 7-15　非圆曲线的逼近

非圆曲线。后一种方法由于相邻圆弧彼此相切，一阶导数连续，工件表面整体光滑，加工表面质量高。采用圆弧段逼近，其数学处理过程比直线段逼近要复杂一些。

(2) 确定编程允许误差，即应使 $\delta \leqslant \delta_{max}$。

(3) 选择数学模型，确定计算方法。非圆曲线节点计算过程一般比较复杂，目前生产中采用的算法也较多。对于大多数只有直线插补和圆弧插补的数控机床，处理非圆曲线构成的轮廓表面时，数学处理的任务是用直线段或圆弧段去逼近非圆曲线，求出各节点的坐标。以下对常用的直线逼近和圆弧逼近的数学处理方法作一简介。

1. 直线逼近方法

1) 等间距直线逼近法的节点计算

基本原理　这种方法就是将某一坐标轴划分成相等的间距，即在程序中的某一个坐标的增量相等。如图 7-16 所示，在已知曲线 $y=f(x)$ 上，沿 X 轴方向取 ΔX 为等间距长，一般先取 $\Delta X=0.1$ mm 进行试算，根据起始点坐标，由给定的等间距 ΔX 求出 X_1，并代入 $y=f(x)$ 求得 Y_1。以此类推得到各节点的坐标为 $X_{i+1}=x_i+\Delta X$，$Y_{i+1}=f(x_i+\Delta X)$，$i=1, 2, 3, \cdots$。

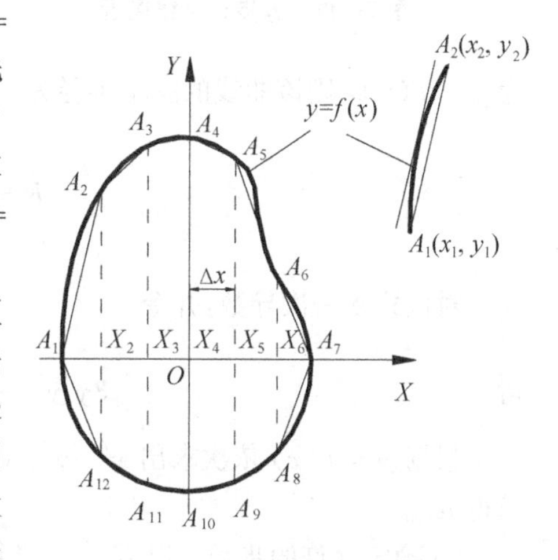

图 7-16　等间距法直线逼近

误差校验方法　为满足加工精度，各逼近直线段与曲线 $y=f(x)$ 在相邻两节点连线间的法向距离必须小于允许的编程误差 δ_{max}，在实际处理时，并非任意相邻两点间的误差都要验算，从图 7-16 中可见，曲线曲率半径较大，坐标增量较大的线段和曲率半径较小的线段以及有拐点的线段，如果这些线段的逼近误差小于允许误差值，则其他线段一定满足要求。

误差校验方法如图 7-16 所示，校验 A_1A_2 为试算后的某一逼近线段，A_1A_2 线段的坐标为 A_1 点(x_1, y_1)，A_2 点(x_2, y_2)，A_1A_2 两点的直线方程为

$$\frac{x-x_2}{y-y_2}=\frac{x_1-x_2}{y_1-y_2}$$

作 A_1A_2 等距为 δ 的平行线，其直线的方程为

$$Ax+By=C\pm\delta\sqrt{A^2+B^2}$$

式中，$A=y_1-y_2$，$B=x_2-x_1$，$C=y_1x_2-x_1y_2$。

求解联立方程

$$\begin{cases}Ax+By=C\pm\delta\sqrt{A^2+B^2}\\ y=f(x)\end{cases} \tag{7-1}$$

求解时有两种办法来满足逼近误差小于允许的误差，即 $\delta\leqslant\delta_{\max}$，其一为取 δ 为未知，利用联立方程组求解得到唯一解的条件，然后用其与实际误差进行比较，以便修改间距值；其二为取 $\delta=\delta_{\max}$，若方程有一解或无解，则直线方程与 $y=f(x)$ 只有一个交点或无交点，即 $\delta\leqslant\delta_{\max}$。

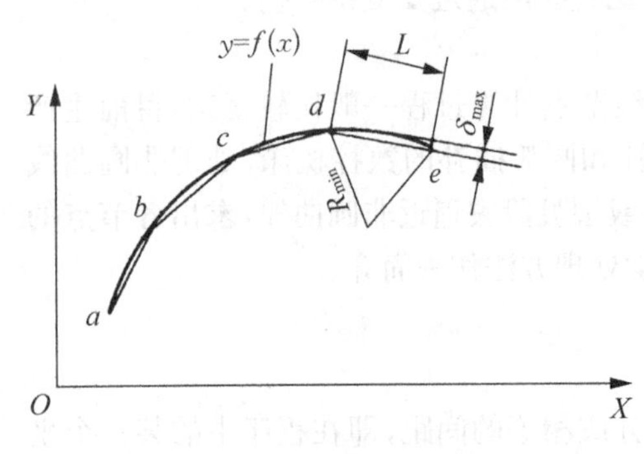

图 7－17　等步长直线逼近

2）等步长直线逼近的节点计算

（1）基本原理。等步长直线逼近就是使每个直线段的长度相等。如图 7－17 所示，首先求出该曲线的最小曲率半径 $R_{\min}$，由 $R_{\min}$ 及 $\delta_{\max}$ 确定允许的步长 L，然后从曲线起点 a 开始，按等步长 l 依次截取曲线，得 b、c、d、… 点，即 $ab=bc=cd=\cdots=L$ 即为所求的各直线段。

（2）计算步骤。

① 求曲线的最小曲率半径 $R_{\min}$。设曲线为 $y=f(x)$，则该曲线的曲率半径为

$$R=\frac{(1+y'^2)^{\frac{3}{2}}}{y''} \tag{7-2}$$

对该式求一次导数，并令 $\dfrac{\mathrm{d}R}{\mathrm{d}x}=0$

得

$$3y'y''^2-(1+y'^2)y'''=0 \tag{7-3}$$

根据 $y=f(x)$ 依次求出 y'、y''、y'''，代入式(7－3)求 x，再将 x 代入式(7－2)，便可求得 $R_{\min}$。

② 确定允许的步长。以 $R_{\min}$ 为半径作圆弧如图 7－17 中的 cd 段，由几何关系得知

$$l=2\sqrt{R_{\min}^2-(R_{\min}-\delta_{\max})^2}\approx2\sqrt{2R_{\min}\delta_{\max}} \tag{7-4}$$

③ 以曲线起点 a 为圆心，作半径为 l 的圆方程与曲线方程 $y=f(x)$ 联立求解，得到交点 x_by_b，再以 b 点为圆心求出 c 点，依次类推即可求得其他各节点的坐标值。

联立方程

$$\begin{cases}(x-x_a)^2+(y-y_a)^2=l^2\\ y=f(x)\end{cases}\quad 求出(x_b,\ y_b) \tag{7-5}$$

$$\begin{cases}(x-x_b)^2+(y-y_b)^2=l^2\\ y=f(x)\end{cases}\quad 求出(x_c,\ y_c) \tag{7-6}$$

用同样的方法，可依次求得 d、e 等各点。

采用等步长直线段逼近时，每个插补段长度相等而误差不等，计算处理时，必须使最大插补误差小于允差的1/2～1/3，以满足零件加工的精度要求。一般来说，这种逼近法产生的最大误差往往在曲线的最小曲率半径处，所以比较容易对插补最大误差进行估算。

例7-1　生产一种以抛物线 $x^2=16y$ 绕 Y 轴旋转而成的抛物面，允许的最大制造误差 $\delta=0.03$ mm，若采用等步长直线插补法，写出计算步长及各节点坐标的计算步骤。

步骤1　求抛物线 $x^2=16y$ 的最小曲率半径 $R_{\min}$。对方程 $y=x^2/16$ 求导得 $y'=x/8$、$y''=1/8$，$y'''=0$，将 y'、y''、y'''代入式(7-2)，求得该抛物线最小曲率半径在 $x=0$ 处，再将 $x=0$ 代入(7-1)式，得最小曲率半径 $R_{\min}=8$。

步骤2　计算最小曲率半径处的插补段长度 l。由于实际加工时的系统误差，取 $\delta_{\max}=(1/2\sim1/3)\delta$，则 $\delta_{\max}=0.01$，故步长 l 为

$$l\approx2\sqrt{2R_{\min}\delta_{\max}}=2\sqrt{2\times8\times0.01}=0.8$$

步骤3　求各插补节点的坐标。解联立方程

$$\begin{cases}(x-x_i)^2+(y-y_i)^2=0.8^2\\ y=x^2/16\end{cases}$$

式中，$i=0,\ 1,\ 2,\ 3,\ \cdots$，且 $x_0=0$，$y_0=0$。由于抛物线的对称性，故只考虑 $x_i\geqslant0$，$y_i\geqslant0$ 的情况。

步骤4　打印结果。按上述步骤编制程序在计算机上运算求解，取 $0\leqslant x_i\leqslant1\,000$，并打印结果。

根据计算结果，就可以按这些节点直接编制以直线插补方式加工的程序。

这种计算方法比较简单，缺点是插补段多，因为在曲率半径较大的地方用这么小的弦长来插补，增加了编程工作量。

3) 等误差直线逼近法

等误差法的计算方法较多，这里介绍的平行线法仅是其中的一种。

(1) 基本原理。如图7-18所示，设曲线方程 $y=f(x)$，允许插补误差为 δ，首先求出曲线起点的坐标$(x_a,\ y_a)$，以点 a 为圆心．以 δ 为半径作圆，并作该圆和已知曲线的公切直线，切点分别为 $P(x_p,\ y_p)$，$T(x_T,\ y_T)$，求出此切线的斜率，过点 a 作 PT 的平行线，与曲线相交 b 点，再以 b 点为起点，用上述方法求出 c 点，以此类推，即可求出曲线上的所有节点，而且所有逼近线段的误差等于 δ。该方法是使各直线插补段的逼近误差相等，并等于或小于 δ，而插补段长度不等，这样可大大减少插补段数，它可以用最少的程序段数完成对曲线的插补工作，但计算过

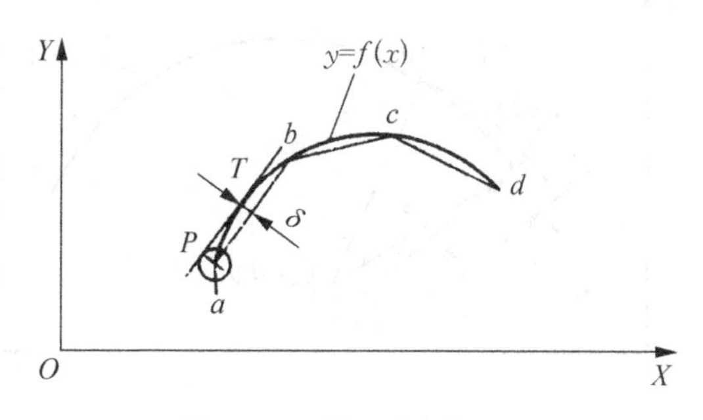

图7-18　等误差直线逼近

程比较复杂，必须由计算机辅助才能完成计算。在采用直线段逼近非圆曲线的拟合方法中，是一种较好的拟合方法。故大型复杂零件的曲线轮廓可采用这种方法。

(2) 计算步骤。设曲线方程 $y=f(x)$，允许插补误差为 $\delta_{\max}$，则用等插补误差法求节点坐标的步骤如下。

步骤 1　以曲线起点 $a(x_a、y_b)$ 为圆心，$\delta_{\max}$ 为半径建立圆方程为

$$(x-x_a)^2+(y-y_a)^2=\delta_{\max}^2 \tag{7-7}$$

步骤 2　设公切线 PT 的方程为

$$y=kx+b$$

式中，k 为公切线 PT 的斜率，其值为

$$k=\frac{y_T-y_P}{x_T-x_P}$$

用以下方程联立求 x_T、x_P、y_T、y_P：

$$\begin{cases}\dfrac{y_T-y_P}{x_T-x_P}=-\dfrac{x_P-x_a}{y_P-y_a} & \text{(圆切线方程)}\\ y_P=\sqrt{\delta^2-(x_P-x_a)^2}+y_a & \text{(圆方程)}\\ \dfrac{y_T-y_P}{x_T-x_P}=f'(x_T) & \text{(曲线切线方程)}\\ y_T=f(x_T) & \text{(曲线方程)}\end{cases} \tag{7-8}$$

步骤 3　作过 a 点与直线 PT 平行的直线方程为

$$y-y_a=k(x-x_a)$$

步骤 4　与曲线方程联立求 b 点坐标。

$$\begin{cases}y-y_a=k(x-x_a)\\ y=f(x)\end{cases} \tag{7-9}$$

步骤 5　按以上顺序依次求得 c、d、…各节点的坐标。

2. 用圆弧段逼近非圆曲线时的计算方法

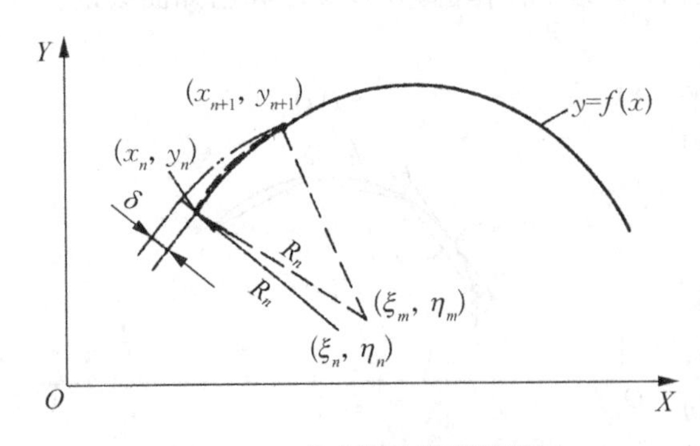

图 7-19　曲率圆法圆弧段逼近

用圆弧段逼近非圆曲线，需求出每段圆弧的圆心或者圆弧半径、圆弧起点、圆弧终点，计算节点的依据仍然是使逼近圆弧段与非圆曲线间的误差小于或等于允许的误差 $\delta_{\max}$。目前常用的算法有曲率圆法、三点圆法和相切圆法等。

1) 曲率圆法圆弧逼近的节点计算

(1) 基本原理。已知轮廓曲线 $y=f(x)$ 如图 7-19 所示，从曲线的起点开

始，作与曲线内切的曲率圆，并求出曲率圆的中心。以曲率圆中心为圆心，以曲率圆半径加(减)δ_{max} 为半径，与曲线 $y=f(x)$ 的相交，其交点为下一个节点，再重新计算曲率圆中心，使曲率圆通过相邻两节点。重复以上计算即可求出所有节点坐标及圆弧的圆心坐标。

(2) 计算步骤。

步骤 1　以曲线 $y=f(x)$ 的起点(x_n, y_n)作曲率圆，其曲率圆参数为

$$\begin{cases}\xi_n = x_n - y'_n\dfrac{1+(y'_n)^2}{y''_n} & \text{(圆心坐标)}\\ \eta_n = y_n + \dfrac{1+(y'_n)^2}{y''_n} & \\ R_n = \dfrac{[1+(y'_n)^2]^{3/2}}{y''_n} & \text{(半径)}\end{cases} \tag{7-10}$$

步骤 2　已知允许误差 δ_{max}，求偏差圆与曲线的交点，用联立方程求解。

$$\begin{cases}(x-\xi_n)^2+(y-\eta_n)^2=(R_n\pm\delta_{max})^2\\ y=f(x)\end{cases} \tag{7-11}$$

得交点 (x_{n+1}, y_{n+1})。

步骤 3　求过 (x_n, y_n) 和 (x_{n+1}, y_{n+1}) 两点，半径为 R_n 的圆心：

$$\begin{cases}(x-x_n)^2+(y-y_n)^2=R_n^2\\ (x-x_{n+1})^2+(y-y_{n+1})^2=R_n^2\end{cases} \tag{7-12}$$

得交点(ξ_m, η_m)。该逼近圆弧的程序段参数为：起点坐标(x_n, y_n)，终点坐标(x_{n+1}, y_{n+1})，半径为 R_n，圆心坐标(ξ_m, η_m)。

步骤 4　重复上述步骤，以此可求得其他逼近圆。

2) 其他圆弧逼近的节点计算

三点圆法是在直线段逼近求出各节点的基础上，通过已知三个节点作圆弧，并求出圆心的坐标或圆的半径，作为一个逼近圆弧程序段。相切圆法是通过已知四个节点分别作两个相切的圆，编写两个圆弧段程序。这两种方法都必须先用直线逼近方法求出各节点，再求出各圆。

3. *列表曲线的数学处理方法*

非圆曲线可分为用方程式表达的曲线和列表形式表达的曲线两类。所谓列表曲线，是指零件曲线轮廓用表格形式给出坐标数据点。当给出的列表点(又称型值点)已密到不影响曲线精度时，可直接在相邻列表点间用直线段或圆弧段进行编程。但在实际生产中，往往给出的是一些比较稀疏的点，为保证加工精度，需增加新的节点。为此，处理列表曲线的一般方法是：根据已知型值点拟合出插值方程(常称第一次拟合或第一次逼近)；再根据插值方程用直线段或圆弧段求得新的节点及其坐标数据(常称第二次拟合或第二次逼近)，其逼近计算与处理非圆曲线节点计算的方法相同。在整个曲线的光滑性要求不高的情况下，也可用一次逼近法(如圆弧样条与双圆弧样条方法)。

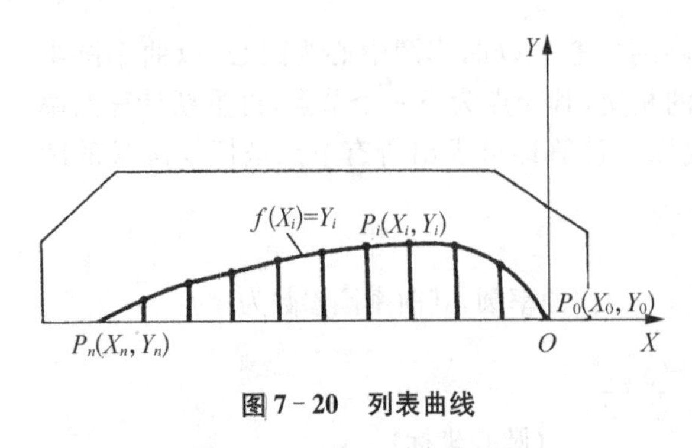

图7-20　列表曲线

如图7-20所示这种曲线需要二次逼近，第一次逼近用数学方程式逼近列表曲线，第二次逼近用数控系统具有的插补功能直线或圆弧逼近。第一次逼近时所用的数学方程式应满足方程式表示的曲线应通过给出点；方程式表示的曲线应与给出点的曲线凹凸一致，保持光滑性。

在建立满足上述基本要求的数学方程式后，再用直线或圆弧逼近方法来逼近，才能获得编制程序所需要的基本参数。

列表曲线的拟合方法较多，除早期的牛顿插值法、拉格朗日插值法外，又发展了不少新的拟合方法。目前生产中常用的有三次样条、三次参数样条、圆弧样条、双圆弧样条、B样条等数学方法。

7.3　自动编程方法简介

在数控加工程序编制中，对于简单平面零件可以根据图纸用手工直接编写数控加工程序。对于复杂平面零件，特别是空间复杂曲面零件，需要大量复杂的计算工作，程序段的数量也非常多。采用手工编程既繁琐又枯燥，而且在许多情况下几乎是不可能的。因此，在数控机床出现不久，人们就开始了对自动编程方法的研究。

按输入方式的不同，先后出现了语言程序自动编程系统、图形交互自动编程系统和语音自动编程系统等。语言程序自动编程把加工零件的几何尺寸、工艺要求、切削参数及辅助信息等用数控语言编写成源程序后，输入到计算机中，由计算机进一步处理得到零件加工程序单。图形交互自动编程指利用CAD/CAM软件，采用人机交互的方式，CAD模块建模后利用CAM模块设置加工路径和参数，后处理后得到NC程序，这是当前数控加工自动编程的主要手段。语音自动编程是采用语音识别器，将操作者发出的加工指令声音转变为加工程序。下面对前两种系统的自动编程方法作一简介。

7.3.1　语言程序编程系统

1. 语言程序编程系统概述

语言程序编程系统是用专用的语言和符号来描述零件图纸上的几何形状及刀具相对零件运动的轨迹、顺序和其他工艺参数等。这个程序称为零件的源程序。零件源程序编好后，输入给计算机。为了使计算机能够识别和处理零件源程序，事先必须针对一定的加工对象，将编好的一套编译程序存放在计算机内，这个程序通常称为数控程序系统。该系统分两步对零件源程序进行处理。第一步是计算刀具中心相当于零件运动的轨迹，这部分处理不涉及具体数控机床的指令格式和辅助功能，具有通用性；第二步是后置处理，针对具体数控机床的功能产生控制指令，后置处理是不通用的。由此可见，经过数控程序系统处理后输出的程序才是控制数控机床的零件加工程序。可见，为实现自动编程，数控自动编程语言和数控系统是两个重要的组成部分。整个数控自动编程的过程如图 7－21 所示。

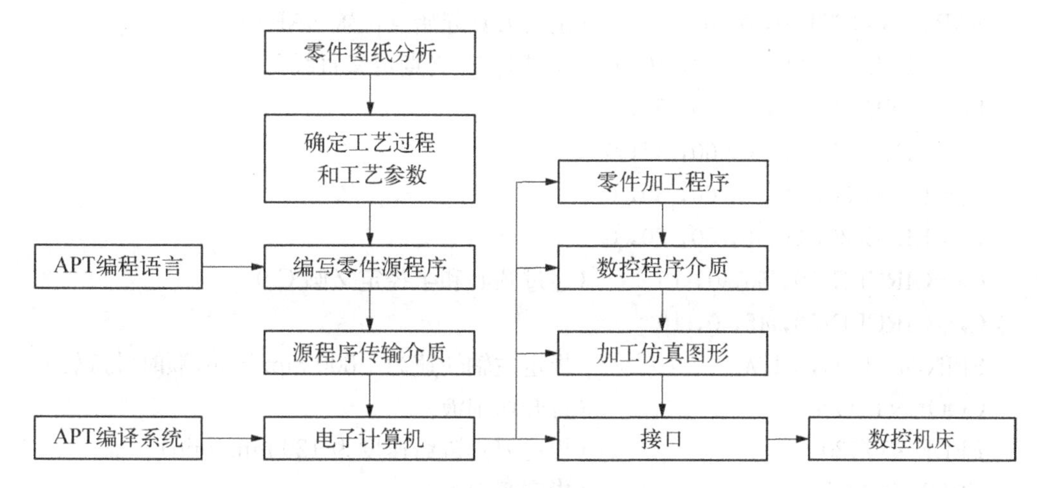

图 7－21　语言程序自动编程的过程

在语言编程系统中，流传最广、影响最深、最具有代表性的是美国 MIT 研制的 APT 系统(Automatically Programmed Tools)。APT 是 1955 年推出的，1958 年完成 APTⅡ，适用于曲线编程，1961 年提出了 APTⅢ，适用于 3～5 坐标立体曲面自动编程，20 世纪 70 年代又推出了 APTⅣ，适用于自由曲面自动编程。由于 APT 系统语言丰富、定义的几何元素类型多，并配有多种后置处理程序，通用性好，因此在世界范围内广泛应用。在 APT 的基础上，世界各工业国家也发展了各具特色的数控语言系统。如德国的 EXAPT、日本的 FAPT 和 HAPT、法国的 IFAPT、我国的 SKC、ECX 等。我国机械工业部 1982 年发布的数控机床自动编程语言标准(JB3112—82)采用了 APT 的词汇语法；1985 年 ISO(国际标准化组织)公布的数控机床自动编程语言(ISO4342—1985)也是以 APT 语言为基础的。

2. APT 语言简介

用 APT 语言自动编程方法时，首先根据工件图样编写源程序。下面举一个简单的例子说明源程序的基本语句及结构。

例 7－2　铣削如图 7－22 所示的工件，铣刀直径为 10 mm，SAPT 为刀具的起点(工件坐标系原点)，加工顺序按 $L_1 \to C_1 \to L_2 \to C_2 \to L_3 \to L_4 \to L_5$ 进行，刀具最后回到起点。

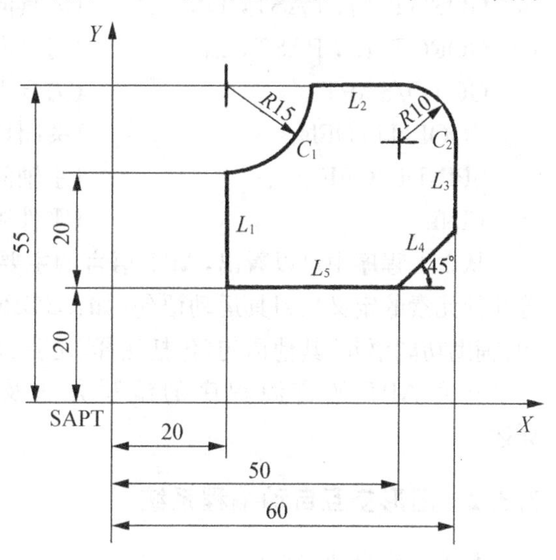

图 7－22　APT 语言编程例图

用 APT 语言编程如下。

PARTNO/SAMPLE　（初始语句，程序名称为 SAMPLE）

CUTTER/10　（给出刀具直径=10 mm）

OUTTOL/.05　（给出轮廓外容差 0.05 mm）

SAPT=POINT/0, 0, 0　（定义刀具起始点位置 SAPT）

L_1=LINE/20, 20, 0, 20, 40, 0　（通过起点、终点定义直线 L_1）

L_2=LINE/35, 55, 0, 50, 55, 0

L_3=LINE/60, 30, 0, 60, 45, 0

L_4=LINE/50, 20, 0, 60, 30, 0

L_5=LINE/20, 20, 0, 50, 20, 0

C_1=CIRCLE/20, 55, 0, 15　（通过圆心和半径定义圆 C_1）

C_2=CIRCLE/50, 45, 0, 10

SPINDL/1800, CLW　（规定主轴转速为 1 800 mm/min，顺时针旋转）

COOLNT/ON　（打开切削液）

FEDRAT/120　（规定刀具进给速度为 120 mm/min）

FROM/SAPT　（指定起刀点）

GOTO, L_1　（刀具从 SAPT 点开始运动到与 L_1 相切为止）

TLLFT　（顺着切削运动方向看，刀具处在工件左边的位置）

GOLFT/L_1, PAST, C_1　（刀具向前沿 L_1 切削，直到超过 C_1 时为止）

GORGT/C_1, PAST, L_2　（刀具向右沿 C_1 切削，直到超过 L_2 时为止）

GORGT/L_2, TANTO, C_2　（刀具向右沿 L_2 切削，直到与 C_2 相切时为止）

GOFWD/C_2, TANTO, L_2　（刀具向右沿 C_2 切削，直到与 L_3 相切时为止）

GOFWD/L_3, PAST, L_4　（刀具向前沿 L_3 切削，直到超过 L_4 时为止）

GORGT/L_4, PAST, L_5　（刀具向左沿 L_4 切削，直到超过 L_5 时为止）

GORGT/L_5, PAST, L_1　（刀具向左沿 L_5 切削，直到超过 L_1 时为止）

GOTO/SAPT　（刀具直接回到起始点 SAPT）

COOLNT/OFF　（关闭切削液）

SPINDL/OFF　（主轴停）

FINI　（零件源程序结束）

从以上程序中可以看出，APT 语言的主要语句包括几何定义语句（用于点、直线、圆等几何元素的定义）、刀具运动语句（如：GORGT/L_2、TANTO、C_2 等）、宏指令与循环语句、辅助功能语句、其他语句（包括注释、说明、几何变换、输入输出等）。

有关 APT 语言源程序的编写方法及有关规定请参阅有关资料，在此不再详述。

7.3.2　图形交互自动编程系统

数控语言自动编程存在的主要问题是缺少图形的支持，编程过程不直观，被加工零件轮廓是通过几何定义语句一条条进行描述的，编程工作量大。随着 CAD/CAM 技术的成熟和计算机图形处理能力的提高，可以直接利用CAD模块生成几何图形，再用CAM模块采用人机交互的方式，在计算机屏幕上指定被加工部位，输入相应的加工参数，计算机便可自动进行必要的数学处理并编制出数控加工程序，同时在计算机屏幕上动态地显示出刀具的加工轨迹。这种利用CAD/CAM软件系统进行图形交互式数控加工编程方法比数控语言自动编程，具有速度快、精度高、直观性好、使用简便、便于检查等优点，已成为当前数控加工自动编程的主要手段。

现在市场上较为著名的工作站型CAD/CAM软件系统，如Ideas、UGⅡ、Pro/E、Catia等都有较强的数控加工自动编程功能。近年来，原有的工作站型CAD/CAM软件系统纷纷推出了微机板，系统价格大幅度下降，应用普及程度有了较大的提高。一些软件公司为了满足中小企业的需要，相继开发了微机型CAD/CAM系统，常用的CAD/CAM软件，如国外的UG NX，Pro/Engineer，CATIA，Cimatron，MasterCAM和国内的CAXA等。这些系统功能完善，具有较强的后置处理环境，有些系统功能已接近于工作站型CAD/CAM软件功能。

CAD/CAM软件系统中的CAM部分，有不同的功能模块可供选用，如：二维平面加工；三轴至五轴联动的曲面加工；车削加工；电火花加工（EDM）；钣金加工（Fabrication）；切割加工，包括电火花、等离子、激光切割加工等。用户可根据企业的实际应用需要选用相应的功能模块。对于通常的切削加工数控编程，CAM系统一般均具有刀具工艺参数的设定、刀具轨迹自动生成、刀具轨迹编辑、刀位验证、后置处理、动态仿真等基本功能。

国内外图形交互式自动编程软件的种类很多，不同的CAD/CAM系统，其功能指令、用户界面各不相同，编程的具体过程也不尽相同。但从总体上讲，编程的基本原理及基本步骤大体是一致的。归纳起来可分为如图7-23所示的几个基本步骤，以下对其主要处理过程作一简要介绍。

1）几何造型

就是利用CAD模块的图形构造、编辑修改、曲面和实体特征造型功能，通过人机交互方法建立被加工零件三维几何模型，也可通过三坐标测量仪或扫描仪测量被加工零件复杂的形体表面，经计算机整理后送CAD造型系统进行三维曲面造型。三维几何模型建立之后，以相应的图形数据文件进行存储，供后继的CAM编程处理调用。

2）刀具轨迹的计算及生成

刀具轨迹的生成是面向屏幕上的图形交互进行的，用户可根据屏幕提示用光标选择相应的图形目标确定待加工的零件表面及限制边界；用光标或命令输入切削加工的对刀点；交互选择切入方式和走刀方式；然后软件系统将自动地从图形文件中提取所需的几何信息，进行分析判断，计算节点数据，自动生成走刀路线，并将其转换为刀具位置数据，存入指定的刀位文件。

3）后置处理

后置处理的目的是形成数控加工程序。由于各种机床使用的数控系统不同，所用的数控加工程序的指令代码及格式也不尽相同，为此必须通过后置处理将刀位文件转换成具体数控机床所需的数控加工程序。

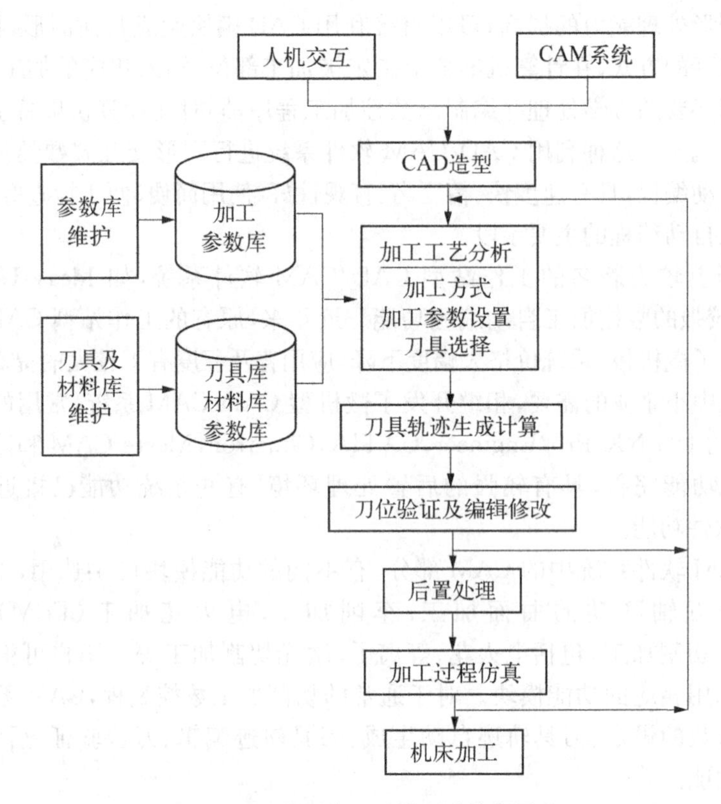

图 7-23　图形交互系统自动编程原理

7.3.3　数控程序的检验与仿真

1. 数控程序检验与仿真目的与意义

采用语言程序自动编程方法或图形交互自动编程方法生成的数控加工程序，在加工过程中是否发生过切、少切，所选择的刀具、走刀路线、进退刀方式是否合理，零件与刀具、刀具与夹具、刀具与工作台是否干涉和碰撞等，编程人员往往事先很难预料，结果可能导致工件形状不符合要求，出现废品，有时还会损坏机床、刀具。随着数控编程的复杂化，NC代码的错误率也越来越高。因此，零件的数控加工程序在投入实际的加工之前，有效地检验和验证数控加工程序的正确性，确保投入实际应用的数据加工程序正确，在数控加工编程中具有重要意义。

2. 数控程序检验与仿真方法

目前数控程序检验方法主要有：试切、刀具轨迹仿真、三维动态切削仿真和虚拟加工仿真等方法。

1）试切法

传统的试切法是采用塑模、蜡模或木模在专用设备上进行的，通过塑模、蜡模或木模零件尺寸的正确性来判断数控加工程序是否正确。该方法是数控程序检验的有效方法。但试切过程不仅占用了加工设备的工作时间，需要操作人员在整个加工周期内进行监控，而且加工中的各种危险同样难以避免。

下面三种方法都是基于计算机模拟仿真的检验方法。计算机仿真模拟系统将数控程序的执行过程在计算机屏幕上显示出来，通过软件实现零件的试切过程，是数控加工程序检验的有效方法。在动态模拟时，刀具可以实时在屏幕上移动，刀具与工件接触之处，工件的形状就会按刀具移动的轨迹发生相应的变化。观察者在屏幕上看到的是连续的、逼真的加工过程。利用这种视觉检验装置，就可以很容易发现刀具和工件之间的碰撞及其他错误的程序指令。

2）刀位轨迹仿真法

通过读取刀位数据文件检查刀具位置计算是否正确，加工过程中是否发生过切，所选刀具、走刀路线、进退刀方式是否合理，刀位轨迹是否正确，刀具与约束面是否发生干涉与碰撞。这种仿真一般可以采用动画显示的方法，效果逼真。刀位轨迹仿真法是目前比较成熟有效的仿真方法，应用比较普遍。主要有刀具轨迹显示验证、刀位轨迹截面法验证和刀位轨迹数值验证三种方式。

刀具轨迹显示验证的基本方法是当刀具轨迹计算完成后，将刀具轨迹在图形显示器上显示出来，从而判断刀具轨迹是否连续，检查刀位计算是否正确。刀具轨迹截面法验证是先构造一个截面，然后求该截面与待验证的刀位点上的刀具外形表面、加工表面及其约束面的交线，构成一幅截面图显示在屏幕上，从而判断所选择的刀具是否合理，检查刀具与约束面是否发生干涉与碰撞，加工过程是否存在过切。刀具轨迹数值验证也称为距离验证，通过计算各刀位点上刀具表面与加工表面之间的距离进行判断，若此距离为正，表示刀具离开加工表面一定距离；若距离为负，表示刀具与加工表面过切。

3）三维动态切削仿真验证法

采用实体造型技术建立加工零件毛坯、机床、夹具及刀具在加工过程中的实体几何模型，然后将加工零件毛坯及刀具的几何模型进行快速布尔运算（一般为减运算），最后采用真实感图形显示技术，把加工过程中的零件模型、机床模型、夹具模型及刀具模型动态地显示出来，模拟零件的实际加工过程。其特点是仿真过程的真实感较强，基本上具有试切加工的验证效果。三维动态切削仿真已成为图像数控编程系统中刀具轨迹验证的重要手段。现代数控加工过程的动态仿真验证的典型方法有两种：一种是只显示刀具模型和零件模型的加工过程动态仿真；另一种是同时动态显示刀具模型、零件模型、夹具模型和机床模型的机床仿真系统。

4）虚拟加工仿真法

该方法是应用虚拟现实技术实现加工过程的仿真技术。虚拟加工法主要解决加工过程中实际加工环境中工艺系统间的干涉碰撞问题和运动关系。由于加工过程是一个动态的过程，刀具与工件、夹具、机床之间的相对位置是变化的，工件从毛坯开始经过若干工序的加工，在形状和尺寸上均在不断变化，因此虚拟加工法是在各组成环境确定的工艺系统上进行动态仿真。

习题与思考题

7-1　从数控加工的几何要素及加工特点方面分析数控加工工艺。

7-2　简述数控加工工序和工步的划分。

7-3 简述数控加工夹具安装和选择的基本原则。

7-4 解释对刀点和换刀点。

7-5 什么是节点、基点？它们在零件轮廓上的数目取决于什么？

7-6 什么是语言程序编程？简述其基本工作过程。

7-7 什么是图形交互式自动编程？简要说明其原理和方法。

7-8 简要分析比较几种常用的数控程序检验方法的特点。

第8章　数控机床编程

8.1　数控编程的基本知识

8.1.1　数控编程的内容和方法

数控加工与普通机床加工零件的区别在于数控加工是严格按照从外部输入的程序自动地对被加工零件进行加工。一台数控机床根据输入的不同程序可以自动加工不同形状、不同尺寸和技术要求的零件。

数控加工程序的编制是数控机床加工零件最重要的环节之一，理想的数控程序不仅能加工出符合图纸要求的零件，而且还能使数控机床的功能得到合理应用和充分发挥，使数控机床安全、可靠、高效地工作。

数控机床其种类很多，用于数控加工程序的语言规则和格式也有所不同，在编制程序时，要严格按照机床编程手册中的规定进行程序的编制。

1. 数控编程的内容和步骤

数控加工程序编制的主要内容有：分析零件图样；确定加工工艺过程；数值计算；编写零件加工程序；制作控制介质；校对程序及首件试切。

数控编程的一般步骤如图 8－1 所示。

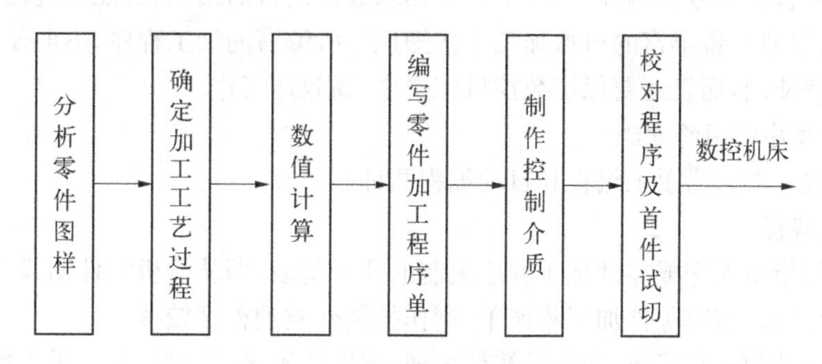

图 8－1　数控编程的步骤

1）分析图样、确定加工工艺过程

在编写数控加工程序以前，编程人员应首先了解所用数控机床的规格、性能、数控系统所具有的功能及编程格式等内容，然后根据图样对零件的几何形状、尺寸、技术要求等进行分析；确定加工方案，选择、设计刀具和夹具；确定加工顺序、加工路线；选择合理的切削参数等，正确地选择对刀点、换刀点和切入方法。程序编写中要充分发挥机床的效能，尽可能减少辅助加工时间。

2）数值计算

数值计算就是根据零件图的几何尺寸及确定的工艺路线，按设定的编程坐标系，计算零件加工时刀具的走刀轨迹。数控系统一般都具有直线、圆弧的插补功能，因此对于由直线、圆弧构成的零件，要计算出几何元素的起点、终点、圆弧的圆心坐标值。对于非圆曲线（如渐开线、双曲线等）需用直线段或圆弧段逼近，根据零件的加工精度要计算逼近零件轮廓时相邻几何元素的交点或切点的坐标值。自由曲线及曲面的数学处理更为复杂，必须借助计算机辅助计算。

3）编写加工程序单

在完成上述工艺处理及数值计算后，编程人员根据已确定的运动顺序、加工路线、刀号、切削参数及刀位数据，按数控系统规定的功能指令代码及程序段格式，逐段编写加工程序单。

4）制作控制介质

控制介质就是记录零件加工程序的载体。制作控制介质就是把程序单上的内容用标准代码记录在控制介质上，通过程序的传输（或阅读）装置送入数控系统。常用的控制介质有穿孔带、磁带和磁盘等。

5）程序校验与首件试切

程序单和制作好的控制介质必须经过校验和试加工才能正式使用。程序校核的方法有多种，一般来说，常用的校验方法有：直接将控制介质上的内容输入数控装置，让机床空运转，以检查机床的运动轨迹是否正确；在有CRT图形显示的数控机床上，用模拟刀具对工件切削的过程进行检验；对一些复杂的零件，可用石蜡、塑料等易切削材料进行试切。但这些方法只能检验程序的运动轨迹是否正确，不能检验被加工零件的加工精度。因此，在正式加工之前，应进行零件的首件试切。当发现有加工误差时，分析误差产生的原因，修正加工程序。

作为一名合格的数控编程人员，不但要熟悉数控设备的结构、数控系统的功能及程序编写规则，而且要具备丰富的机械加工工艺知识。所编写的加工程序，不但使数控机床的功能得到合理使用，而且还要保证数控机床安全、高效地工作。

2. 数控程序编制的方法

数控编程一般分为手工编程和自动编程两种。

1）手工编程

手工编程指由人完成零件加工程序编制的几个阶段，即从分析零件图样、确定加工工艺过程、数值计算、编写零件加工程序单、制作控制介质到程序校核。

一般对于几何形状简单、数值计算较方便、程序段不多的零件，采用手工编程经济、及时且便捷，因此在点位加工或由直线与圆弧组成的轮廓加工中，手工编程仍被广泛应用。对于形状复杂的零件，特别是具有非圆曲线、列表曲线及曲面组成的零件，用手工编程有一定困难，有时甚至无法编出程序，必须用自动编程的方法编制程序。

2）自动编程

自动编程是利用计算机专用软件编制数控加工程序。编程人员只需根据零件图样的要求，使用数控语言，手工编写一个描述零件加工要求的源程序，由计算机自动地进行数值计算及后置处理后，编写出零件加工程序单。根据要求可以自动打印程序单，自动制作控制介质或直接将加工程序通过直接通讯的方式送入数控机床，指挥机床工作。自动编程能够高效完成繁琐的数值计算，有效解决手工编程难以完成的各类模具及复杂零件的编程问题。按输入方式的不同，自动编程有语言程序自动编程系统、图形交互自动编程系统和语音自动编程系统等，见第 7 章第 7.3 节的介绍。

3. 数控编程中有关标准及代码

数控机床经过几十年的发展，与数控加工程序有关的输入代码、机床坐标系统、准备功能、辅助功能及程序格式等正逐步趋于统一，并制定了一系列的标准。早期的系统，加工程序一般是用纸带读入的，现有磁带、磁盘等方式读入。目前国际上已形成的两种通用标准：国际标准化组织(ISO)标准和美国电子工业协会(EIA)标准。这两种代码的区别不仅仅是每种字符的二进制八位数的编码不同，而且功能代码的符号、含义和数量都有很大区别。ISO 代码主要在计算机和数据通信中使用，1965 年以后才开始在数控机床中使用。ISO 代码的特点是每一行的孔数必须是偶数，故也称 ISO 代码为偶数码。EIA 代码的每一行孔数是奇数。由于美国在数控机床方面处于领先地位，因此，EIA 代码仍为世界各国的数控机床厂所接受，并得到广泛使用。

国际标准化组织(ISO)制定的一系列标准供各成员国家采用或参照，这给数控机床的设计、使用都带来了方便，也满足了数控机床的需求和发展。我国原机械部根据 ISO 标准，制定了 JB3208—83《数控机床穿孔带程序段格式中的准备功能 G 和辅助功能 M 的代码》等标准，并规定新设计的数控机床必须采用该标准。

字符(Character)是构成数控加工程序的最小单位，是输入数控装置的一种符号标记。常用加工程序的字符分四类：第一类是文字，它由 26 个大写英文字母组成；第二类是数字和小数点，它由 0～9 共 10 个数字及一个小数点组成；第三类是符号，由正号(+)和负号(−)组成；第四类是功能字符，它由程序开始(结束)符、程序段结束符等组成。

8.1.2　数控机床的坐标系和运动方向

为了便于编程时准确地描述机床的运动，简化程序的编制及保证所编程序在同类型机床上的互换性，数控机床的坐标及运动的方向均已标准化。我国原机械工业部也颁布了 JB 3051—82《数字控制机床坐标和运动方向的命名》的标准，对数控机床的坐标和运动方向作出规定。

1. 坐标和运动方向命名原则

1) 假定刀具相对于静止工件而运动的原则

这一原则可使编程人员在不知道是刀具移动还是工件移动的情况下，即可根据零件图要求确定机床的加工过程。

2) 标准坐标系(机床坐标系)的规定

在数控机床上，机床的动作是由数控装置控制的。为了描述机床的运动过程，确定机床运动方向和距离，必须建立机床坐标系。数控机床的标准坐标系采用右手笛卡儿直角坐标系，如图 8 - 2 所示，大拇指的方向为 X 轴的正方向；食指方向为 Y 轴的正方向；中指

为 Z 轴的正方向。围绕 X、Y、Z 各轴的旋转运动坐标分别为 A、B、C，根据右手螺旋方法，可确定各轴旋转运动坐标的方向。这个坐标系称为数控机床的标准坐标系，也称为机床坐标系。

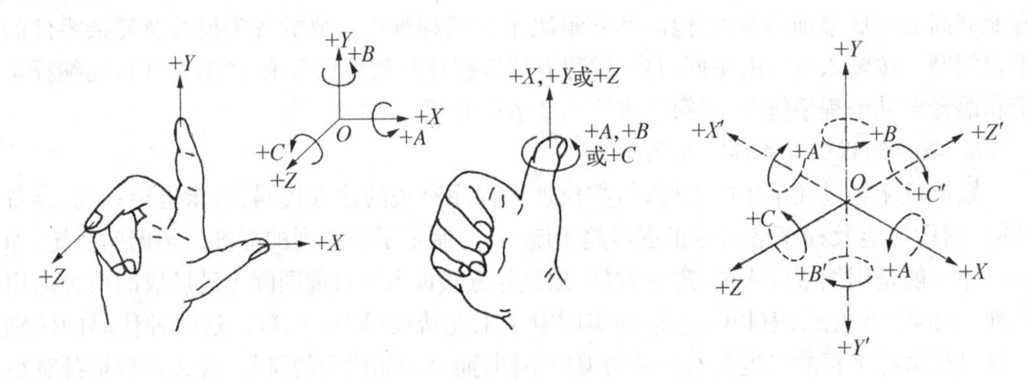

图 8-2　右手笛卡尔直角坐标系

3）运动方向的确定

标准坐标系 X、Y、Z 作为刀具(相对于工件)运动的坐标系，刀具运动的正方向，是增大刀具和工件之间距离的方向。对于工件运动而不是刀具运动的机床，可将前述刀具运动，工件固定的规定，作相反的安排，并用带“′”的字母，如 $+X'$，表示工件相对于刀具正向运动指令。而不带“′”的字母，如 $+X$，则表示刀具相对于工件的正向运动指令。两者表示的运动方向正好相反，如图 8-3 至图 8-5 所示。对于编程人员、工艺人员只考虑不带“′”的运动方向。

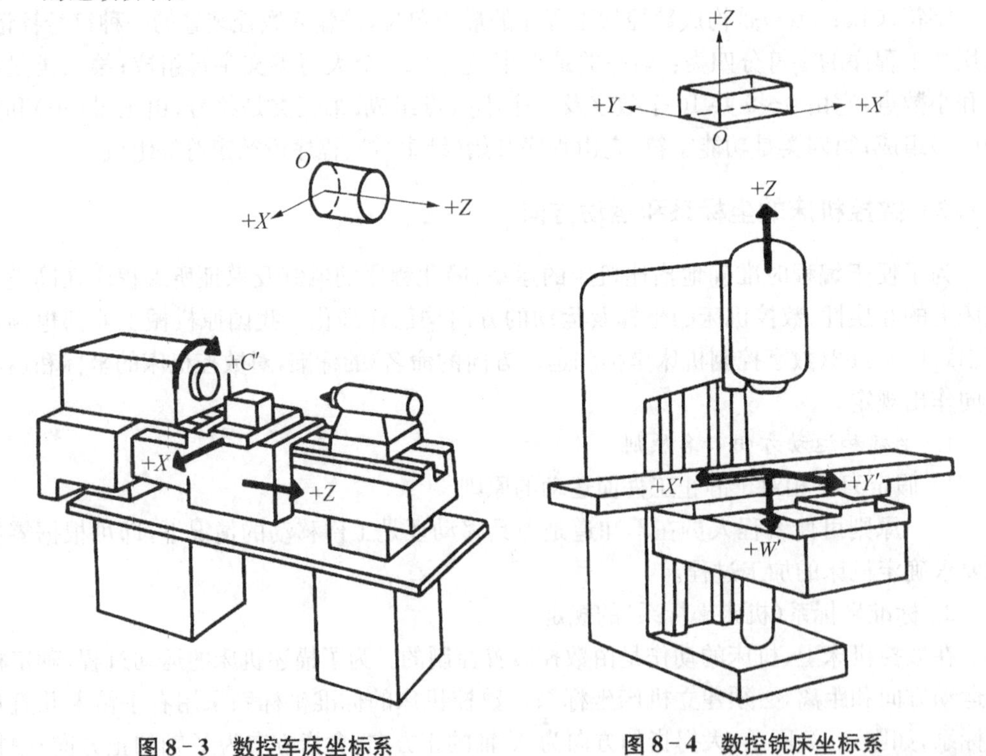

图 8-3　数控车床坐标系　　**图 8-4　数控铣床坐标系**

2. 机床上坐标轴的规定

1) Z 坐标

Z 坐标是传递切削动力的主轴。对于车床、磨床等，主轴带动工件旋转；对于铣床、钻床、镗床等，主轴带着刀具旋转，如图 8-3、图 8-4 所示。如果机床没有主轴(如数控龙门刨床)，则选 Z 轴垂直于工件装卡面。当机床有两个以上的主轴时，则选一个垂直于工件装夹平面的主轴为 Z 坐标。

Z 坐标的正方向为增大刀具与工件之间距离的方向。如在钻镗加工中，钻入和镗入工件的方向为 Z 坐标的负方向，而退出为正方向。

2) X 坐标

X 坐标一般是水平的，它平行于工件的装卡面。这是在刀具或工件定位平面内运动的主要坐标。对于工件旋转的机床(如车床、磨床等)，X 坐标的方向是在工件的径向上，且平行于横向滑座，以刀具离开工件旋转中心的方向为 X 轴正方向。对于刀具旋转的机床(如铣床、镗床、钻床等)，如 Z 轴是垂直的单立柱，当从刀具主轴向立柱看时，X 运动的正方向指向右，如图 8-4 所示。如 Z 轴是水平的，则顺主轴向工件方向看时，X 运动的正方向指向右方。

3) Y 坐标

Y 坐标垂直于 X、Z 坐标。Y 轴运动的正方向根据 X 和 Z 坐标的方向，按照右手笛卡儿直角坐标系来判断。

4) 旋转坐标 A、B 和 C

旋转坐标 A、B 和 C 相应地表示其轴线平行于 X、Y 和 Z 坐标的旋转运动。其正方向分别在 X、Y 和 Z 坐标正方向上按右旋螺纹前进的方向判定。

5) 附加坐标

在机床坐标系中，如果在 X、Y、Z 主要坐标以外，还有与它们平行的坐标，可分别定义第二坐标系，指定为 U、V、W。如还有第三组运动，则分别指定为 P、Q 和 R，如图 8-5 所示。

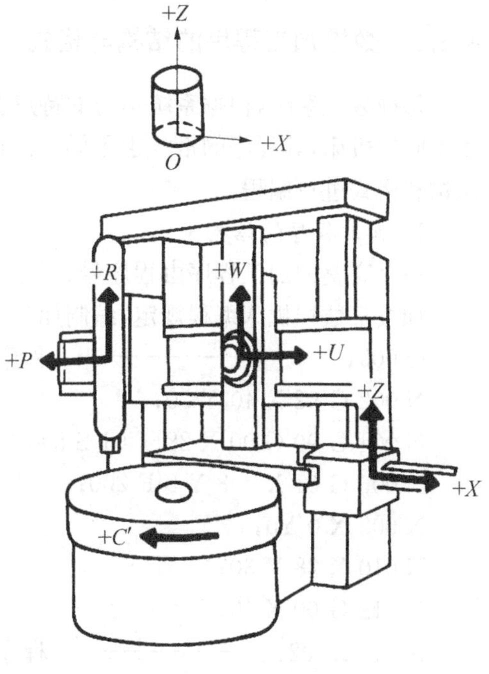

图 8-5　数控双柱立式车床

3. 绝对坐标系与增量(相对)坐标系

1) 绝对坐标系

刀具(或机床)运动轨迹的坐标值是相对于固定的坐标原点 O 给出的即为绝对坐标，该坐标系称为绝对坐标系。如图 8-6(a)所示，A、B 两点的坐标均以固定点的坐标原点 O 计算的，其值为：$X_A=10$，$Y_A=20$，$X_B=30$，$Y_B=50$。

2) 增量(相对)坐标系

刀具(或机床)运动轨迹的坐标值是相对于前一点的坐标点计算的，即为增量(相对)坐标，该坐标系称为增量(相对)坐标系。如图 8-6(b)所示，B 点的坐标以前一点 A 的坐

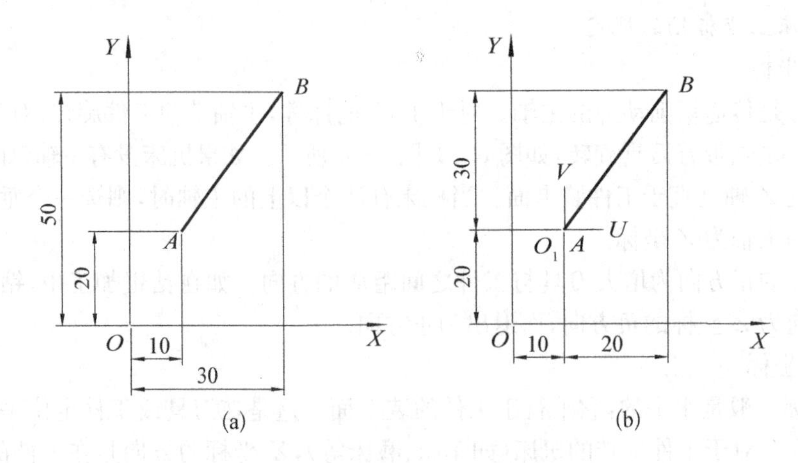

图 8－6　绝对坐标与增量坐标

(a) 绝对坐标　(b) 增量坐标

标为原点计算，其值为：$U_B=20$，$V_B=30$。

8.1.3　数控加工程序的结构与格式

每种数控系统，根据系统本身的特点及编程的需要，都有一定的程序结构和格式。对于不同的机床，其程序的格式也不同。因此编程人员必须严格按照机床说明书中规定的结构和格式进行编程。

1. 加工程序的结构

一个完整的加工程序由程序号、程序内容和程序结束三部分组成。

如按某数控机床编程规定，编制加工程序如下。

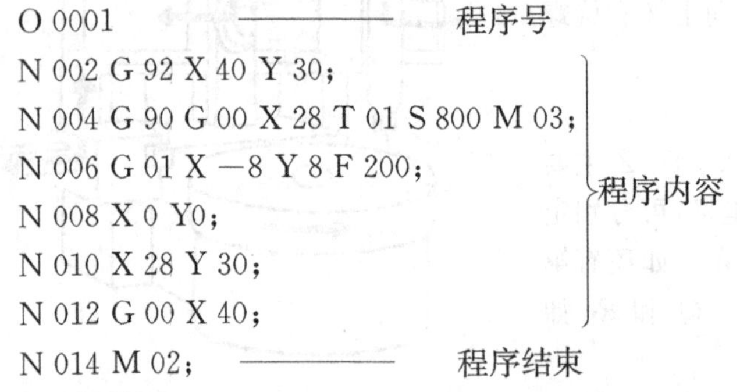

O 0001 ———— 程序号

N 002 G 92 X 40 Y 30；

N 004 G 90 G 00 X 28 T 01 S 800 M 03；

N 006 G 01 X －8 Y 8 F 200；

N 008 X 0 Y0；

N 010 X 28 Y 30；

N 012 G 00 X 40；

（N 002～N 012）程序内容

N 014 M 02； ———— 程序结束

1) 程序号

程序号即为程序的开始部分，是一个具体加工程序存储、调用的标记。程序一般由字母 O、P 或符号“%”后加 2～4 位数组成，如 O 008。也有机床用零件名称、零件号及其工序号等内容表示。如在 FANUC 系统中，一般采用英文字母 O 作为程序编号地址。

2) 程序内容

程序内容部分是整个程序的核心，它由许多程序段组成，每个程序段由一个或多个指令构成，它表示数控机床要完成的全部动作。

3）程序结束

程序结束是以程序结束指令 M 02 或 M 30 来结束整个程序。

2. 程序段格式

零件的加工程序是由程序段组成的，程序段是控制机床的一种语句。所谓程序段格式是指程序段中的字、字符、数据的书写规则。程序段格式不符规则，数控系统不予接受，并会立刻报警。

目前使用的数控机床已广泛采用字地址可变的程序格式。字地址可变程序格式的特点是：字首为地址，用于区分字的功能类型与存储单元。一个程序段除程序段号与程序段结束字符外，其余功能字的顺序并不严格，可先可后，不需要的字以及与上一程序段相同的续效字可以不写。为编写、检查程序的方便，习惯上可按 N、G、X、Y、Z、F、S、T、M 的顺序编程。该格式的优点是程序简短、直观以及容易检验、修改。

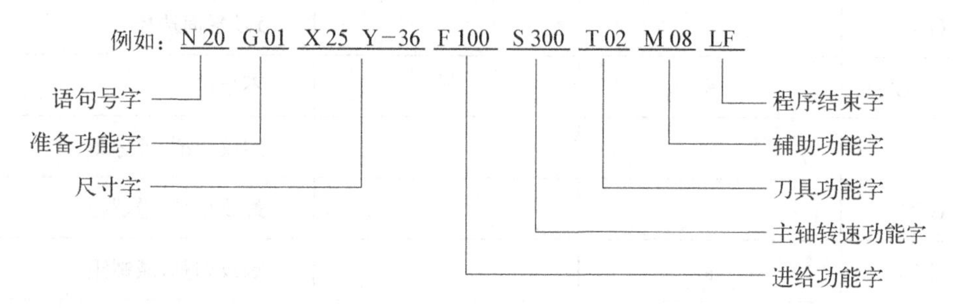

程序段内各字的说明如下。

(1) 语句号字。用以识别程序段的编号，用地址码 N 和后面的若干位数字来表示。例如：N20 的语句号为 20 程序段。

(2) 准备功能字(G 功能字)见表 8－1。

表 8－1　JB3208－83 准备功能(G 代码)

代码 (1)	功能保持到被取消或被同样字母表示的程序指令所代替(2)	功能仅在所出现的程序段有作用(3)	功　能 (4)
G 00	a		点定位
G 01	a		直线插补
G 02	a		顺时针方向圆弧插补
G 03	a		逆时针方向圆弧插补
G 04		*	暂停
G 05	*	*	不指定
G 06	a		抛物线插补
G 07	*	*	不指定

续 表

代码 (1)	功能保持到被取消或被同样字母表示的程序指令所代替(2)	功能仅在所出现的程序段有作用(3)	功 能 (4)
G 08		*	加速
G 09		*	减速
G 10～G 16	*	*	不指定
G 17	c		*XY* 平面选择
G 18	c		*ZX* 平面选择
G 19	c		*YZ* 平面选择
G 20～G 32	*	*	不指定
G 33	a		螺纹切削,等螺距
G 34	a		螺纹切削,增螺距
G 35	a		螺纹切削,减螺距
G 36～G 39	*	*	永不指定
G 40	d		刀具补偿/刀具偏置注销
G 41	d		刀具补偿一左
G 42	d		刀具补偿一右
G 43	*(d)	*	刀具偏置一正
G 44	*(d)	*	刀具偏置一负
G 45	*(d)	*	刀具偏置+/+
G 46	*(d)	*	刀具偏置+/-
G 47	*(d)	*	刀具偏置-/-
G 48	*(d)	*	刀具偏置-/+
G 49	*(d)	*	刀具偏置 0/+
G 50	*(d)	*	刀具偏置 0/-
G 51	*(d)	*	刀具偏置+/-
G 52	*(d)	*	刀具偏置-/0

续　表

代码 (1)	功能保持到被取消或被同样字母表示的程序指令所代替(2)	功能仅在所出现的程序段有作用(3)	功　能 (4)
G 53	f		直线偏移,注销
G 54	f		直线偏移 X
G 55	f		直线偏移 Y
G 56	f		直线偏移 Z
G 57	f		直线偏移 XY
G 58	f		直线偏移 XZ
G 59	f		直线偏移 YZ
G 60	f		准确定位 1(精)
G 61	h		准确定位 2(中)
G 62	h		快速定位(粗)
G 63	h		攻丝
G 64～G 67			不指定
G 68	*	*	刀具偏置,内角
G 69	* (d)	*	刀具偏置,外角
G 70～G 79	* (d)	*	不指定
G 80	* (d)		固定循环注销
G 81～G 89	* (d)		固定循环
G 90	i		绝对尺寸
G 91	i		增量尺寸
G 92		*	预置寄存
G 93	k		时间倒数,进给率
G 94	k		进给/分钟
G 95	k		主轴每转进给
G 96	I		恒线速度

续 表

代码 (1)	功能保持到被取消或被同样字母表示的程序指令所代替(2)	功能仅在所出现的程序段有作用(3)	功 能 (4)
G 97	I		r/min(主轴)
G 98～G 99	*	*	不指定

注：1. * 号表示如选作特殊用途，必须在程序格式说明中说明。如在直线切削控制中没有刀具补偿，则 G 43 到 G 52 可指定作其他用途。

2. 在表中(2)栏括号中的字母(d)表示可以被同栏中没有括号的字母 d 所注销或代替，亦可被有括号的字母(d)所注销或代替。

3. G 45～G 52 的功能可用于机床上任意两个预定的坐标。

4. 控制机上没有 G 53～G 59、G 63 功能时，可以指定作其他用途。

(3) 尺寸字。尺寸字由地址码、+、-号及绝对值(或增量)的数值构成，尺寸字的地址码有 X、Y、Z、U、V、W、P、Q、R、A、B、C、I、J、K 等。尺寸字的“+”可省略。

(4) 进给功能字。它由地址符 F 和后面表示进给速度值的若干位数字组成，其功能是指定刀具进给运动时的切削速度，又称 F 指令，该指令是续效指令。F 后的数值，现在一般都使用直接指定方式(也叫直接指定码)。如 F 100 表示进给速度为 100 mm/min，有的以 F ** 表示，** 表示数字，这个数字的单位取决于每个数控系统所采用的进给速度的指定方法，既可以是代码也可以是进给量的数值。

(5) 主轴转速功能字。主轴转速功能用来指定主轴的转速，单位为 r/min，地址符用 S，所以又称为 S 指令。中档以上的数控机床，其主轴驱动已采用主轴控制单元，它们的转速可以直接指令，即用 S 后数字直接表示主轴转/分钟(r/min)。如 S 1300 表示主轴转速为 1 300 r/min。

对于中档以上的数控车床，还有一种使切削速度保持不变的恒线速度功能。即在切削过程中，如果切削部位的回转直径不断变化，那么主轴转速也要不断地作相应的变化。在这种场合，程序中的 S 指令是指定车削加工的线速度。

(6) 刀具功能字。T 地址字后接两位数字或四位数字用于指定刀号和刀具补偿号。若 T 后接两位数字表示刀具号；若 T 后接四位数字，前两位表示刀号，后两位表示刀补寄存器号。例如 T 0202，前两位 02 为刀库中的 2 号刀，后两位 02 为从 02 号刀补寄存器取出事先存入的补偿数据进行刀具补偿。

(7) 辅助功能字(M 功能字)。如 M 08 表示打开冷却液，见表 8-2。

表 8-2　辅助功能(M 代码)

代码 (1)	功能开始时间		功能保持到被注销或被适当程序指令代替(4)	功能仅在所出现的程序段内有作用(5)	功 能 (6)
	与程序段指令运动同时开始(2)	在程序段指令运动完成后开始(3)			
M 00		*		*	程序停止

续　表

代码 (1)	功能开始时间		功能保持到被注销或被适当程序指令代替(4)	功能仅在所出现的程序段内有作用(5)	功　能 (6)
	与程序段指令运动同时开始(2)	在程序段指令运动完成后开始(3)			
M 01		*		*	计划停止
M 02		*		*	程序结束
M 03	*		*		主轴顺时针方向
M 04	*		*		主轴逆时针方向
M 05		*	*		主轴停止
M 06	*	*		*	换刀
M 07	*		*		2 号切削液开
M 08	*		*		1 号切削液开
M 09		*	*		切削液关
M 10	*	*	*		夹紧
M 11	*	*	*		松开
M 12	*	*	*	*	不指定
M 13	*		*		主轴顺时针方向，切削液开
M 14	*		*		主轴逆时针方向，切削液开
M 15	*			*	正运动
M 16	*			*	负运动
M 17～M 18	*	*	*	*	不指定
M 19		*	*		主轴定向停止
M 20～M 29	*	*	*	*	永不指定
M 30		*		*	纸带结束
M 31	*	*		*	互锁旁路
M 32～M 35	*	*	*	*	不指定
M 36	*		*		进给范围 1

续 表

代码 (1)	功能开始时间		功能保持到被注销或被适当程序指令代替(4)	功能仅在所出现的程序段内有作用 (5)	功　能 (6)
	与程序段指令运动同时开始(2)	在程序段指令运动完成后开始(3)			
M 37	*		*		进给范围 2
M 38	*		*		主轴速度范围 1
M 39	*		*		主轴速度范围 2
M 40～M 45	*	*	*	*	如有需要作为齿轮换挡,此外不指定
M 46～M 47	*	*	*	*	不指定
M 48		*	*		注销 M 49
M 49	*		*		进给率修正旁路
M 50	*		*		3 号切削液开
M 51	*		*		4 号切削液开
M 52～M 54	*	*	*	*	不指定
M 55	*		*		刀具直线位移,位置 1
M 56	*		*		刀具直线位移,位置 2
M 57～M 59	*	*	*	*	不指定
M 60		*		*	更换工件
M 61	*		*		工件直线位移,位置 1
M 62	*		*		工件直线位移,位置 2
M 63～M 70	*	*	*	*	不指定
M 71	*		*		工件角度位移,位置 1
M 72	*		*		工件角度位移,位置 2
M 73～M 89	*	*	*	*	不指定
M 90～M 99	*	*	*	*	永不指定

注：1. * 号表示如选作特殊用途,必须在程序说明中说明。
2. M 90～M 99 可指定为特殊用途。

(8) 程序段结束字。写在每一程序段之后，表示该程序段结束。当用 EIA 标准代码时，结束符为“CR”，用 ISO 标准代码时为“NL”或“LF”。有的用符号“;”或“ * ”表示。

8.1.4　准备功能和辅助功能

在数控加工程序中，使用的基本编程指令主要有两大类：一类是准备功能 G 指令，另一类是辅助功能 M 指令。准备功能和辅助功能是数控程序段的基本组成部分，目前国际上广泛应用的是 ISO 标准，我国根据 ISO 标准，制定了 JB3208—83《数控机床穿孔带程序段格式中的准备功能 G 和辅助功能 M 的代码》。

1. 准备功能 G 代码

准备功能也叫 G 功能或 G 代码，它是使机床或数控系统建立起某种加工方式的指令。G 代码由地址 G 和后面的两位数字组成，从 G 00～G 99 共 100 种。表 8 - 1 为我国 JB3208—83 标准中规定的 G 功能的定义。

G 代码分为模态代码(又称续效代码)和非模态代码。表中序号(2)一栏中标有字母的所对应的 G 代码为模态代码，字母相同的为一组。模态代码表示若某一代码在一个程序段中指定(如 a 组的 G 01)，就一直有效，直到出现同组(a 组)的另一个 G 代码(如 G 02)时才失效。表中序号(2)一栏中没有字母的表示对应的 G 代码为非模态代码，即只有在写有该代码的程序段中有效。

表中序号(4)栏中的“不指定”代码，用作修改标准，指定新功能时使用。“永不指定”代码，指的是即使修改标准时，也不指定新的功能。这两类 G 代码可以由机床的设计者根据需要定义新的功能，在机床说明书中必须予以说明，以便于用户使用。

2. 辅助功能 M 指令

辅助功能也叫 M 功能或 M 代码，它能控制数控机床辅助装置的接通或断开。如开、停冷却泵；主轴正、反转；程序结束等。辅助功能指令也有 M 00～M 99 共计 100 种，也有续效指令和非续效指令。表 8 - 2 为我国 JB 3208 - 83 标准中规定的 M 代码的定义。

(1) 程序停止—M 00。该指令是切断机床所有动作，如停止主轴转动、关闭冷却液等，以便人工进行某一手工操作，如换刀、测量工件尺寸等。重新运行程序可按“启动”键，便可继续执行后续程序。

(2) 计划停止—M 01。该指令只有在按下机床控制面板上的“选择停止”开关时才有效，执行过程与 M 00 相同。

(3) 程序结束—M 02。该指令写在整个加工程序的最后程序段中，表示完成对零件的加工，切断机床的所有动作，并使机床复位。

(4) 主轴控制指令—M 03、M 04、M 05。M 03、M 04、M 05 分别控制主轴正转、反转和停止。主轴正转方向是朝主轴正向看的顺时针方向，逆时针方向则为反转。

(5) 冷却液开—M 08。

(6) 冷却液关—M 09。

由于生产数控机床的厂家很多，每个厂家使用的 G 功能、M 功能也不完全相同，因此用户对于某一台数控机床，必须根据机床说明书的规定进行编程。

8.2 数控车床程序编制

数控车床主要用于轴类回转体零件的加工，根据加工程序的要求，能自动完成外圆柱面、圆锥面、母线为圆弧的旋转体、螺纹等工序的切削加工，也能进行切槽、钻、扩、铰孔及攻丝等。在生产中使用的数控车床，根据其功能情况可分简易数控车床、经济型数控车床、多功能数控车床和车削中心等。

我国目前使用的数控车床其控制系统的种类较多，基本的指令代码相同，但对某些指令代码的定义还没有统一。

8.2.1 数控车床的编程特点和坐标系

1. 数控车床的编程特点

(1) 车削零件的径向尺寸在图纸上的标注尺寸一般都是用直径值表示，因而机床出厂时，系统的参数设定一般为直径编程。

(2) 绝对值编程与增量值编程。不用地址字 G 90 和 G 91 指令时，绝对值编程用 X_Z_表示 X 轴与 Z 轴的坐标值，X 轴的位置显示为零件的直径尺寸。增量值编程用 U_W_表示在 X 轴和 Z 轴上的位移量，X 轴的位置显示为实际位移的 2 倍。绝对值编程与增量值编程两者可以在零件加工程序中混合使用。

(3) 对于实心回转体端面的车削，由于现代数控车床都具有恒速切削功能，为提高表面质量和刀尖寿命，应采用恒切速程序。

(4) 由于车加工毛坯常用棒料或铸、锻件，加工余量较大，粗加工需多次分层走刀。为简化编程，应尽可能利用数控系统具有的固定循环功能编程。

(5) 车削加工时，为提高刀具寿命和表面加工质量，车刀刀尖常磨成半径不大的圆弧，这对不具备刀具半径自动补偿功能的编程，需计算假想刀尖的偏置数据进行补偿。

2. 数控车床的坐标系

数控车床系统为 X、Z 两坐标连续控制。位移单位可通过系统参数设定公制或英制。程序格式采用字地址可变格式。

1) 机床坐标系

(1) 机床坐标系的规定。如图 8-7 所示，机床坐标系 Z 轴与车床导轨平行(取卡盘中心线)，正方向是离开卡盘的方向，X 轴与 Z 轴垂直，正方向为刀架离开主轴轴线的方向，坐标原点 O 取在卡盘端面与中心线的交点处。

(2) 机床参考点。是机床上一固定点，该点是机床刀具退至一个固定不变的极限点，即图 8-7 中的 O_2 点。其位置由机械挡块或行程开关决定。

数控系统上电时并不知道机床坐标系的零点在什么位置，为了正确地在机床工作时建立机床坐标系，通常在每个坐标轴的移动范围内设置一个机床参考点，数控车床启动后要进行机动或手动回参考点(称为“回零”操作)，以建立机床坐标系。

2) 工件坐标系(编程坐标系)

(1) 工件坐标系也称编程坐标系。工件坐标系是编程人员设定的。若工件坐标系的轴用 X、Z 表示如图 8-7 所示,Z 轴与机床坐标系中 Z 轴重合,正方向也是远离卡盘的方向。X_p 轴与 Z_p 轴垂直,正方向亦是刀架离开主轴轴线的方向。原点 O_1 一般取在工件端面与中心线之交点处,也可由编程者通过设置浮动原点确定。

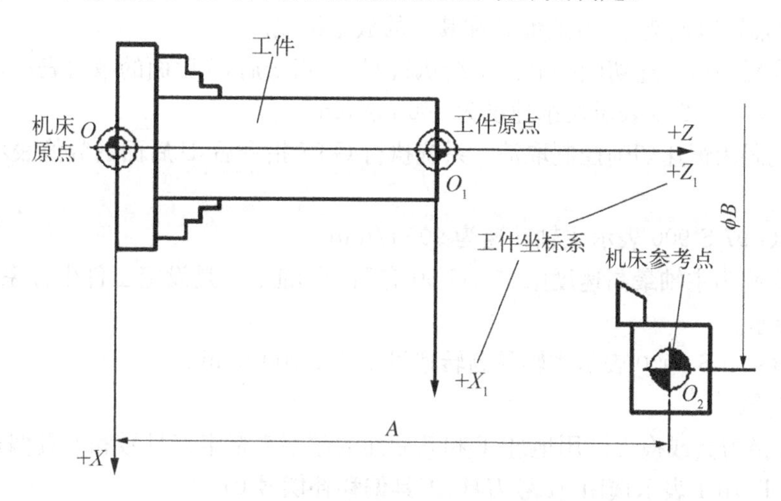

图 8-7　数控车床坐标系的原点与参考点

进入自动加工状态时,屏幕上显示的是加工刀具刀尖在编程坐标系中的绝对坐标值。

(2) 机床原点、机床参考点和工件原点比较。

① 机床原点是指机床坐标系的原点,是机床上的一个固定点,它不仅是在机床上建立工件坐标系的基准点,而且还是机床调试和加工时的基准点。随着数控机床种类型号的不同其机床原点也不同,通常车床的机床原点设在卡盘端面与主轴中心线交点处,而铣床的机床原点则设在机床 X、Y、Z 三根轴正方向的运动极限位置。

② 机床参考点,是因为数控装置上电时并不知道机床零点,为了正确地在机床工作时建立机床坐标系,通常在每个坐标轴的移动范围内设置一个机床参考点(测量起点),机床启动时,或因意外断电和紧急制动重新启动时,通常要进行自动或手动回参考点,以建立机床坐标系和激活参数。

③ 工件原点也称为编程原点,是工件坐标系上确定工件轮廓编程和计算的原点,在加工中因工件的装夹位置是相对机床坐标系而言固定的,所以工件坐标系在机床坐标系中的位置也就确定了。

8.2.2　数控车床的常用指令

下面以配置 FANUC-6T 系统为例介绍数控车床程序编制的方法。

1. 主要功能指令

1) F 功能

在 G 98 代码状态下,F 后面的数值表示主轴的切削进给量/分钟。在数控车床上加工螺纹时,F 后面的数值表示螺纹的导程。

例如：G 98 F 300　表示主轴进给量为 300 mm/min。

在 G 99 代码状态下，F 后面的数值表示主轴每转进给量。

例如：G 99 F 1.5　表示主轴进给量为 1.5 mm/r。系统开机状态为 G 99，只有输入 G 98 指令后，G 99 才被取消。

2）S 功能

指定主轴转速或速度，由地址 S 和其后的数字组成。

G 96 代码为恒线速切削控制。系统执行 G 96 指令后，S 后面的数值表示切削速度。

例如：G 96 S 200 表示切削速度为 200 m/min。

G 97 代码为恒速切削控制取消。系统执行 G 97 指令后，S 后面的数值表示主轴的转速/分钟。

例如：G 97 S 900 表示主轴转速为 900 r/min。

G 50 代码为主轴最高速度限定。G 50 有两个功能：一是设定工件坐标系；二是限定主轴最高转速。

例如：G 50 S 2000 表示主轴最高转速设定为 2 000 r/min。

3）T 功能

用于选择刀具或换刀。用地址 T 和其后面的数字来指定刀具号和刀具偏移补偿号。

例如：T 0101 表示选用 01 号刀具，刀具偏移补偿号 01。

4）M 功能

用于对机床的控制。由地址码 M 和两位数字组成。辅助功能见表 8-3。

表 8-3　辅助功能

序号	代码	功能	序号	代码	功能
1	M 00	程序停止	10	M 11	车螺纹直退刀
2	M 01	选择停止	11	M 12	误差检测
3	M 02	程序结束	12	M 13	误差检测取消
4	M 03	主轴正转	13	M 19	主轴准停
5	M 04	主轴反转	14	M 20	ROBOT 工作启动
6	M 05	主轴停止	15	M 30	纸带结束
7	M 08	切削液开	16	M 98	调用子程序
8	M 09	切削液关	17	M 99	返回主程序
9	M 10	车螺纹 45°退刀			

5）G 功能

准备功能 G 代码见表 8-4。

表 8-4　准备功能

序　号	代　号	组　别	功　能
1	G 00	01	快速点定位
2	G 01		直线插补
3	G 02		顺时针圆弧插补
4	G 03		逆时针圆弧插补
5	G 04	00	延迟(暂停)
6	G 10		补偿值设定
7	G 20	02	英制输入
8	G 21		公制输入
9	G 22		存储型行程限位接通
10	G 23		存储型行程限位断开
11	G 27	00	返回参考点确认
12	G 28		返回参考原点
13	G 29		从参考点回到切削点
14	G 32	01	螺纹切削
15	G 36		自动刀具补偿 X
16	G 37		自动刀具补偿 Z
17	G 40	07	刀具半径补偿取消
18	G 41		刀尖圆弧半径左补偿
19	G 42		刀尖圆弧半径右补偿
20	G 50	00	坐标系设定或最高主轴速度限定
21	G 70		精车循环
22	G 71		粗车外圆复合循环
23	G 72		粗车端面复合循环
24	G 73		固定形状粗加工复合循环
25	G 74		Z 向深孔钻削循环
26	G 75		切槽(X 向)
27	G 76		螺纹切削复合循环
28	G 90	01	单一形状固定循环
29	G 92		螺纹切削循环
30	G 96	02	恒速切削控制有效
31	G 97		恒速切削控制取消
32	G 98	05	进给速度按每分钟设定
33	G 99		进给速度按每转设定

注：00 组的 G 代码为非模态代码，其他均为模态代码。

2. 主要准备功能指令

1) 设置工件坐标系指令 G 50

指令格式：G 50 X__Z__；或 G 50 U__W__；

式中，X 和 Z 后的数值是刀尖在编程坐标系中的位置；U、V 后的数值是增量值。

工件安装在机床上后，须确定工件坐标系原点在机床坐标系中的位置，以建立工件的加工坐标系。该指令的作用是按照程序规定的尺寸字设置或修改工件在机床坐标系中的位置。如图 8-8 所示，刀具起刀点 A 在工件坐标系正向 X_A 与 Z_A 处，则设定程序段为“G 50 X_A Z_A”，“X_A”与“Z_A”被记忆在系统中并在系统中建立了工件加工坐标，但不产生机床运动。应注意的是，执行此程序段之前，必须使刀具刀位点与程序原点一致。

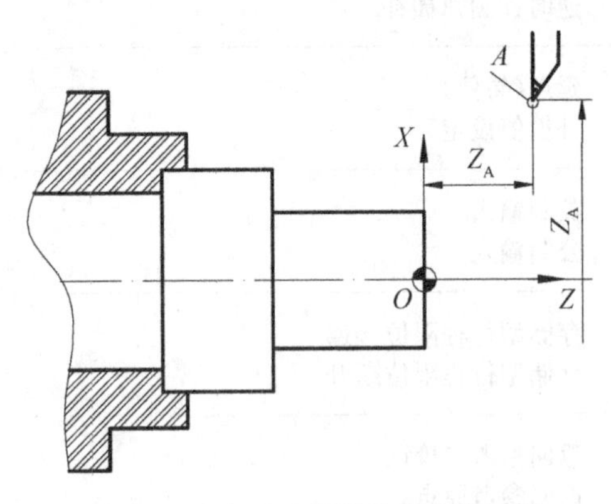

图 8-8　G 50 在数控车床中的应用

这里特别指出，有些数控车床使用 G 92 设置工件坐标系。现代数控车床可使用 G 50 或 G 92 指令设定工件坐标系，也常使用 G 54～G 59 设定工件坐标系，这是通过设定工件坐标系原点与机床原点偏移量的方法，用法在数控铣床程序编制一节进一步介绍。

2) 快速点定位指令 G 00

指令格式：G 00 X(U)__ Z(W)__；

式中，X 和 Z 后的数值是刀具直线快速运动至目标点的坐标；U、W 后的数值是增量值。

3) 直线插补指令 G 01

指令格式：G 01 X(U)__ Z(W)__ F__；

式中，X 和 Z 后的数值为刀具直线进给运动至目标点的坐标；U、W 后的数值为增量值。F 后的数值为进给速度。

4) 圆弧插补进给指令 G 02/G 03

用 I、K 指定圆心位置编程的指令格式：

$$\left.\begin{matrix}\text{G 02}\\\text{G 03}\end{matrix}\right\}\text{X(U)\_Z(W)\_I\_K\_F;}$$

用圆弧半径 R 编程的指令格式：

$$\left.\begin{matrix}\text{G 02}\\\text{G 03}\end{matrix}\right\}\text{X(U)\_Z(W)\_R\_F;}$$

说明：

(1) G 02 是顺时针圆弧插补，G 03 是逆时针圆弧插补。

(2) 用绝对值编程时，X、Z 是相对编程原点的坐标值。用增量值编程时，U、W 分别是相对圆弧起点的坐标值。

(3) 圆心坐标 I、K 是圆弧起点到圆弧中心在 X、Z 轴上的增量坐标值。

(4) 用圆弧半径 R 编程，规定圆弧圆心角 $\alpha \leqslant 180°$ 时，R 取正值，$\alpha > 180°$，R 为负值。

(5) 用半径 R 指定圆心位置时，不能描述整圆。

例 8-1　应用 G 00、G 01、G 02 和 G 03 指令编写加工图 8-9 所示的零件程序。

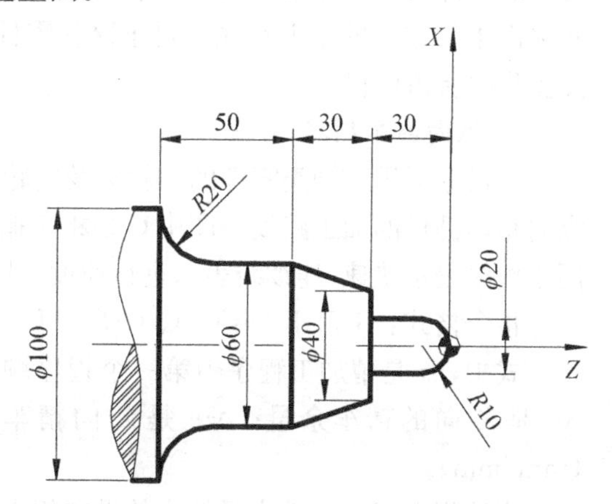

图 8-9　例 8-1 车床编程图

编程方法一：用 I、K 圆心坐标编程，采用绝对值编程。

…

N 010 G 01 X 0 Z 0 F 80;

N 011 G 03 X 20.0 Z −10.0 I 0 K−10.0 F 60;

N 012 G 01　　Z −30.0 F 80;

N 013　　X 40.0;

N 014　　X 60.0 Z −60.0;

N 015　　　　Z −90.0;

N 016 G 02 X 100.0 Z −110.0 I 20.0 K 0 F 60;

…

采用增量值编程。

…

N 010 G 01 X 0 Z 0 F 80;

N 011 G 03 U 20.0 W−10.0 I 0 K −10.0 F 60;

N 012 G 01 U 0 W −20.0 F 80;

N 013　　U 20.0;

N 014　　U 20.0 W −30.0;

N 015　　　　W −20.0;

N 016 G 02 U 40.0 W −30.0 I 20.0 K 0 F 60;

…

编程方法二：用圆弧半径 R 编程。

…

N 010 G 01 X 0 Z 0 F 80;

N 011 G 03 X 20.0 Z −10.0 R 10.0 F 60;

N 012 G 01　　Z −30.0 F 80;

N 013　　X 40.0;

N 014　　X 60.0 Z −60.0;

N 015　　　　Z−90.0;

N 016 G 02 X 100.0 Z −110.0 R 20.0 F 60;

…

8.2.3　车削固定循环程序

现代数控车床一般都具有各种不同类型的循环加工功能。循环功能适用于加工余量较大的零件表面。如用棒料毛坯车削阶梯相差较大的轴或切削铸、锻件的毛坯时，都有一些多次重复进行的走刀路线。对于这些零件的编程，采用循环功能，可以缩短加工程序，减少程序所占内存。

1. 纵向粗车循环 G 71

该指令适用于轴类零件的外轮廓及内轮廓的纵向粗车加工，如图 8－10 所示为 G 71 纵向粗车循环的加工路线。图中 C 是粗车循环的起点，A 是毛坯外径与端面轮廓的交点，图中虚线表示快速，连续线表示进给速度。图中 e 是刀具的径向退刀量(由参数设定)。

指令格式：G 71 P (ns)　Q (nf)　U (Δu)　W (Δw)　D (Δd)　F_；

式中，ns 是精加工程序中第一个程序顺序号；nf 是精加工程序末端的程序顺序号；Δu 是 X 向的精车余量；Δw 是 Z 向精车余量；Δd 是每次的切削深度；F 是走刀量(mm/min)。

当该指令用于工件内径轮廓的纵向粗车循环时，此时径向精车余量 Δu 应为负值。

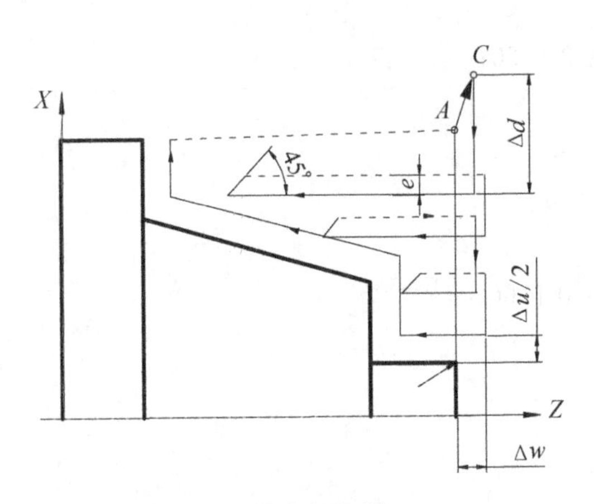

图 8－10　纵向粗车循环 G 71

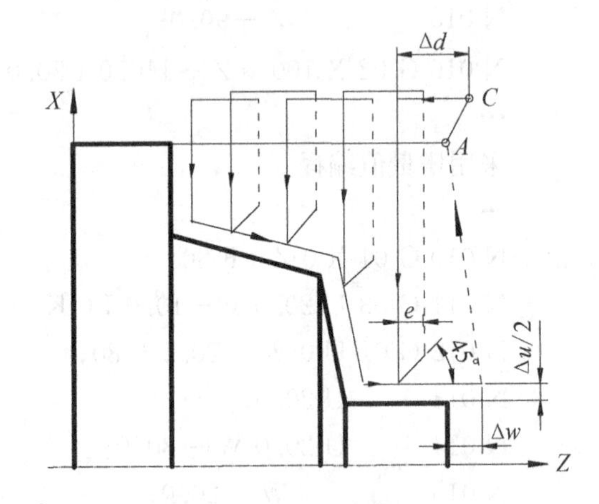

图 8－11　横向粗车循环 G 72

2. 横向粗车循环 G 72

该指令适用于盘类零件的外轮廓粗车加工，如图 8－11 所示为 G 72 粗车外轮廓的加工路线。

指令格式：G 72　P (ns)　Q (nf)　U (Δu)　W (Δw)　D (Δd)　F_；

式中各参数含义与 G 71 相同。

3. 平行于零件轮廓的粗车循环 G 73

该指令适用于毛坯轮廓形状与零件形状基本接近的工件。例如：锻件、铸件的粗车加工，如图 8－12 所示为 G 73 平行于工件外轮廓的粗车加工路线。

指令格式：G 73 P (ns)　Q (nf)　I (Δi)　K (Δk)　U (Δu)　W (Δw)　D (Δd)　F_；

Δi 是 X 向粗车切除余量(半径值)；Δk 是 Z 向粗车切除余量；Δd 是粗车切削循环次数。其他各参量含义与 G 71、G 72 相同。

4. 精车循环 G 70

指令格式：G 70 P (ns) Q (nf)

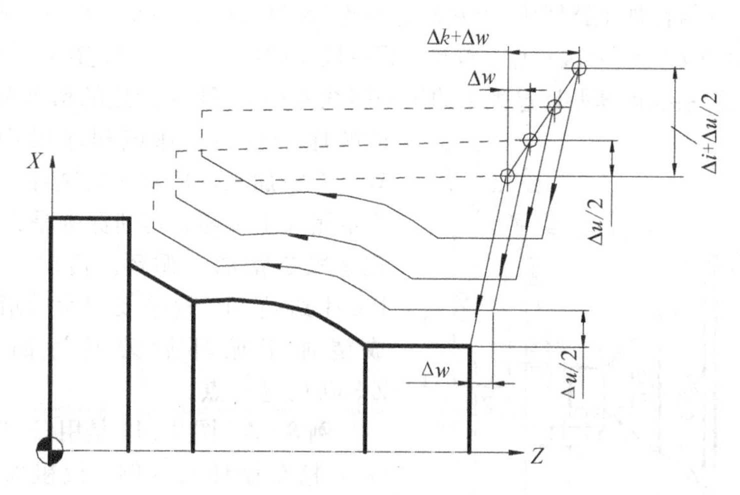

图 8-12　平行粗车循环 G 73

在精车循环 G 70 状态下，(*ns*)至(*nf*)程序段中指定的 F、S、T 有效，粗车循环中的 F、S、T 无效。

例 8-2　图 8-13 为采用纵向粗车循环 G 71 与精车循环 G 70 编制的加工程序。取零件毛坯为棒料，粗加工切削深度为 7 mm，进给量 0.3 mm/r，主轴转速为 500 r/min，精加工余量 *X* 向 4 mm(直径)，*Z* 向 2 mm，进给量为 0.15 mm/r，主轴转速为 800 r/min，编写加工程序如下。

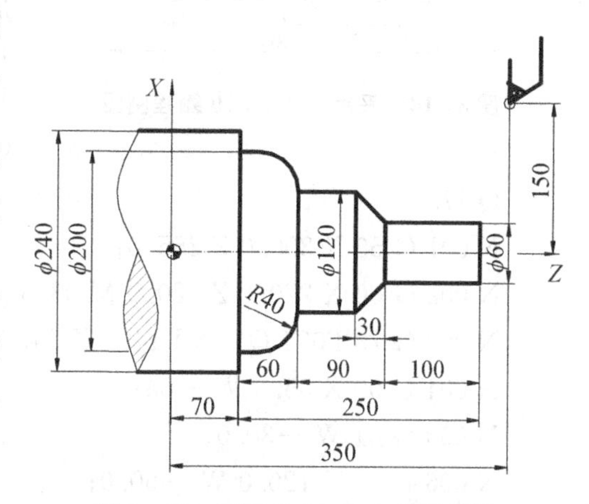

图 8-13　采用 G 71、G 70 编程例图

```
O 171
N 001 G 50 X 300.0 Z 350.0;(坐标系设定)
N 002 G 00 X 250.0 Z 330.0 M 03 S 800;
N 003 G 71 P 004 Q 010 U 4.0 W 2.0 D 7.0 F 0.3 S 500;(纵向粗车循环)
N 004 G 00 X 60.0 S 800;
N 005 G 01        W -110.0 F 0.15;
N 006      X 120.0 W -30.0;
N 007             W -60.0;
N 008 G 03 X 200.0 W-40.0 R 40.0;
N 009 G 01        W -20.0;
N 010      X 250.0;
N 011 G 70 P 004 Q 010;
N 012 G 00 X 300.0 Z 350.0;
N 013 M 05;
N 014 M 30;
```

上述程序在执行加工路线中，刀具从起始点(X 300.0 Y 350.0)出发，到 N 002 程序段坐标(X 250.0 Z 330.0)这一点。N 003 程序段开始进入 G 71 固定循环，该程序段中的内容是通知数控系统计算循环过程中的运动路线并按 G 71 中指定的精车循环的程序段的顺序号执行。在该程序段中，U 4.0 和 W 2.0 粗加工后应留出的精加工余量；D 7.0 表示粗加工循环时切削深度是 7 mm。N 011 程序段是精加工循环。精加工轮廓尺寸按 P 004 到 Q 010 程序段的运动指令确定。完成精加工循环后刀具返回到(X 300.0 Z 350.0)这一点。

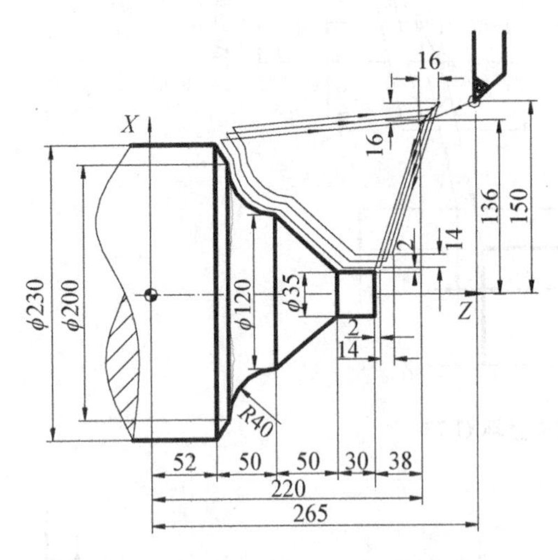

图 8-14　采用 G 73、G 70 编程例图

例 8-3　图 8-14 是用 G 73 粗车循环和 G 70 精车循环的示例。设粗加工分三刀进行，第一刀加工后，后两刀在 X、Z 方向上的加工总留量 X 向是 14 mm(单边)，Z 向是 14 mm。精加工余量 X 方向(直径)是 4.0 mm，Z 向是 2.0 mm；粗加工时进给量是 0.3 mm/r；主轴转速是 800 r/min。

```
O 173
N 001 G 50 X 300.0 Z 265.0;
N 002 G 00 X 270.0 Z 220.0 M 03 S 800;
N 003 G 73 P004 Q 008 I 14.0 K 14.0 U 4.0 W 2.0 D 3 F 0.30 S 800;
N 004 G 00 X 35.0 W -38;
N 005 G 01 W -30.0;
N 006      X 120.0 W -50.0;
N 007 G 02 X 200.0 W -40.0 I 40.0 K 0.0;
N 008 G 01 X 230.0 W -10.0;
N 009 G 70 P004 Q 008;
N 010 G 00 X 300.0 Z 265.0;
N 011 M 05;
N 012 M 30;
```

8.2.4　螺纹切削指令

1. G 92 螺纹切削循环

该指令可切削锥螺纹和圆柱螺纹，如图 8-15 所示。刀具按 $A \to B \to C \to D \to A$ 进行自动循环。图中虚线表示快速运动，连续线表示进给运动。

指令格式：G 92 X (U)_ Z (W)_ I_ F_

式中，X、Z 是螺纹终点(C 点)的坐标值；U、W 是螺纹终点坐标相对于螺纹起点的增量坐标；I 是锥螺纹起点和终点的半径差，加工圆螺纹时 I 为零，可省略；F 是螺纹导程(mm)。

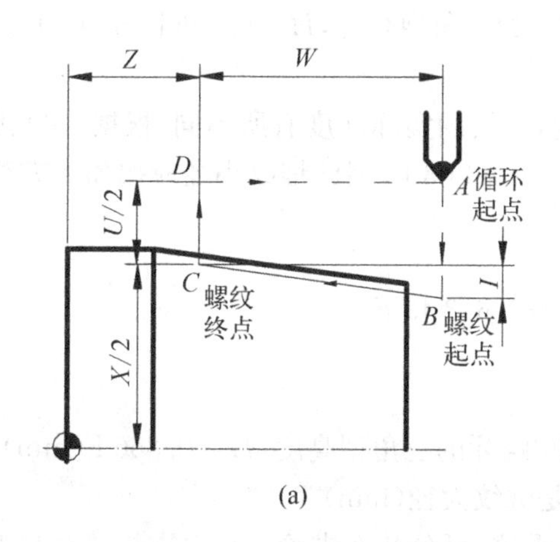

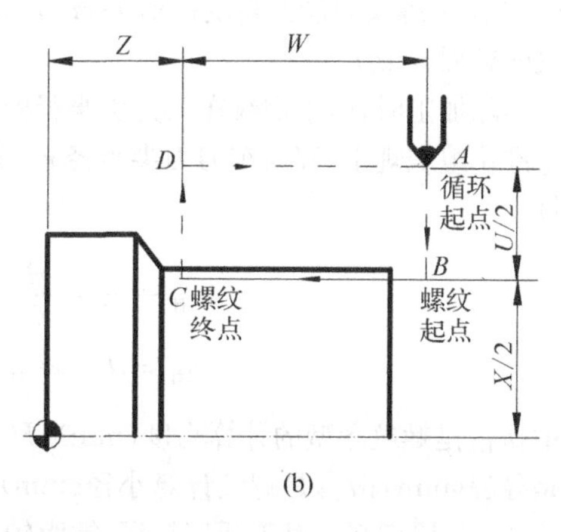

图 8-15　螺纹切削循环 G 92

2. 螺纹切削加工编程说明

(1) 由于螺纹加工在进入加工前有一个加速过程，而结束时有一个减速过程。这两个过程的螺距是不均匀的，因此车螺纹时必须设置一定的升速进刀段和降速退刀段，如图 8-16 所示。图中 δ_1、δ_2 的数值与机床拖动系统的动态特性有关，也与螺纹的螺距有关。一般 δ_1 取 2～5 mm，大螺距和高精度的螺纹取大值；δ_2 一般取 δ_1 的 1/4 左右。

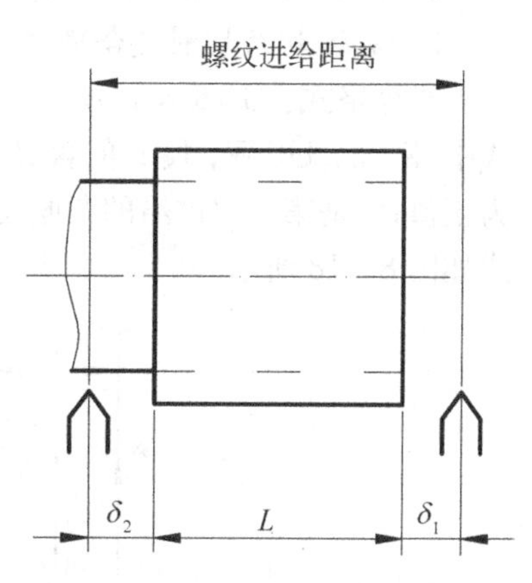

图 8-16　螺纹切削的进刀段和退刀段

(2) 螺纹螺牙高度计算。螺牙高度是指螺纹牙顶到牙底之间的垂直距离。根据 GB 197-81 规定：普通螺纹的牙型理论高度 $h_1=0.541\,3\,F$，如图 8-17(a)所示，螺纹车刀在牙底最小削平高度 $H/8$ 处. 可削平或倒圆如图 8-17(b)所示，因此螺纹的最大高度 $h_{1大}$ 可按下式计算。

$$h_{1大}=H-2\left(\frac{H}{8}\right)=0.649\,5\,F$$

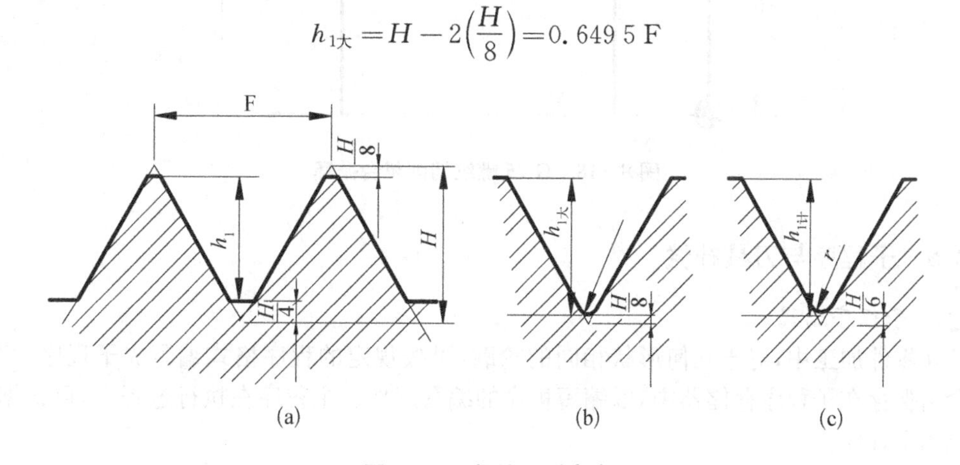

图 8-17　螺纹牙型高度

(a) 理论高度　(b) 最大高度　(c) 计算高度

式中，$h_{1大}$是螺纹的最大高度(mm)；H 是 60°螺牙的三角型高度，$H=0.866\ F$(mm)；F 是螺纹的导程(mm)。

实际加工时，由于螺纹车刀刀尖半径的影响，螺纹的实际深度有所不同，根据 ISO 国际标准化组织规定，螺纹车刀刀尖半径 $r=H/6=0.1443\ F$，因此螺纹小径应按如下方法计算。

$$h_{1计}=H-\frac{H}{6}-\frac{H}{8}=0.61343\,F$$

$$d_{1计}=d-2h_{1计}$$

式中，$h_{1计}$是螺纹牙型的计算高度(mm)；H 是 60°螺牙的三角型高度，$H=0.866\ F$(mm)；F 是导程(mm)；$d_{1计}$是螺纹计算小径(mm)；d 是螺纹大径(mm)。

(3) 分层切削。对于牙型较深、螺距较大的螺纹，可分几次进给。每次进给的背吃刀量用螺纹深度减精加工背吃刀量所得的差按递减规律分配。

3. G 76 螺纹切削复合循环

指令格式：G 76 X (U)_　Z (W)_　I_　K_　D_　F_　A_

式中，X、Z、U、W、I、F 的含义与 G 92 中的含义相同，K 是螺纹牙型高度(半径值)通常为正值；D 是第一次进给的背吃刀量(半径值)；A 是螺纹牙型角。螺纹走刀路线及进给方式如图 8-18 所示。

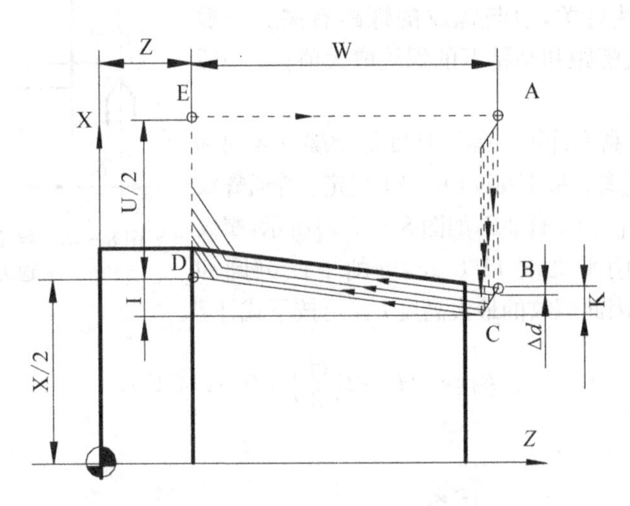

图 8-18　G 76 螺纹切削复合循环

8.2.5　子程序与刀具补偿

1. 子程序编程

在零件加工中，对于几何形状相同的轮廓，可按规定的程序格式编写成子程序，并单独命名保存在子程序存储器中，以缩短程序的编写工作。主程序在执行过程中，可根据命令调用子程序。

FANUC 系统的子程序名由字母 O 开头，字母后可跟 5 位自然数。西门子系统用%作为子程序的开头。子程序体是一个完整的加工程序。其格式和所用的指令与主程序相同。

(1) 调用子程序 M 98　指令格式：M 98 P__ L__ 式中，P 后的数字是子程序号；L 后面的数字是子程序重复调用次数。

(2) 子程序返回 M 99　指令格式：M 99

该指令表示子程序运行结束，返回到主程序。

例 8-4　如图 8-19 所示零件上有两处形状和大小相同的部分，用子程序编程。取毛坯直径 ϕ62 mm，长度 $L=280$ mm，一号刀为外圆刀，八号刀为割断刀，割刀宽 10 mm。

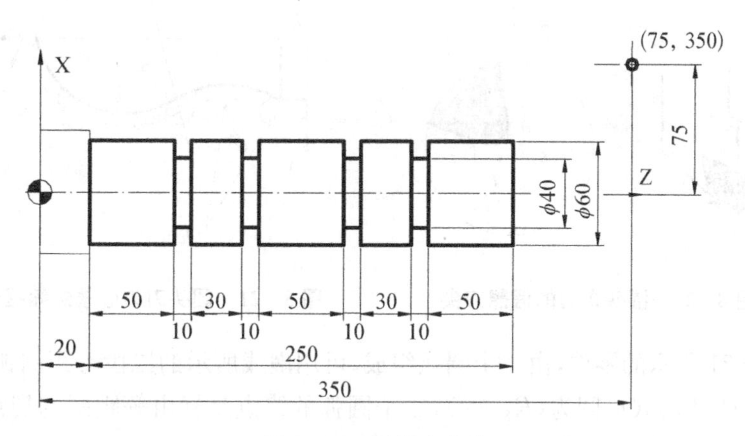

图 8-19　子程序应用

```
O 099
N 001 G 50 X 150.0 Z 350.0;
N 002 M 03 S 800 T 0101 M 08;
N 003 G 00 X 64.0 Z 270.0;
N 004 G 01 X 0 F 0.3;
N 005 G 00 X 60.0 W 2.0;
N 006 G 01 W -262.0 F 0.3;
N 007 G 00 X 150.0 Z 350.0 T 08;
N 008        X 62.0 Z 270.0;
N 009 M 98 P 15 L 2;
N 010 G 01 W -60.0;
N 011 G 01 X 0 F 0.12;
N 012 G 04 X 2.0;
N 013 G 00 X 150.0 Z 350.0 M 09;
N 014 M 05;
N 015 M 30;
```

```
子程序
O 15
N 101 G 00 W -60.0;
N 102 G 01 U -24.0 F 0.15;
N 103 G 04 X 1.0;
N 104 G 00 U 24;
N 105   W-40;
N 106 G 01 U -24 F 0.15;
N 107 G 04 X 1.0;
N 108 G 00 U 24;
N 109 M 99;
```

2. 圆头车刀的编程与补偿

用光学对刀仪对车刀进行观察时，可看到车刀刀尖是一段小圆弧，如图 8-20 所示，P 点是假想刀尖点，也是圆头车刀的理论刀尖。车刀在加工时，实际切削点的位置在 AB 圆弧上随零件轮廓形状的变化而变化。当数控系统不具备刀具半径补偿功能，用假想刀

尖点 P 作为基准编程切削锥形或圆弧形表面时，刀尖点 P 的运动轨迹与实际切出的轮廓表面存在形状误差，所以在机床不具备刀具半径补偿功能的情况下，不能按工件轮廓尺寸编程，而要计算刀具切削点与轮廓形状在 X 向和 Z 向的偏差，或者直接按计算的刀具中心轨迹编制程序。

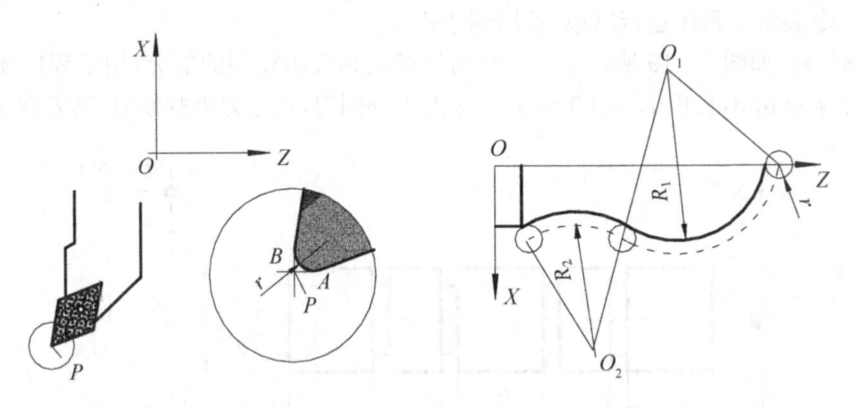

图 8-20　圆头车刀的假想刀尖　　　　图 8-21　圆头刀刀心轨迹编程分析

如图 8-21 所示的零件，由二个圆弧组成，可用虚线所示的二段等距圆弧编程，即 O_1 圆的半径为(R_1+r)，O_2 圆为(R_2-r)，二个圆弧的终点坐标由等距圆的切点关系求得。用刀心轨迹编程比较直观，常被应用。

用假想刀尖轨迹和刀心轨迹编程方法的共同缺点是，当刀头磨损或重磨时，需重新计算编程参数值，否则会产生误差。因此，在现代数控车床中都具有刀具半径补偿功能。其代码的定义，各种数控系统不尽相同。使用刀具半径补偿功能，输入相应的刀具参数(如车刀的刀头半径 r)，数控系统可自动计算正确的刀具中心轨迹，使机床加工出正确的零件轮廓。

8.2.6　数控车削编程实例

例 8-5　编写如图 8-22 所示零件的精加工程序，毛坯为 $\phi45\times70$ mm 棒料，材料为 45 钢。

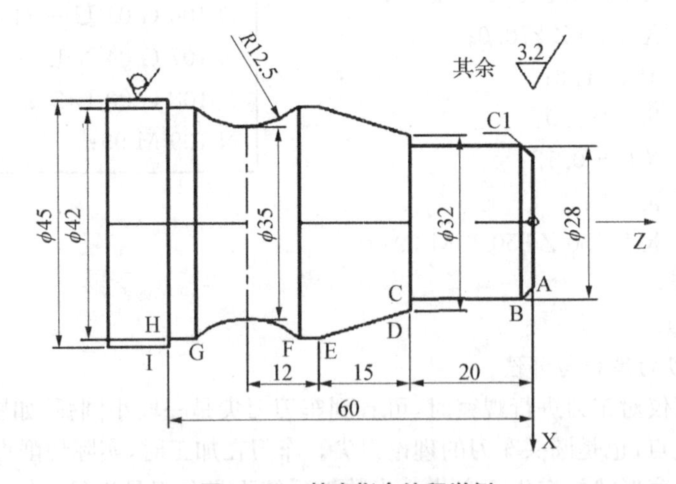

图 8-22　基本指令编程举例

O 0001;
G 50 X 100. Z100. ;
G 40 G 96 G 99 S 100 M 03 T 0101;
G 41 G 00 X 24. Z 1. ;
G 01 X 28. Z −1. F 0.1;
Z −20. ;
X 32. ;
X 42. W −15. ;
G 02 Z −54. R 12.5;
G 01 Z −60. ;
X 47. ;
G 40 G 00 X 100. Z 100. ;
T 0000 M 05;
M 30;

例 8-6　加工下图所示零件，工件材料为 45 号钢，毛坯尺寸为 ϕ52 的棒料，粗糙度 *Ra* 为 1.6 μm。编写零件的加工程序。

设定如图 8-23 所示的工件坐标系。其工艺路线为：粗车外圆→精车外圆→切槽→车螺纹→车凹圆。

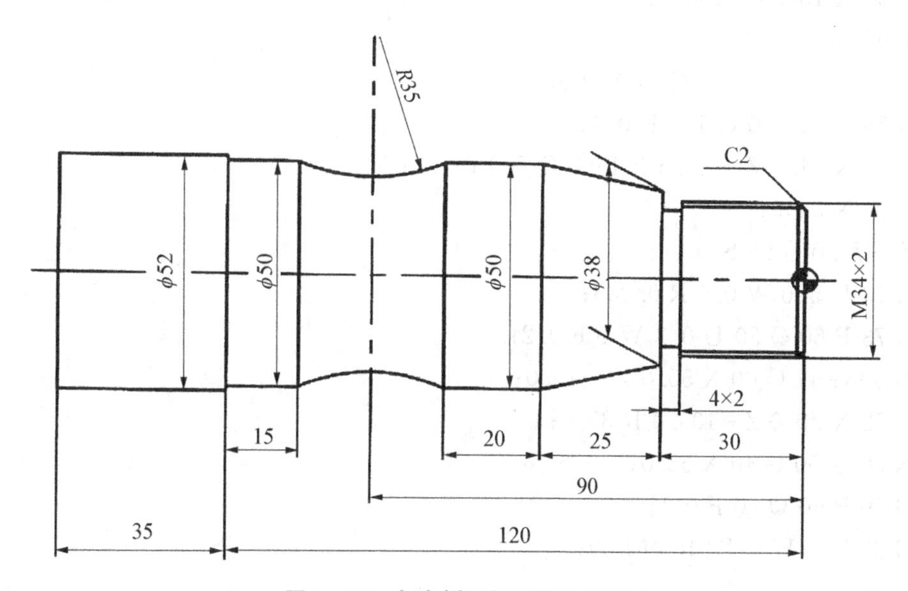

图 8-23　复合循环加工零件举例

选用 YT 15 的外圆车刀 T 01、螺纹和切凹圆刀 T 03，选用高速钢切槽刀 T 02，刀宽 4 mm。
O 0033;
G 40 G 97 G 99 S 500 M 03 T 0101;
G 00 X 53.0 Z 5.0 M 08;
G 71 U 2.0 R 1.0;

```
G 71 P 10 Q 20 U 0.4 W 0.1 F 0.4;
N10 G 00 G 41 X 32.0;
G 01 Z 0;
X 33.9 C -2.0;
Z -30.0;
X 38.0;
X 50.0 W -25.0;
Z -120.0;
X 53.0;
N 20 G 40 X 55.0;
G 96 S 100;
G 70 P 10 Q 20 F 0.1;
G 00 X 150.0 Z 200.0;
T 0202 S 30;
G 00 X 40.0 Z -30.0;
G 75 R 2.0;
G 75 X 30.0 P 2000 F 0.1;
G 00 X 150.0 Z 200.0;
T 0303;
G 00 X 36.0 Z 5.0 G 97 S 300;
G 76 P 020260 Q 100 R 0.1;
G 76 X 31.4 Z -28.5 P 1300 Q 500 F 0.2;
G 00 X 54.0;
Z -75.0 G 96 S 80;
G 73 U 5.0 W 0.0 R 0.003;
G 73 P 60 Q 80 U 0.3 W 0 F 0.2;
N 60 G 41 G 00 X 50.0 Z -75.0;
G 02 X 50.0 Z-105.0 R 35.0;
N 80 G 00 G 40 X 55.0;
G 70 P 60 Q 80 F 0.1;
G 28 U 0 W 0 T 0100 M 09;
M 05;
M 30;
```

8.3 数控铣床程序编制

数控铣床是一种用途广泛的机床，它可以加工平面、内外轮廓、钻孔、铰孔、攻螺纹、镗孔等。根据机床控制系统的情况，可分两轴、两轴半、三轴或多轴联动控制。在生产中所用的数控铣床按配置的数控系统有点位控制系统、轮廓控制系统。与数控车床编程功能相似，其功能也分为准备功能和辅助功能两大类。这里以配置 FUANC－6 M 系统为例介绍数控铣床的基本编程功能。

8.3.1　机床坐标系及工件坐标系

1. 机床坐标系

机床坐标系是机床固有的坐标系。机床坐标系的原点由设计厂家在设计机床时确定。不同的机床，机床坐标系原点的位置不同。一般情况下，铣床原点的位置可在启动机床后，使机床三个坐标轴的坐标依次运动到其正方向的极限位置确定，机床三个坐标轴所到达的这个位置就是机床坐标系原点。

如图 8－24(a)所示，机床原点一般取在 X、Y、Z 三个直线坐标轴正方向的极限位置上，图中 O_1 即为立式数控铣床的坐标系原点。

通常数控铣床上机床原点和机床参考点是重合的。机床原点、参考点、工件原点（编程原点）的关系见数控车床一节的有关介绍。

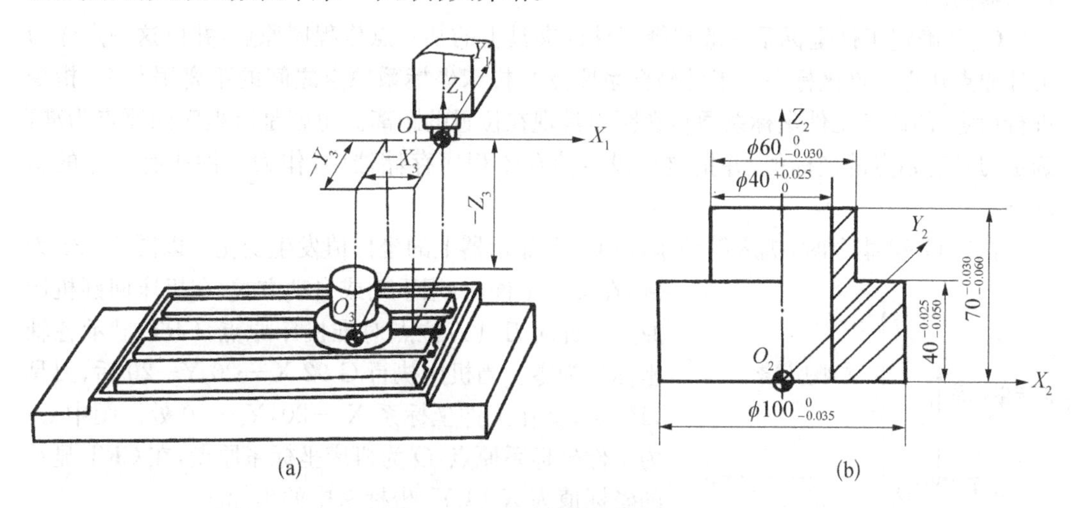

图 8－24　数控铣床机床原点

(a) 数控铣床坐标系　(b) 铣削加工零件

2. 工件坐标系

在编制数控加工程序时，一般由编程人员选择工件上的某一点为编程坐标原点，该坐标系称为工件坐标系，也称为编程坐标系。工件坐标系中各轴的方向应与所使用数控机床相应的坐标轴方向一致。工件坐标系的原点如图 8－24(b)中所示的 O_2 点，由编程人员根据零件的特点选定，应尽量选择在零件的设计基准或工艺基准上，并考虑到编程的方便性。确定工件坐标系原点位置时应注意如下几点。

(1) 对于对称的零件，工件坐标系原点应设在对称中心上。

(2) 对于非对称的零件，工件坐标系原点应设在工件外轮廓的某一角上。

(3) Z 轴方向，一般设在工件表面上。

3. 加工原点

加工原点是指零件被装卡好后，相应的编程原点在机床原点坐标系中的位置。在加工过程中，数控机床是按照工件装卡好后的加工原点及程序要求进行自动加工的。如图 18-24(a)中加工原点是 O_3 点。对工件来说，加工原点与编程原点是同一个点。

编程人员在编制程序时，只要根据零件图样就可以选定编程原点、建立工件坐标系、计算坐标数值，而不必考虑工件毛坯装卡的实际位置。对加工人员来说，则应在装卡工件、调试程序时，确定加工原点的位置，并在数控系统中给予设定(即给出原点设定值)，这样数控机床才能按照准确的加工坐标系位置进行加工。

4. 工件坐标系设定指令 G 92

用绝对尺寸编程时，首先必须在工件上建立坐标系，用 G 92(EIA 代码中用 G 50)指令可设定绝对坐标系原点距刀具起始点的位置，以设定工件坐标系在机床坐标系中的位置。工件坐标系指令设定格式：

G 92 X__Y__Z__；

式中，X、Y、Z 是刀位点在工件坐标系中的坐标值。该指令把这个坐标寄存在数控系统的存储器内。

G 92 确定工件坐标系一般选择工件或夹具上的某一点作程序原点，并以这一点作为工件原点建立工件坐标系。工件坐标系原点与机床坐标系原点之间的距离用 G 92 指令进行设定，即确定工件坐标系原点在距刀具现在位置的距离。也就是以程序的原点为准，确定刀具起始点的坐标值，并把这个设定值存于程序存储器中，作为零件所有尺寸的基准点。

执行 G 92 指令时，机床不动作，但 CRT 显示器上的坐标值发生变化。以图 8-25 为例，在加工工件前，用手动或自动方式，令机床回到机床原点。此时刀具刀位点对准机床原点，CRT 显示各轴坐标均为零。当机床执行 G 92 X －20 Y－20 后，刀具刀位点，就在工件坐标系 X －20，Y －20 处。图中 O_1 为工件坐标系原点，O 为机床坐标系原点，在 CRT 显示的坐标值为 $X_1O_1Y_1$ 坐标系中的坐标。

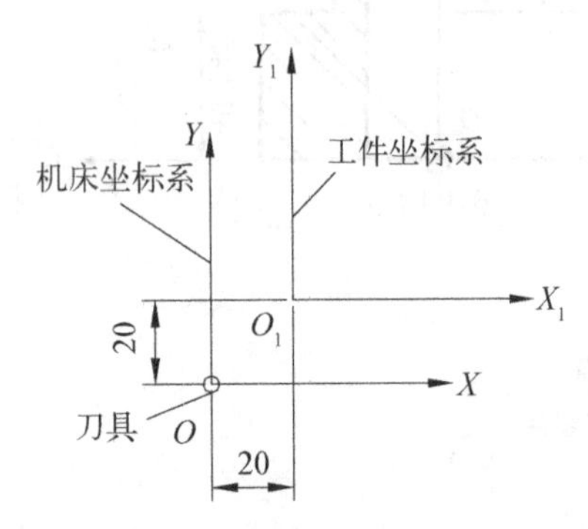

图 8-25　工件坐标系设定指令 G 92

5. 工件坐标系设定指令 G 54～G 59

在许多数控机床系统中除了可用 G 92 设定工件坐标系外，还可以通过 G 54～G 59 来设定另外 6 个工件坐标系。数控加工的步骤通常为：机床进给轴回参考点→对刀→加载 NC 程序→自动加工。

当机床各进给轴回参考点后，机床坐标系已经确定下来。对刀就是要找到刀具的刀位点(刀具基准点)在机床坐标系中的位置，或者说对刀就是确认刀具上用于切削金属的刀刃在机床坐标系中的位置。利用数控机床的参考点，使用 G 54～G 59 可以使对刀过程简单化，从而提高加工效率。使用这些指令的两个步骤：

1) 设置 G 54～G 59 指令参数值

通过数控机床的进给轴位置测量系统测出将要设置的工件坐标系原点相对于该机床

的机床坐标系原点的偏移量，并把偏移量通过参数设定方式存储在机床参数中。G 54、G 55、G 56、G 57、G 58、G 59 六个指令分别设置参数后，可以得到六个工件原点，也即六个工件坐标系。

2) 在 NC 程序中使用 G 54～G 59 指令

当工件原点设定好后，便可在 NC 程序中使用 G 54(G 55、G 56、G 57、G 58、G 59)来调用相应的六个工件坐标系之一，相当于将工件置于某个工件坐标系中。

3) G 92 指令与 G 54～G 59 指令建立工件坐标系的区别

G 92 指令与 G 54～G 59 都是用于建立工件坐标系的，但它们在使用中又有区别。G 92 指令通过程序来设定工件坐标系，它与刀具的当前位置有关。G 54～G 59 指令要预先通过 CRT/MDI 在参数设置方式设定后，再用程序调用，工件坐标系一经设定，坐标原点在机床坐标系中的位置便固定不变，它与刀具的当前位置无关，除非通过 CRT/MDI 方式更改。

8.3.2　数控铣床的常用指令

FANUC - 6 M 系统主要适用于铣床和加工中心，该系统的准备功能(G 功能)见表 8 - 5，辅助功能(M 功能)见表 8 - 6。

在表 8 - 5 中“00”组 G 代码是非模态代码。同组中有▲标记的 G 代码是在电源接通时或按下复位键时就立即生效的 G 代码。不同组的 G 代码可以在同一个程序段中被规定并有效。在固定循环方式中，如果规定了 01 组中的任何 G 代码，固定循环功能就被自动取消，系统处于 G 80 状态，而且 01 组 G 代码不受任何固定循环 G 代码的影响。

表 8 - 5　准备功能(G 功能)

代　号	组别	功　能
G 00 ▲G 01 G 02 G 03	01	快速点定位 直线插补 顺时针圆弧插补 逆时针圆弧插补
G 04 G 09 G 10	00	延迟(暂停) 准确停止检查 刀具偏移量设定 工件零点偏移量设定
▲G 17 G 18 G 19	02	XY 平面选择 ZX 平面选择 YZ 平面选择
G 20 G 21	06	英制输入 公制输入
▲G 22 G 23		存储行程限位有效 存储行程限位无效
G 27 G 28 G 29	00	返回参考点校验 自动返回参考点 由参考点返回
▲G 40 G 41 G 42	07	刀具半径补偿取消 刀具半径左补偿 刀具半径右补偿
G 43 G 44 ▲G 49	08	刀具长度补偿(＋) 刀具长度补偿(－) 取消刀具长度补偿
G 45 G 46 G 47 G 48	00	刀具位置偏移增加 刀具位置偏移减少 刀具位置偏移两倍增加 刀具位置偏移两倍减少
G 54～G 59	14	工件坐标系 1～6 选择
G 60	00	单向定位

续 表

代 号	组别	功 能	代 号	组别	功 能
G 61 ▲G 64	15	精度停校验方式 切削进给方式	▲G 90 G 91	03	绝对值编程 增量值编程
G 65	00	宏指令简单调用	G 92	00	坐标系设定
G 66 G 67	12	宏指令模态调用 宏指令模态调用取消	G 94 G 95	05	进给/min 每转进给
G 68 G 69	16	坐标旋转方式建立 坐标旋转方式取消	▲G 98 G 99	10	固定循环返回到初始点 固定循环返回到 R 点
G 73～G 89	09	孔加工固定循环			

表 8-6 辅助功能(M 功能)

代码	功 能	简 要 说 明	备 注
M 00	程序停止	程序停止时，所有模态指令不变，按循环(CYCLE START)按钮可以再启动。	D
M 01	选择停止	执行该指令时，程序是否停止取决于机床面板上的跳补(OPTION BLOCKSKIP)开关所处的状态，“ON”跳过，“OFF”不跳过(即程序停止)，循环启动按钮可以再启动。	D
M 02	程序结束	程序结束后不返回到程序开头的位置。	D
M 03	主轴正转	从主轴前端向主轴尾端看时为逆时针。	
M 04	主轴反转	从主轴前端向主轴尾端看时为顺时针。	
M 05	主轴停止	执行该指令后，主轴停止转动。	D
M 06	刀具交换	主轴刀具与刀库上位于换刀位置的刀具交换，该指令中同时包含了 M 19 指令，执行时先完成主轴准停动作，后执行换刀动作。	
M 08	切削液开	执行该指令时，应先使切削液开关位于 OUTO 的位置。	
M 09	切削液关		D
M 18	主轴解除	用于解除因 M 19 引起的主轴准停状态	
M 19	主轴准停	主轴停止时被定位在一个确定的角度，以便于换刀。	
M 30	程序结束	程序结束后自动返回到程序开头的位置。	D

续　表

代码	功　能	简　要　说　明	备　注
M 98	子程序调用	程序中用P表示子程序地址,用L_表示调用次数。	
M 99	子程序返回		

注：1. “D”表示该指令只有在同一个程序段中其他指令执行以后或进给结束以后开始执行。
2. 用M 80～M 89可以实现M 06换刀的分解动作,仅于机床调试或刀库故障时在MDI方式下使用,此处从略。

1. 绝对尺寸与增量尺寸指令：G 90、G 91

G 90、G 91指令分别指定绝对坐标尺寸和增量坐标尺寸。G 90表示程序段中的编程尺寸为绝对坐标尺寸,G 91表示程序段中的编程尺寸为增量(相对)坐标尺寸。这是一对模态(续效)指令,如图8-26所示。

当刀具按图中方向从*B*点运动到*C*点时,*BC*直线插补段程序分别可用如下方式表示：G 90 G 01 X 20 Y 40;(绝对尺寸)或　G 91 G 01 X −60 Y −30;(增量尺寸)。

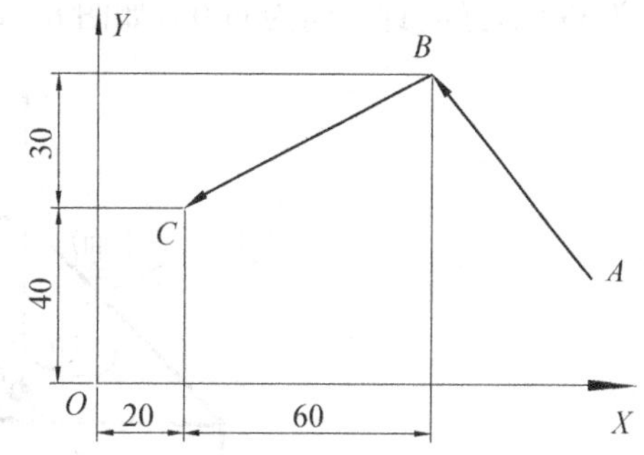

图8-26　绝对尺寸与增量尺寸

有的数控机床不是用G指令作规定,而直接用地址符来区分是绝对尺寸还是增量尺寸。X、Y、Z向的绝对尺寸字地址分别用X、Y、Z,而增量尺寸字地址分别用U、V、W。如表示*BC*直线插补段程序为：G 01 U −60 V −30;(增量尺寸)。

在一般情况下,绝对尺寸与增量尺寸在同一程序段内只能用一种,不能混用。但有的系统,如FANUC系统中,X、Y、Z和U、V、W可出现在一个程序段中。

2. 坐标平面选择指令：G 17、G 18、G 19

坐标平面选择指令用于选择机床加工平面,G 17、G 18、G 19分别用于指定*XY*、*ZX*、*YZ*坐标平面。在数控车床上一般默认为在*ZX*平面内加工;在数控铣床上,数控系统一般默认为在*XY*平面内加工。若要在其他平面上加工则应使用坐标平面选择指令。

3. 快速点定位指令：G 00

该指令命令刀具以点位控制方式从刀具所在位置按数控系统中设定的最快速度移动到下一个目标位置。G 00只是快速到达目标点,执行的运动轨迹根据具体控制系统的设计而不同。在三坐标数控机床上,执行G 00指令的过程是：从程序执行开始,加速到指定的速度,然后以此快速移动,最后减速到达终点。假定根据指定的三个坐标方向都有位移量,那么三个坐标的伺服电动机同时按设定的速度驱动刀架或工作台位移,当某一轴完成位移时,该向的电动机停止,余下的两轴继续移动。当又有一轴完成移动后,只剩下最后一个轴向移动,直至到达目标点。这种单向趋近方法,有利于提高定位精度。可见,G 00指令的运动轨迹一般不是一条直线,而是三条或两条直线段的组合。只有在几种特殊情况下,它的运动轨迹才是一条直线。忽略这一点,就容易发生碰撞,所以要引起重视。

指令格式：G 00　X_ Y_ Z_；

式中，X、Y、Z 是目标位置的坐标值。

4．直线插补指令：G 01

这是直线进给指令。该指令的功能是：按程序段中给定的坐标位置和进给速度作直线运动。G 01 程序段中必须含有 F 指令，G 01 和 F 指令都是续效指令。

指令格式；G 01 X_ Y_ Z_ F_；

式中，X、Y、Z 是目标位置的坐标值；F 是直线运动进给速度。

5．圆弧插补指令：G 02、G 03

G 02 表示按指定的进给速度作顺时针圆弧插补，G 03 为逆时针圆弧插补。对于一些老式数控系统，G 02 和 G 03 指令不能跨象限插补，即只能在一个象限内进行圆弧插补，如果加工的圆弧跨越两个以上的象限，那么要分两个以上的程序段用圆弧插补指令。

圆弧顺、逆方向的判别方法是：顺着垂直于圆弧平面的坐标轴负方向看，顺时针方向为 G 02，逆时针方向为 G 03，如图 8－27 所示。

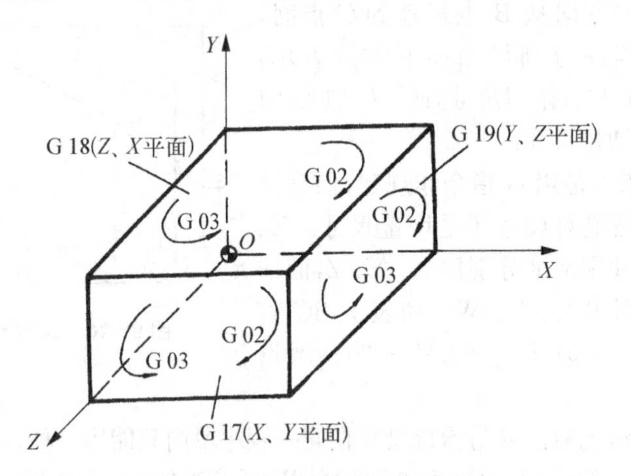

图 8－27　圆弧顺、逆圆方向的判别

指令格式的表示方法：

用圆弧圆心坐标编程的指令格式：$\left.\begin{matrix}G17\\G18\\G19\end{matrix}\right\}\left\{\begin{matrix}G02\\G03\end{matrix}\right\}\left\{\begin{matrix}X\_\ Y\_\\X\_\ Z\_\\Y\_\ Z\_\end{matrix}\right\}\left\{\begin{matrix}I\_\ J\_\\I\_\ K\_\\J\_\ K\_\end{matrix}\right\}F\_$；

用半径 R 编程的指令格式：$\left.\begin{matrix}G17\\G18\\G19\end{matrix}\right\}\left\{\begin{matrix}G02\\G03\end{matrix}\right\}\left\{\begin{matrix}X\_\ Y\_\\X\_\ Z\_\\Y\_\ Z\_\end{matrix}\right\}R\_$；

以上两式中，X、Y、Z 是圆弧的终点坐标值；I、J、K 是圆弧的圆心坐标值，多数数控系统 I、J、K 在任何情况下都是从圆弧起点到圆心的增量尺寸；R 是圆弧的半径，圆弧圆心角小于 180°时，R 取正值；反之，R 取负值。用参数 R 编程时，不能描述整圆。

例 8－7　圆弧编程应用举例。如图 8－28 所示，有一段直线和三段不同半径的圆弧组成，编程坐标系原点为 *O* 点，起刀点 *O*，刀具刀位点沿粗实线 *O*→*A*→*B*→*C*→*D* 轨迹运动。

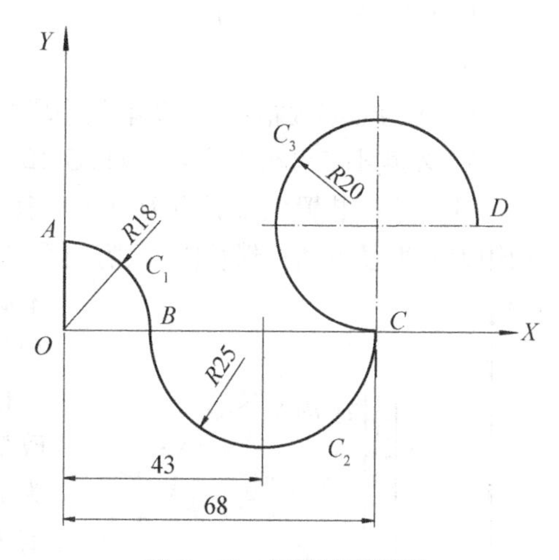

图 8-28　圆弧编程例图

用绝对值方式编程：

N 01 G 92 X 0 Y 0；
N 02 G 90 G 01 Y 18 F 100；
N 03 G 02 X 18 Y0 I 0 J −18；
N 04 G 03 X 68 I 25 J 0；
N 05 G 02 X 88 Y 20 I 0 J 20；

用增量值方式编程：

N 01 G 91 G 01 X 0 Y 18 F 100；
N 02 G 02 X 18 Y −18 I 0 J −18；
N 03 G 03 X 50 Y 0 I 25 J 0；
N 04 G 02 X 20 Y 20 I 0 J 20；

用圆弧半径按绝对值方式编程：

N 01 G 92 X 0 Y 0；
N 02 G 90 G 01 Y 18 F 100；
N 03 G 02 X 18 Y 0 R 18；
N 04 G 03 X 68 Y 0 R 25；
N 05 G 02 X 88 Y 20 R −20；

6. 暂停(延迟)指令：G 04

G 04 指令表示让刀具作短时间的无进给光整运动，在切槽、锪孔等加工时，为控制深度，提高加工表面质量，常需作无进给的光整运动。另外在加工两个正交面的直角零件时，使用该指令可消除拐角处的小圆弧。

指令格式：

$$G\ 04\begin{cases}X\_\_;\\P\_\_;\end{cases}$$

式中，地址码 X 或 P 表示暂停时间。地址 X、P 使用中的区别：X 后的数值单位为 s，可带小数点，如，G 04 X 5 表示刀具停留 5 s；P 后的数值单位为 ms，不可带小数点，如，G 04 P 1000表示刀具暂停 1 s。

例 8-8　暂停指令的用法。图 8-29 为加工直角零件 *AB*、*BC*、*CD* 和 *DA* 直角边的程序：

…
N 004 G 01 G 42 XA YA F 100；
N 005 G 91 X 18 Y 0；
N 006 G 04 X 3；(刀具停留 3 s)
N 007　X 0 Y 20；
N 008 G 04 X 3；
N 009　X −18 Y 0；
N 010 G 04 X 3；

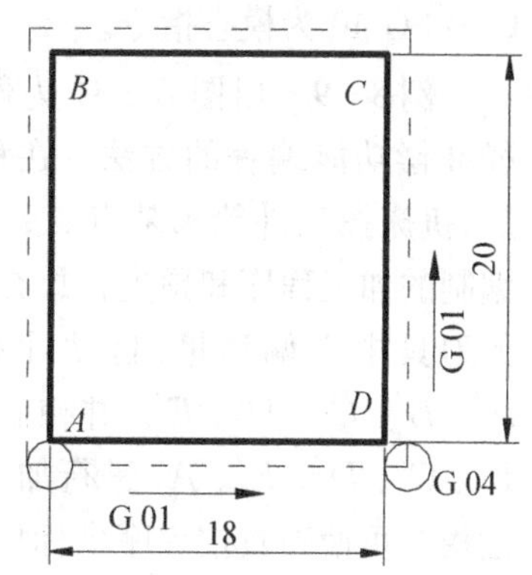

图 8-29　G 04 指令的应用

N 011　X 0 Y －20；

…

G 04 为非续效指令，只在本程序段中有效。

7．刀具半径补偿指令：G 41、G 42、G 40

现代数控装置大多具有刀具半径补偿功能，当用圆形刀具(铣刀、圆头车刀)编程时，利用刀具半径自动补偿功能，只需向系统输入刀具半径值，即可按零件轮廓尺寸编程，而不必计算刀具中心轨迹。在生产中，当刀具实际半径与理论半径不一致，如刀具磨损、换新刀甚至用同一把刀具实现不同工序间余量加工等工况时，只需改变输入的补偿值，如图 8－30 所示，设精加工余量为 Δ，粗加工时补偿值为 $D=R+\Delta$，精加工时补偿值为刀具的半径 R，用同一程序实现粗、精加工，而无需改变原来的加工程序。该功能简化了编程工作，使得编程十分方便。刀具补偿程序段内，必须有 G 00 或 G 01 功能才有效。

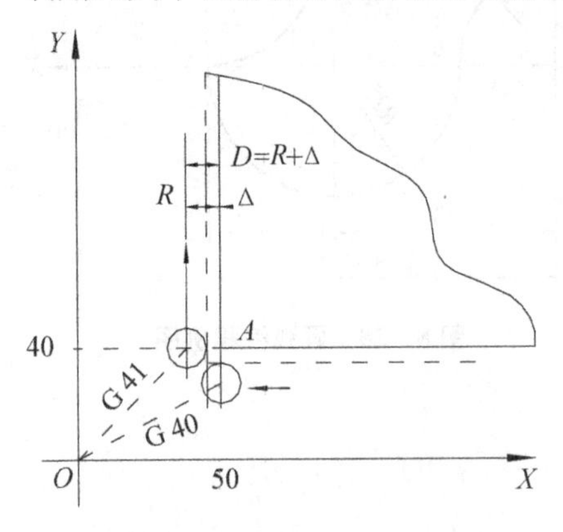

图 8－30　粗、精加工补偿

按图 8－30 中刀具的进给方向，使用刀具半径补偿指令的加工程序段为：

G 01 G 41 X 50 Y 40 F 100 D 01；

…

G 00 G 40 X 0 Y 0；

或 G 00 G 41 X 50 Y 40 D 01；

…

G 00 G 40 X 0 Y 0；

G 41 为左偏指令，即顺着刀具前进方向看(假设工件不动)，刀具偏在零件轮廓的左边，而偏在右边则用 G 42 指令，G 40 为取消补偿指令，使用该指令后，即取消 G 41 或者 G 42 的补偿功能。D 为刀具偏置代号地址值，后面一般用两位数字表示代号。D 代码中存放刀具半径值作为偏置量，该偏置量用于数控系统计算刀具中心的运动轨迹。G 41、G 42、G 40 为模态指令。

例 8－9　以图 8－31 为例，说明用刀具半径补偿功能编程的方法。在程序中使用 G 41 后，机床按工件轮廓基点 A、B、C、D、E、A 编制的加工程序和预先存放在数控系统内存中的刀具中心偏移量，自动计算刀具中心轨迹 A'、B'、C'、D'、E'，并控制刀具沿轨迹 A'、B'、C'、D'、E'、A' 进行加工，即刀具半径补偿指令可使刀具按程序坐标尺寸的法向偏置一个输入的半径值。如果没有刀具半径补偿功能，为了要加工出所需的工件轮廓，则必须按刀

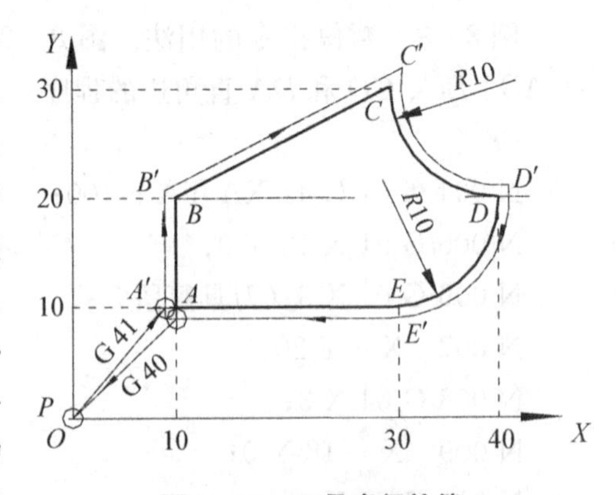

图 8－31　刀具半径补偿

具中心轨迹编制加工程序。

沿 $A' \rightarrow B' \rightarrow C' \rightarrow D' \rightarrow E' \rightarrow A'$ 方向进行加工，刀具为左偏置时，按绝对坐标编制的加工程序为：

N 001 G 92 X 0 Y 0；　　(工件坐标系设定在 O 点，即刀具刀位点 P 与 O 点重合)

N 002 G 90 G 01 G 41 X 10 Y 10 D 01 F 100；　　($O \rightarrow A$ 直线插补，并建立刀具左补偿)

N 003　Y 20；　　($A \rightarrow B$ 直线插补)

N 004 X 30 Y 30；　　($B \rightarrow C$ 直线插补)

N 005 G 03 X 40 Y 20 I 10 J 0；　　($C \rightarrow D$ 逆圆插补)

N 006 G 02 X 30 Y 10 I －10 J 0；　　($D \rightarrow E$ 顺圆插补)

N 007 G 01 X 10；　　($E \rightarrow A$ 直线插补)

N 008 G 00 G 40 X 0 Y 0 M 02；　　($A \rightarrow O$ 快速回原点并取消刀具补偿)

上述程序中 G 92 X 0 Y 0 表示在起刀点处设定工件坐标系；G 41 为刀具左偏置，D 01 为存放偏置值的存储器地址号。在运行程序加工之前，用数控系统的手动键盘，将刀具中心的偏置量送入到内存地址 D 01 中。如果偏移量改变，则需重新输入新的偏移数值。N 008 程序段中的 G 40 是撤销刀具半径补偿，表示本程序段及其后的程序段不作刀具半径补偿运算。

从上例可见，刀具补偿过程的运动轨迹由三个部分组成：建立补偿程序段，形成刀具补偿的零件轮廓切削程序段和补偿撤销程序段。

这里特别指出，数控系统一启动时，总是处在补偿撤销状态。这时刀具的偏移向量为 0，刀具的中心轨迹与编程路线一致。

8. *刀具长度补偿指令*：G 43、G 44

刀具长度补偿又称刀具长度偏置。当数控装置具有刀具长度补偿功能时，在程序编制中，就可以不必考虑各刀具的实际长度。在开机前手工输入刀具长度尺寸。程序执行到补偿指令时，数控系统会自动计算刀具在长度方向上的位置。另外，对刀具磨损、更换新刀甚至刀具安装误差等原因引起的刀具在长度方向上的误差，只要修改刀具长度补偿值而不必重新编制加工程序。

指令格式：

$$\left.\begin{matrix}\text{G 17}\\ \text{G 18}\\ \text{G 19}\end{matrix}\right\}\left.\begin{matrix}\text{G 43}\\ \text{G 44}\end{matrix}\right\}\left.\begin{matrix}\text{Z\_}\\ \text{Y\_}\\ \text{X\_}\end{matrix}\right\}\text{D\_};$$

式中，G 43 是刀具长度正补偿；G 44 是刀具长度负补偿；D 是刀具偏置代号地址值，D 后面一般用两位数字表示代号，D 代码中存放刀具长度偏置量。撤销刀具长度补偿时，可用取消刀具补偿 G 40 指令或用 G 43(G 44)D 00，有些数控系统用 G 49 取消刀具长度补偿。

在 G 17 平面使用 G 43 指令时，是将 D 中的值加到 Z 向尺寸字上；使用 G 44 指令时，是从 Z 向尺寸字中减去 D 中的数值，所以在程序执行中，G 43 和 G 44 指令都是将存放在偏置地址 D 中的偏置量与 Z 坐标的尺寸字进行运算，刀具按运算结果进行 Z 向移动。

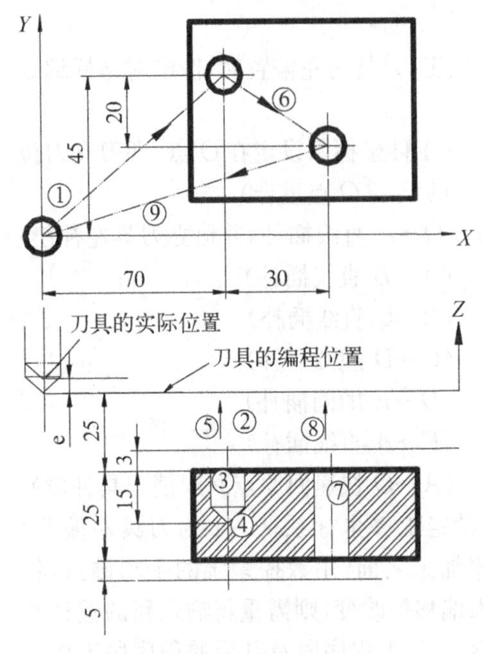

图 8-32　刀具长度补偿

例 8-10　刀具长度补偿的用法。如图 8-32 所示钻头钻削加工，设刀具刀位点坐标 $x=0$，$y=0$，$z=0$。如 $e=-3$ mm，存储地址为 D 01，即 D 01=-3 mm，按增量坐标编程的加工程序为：

N 001 G 91 G 00 X 70 Y 45 M 03 S 300；
N 002 G 43 D 01 Z -22；
N 003 G 01 Z -18 F 600；
N 004 G 04 X 2；
N 005 G 00 Z 18；
N 006 X 30 Y -20；
N 007 G 01 Z -33；
N 008 G 00 G 40 Z 55；
N 009 X -100 Y -25 M 02；

8.3.3　固定循环功能

该功能主要用于孔加工，包括钻孔、镗孔、攻螺纹等。使用一个程序段，可以完成一个孔加工的全部动作。FANUC-6 M 系统中固定循环功能见表 8-7。

表 8-7　固定循环功能

G 代码	孔加工动作（-Z）方向	在孔底的动作	刀具返回方式（+Z 方向）	用　途
G 73	间歇进给		快速	高速深孔往复排屑钻
G 74	切削进给	暂停—主轴正转	切削进给	攻左旋螺纹
G 76	切削进给	主轴定向停止—刀具位移	快速	精镗孔
G 80				取消固定循环
G 81	切削进给		快速	钻孔
G 82	切削进给	暂停	快速	锪孔、镗阶梯孔
G 83	间歇进给		快速	深孔往复排屑钻
G 84	切削进给	暂停—主轴反转	切削进给	攻右旋螺纹
G 85	切削进给		切削进给	精镗孔
G 86	切削进给	主轴停止	快速	镗孔
G 87	切削进给	主轴停止	快速返回	反镗孔

续　表

G 代码	孔加工动作（−Z）方向	在孔底的动作	刀具返回方式（+Z 方向）	用　途
G 88	切削进给	暂停—主轴停止	手动操作	镗孔
G 89	切削进给	暂停	切削进给	精镗阶梯孔

1. 固定循环的动作

孔加工固定循环通常由以下 6 个动作组成。

动作 1：X 轴和 Y 轴定位。使刀具快速定位到孔加工的位置。

动作 2：快进到 R 点。刀具自初始点快速进给到 R 点。

动作 3：孔加工。以切削进给的方式执行孔加工的动作。

动作 4：在孔底的动作。包括暂停、主轴准停、刀具移位等动作。

动作 5：返回到 R 点。继续孔的加工而又可以安全移动刀具选择 R 点。

动作 6：快速返回到初始点。孔加工完成后一般应选择初始点。

图 8－33 所示为孔加工固定循环的动作，图中虚线表示快速进给，连续线表示切削进给。

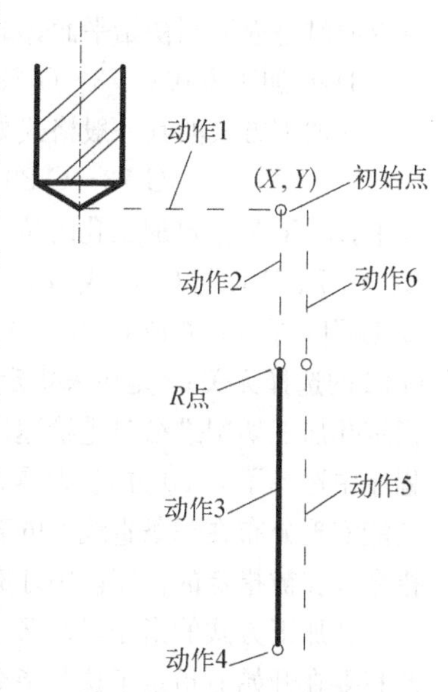

图 8－33　固定循环的动作

（1）初始平面。初始平面是为安全下刀而设定的一个平面。初始平面到零件表面的距离可以任意设定在一个安全的高度上，当使用同一把刀具加工若干孔时，孔间存在障碍需要跳跃或全部孔加工完成时，才使用 G 98 功能使刀具返回到初始平面上的初始点。

（2）R 点平面。R 点平面又称 R 参考平面，这个平面是刀具下刀时自快进转为工进的高度平面，距工件表面的距离主要考虑工件表面尺寸的变化，一般可取 2～5 mm。使用 G 99 时，刀具将返回到该平面上的 R 点。

（3）孔底平面。加工盲孔时孔底平面就是孔底的 Z 轴高度，加工通孔时一般刀具还要伸出工件底平面一段距离，主要是保证全部孔深都加工到尺寸，钻削加工时还应考虑钻头钻尖对孔深的影响。

孔加工循环与平面选择指令 G 17、G 18 或 G 19 无关，即不管选择了哪个平面，孔加工都是在 XY 平面上定位并在 Z 轴方向上钻孔。

2. 固定循环的代码

1）数据形式

固定循环指令中地址 R 与地址 Z 的数据与采用 G 90 或 G 91 的方式有关，选择 G 90 方式时，R 与 Z 取其终点坐标值，选择 G 91 方式时，R 是指自初始点到 R 点的距离，Z 指自 R 点到孔底平面上 Z 点的距离。如图 8－34 所示。

2）返回点平面 G 98、G 99

由 G 98 和 G 99 决定刀具在返回时到达的平面。如果用 G 98 则自该程序段开始，刀

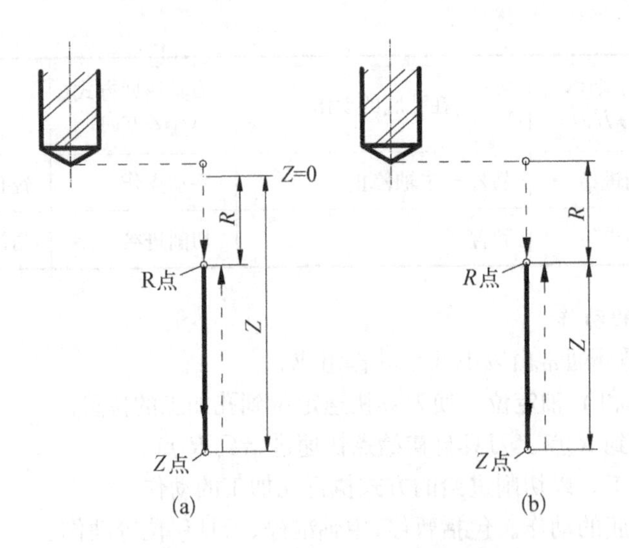

图 8-34　G 90 和 G 91 的坐标计算

(a) G 90 方式　(b) G 91 方式

具返回时是返回到初始平面，如果用 G 99 则返回到 *R* 点平面。

3) 孔加工方式 G 73～G 89

孔加工方式的其一般格式如下：

G 73～G 89 X_ Y_ Z_ R_ Q_ P_ F_ L_；

式中，X、Y 是指定加工孔的位置，*Z* 是指定孔底平面的位置，R 是指定 *R* 点平面的位置，X、Y、Z、R 均与 G 90 或 G 91 的选择有关；Q 是在 G 73 或 G 83 方式中用来指定每次的加工深度，在 G 76 或 G 87 方式中规定位移量，Q 值的使用一律用增量值而与 G 90 或 G 91 的选择无关；P 是用来指定刀具在孔底的暂停时间，单位为 ms，不使用小数点；F 是指定孔加工切削进给时进给速度，这个指令是模态的；L 是指令孔加工重复的次数，如果程序中选择了 G 90 方式，刀具在原来孔的位置重复加工，如果选择 G 91 则用一个程序段就能实现分布在一条直线上的若干个等距孔的加工，忽略这参数时就认为是 L 1，L 这个指令仅在被指定的程序段中才有效。

孔加工方式的指令以及 Z、R、Q、P 等指令都是模态的，只是在取消时才被清除，因此只要在开始时指定了这些指令，在后面连续的加工中不必重新指定。如果仅仅是某个孔加工数据发生变化（如孔深有变化），仅修改需要变化的数据即可。

取消孔加工方式用 G 80，而如果中间出现了任何 01 组的 G 代码，则孔加工的方式也会自动取消。因此，用 01 组的 G 代码取消固定循环其效果与用 G 80 是完全一样的。

对孔加工数据的保持和取消举例如下：

N 1 G 91 G 00　X_　M 03；　先主轴正转，再按增量值方式沿 *X* 轴快速点定位。

N 2 G 81 X_Y_Z_R_F_；　规定固定循环的原始数据，按 G 81 执行钻孔动作。

N 3 Y_；　钻削方式与钻削数据与 N 2 相同，按 Y 移动后执行 N 2 的钻孔动作。

N 4 G 82 X_P_L_；　先移动 X 再按 G 82 执行钻孔动作，并重复执行 L 次。

N 5 G 80 X_Y_M 05；　不执行钻孔动作，除 F 代码之外全部钻削数据被清除。

N 6 G 85 X_Z_R_P_；　必须再一次指定 Z 和 R，本段中不需要的 P 也被存储。

N 7 X_Z_；　移动 X 后按本段的 Z 值执行 G 85 的钻孔动作，前段 R 值仍有效。

N 8 G 89 X_Y_；　执行 X、Y 移动后按 G 89 方式钻孔，前段的 Z 与 N 6 中的 R、P 仍有效。

N 9 G 01 X_Y_；　这时孔加工方式及孔加工数据(F 除外)全部被清除。

3. 固定循环指令

以下对部分孔加工方式作一简要说明。

1) 高速深孔往复排屑钻 G 73

指令格式：　G 73 X_Y_Z_R_Q_F_；

孔加工动作如图 8－35(a)所示，通过 Z 轴方向的间断进给可以较容易地实现断屑与排屑。用 Q 写入每一次的加工深度(增量值且用正值表示)，退量“d”由参数“CYCR”设定。

2) 深孔往复排屑钻 G 83

指令格式：G 83 X_Y_Z_R_Q_F_；

孔加工的动作如图 8－35(b)所示，与 G 73 略有不同的是每次刀具间歇进给后回退至 R 点平面。此处的“d”表示刀具间断进给每次下降时由快进转为工进的那一点至前一次切削进给下降的点之间的距离，距离由参数“CYCD”来设定。当要加工的孔较深时可采用此方式。

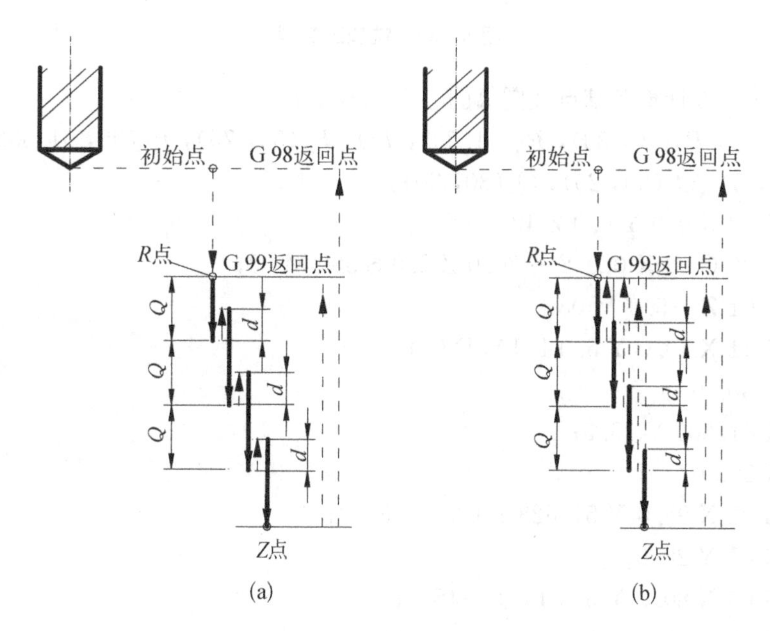

图 8－35　G 73 循环与 G 83 循环

3) 钻孔 G 81 与锪孔 G 82

G 81 的指令格式：G 81 X_Y_Z_R_F_；

G 82 的指令格式：G 82 X_Y_Z_R_P_F_；

G 81 与 G 82 比较唯一不同之处是 G 82 在孔底增加了暂停(延时),因而适用于锪孔或镗阶梯孔,G 81 用于一般的钻孔。

8.3.4 数控铣削编程实例

1. 数控铣床精加工编程实例

例 8-11 图 8-36 所示精加工凸台外轮廓工件。该零件凸台高 5 mm,周边留有 3 mm 的铣削余量。选用 ϕ10 mm 立铣刀,对刀点设在图示位置上,刀具按 $P_1 \to P_2 \to P_3 \to P_4 \to P_5 \to P_6 \to P_1$ 路线运动。

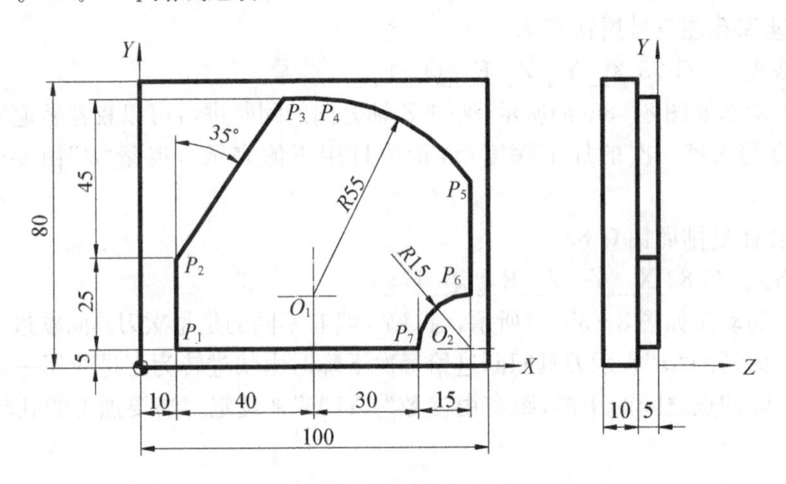

图 8-36 铣加工实例

根据图 8-36 计算各基点及圆弧圆心坐标值如下:

P_1(10, 5), P_2(10, 30), P_3(41.509, 75), P_4(50, 75), P_5(95, 51.632), P_6(95, 20), P_7(80, 5), O_1(50, 20), O_2(80, 20)。

N 01 G 92 X 0.0 Y 0.0 Z 40.0;

N 02 G 90 G 00 X 0.0 Y −30.0 Z 2.0 S 300 M 03;

N 03 G 01 Z −5.0 M 08;

N 04 G 41 X 10.0 Y 5.0 F 100 D 01;

N 05 Y 30.0;

N 06 X 41.509 Y 75.0;

N 07 X 50.0;

N 08 G 02 X 95.0 Y 51.623 I 0.0 J −55.0;

N 09 G 01 Y 20.0;

N 10 G 03 X 80.0 Y 5.0 I 0 J −15.0;

N 11 G 01 X 10.0 Y 5.0;

N 12 G 00 X 0.0 Y −30.0 G 40;

N 13 Z 40.0 M 09;

N 14 M 05;

N 15 M 30;

2. 固定循环功能编程实例

例 8-12　采用重复固定循环方式加工图 8-37 所示零件上的孔。

程序如下：

N 01 G 90 G 80 G 92 X 0.0 Y 0.0 Z 100；

N 02 G 00 X －50.0 Y 51.963 M 03 S 800；

N 03 Z 20.0 M 08 F 40；

N 04 G 91 G 81 G 99 X 20.0 Z －18.0 R －17.0 L 4；

N 05 X 10.0 Y －17.321；

N 06 X －20.0 L 4；

N 07 X －10.0 Y －17.321；

N 08 X 20.0 L 5；

N 09 X 10.0 Y －17.321；

N 10 X －20.0 L 6；

N 11 X 10.0 Y －17.321；

N 12 X 20.0 L 5；

N 13 X －10.0 Y －17.321；

N 14 X －20.0 L 4；

N 15 X 10.0 Y －17.321；

N 16 X 20.0 L 3；

N 17 G 80 M 09；

N 18 G 90 G 00 Z 100.0；

N 19 X 0.0 Y 0.0 M 05；

N 20 M 30；

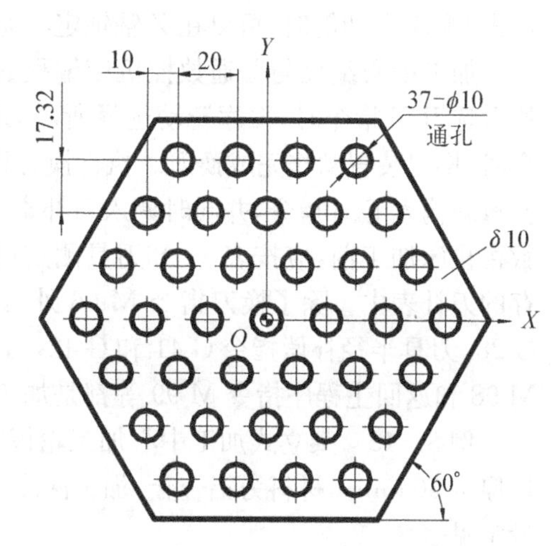

图 8-37　重复固定循环加工例图

本例中各孔按等间距性形分布，使用重复固定循环加工，用地址 L 规定重复次数，使程序简化，采用这种方式编程在进入固定循环之前，刀具不能定位在第一个孔的位置上，而要向前移动一个孔的位置，因为在执行固定循环时，刀具先定位后执行钻孔动作。

3. 加工中心编程方法与实例

一般使用加工中心加工的工件形状复杂、工序多，使用的刀具种类也多，往往一次装夹后要完成从粗加工、半精加工到精加工的全部过程。因此程序比较复杂。在编程时要考虑下述问题。

(1) 仔细对图纸进行分析，确定合理的工艺路线。

(2) 刀具的尺寸规格要选好，并将测出的实际尺寸填入刀具卡。

(3) 确定合理的切削用量。主要是主轴转速、背吃刀量、进给速度等。

(4) 应留有足够的自动换刀空间，以避免与工件或夹具碰撞。换刀位置一般设置在机床原点。

(5) 为便于检查和调试程序，可将各工步的加工内容安排到不同的子程序中，而主程序主要完成换刀和子程序的调用。这样程序简单而且清晰。

(6) 对编好的程序要进行校验和试运行，注意刀具、夹具或工件之间是否有干涉。在检查 M、S、T 功能时，可以在 Z 轴锁定状态下进行。

加工中心编程与普通数控机床编程的主要区别在于机床带有换刀功能，加工中心在执行选刀 T 指令时，刀库转动选择所需刀号，并将其停在换刀位置，当执行 M 06 换刀指令时，换刀装置动作完成换刀。执行换刀指令后，自动删除原先定义的 F、S 指令，换刀后要重新输入 F、S 指令，并同时调入刀补寄存器中的刀补值(刀补长度和刀补半径)，因此在数控机床加工前，应按表 8-8 刀具测定值及补偿值，将刀具的补偿值存储到数控系统内存的刀补表中。除了换刀指令 M 06 外，设定工件坐标系 G 54～G 59，返回参考点指令 G 28，刀具半径补偿指令 G 41 和 G 42，刀具长度补偿指令 G 43 和 G 44，调用子程序指令 M 98 和返回主程序指令 M 99 等都是加工中心编程中常用到的指令。

例 8-13 某立式加工中心加工轮板零件如图 8-38 所示，毛坯用三抓卡盘固定，毛坯厚度 50 mm。材料为铝合金，加工深度 10 mm(粗加工)。刀具选择、刀具测定值及补偿设定见表 8-8。

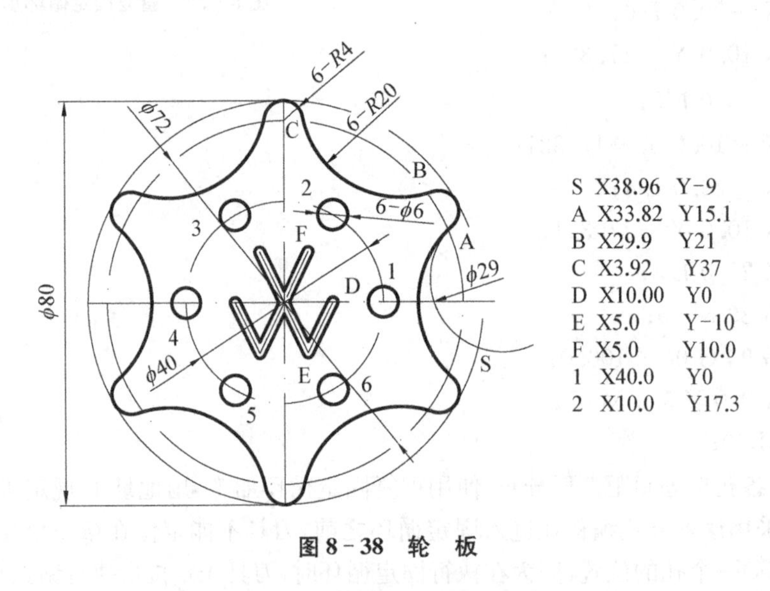

图 8-38 轮 板

表 8-8 刀具测定值及补偿

刀具刀号	刀具名称	刀长测定值	刀径测定值	刀径补偿号	刀径补偿值	刀长补偿号	刀长补偿值
T 01	ϕ15 一刃铣刀		ϕ14.98	D 01	7.49	H 01	0
T 02	ϕ2 二刃铣刀		ϕ2	D 02		H 02	−5.0
T 03	ϕ5 中心钻					H 03	35.0
T 04	ϕ6 钻刀					H 04	55.0

设定编程坐标原点为工件中心，根据图 8－38 可计算各节点坐标值。

本例加工程序由一个主程序和五个子程序组成，具体程序见表 8－9 和表 8－10。

表 8－9　主程序与外形轮廓子程序

主　程　序	外形轮廓子程序
O 0001； G 28 X 0. Y 0.； T 01 M 06； G 55； G 00 X 0. Y 0. Z 20. S 900 M 03 F 200； G 42 D 01； M 98 P 0002；(调外形轮廓加工子程序) M 98 P 0006；(调刀具交换子程序) T 02 M 06； G 43 Z 20. H 02； S 500 M 03 F 120； M 98 P 0003；(调大众车标加工子程序) M 98 P 0006； T 03 M 06； G 43 H 03； S 600 M 03 F 200； M 98 P 0004；(调钻中心孔加工子程序) M 98 P 0006； T 04 M 06； G 43 H 04； S 800 M 03 F 150； M 98 P 0005；(调钻孔加工子程序) G 28 X 0 Y 0； M 30； %	O 0002； G 90G 00X 33.82Y －9.08；(加工起点) G 01 Z －5. F 100.； G 90 G 02 X 33.82 Y 15.0 R 14.5； G 03 X 29.9 Y 21.79 R 4.； G 02 X 3.92Y 37.42 R 20.； G 03 X －3.92 Y 37.42 R 4.； G 02 X －29.9 Y 21.79 R 20.； G 03 X －33.82 Y 15. R 4.； G 02 X －33.82 Y －15. R 20.； G 03 X －29.9 Y －21.79 R 4.； G 02 X －3.92 Y －37.42 R 20.； G 03 X 3.92 Y －37.42 R 4.； G 02 X 29.9 Y －21.79 R 20.； G 03 X 33.82 Y －15. R 4.； G 02 X 33.82 Y 15.0 R 20.； G 02 X 33.82 Y －9.08 R －14.5； G 00 Z 20.； M 99； %

表 8－10　其他子程序

大众车标子程序	钻中心孔子程序	钻 孔 子 程 序
O 0003； G 90 X 10. Y 0； G 01 Z －2. F 100.； X 5.0 Y －10.0； X －5. Y 10.； G 00 Z 10.； X 5. Y 10.； G 01 Z －2. X －5. Y －10.； X －10. Y 0.； G 00 Z 20.； M 99；	O 0004 G 90 G 0 Z 10.； X 20. Y 0； G 01 Z －5. F 80.； G 00 Z 5.； X 10.0 Y 17.32； G 01 Z －5.； G 00 Z 5.； X －10.0 Y 17.32； G 01 Z －5.； G 00 Z 5.； X －20.0 Y 0；	O 0005 G 90 G 0 Z 10.； X 20. Y 0； G 99 G 83 Z －10. R 10. Q 2. F 70. G 00 X 10.0 Y 17.32； G 83 Z －10. R 10. Q 2.； G 00 X －10.0 Y 17.32； G 83 Z －10. R 10. Q 2.； G 00 X －20.0 Y 0； G 83 Z －10. R 10. Q 2.； G 00 X －10.0 Y －17.32；

续 表

大众车标子程序	钻中心孔子程序	钻 孔 子 程 序
刀具交换子程序	G 01 Z －5.； G 00 Z 5.； X －10.0 Y －17.32； G 01 Z －5.； G 00 Z 5.； X 10.0 Y －17.32； G 01 Z －5.； G 00 Z 5.； M 99； %	G 83 Z －10. R 10. Q 2.； G 00 X 10.0 Y －17.32； G 83 Z －10. R 10. Q 2.； G 80 M 99； %
O 0006 G 28 X 0 Y 0 M 05； G 40； M 99； %		

8.4 用户宏程序编制

8.4.1 概述

在数控加工程序中使用变量，通过对变量进行赋值及处理，达到程序功能，这种有变量的程序称为用户宏程序。宏程序如同子程序一样存放在内存中，当用户使用这些功能时，只需写出调用宏程序命令，就可以执行其功能。宏程序编写可以使用变量进行算术运算、逻辑运算和函数混合运算，一般还提供循环、判断、分支和子程序调用等形式，如加工同一类工件时只需对变量进行赋值即可，而不需要对这类零件都编一个加工程序，因此它与一般程序只能描述一个几何形状相比，具有较大的灵活性和加工适应性，宏程序还可用于各种复杂零件的加工，能有效发挥数控机床的功能。

1. *宏程序使用格式*

宏程序格式与子程序相同，结尾用 M 99 返回主程序。

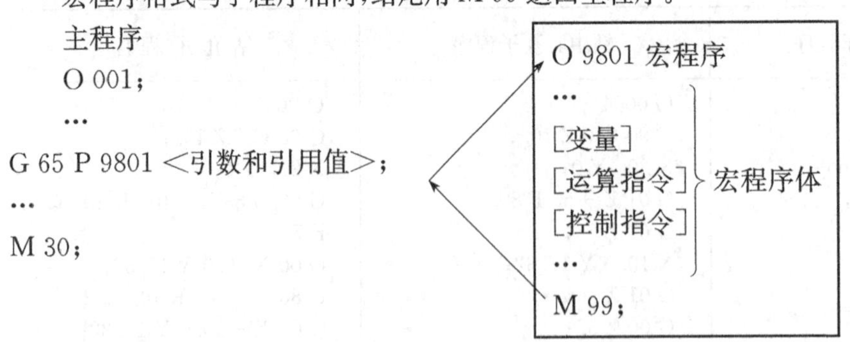

2. *选择程序号*

程序在存储器中的位置决定了该程序的一些权限，根据程序的重要程度和使用频率用户可选择合适的程序号，具体如表 8－11 所列。

表 8 - 11　程序的存储区间

O 1～O 7999	程序能自由存储、删除和编辑
O 8000～O 8999	不经设定该程序就不能进行存储、删除和编辑
O 9000～O 9019	用于特殊调用的宏程序
O 9020～O 9899	如果不设定参数就不能进行存储、删除和编辑
O 9900～O 9999	用于机器人操作程序

3. *宏程序调用方法*

(1) 非模态调用(单纯调用)，指一次性调用宏主体，即宏程序只在一个程序段内有效，叫非模态调用。其格式为：

G 65　P(宏程序号) L(重复次数)＜指定引数值＞

G 65 是宏程序调用命令，P 是宏程序主体程序号的地址符号，L 是宏程序主体重复次数的地址符号，＜指定引数值＞由地址符及数值构成，由它向宏程序主体中使用的变量赋予实际数值，指定引数值可以有多个引数，如例 8 - 14。

例 8 - 14　非模态调用宏程序

```
00010　主程序
…
G 65 P 7000 L 2 X 100.0 Y 100.0 Z －12.0 R －7.0 F 80.0
G 00 X －200.0Y 100.0;
…
M 30;
```

```
O 7000　宏程序
G 91 G 00 X ＃24 Y ＃25;
Z ＃18;
G 01 Z ＃26 F ＃9;
＃100＝＃18＋＃26;
G 00 Z －＃100;
M 99;
```

注：G 65 必须放在句首，引数指定值为有小数点的正、负数。L 后数值为执行次数，可达 9 999 次。

(2) 模态调用。模态调用功能近似固定循环的续效作用，在调用宏程序的语句以后，机床在指定的多个位置循环执行宏程序，G 67 取消宏程序的模态调用，其使用格式为：

```
…
G 66　P(宏程序号) L(重量次数)＜指定引数＞;(此时机床不动)
X__　Y__:　(机床在这些点开始加工)
X__　Y__;
…
G 67;　(停止宏程序的调用)
```

例 8 - 15　宏程序的模态调用

```
…(主程序)
G 66 P 8000 Z －12.0 R －2.0 F 100;(机床不动)
X 100.0 Y －50.0;(机床开始动作)
```

X 100.0 Y －80.0；

G 67；

M 30；

O 8000(宏程序)

G 91 G 00 Z ＃18；

G 01 Z ＃26 F ＃9；

＃100＝＃18＋＃26；

G 00 Z －＃100；

M 99；

(3) 多重调用。宏程序也可以进行多重调用，最多四次。

(4) 多重模态调用。宏程序的多重模态调用方式与一般程序不同。

例 8－16 多重模态调用，零件如图 8－39 所示。

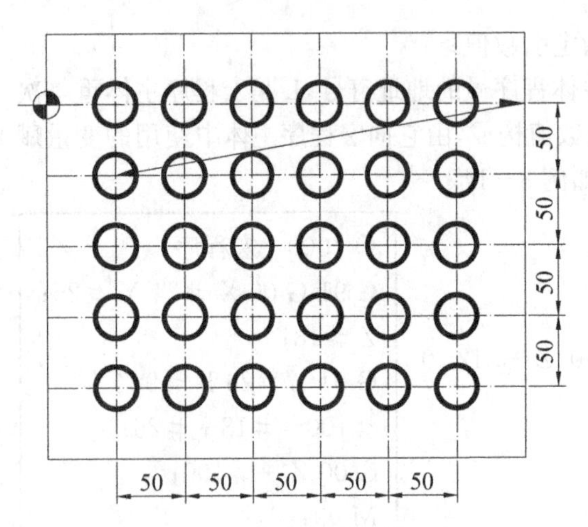

图 8－39 多重调用宏程序编程

O 0005 主程序

N 1 G 66 P 5002 L 6 R －7.0 Z －15.0 F 30.0 X 50.0；调用 O 5002 宏程序

N 2 X 50.0； 在 X 50.0 处开始宏程序 P 5002，循环 6 次

N 3 G 66 P 5003 L 4 X － 300.0 Y －50.0； 运动至 X －300.0 Y －50.0 点

N 4 Y 0；在 Y 0 处开始 P 5003，之后返回 N 1 对 P 5002 再次调用，共四次

N 5 G 67； 取消 P 5003

N 6 G 67； 取消 P 5002

N 7 G 00 X －350.0 Y 200.0；

…

宏程序

O 5002

G 91G 00 Z ＃18；

G 01 Z ＃26 F ＃9；

＃100＝＃18＋＃26；

G 00 Z －＃100；

X ＃24；

M 99；

O 5003

G 91 G 00 X ＃24 Y ＃25；

M 99；

(5) G 代码宏调用。宏主体除了用上节中 G 65 P(宏程序号)<引数指定>和 G 66 P

(程序号)＜引数指定＞方法调用外,还可以用 G 代码方式调用。为了实现这一方法,需要让 G 代码与相应的宏程序对应,如按表 8－12 中的参数进行设定,在与 O 9012 对应的参数号码(第 7052 号)上的值设定为 12,调用宏程序 G 12＜引数指定＞与 G 65 P 9012 ＜引数指定＞相同。

调用用户宏还可以用 M、T、V、B 等代码设定,方法与此类似。

表 8－12　宏主体号码与参数号

宏主体号码	参 数 号	宏主体号码	参 数 号
O 9010	7050	O 9015	7055
O 9011	7051	O 9016	7056
O 9012	7052	O 9017	7057
O 9013	7053	O 9018	7058
O 9014	7054	O 9019	7059

8.4.2　变量

使用变量可以使宏程序具有通用性,宏主体中可以使用多个变量,并以变量号码进行识别。

1. 变量的表示

一个变量是用符号＃和变量号构成,即＃ i(i=1, 2, 3, …)也可用＃＜表达式＞的形式来表示。

例如,＃3;＃158;＃[＃ 100];＃ [＃ 1003－1];＃ [＃6/3]。

2. 变量的使用

地址符后的数值可以用变量置换。如:F＃9,则当＃9＝150 时,则等效于 F 150;Z －＃18,当＃18＝30.0 时,则表示 Z －30.0;M＃13,当＃13＝8.0 时,则表示 M 08。

3. 变量的赋值

(1) 直接赋值。变量可在操作面板 MACRO 内容处直接输入,也可在程序内用以下方式赋值,但等号左边不能用表达式:

＃i＝数值(或表达式)

(2) 引数赋值。宏程序以子程序方式出现,所用的变量可在宏调用时赋值。

如:G 65 P 9120 X 100.0 Y 20.0 F 20;其中 X、Y、F 对应于宏程序中的变量号,变量的具体数值由引数后的数值决定。引数与宏程序中的变量的对应关系有两种,见表 8－13 和表 8－14,此两种方法可以混用,指定引数除去 G、L、N、O、P 字母以外都可作为引数值的地址符,大部分无顺序要求,但对 I、J、K 则必须按字母顺序排列,对没使用的地址可省略。

表 8-13 变量赋值方法 Ⅰ

引数（自变量）	变量	引数（自变量）	变量	引数（自变量）	变量	引数（自变量）	变量	引数（自变量）	变量
A	#1	F	#9	M	#13	U	#21	Z	#26
B	#2	H	#11	Q	#17	V	#22		
C	#3	I	#4	R	#18	W	#23		
D	#7	J	#5	S	#19	X	#24		
E	#8	K	#6	T	#20	Y	#25		

表 8-14 变量赋值方法 Ⅱ

引数（自变量）	变量	引数（自变量）	变量	引数（自变量）	变量	引数（自变量）	变量	引数（自变量）	变量
A	#1	J_2	#8	K_4	#15	I_7	#22	J_9	#29
B	#2	K_2	#9	I_5	#16	J_7	#23	K_9	#30
C	#3	I_3	#10	J_5	#17	K_7	#24	I_{10}	#31
I_1	#4	J_3	#11	K_5	#18	I_8	#25	J_{11}	#32
J_1	#5	K_3	#12	I_6	#19	J_8	#26	K_{12}	#33
K_1	#6	I_4	#13	J_6	#20	K_8	#27		
I_2	#7	J_4	#14	K_6	#21	I_9	#28		

例 8-17 变量赋值方法 Ⅰ

G 65 P 9120 A 200.0 X 100.0 F 100；式中，#1=200.0；#24=100.0；#9=100.0

变量赋值方法 Ⅱ

G 65 P 2012 A 10.0 I 5.0 J 0 K 0 I 0 J 30.0 K 9；

式中 #1=10.0；#4=5.0；#5=0；#6=0；#7=0；#8=30.0；#9=9.0。

4. 变量的种类

按变量号码变量可分为局部变量、公共变量（全局变量）和系统变量三种，其用途和性质是不同的。

(1) 局部变量 #1～#33。局部变量是一个在宏程序中局部使用的变量。当宏程序 A 调用宏程序 B 而且都有 #1 变量时，因为它们服务于不同局部，所以 A 中的 #1 与 B 中的 #1 不是同一个变量，不会相互影响。

(2) 公共变量（全局变量）。#100～#149、#500～#509 公共变量贯穿整个程序过程，包括多重调用。在多重调用时，若 A 与 B 同时调用公共变量＃100，则 A 中的＃100 与 B 中的＃100 是同一个变量。

(3) 系统变量。系统变量是根据用途被固定在系统中的变量，宏程序能够对机床内部变量进行读取和赋值，可完成复杂任务。系统变量为编制宏程序，提供了丰富的信息来源。系统变量种类见表 8 - 15。

表 8 - 15　系统变量

变量号码	用　途
＃1000～＃1035	接口信号 DI
＃1100～＃1135	接口信号 DO
＃2000～＃2999	刀具补偿量
＃3000，＃3006	P/S 报警，信息
＃3001，＃3002	时钟
＃3003，＃3004	单步，连续控制
＃4001～＃4018	G 代码
＃4107～＃4120	D. E. F. H. M. S. T 等
＃5001～＃5006	各轴程序段终点位置
＃5021～＃5026	各轴现时位置
＃5221～＃5315	工件偏置量

(4) 未定义变量的性质。未被定义的变量又称空变量。它与变量为零不同，变量＃0 总是空变量。表 8 - 16、表 8 - 17 给出了空变量的性质。

表 8 - 16　使用空变量

＃1=＜空＞	＃1=0
G 90 X 100 Y ＃1 等同于 G 90 X 100	G 90 X 100.0 Y ＃1 等同于 G 90 X 100.0 Y 0

表 8 - 17　空变量运算及条件式

空变量运算		条件式	
＃1=＜空＞	＃1=0	＃1=＜空＞	＃1=0
＃2=＃1 则 ＃2=＜空＞	＃2=＃1 则＃2=0	＃0=＃0 成立	＃1=＃0 不成立

续表

空变量运算		条件式	
#2=#1*5 则 #2=0	#2=#1*5 则#2=0	#1≠0 成立	#1≠0 不成立
#2=#1+#1 则 #2=0	#2=#1+#1 则#2=0	#1≥#0 成立	#1≥0 成立
		#1>0 不成立	#1>0 不成立

8.4.3 运算与控制指令

1. 运算指令

在用户宏程序中,可以进行加、减,乘、除及函数运算。加、减、乘、除的符号分别用"+""-""*""/"表示。函数有 SIN[ ]、COS[ ]、TAN[ ]、ABS[ ]、ROUND[ ]等。运算优先顺序按函数、乘除、加减,可以用括号[ ]来改变顺序。

2. 控制指令

控制指令起到控制程序流向的作用。

1) 分支语句(GOTO)

格式:IF [<条件表达式>] GOTO n

若条件表达式为成立则程序转向程序号为 n 的程序段程序,若条件不满足则继续执行下一句程序,条件式的种类有以下几种,见表 8-18 所示。

表 8-18 条件式种类

条件式	意义	条件式	意义
#j EQ #K	=	#j GE #K	≥
#j NE #K	≠	#j LT #K	<
#j GT #K	>	#j LE #K	≤

2) 循环指令

WHILE [<条件式>] DO n (n=1, 2, 3, …);

…

END n;

当条件式满足时,就循环执行 WHILE 与 END 之间的程序段 n 次,若条件不满足就执行 END n 的下一个程序段。

8.4.4 宏程序编制及其应用

用户在编制宏程序前,应参照数控机床系统说明书,本节中的用户宏程序以

FANUC—llME4A 为例进行编制。

例 8-18　矩形内腔精加工宏程序编制(O 9010) 刀具进给方向和位置如图 8-40 所示,加工时所用引数、含义及省略时的处理如表 8-19 所示,宏程序 O 9010 见表 8-20。

宏程序调用指令格式:

G 65 P 9010 U_ V_ C_ D_ R Z F_ S_ I Q_ M_;

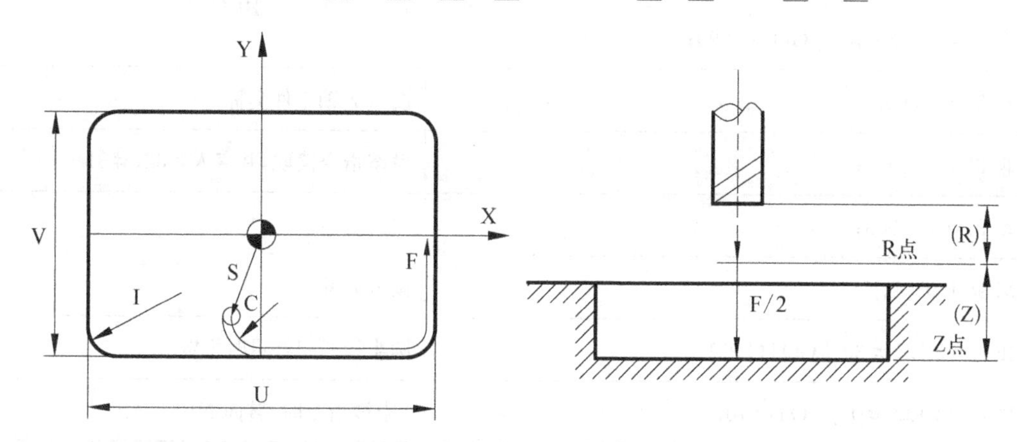

图 8-40　刀具进给方向和位置图

表 8-19　引数的含义及处理

引　数	含　义	省略时的处理
U	横边的长	Alarm140
V	纵边的长	Alarm140
C	接近加工圆半径	Alarm140
D	刀具补偿号码	Alarm140
R	快速进给接近位置 R 点	Alarm140
Z	孔底面位置 Z 点	Alarm140
F	进给速度	Alarm140
S	接近加工进给速度	F 的 3 倍
I	圆角的半径	无圆角半径
Q	切削方向	左旋方式
M	R、Z 的指令方式	绝对方式

表 8－20　矩形内腔精加工宏程序

O 9010(矩形内腔精加工)	说　明
IF [[#21 * #22 * #3 * #7 * #9] EQ 0] GOTO 990;	U、V、C、D、F 为零时或<空>时，报警
IF [# 18 EQ # 0] GOTO 990;	若无 R、Z 的赋值时报警
IF [# 26 EQ # 0] GOTO 990;	
# 33=#5003;	读入 Z 轴工件坐标
# 32=# 4001;	模态指令读取，并存入#32、#31
# 31=# 4003;	
M 98 P 9100;	读入刀补
IF [#3 LE #30] GOTO 991;	圆半径≤刀补量时报警
IF [#4 EQ #0] GOTO 10;	I 未被指令时，转向 N10
IF [#4 LT #30] GOTO 991;	I<刀补量时报警
N 10 IF [#19 NE #0] GOTO 20;	S 未被指令时，转向 N20
#19=#9 * 3;	S=F×3
N 20 IF [#13EQ1] GOTO 30;	M 被赋值时转向 N20
IF [#18 LT # 26] GOTO 992;	R<Z 时报警
IF [#33 LT #18] GOTO 992;	
#24=[#33－#18];	ABS 时的 R、Z 读取
#25 ABS [#18－#26];	
GOTO 40;	
N 30 #24=ABS [#18];	R、Z 读取
#25=ABS [#26];	
N 40 #2=#21/2;	#2=横轴长度 U 的 1/2
#5=#22/2;	#2=纵轴长度 V 的 1/2
IF [#4 GE #2] GOTO 992;	
IF [#4 GE #5] GOTO 992;	

续　表

O 9010(矩形内腔精加工)	说　明
IF [#3 GE #2] GOTO 992;	
IF [#3 GE #5] GOTO 992;	
#28=#5001;	X 轴工件坐标赋值给#28
#29=#5002;	Y 轴工件坐标赋值给#29
G 91 G 00 G 17 Z -#24;	快速移到 R 点
G 01 Z -#25 F [#9/2];	切削进给到 Z 点
IF [#17 EQ 1] GOTO 50;	若等于 1,则转向 N50
G41 X -#3 Y -[#5 - #3] D #7 F #19;	CCW 的程序(G41)
G 03 X #3 Y -#3 I #3 F #9;	
G 01 X [#2 - #4];	
G 03 X #4 Y #4 J #4;	
G 01 Y [#22 - 2 * #4];	
G 03 X -#4 Y #4 I -#4;	
G 01 X -[#21-2 * #4];	
G 03 X -#4 Y -#4 J -#4;	
G 01 Y -[#22-2 * #4];	
C 03 X #4 Y -#4 I #4;	
G 01 X [#21-#2-#4];	
G 03 X #3 Y #3 J #3;	
G 90 G 01 G 40 X #28 Y #29 F #19;	
GOTO 60;	
N 50 G 42 X #3 Y-[#5-#3] D #7 F #19;	CW 的程序(G42)
G 02 X - #3 Y -#3 I -#3 F #9;	
G 01 X -[#2-#4];	
G 02 X - #4 Y#4 J#4;	

续 表

O 9010(矩形内腔精加工)	说 明
G 01 Y[#22—2 * #4];	CW 的程序(G42)
G 02 X #4 Y #4 I #4;	
G 01 X[#21—#2 * #4];	
G 02 X #4 Y —#4 J —#4;	
G 01 Y —[#22—2 * #4];	
G 02 X —#4 Y —#4 I —#4;	
G 01 X —[#21—#2—#4];	
G 02 X—#3 Y #3 J #3;	
G 90 G 01 G40 X #28 Y #29 F #19;	
N 60 G 91 G 00 Z[#24—#25];	返回 Z 轴原点
GOTO990;	
N 990#3000=140 (NOT ASSIGNED);	
N 991#3000=141 (OFESET ERROR);	
N 992#3000=142 (DATA ERROR);	
N 999 G #32 G #31 F #9;	
M 99;	
主程序(ϕ25 立铣刀,D 13=12.5,切削速度: 80 mm/min,切削方向: 右旋,G 91 方式)	
O 0103	
G 91 G 00 X —120.0 Y —100.0;	
S 600 M 03;	
G 65 P 9010 U 100. V 80. C 30. D 13. R —68. Z —2.0 F 80.0 I 15. Q 1. M 1.;	
X 120.0 Y 100.0 M 05;	
M 30;	

习题与思考题

8-1　简述数控机床程序编制的内容和方法。

8-2　简述数控机床 X、Y、Z 轴的确定方法。

8-3　简述数控车床、立式和卧式数控铣床的机床坐标系确定方法。

8-4　解释名词：机床原点、工件零点、编程原点。

8-5　什么是程序段？简述数控机床程序段格式。

8-6　为什么要用刀具半径补偿？刀具补偿有哪几种？指令是什么？

8-7　G 代码是什么功能？M 代码是什么功能？

8-8　在数控编程中，原点的种类有哪些？其含义是什么？

8-9　工件坐标系、编程坐标系、机床坐标系三者间有什么联系？

8-10　试解释下列符号的意义：

(1) G 00　(2) G 02　(3) M 05　(4)F 150

8-11　编写图 8-41 至图 8-47 数控车床加工程序，根据图形尺寸自定毛坯和刀具。

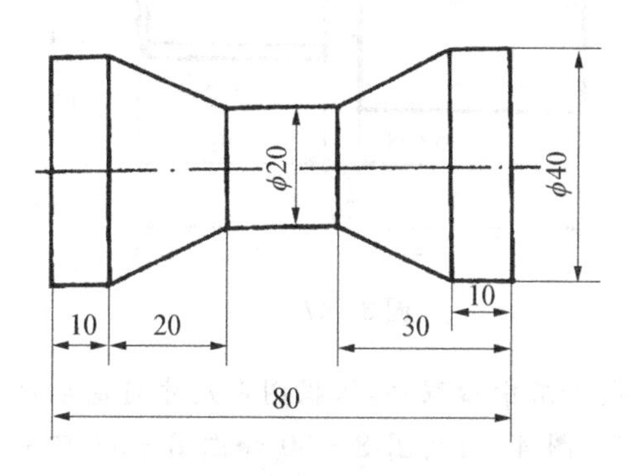

图 8-41

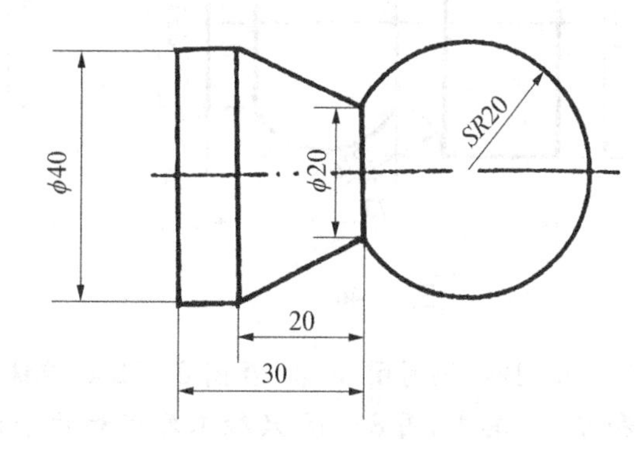

图 8-42

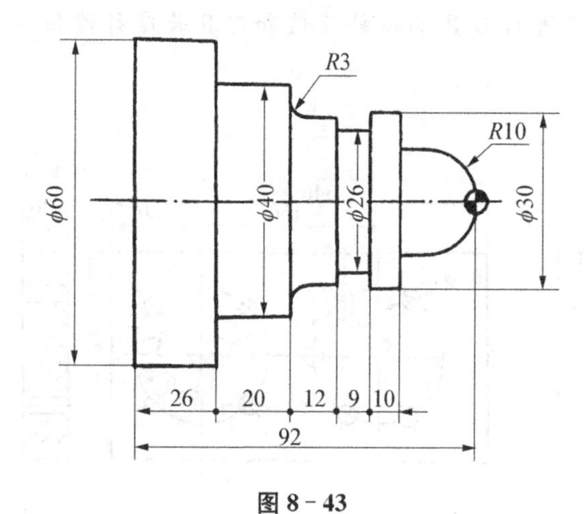

图 8-43

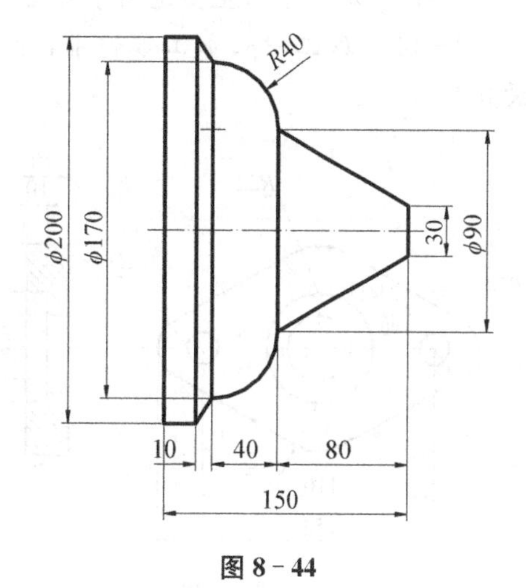

图 8-44

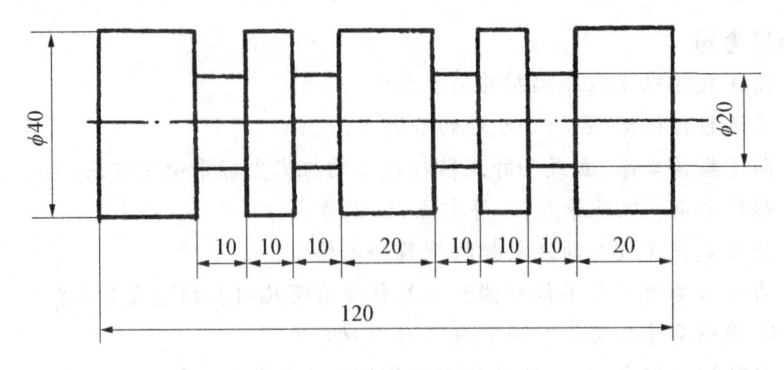

图 8-45

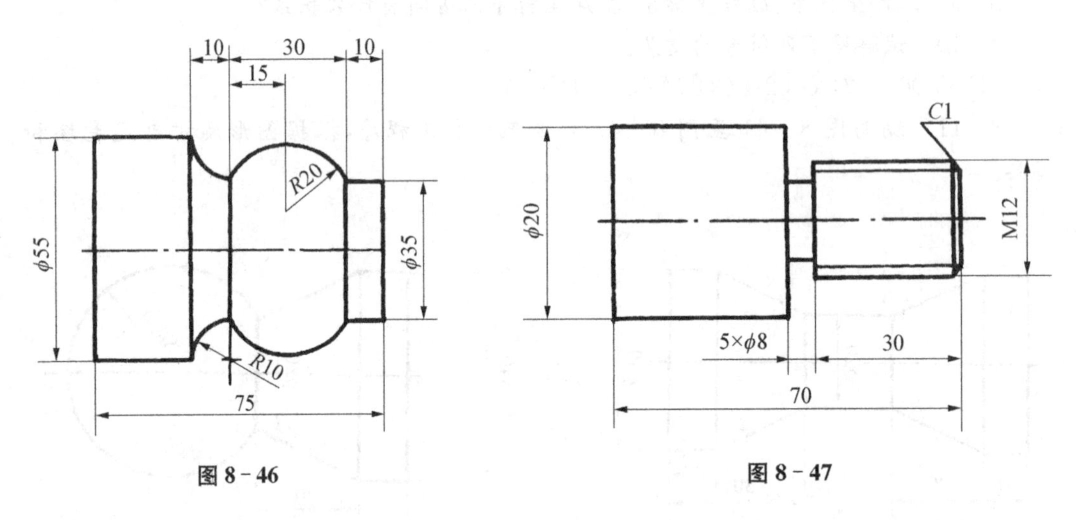

图 8-46

图 8-47

8-12　编写图 8-48 至图 8-52 数控铣床或加工中心程序，根据图形尺寸自定毛坯和刀具。其中，图 8-48 只加工外形和两个大孔；图 4-49、图 8-50 和图 8-52 只加工孔。

8-13　加工中心主要适用于哪些加工对象？其编程时要考虑哪些问题？

8-14　加工中心加工零件前，为何要进行刀具半径补偿值和刀具长度补偿值的设置？

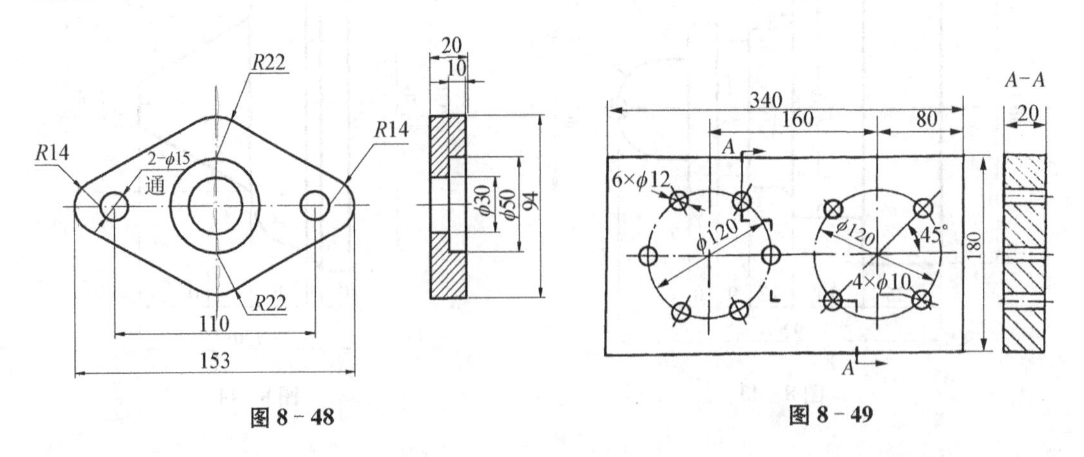

图 8-48

图 8-49

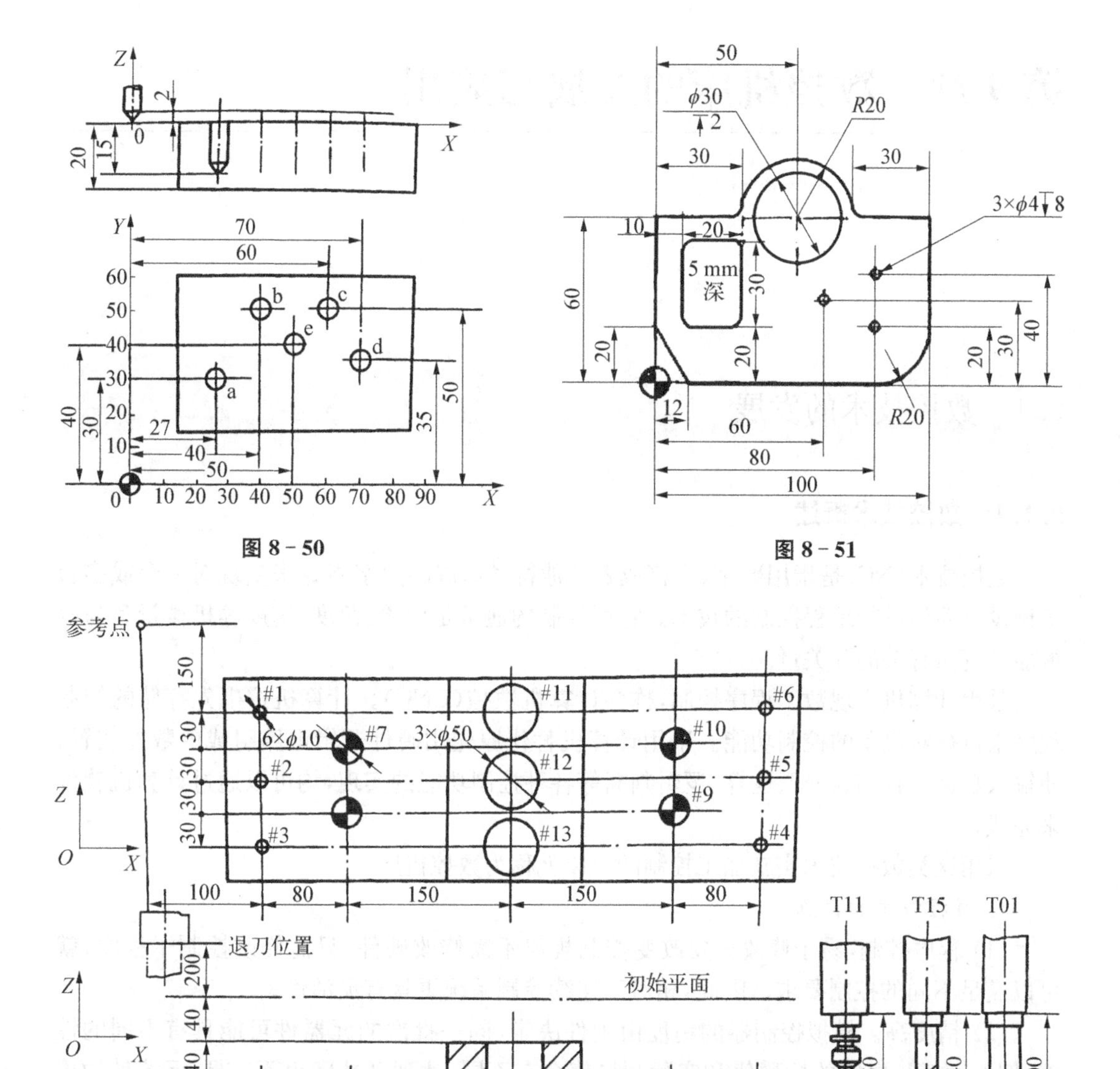

图 8-50

图 8-51

图 8-52

8-15　宏程序编程与一般的程序编制有何区别？

8-16　宏程序的变量有哪几种？怎样定义？

第9章 数控机床的发展与应用

9.1 数控技术的发展

9.1.1 数控技术概述

数控技术(NC)是指用数字、字符或者其他符号组成的数字指令来实现对一台或多台机械设备动作进行编程控制的技术。它所控制的通常是位置、角度、速度等机械量和与机械能量流向有关的开关量。

采用计算机实现数字程序控制,称为计算机数控(CNC)。计算机按事先存储的控制程序来执行对设备的控制功能。采用计算机替代原先用硬件逻辑电路组成的数控装置,使输入数据的存储、处理、运算、逻辑判断等各种控制功能的实现,均可以通过计算机软件来完成。

采用这类数控技术实施加工控制的机床就称为数控机床。

1. 数控技术的优点

(1) 程序控制,易于修改。要改变控制规律不需修改硬件,只需修改控制子程序,就可以满足不同的控制要求。因此,相对于连续控制系统更具有灵活性。

(2) 精度高。模拟控制器的精度由硬件决定,同一批次的元器件可能具有不同的性能,例如,电阻、电容的标称值和实际测量值会有不同,达到高精度很不容易,元器件的价格随精度不同变化很大;而数字控制器的精度与计算机的控制算法和字长有关,在系统设计时就已经决定了,在加工中不会有什么变化。

(3) 稳定性好。数控计算机只有"0""1"状态,抗干扰能力强,不像电阻、电容等受外界环境影响较大。

(4) 软件复用。数控系统的硬件不能复用,但子程序却可以复用,所以具有可重复性,而且计算机系统和软件都可以更新换代。

(5) 分时控制。可同时控制多系统、多通道。

2. 数控技术的应用领域

1) 制造行业

机械制造是最早应用数控技术的行业,它担负着为国民经济各行业提供先进装备的重任。图9-1、图9-2、图9-3、图9-4所示为常用的几种数控机械。

各种制造设备实现了数控化,现代化生产中需要的重要设备都是数控设备,如高性能

图 9－1　立式加工中心

图 9－2　五坐标数控机床

图 9－3　数控弯管机

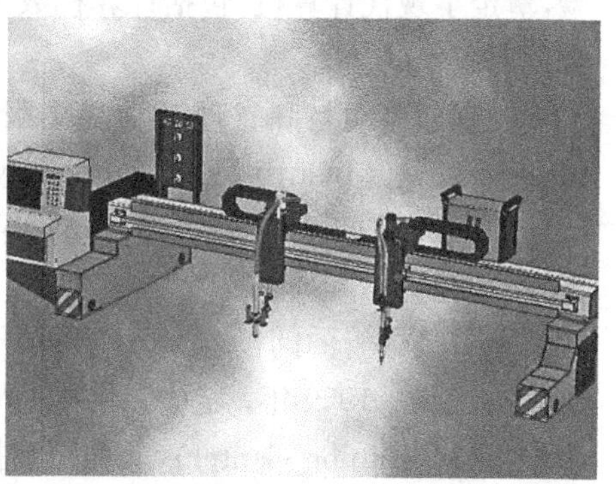

图 9－4　数控火焰切割机

三轴和五轴高速立式加工中心，五坐标加工中心，大型五坐标龙门铣等；汽车行业发动机、变速箱、曲轴柔性加工生产线上用的数控机床和高速加工中心，以及焊接、装配、喷漆机器人、板件激光焊接机和激光切割机等；航空、船舶、发电行业加工螺旋桨、发动机、发电机和水轮机叶片零件用的高速五坐标加工中心、重型车铣复合加工中心等。

2）信息行业

在信息产业中，从计算机到网络、移动通信、遥测、遥控等设备，都需要采用基于超精技术、纳米技术的制造装备，如芯片制造的引线键合机、晶片键合机和光刻机等，这些装备的控制都需要采用数控技术。

3）医疗设备行业

在医疗行业中，许多现代化的医疗诊断、治疗设备都采用了数控技术，如 CT 诊断仪、全身刀治疗机以及基于视觉引导的微创手术机器人等。

4）军事装备

现代的许多军事装备，都大量采用伺服运动控制技术，如火炮的自动瞄准控制、雷达的跟踪控制和导弹的自动跟踪控制等。

5）其他行业

在轻工行业，采用多轴伺服控制（最多可达几十个运动轴）的印刷机械、纺织机械、包装机械以及木工机械等；在建材行业，用于石材加工的数控水刀切割机；用于玻璃加工的数控玻璃雕花机；用于席梦思加工的数控行缝机和用于服装加工的数控绣花机等。

9.1.2　数控技术的发展过程

数控技术和数控装备是制造工业现代化的重要基础，直接影响到一个国家的经济发展和综合国力，甚至关系到一个国家的战略地位。因此，世界上各工业发达国家均采取重大措施来发展自己的数控技术及其产业。

1. 国外数控技术的发展

数控技术最早诞生于国外。数控技术从电子管、晶体管发展到集成电路硬件控制，再到小型电子计算机、微处理器软件控制，经历了五个发展阶段。

早在1938年，香农在麻省理工完成了面向现代计算机数字控制的快速运算与传输试验，奠定了现代计算机，包括计算机数字控制系统的基础。数控技术是与机床控制密切结合发展起来的。

帕森斯公司与麻省理工学院伺服机构实验室（Servo Mechanism Laboratory of the Massachusetts Institute of Technology）合作，于1952年试制成功世界上第一台数控机床试验性样机，1955年实现量产。这是第一代数控系统，其数控系统采用的是电子管，体积庞大，功耗大。

随着晶体管的问世，电子计算机开始应用晶体管元件和印刷电路板，从而使数控系统进入第二代。1959年，美国克耐·杜列克公司首次成功开发了带刀库和换刀机械手的加工中心（Machining Center），从而把数控机床的应用推上了一个新的层次，为以后各类加工中心的发展打下了基础。

20世纪60年代，出现了集成电路，数控系统进入了第三代，在这一时期，诞生了柔性制造系统的前身。随着计算机技术的发展，数控系统开始采用小型计算机，这种数控系统称为计算机数控系统（CNC），数控系统进入第四代。20世纪70年代，美国、日本等发达国家推出了以微处理器为核心的数控系统（MNC，统称为CNC），这是第五代数控技术。至此，数控系统开始蓬勃发展。

进入20世纪80年代，微处理器及数控系统相关的其他技术都进入到更先进的水平，促进机械制造业以数控机床为基础向柔性制造系统、计算机集成制造系统、自动化工厂等更高层次的自动化方向发展。由此可见，数控机床的发展是与机、电、液、气、光、计算机等技术紧密联系的，任何一个学科的进步都会促进数控技术与数控机床的发展，各个学科相辅相成，共同组成数控技术的发展基石。

国外数控系统供应商较多，数控机床中应用较多的数控系统是日本FANUC系统和德国西门子系统。

2. 国内数控技术的发展

在我国，数控技术与装备的发展亦得到了高度重视，近年来取得了相当大的进步。特别是在通用微机数控领域，以 PC 平台为基础的国产数控系统，已经走在了世界前列。但是，我国在数控技术研究和产业发展方面亦存在不少问题，特别是在技术创新能力、商品化进程、市场占有率等方面情况尤为突出。

进入新世纪，如何有效解决这些问题，使我国数控领域沿着可持续发展的道路，从整体上全面迈入世界先进行列，使我国在国际竞争中有举足轻重的地位，将是数控研究开发部门和生产厂家所面临的重要任务。

从我国基本国情的角度出发，提高我国制造装备技术以及支持产业化发展的支撑技术、配套技术作为研究开发的内容。实现制造装备业的跨越式发展。强调市场需求为导向，即以数控终端产品为主，以整机带动数控产业的发展。重点解决数控系统和相关功能部件的可靠性和生产规模问题。没有规模就不会有高可靠性的产品；没有规模就不会有价格低廉而富有竞争力的产品；当然，没有规模中国的数控装备最终难以有出头之日。

在高精尖装备研发方面，要强调产、学、研以及最终用户的紧密结合，以“做得出、用得上、卖得掉”为目标，按国家意志实施攻关，以解决国家之急需。在竞争数控技术方面，强调创新，强调研究开发具有自主知识产权的技术和产品，为我国数控产业、装备制造业乃至整个制造业的可持续发展奠定基础。

然后在商品化上狠下功夫。近几年我国数控产品虽然发展很快，但真正在市场上站住脚的却不多。就数控系统而言，国产货仍未真正被广大机床厂所接受，因此出现国产数控系统用于旧机床改造的例子较多，而装备新机床的却很少，国产数控机床大多数用的都是国外的系统。这说明从商品的角度看，我们的数控系统与国外相比还存在相当大的差距。

纵观数控技术的发展历史，未来数控技术将朝向智能化、高速高效高精化、工艺复合化、柔性化、人机界面可视化、信息化等方向发展。总体来说，我国正处在经济快速发展时期，数控技术与国外的差距不断缩小，今后应将在用户界面图形化、计算可视化以及多媒体技术的应用等机床功能方面，以及机构、体系集成化、模块化、网络化和开放式闭环控制模式、机床机器人方面，逐步发力，进一步提高我国机床行业的综合竞争能力。

国内数控系统有华中数控系统、广州数控系统和沈阳机床 i5 数控系统等。

9.2　数控系统的发展

9.2.1　数控系统发展简介

CNC 系统的发展

ISO 对数控系统的定义：“数控系统是一种控制系统，它自动阅读输入载体上事先给定的数字，并将其译码，从而使机床移动和加工零件。”1952 年，美国 MIT 利用电子管成功地研制出一套三坐标联动、利用脉冲乘法器原理的试验性数字控制系统，并把它装在一台立式铣床上，这是世界上第一代数控系统。1959 年，电子行业研制出晶体管器件，因而数控系统中广泛使用晶体管和印刷电路板，数控系统跨入第二代。1965 年，出现了小规模集成电路。由于它的体积小，功耗低，使数控系统的可靠性得到进一步提高，数控系统发展到第三代。

以上三代都是采用专用控制的硬件逻辑数控系统，也称硬件数控(NC)。

随着计算机技术的发展，小型计算机的价格急剧下降。小型计算机开始取代专用控制的硬件逻辑数控，许多功能由软件程序实现。由计算机作控制单元的数控系统(Computer Numerical Control, CNC)称为第四代数控系统，1970年，在美国芝加哥国际展览会上，首次展出了这种系统。1970年前后，美国英特尔公司开发和使用了微处理器。1974年，又出现了以微处理器为核心的数控系统，这就是第五代数控系统(MNC)。20多年来，微处理器数控系统得到了飞速发展和广泛的应用。现在，人们将MNC也通称为CNC。

由于CNC的大部分功能由软件技术实现，因而使得硬件进一步简化，系统可靠性提高，功能更加灵活和完善。计算机数控(CNC)也称为软接线数控。

表9-1归纳了1976年以来数控系统的技术发展情况，特别是32位微处理器、数字伺服、人工智能和网络通信接口的应用，使数控机床向高速、高精度、复合化、系统化、智能化方向发展。表9-2归纳了数控系统不同功能水平分档情况，可以满足不同层面用户的需要。

表9-1　数控系统的技术进步情况

年代	1976—1978	1979	1980—1981	1982—1983	1984	1985	1986—1990	1991
CPU	3000C/2901位片机		16位微处理器			32位微处理器		64位
伺服驱动	直流模拟伺服				交流模拟伺服		交流数字伺服	
最小设定单位	1 μm				0.1 μm		0.01 μm	
进给速度	高速、高精度型2.1 m/min				8.4 m/min		33.7 m/min	
	高速型				15 m/min		60 m/min	
快速	9.6 m/min	15 m/min		24 m/min	60 m/min		240 m/min	
扩充功能	用软件扩充数控功能、刀具补偿，固定循环，存储器运行		用软件充实人机接口，彩色显示，会话编程，仿真		32位CPU，高速、高精度加工，数字伺服，高速主轴，智能化开发系统			

表9-2　数控系统的功能水平

项　目	低　　档	中　　档	高　　档
分辨率	10 μm	1 μm	0.1 μm
进给速度	8～15 m/min	15～24 m/min	15～100 m/min

续　表

项　目	低　档	中　档	高　档
联动轴数	2～3 轴	2～4 轴或 3～5 轴以上	
主 CPU	8 位	16 位、32 位甚至采用 RISC 的 64 位	
伺服系统	步进电动机、开环	直流及交流闭环、全数字交流伺服系统	
内装 PLC	无	有内装 PLC，功能极强的内装 PLC，甚至有轴控制功能	
显示功能	数码管，简单的 CRT 字符显示	有字符图形或三维图形显示	
通信功能	无	RS-232C 和 DNC 接口	还可能有 MAP 通信接口和联网功能

9.2.2　CNC 系统的基本组成

计算机数控(CNC)系统是一种用计算机通过执行其存储器内的程序来实现部分或全部数控功能，并配有接口电路和伺服驱动装置的专用计算机系统。目前习惯上所称的计算机数控(CNC)系统多指微型机数控(MNC)。CNC 系统由数控程序、输入输出设备、计算机数控装置(CNC 装置)、可编程序控制器(PLC)、主轴驱动装置和进给驱动装置(包括检测装置)等组成，如图 9-5 所示。

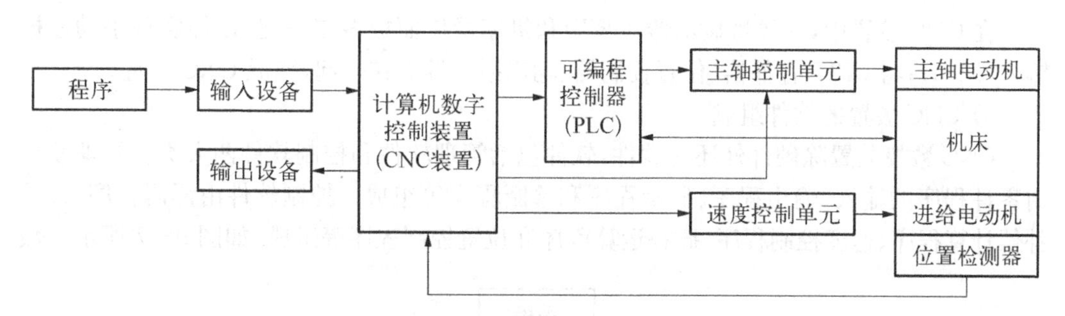

图 9-5　CNC 系统的基本组成

CNC 系统的核心是 CNC 装置。由于采用了计算机，使许多过去难以实现的功能可以通过软件来实现，大大提高了 CNC 系统的性能和可靠性。

1. CNC 装置的组成

1) CNC 装置的硬件组成

CNC 装置是数控系统的核心，它是一台专用计算机。CNC 装置与普通计算机一样具有 CPU、存储器、总线、外设等。不过其外设通常是指输出接口及后续装置，其中最主要的是输出伺服运动指令推动数控机床各坐标轴运动。

CNC 装置硬件的组成框图如图 9-6 所示。中央处理单元(CPU)实施对整个系统的运算、控制和管理。存储器一般由 EPROM、RAM 组成，用于储存系统软件和零件加工程序，以及运算的中间结果等，而普通计算机则由内存和外存(硬盘)构成，且后者容量相对大许多。输入、输出接口用来交换数控装置和外部的信息。MDI/CRT 接口完成手动数据输入和将信息显示在 CRT 上。位置控制部分是 CNC 装置的一个重要组成部分，它包括对主轴驱动的控制，以便完成速度控制，通过伺服系统提供功率、扭矩的输出；还包括对进给坐标的控制，以便完成位置控制，通过伺服系统提供恒扭矩。硬件结构中还有许多和数控功能有关的结构。

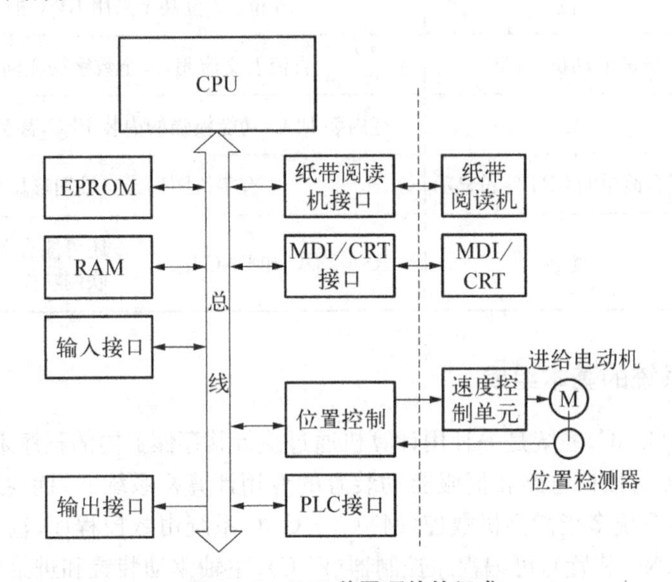

图 9-6　CNC 装置硬件的组成

在 CNC 装置中，一般将显示器(CRT)和机床操作面板做在一起，以便实现手动数据输入(MDI)；将 CPU、存储器、位置控制器、输出接口等做在一起，构成 CNC 装置。

2) CNC 装置的软件组成

CNC 数控装置除硬件外还有软件，软件包括管理软件和控制软件两大类。管理软件由零件程序的输入、输出程序、显示程序和诊断程序等组成。控制软件由译码程序、刀具补偿计算程序、速度控制程序、插补运算程序和位置控制程序等组成，如图 9-7 所示。数

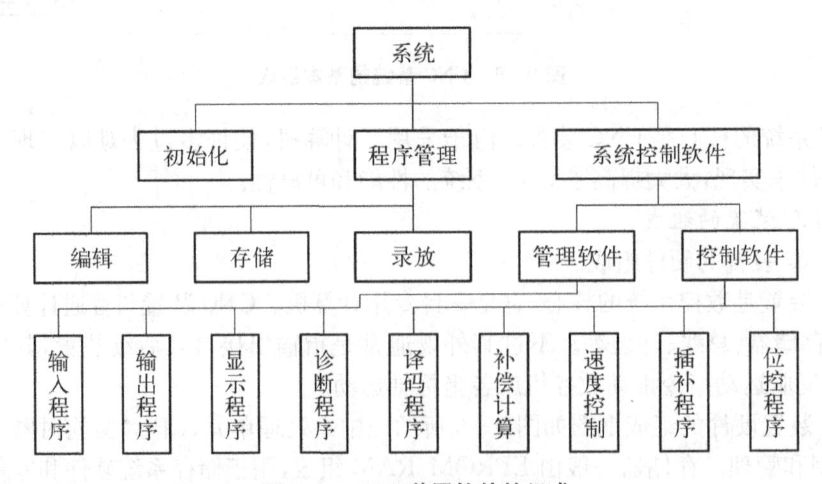

图 9-7　CNC 装置软件的组成

控软件是一种用于机床加工的、实时控制的、专用的(或称特殊的)计算机操作系统。在CNC数控装置中硬件是基础,软件只有在硬件的支持下才能运行;离开软件,硬件同样无法工作。所以说硬件是基础,软件是灵魂,两者相辅相成,缺一不可。硬件的集成度、位数、主频、运算速度、指令系统、内存容量等在很大程度上决定了CNC装置的性能,而高水平的软件可以弥补硬件的某些不足。

2. CNC装置的主要功能和特点

CNC装置的功能主要反映在准备功能G指令代码和辅助功能M指令代码上。根据数控机床的类型、用途、档次的高低,CNC装置的功能有很大不同。

1) CNC装置的主要功能

(1) 控制功能。控制功能是指CNC装置能控制的轴数以及能同时控制(即联动)轴数,是数控机床的主要性能之一。控制轴有基本轴和附加轴,有移动轴和回转轴。联动轴可以完成轮廓轨迹加工。一般数控车床只需二轴控制二轴联动;铣床需要三轴控制,2.5坐标控制和三轴联动;加工中心一般为三轴联动,多轴控制。控制轴数越多,特别是同时控制轴数越多,CNC装置的功能越强,但其结构就越复杂,编制程序也越困难。

(2) 准备功能(G代码)。准备功能也称G功能,它用字母G后面的两位数字表示。ISO标准中规定准备功能有G 00至G 99共100种,数控系统可从中选用。它用来指令机床动作方式的功能,包括基本移动、程序暂停、平面选择、坐标设定、刀具补偿、基准点返回、固定循环、公英制转换等。G代码的使用有一次性(在指令的程序段内有效)和模态(即续效)两种。

(3) 插补功能。一般数控装置都有直线和圆弧插补,高档数控装置还具有抛物线插补、螺旋线插补、极坐标插补、正弦插补、样条插补等。CNC装置通过软件插补,特别是数据采样插补是当前的主要方法。插补计算实时性很强,现在有采用高速微处理器的一级插补,以及粗插补和精插补分开的二级插补。

(4) 进给功能。进给功能用F直接指令各轴的进给速度。进给速度包括切削进给速度、快速进给速度及同步进给速度等。

切削进给速度一般进给量为1 mm/min～24 m/min。在选用系统时,该指标和坐标轴移动的分辨率结合起来考虑,如24 m/min的速度是在分辨率为1 μm时达到的。FANUC-15系统分辨率为1 μm时,进给速度可达100 m/min;分辨率为0.1 μm时,进给速度可达24 m/min。快速进给速度为进给速度的最高速度,它通过参数设定,用G 00指令执行快速。同步进给速度为主轴每转时进给轴的进给量,单位为mm/r。只有主轴上装有位置编码器(一般为脉冲编码器)的机床才能指令同步进给速度。

此外,机床操作面板上设置了进给倍率开关,使用倍率开关不用修改程序就可以改变进给速度,倍率可在0%～200%之间变化,每挡间隔10%。

(5) 主轴速度功能。包括恒定线速度功能和定向准停功能,前者对保证车床或磨床加工工件端面质量很有意义;后者使主轴在径向的某一位置准确停止,有自动换刀功能的机床必须选取有这一功能的CNC装置。主轴转速的编码方式一般用S 2位数和S 4位数表示,单位为r/min或mm/min。

(6) 辅助功能(M代码)。辅助功能是数控加工中不可缺少的辅助操作,一般有

M 00～M 99 共 100 种。各种型号的数控装置具有辅助功能的多少差别很大，而且有许多是自定义的。常用的辅助功能有程序停，主轴启、停、转向，冷却泵的接通和断开，刀库的起、停等。

(7) 刀具功能(T 功能)。T 功能用来选择刀具，用 T 和它后面的 2 位或 4 位数字表示。

(8) 固定循环加工功能。用数控机床加工零件时，可以使用固定循环指令简化编程。一些典型的加工工序，如钻孔、攻螺纹、镗孔、深孔钻削、切螺纹等，所需完成的动作循环十分典型，将这些典型动作预先编好程序并存储在内存中，用 G 代码进行指令，这就形成了固定循环指令。固定循环加工指令有钻孔、镗孔、攻螺纹循环；车削、铣削循环；复合加工循环；车螺纹循环等。

(9) 补偿功能。两类补偿：一是刀具长度补偿、刀具半径补偿和刀尖圆弧的补偿，可以补偿刀具磨损以及换刀时对准正确位置；二是工艺量的补偿，包括坐标轴的反向间隙补偿；机件的温度变形补偿；进给传动件的传动误差补偿，如丝杠螺距补偿，进给齿条齿距误差补偿等。

(10) 字符图形显示功能。CNC 装置可配置单色或彩色的 CRT 或液晶显示器，通过软件和接口实现字符和图形显示。可以显示程序、人机对话编程菜单、零件图形、动态刀具轨迹、参数、各种补偿量、坐标位置、故障信息等。

(11) 程序编制功能。CNC 装置一般有手工编程、后台编程和自动编程三种方式。

手工编程用键盘按零件图纸，遵循系统的指令规则输入零件程序。此时机床不能加工，因而耗费机时，只适用于简单零件。较先进的系统则采用符号提示，人机对话和利用参数化编程法，可提高编程效率。后台编程也叫在线编程或背景编程，程序编制方法同上，但可在机床加工过程中进行，因此不占机时。自动编程须 CNC 装置内有自动编程语言系统，由专门的 CPU 来管理编程，这种编程方法也可在后台状态下实现。如 FANUC 的自动编程语言系统 FAPT 可用于 FANUC11 的 CNC 装置。

此外，有的 CNC 装置具有蓝图直接编程功能。有的 CNC 装置备有用户宏程序及订货时确定的用户宏程序。

(12) 输入、输出和通信功能。CNC 装置可以接多种输入、输出外设，实现程序和参数的输入、输出和存储。对于具体的 CNC 系统，并不一定配置所有这些 I/O 设备，而是视系统要求而定。在没有后台编程和机内计算机辅助编程的情况下，为了节省机时，采取外部编程。其程序存储介质为纸带、磁带和软磁盘。因此常用的外设是纸带阅读机、纸带穿孔机、盒式磁带机、软磁盘驱动器。为了能够打印程序，可以接电传打字机。这些设备多数为串行方式传送信息，所以通常与 CNC 装置的 RS－232C 接口连接。

为了适应 DNC、FMS 和 CIMS 等的要求，CNC 装置必须能够和主机(加工单元计算机或加工系统的控制计算机)通信，以便能和物料运输系统或搬运、装卡机器人的控制系统通信，有的 CNC 装置有功能更强的通信功能，可以与 MAP(制造自动化协议)相连，接入工厂的通信网络。能够用于 DNC 和 FMS 的 CNC 装置，主要有 FANUC10、15、16、18、21 等系统，西门子 850、880、810D、840D 等系统，A－B 公司的 8600 以上等系统，PHILIPS 公司的 3460 系统，CINCINNATI 公司的 950 系统等。

(13) 自诊断功能。CNC装置中设置了各种诊断程序,用以防止故障的发生或扩大,并能迅速查明故障类型及部位,减少故障停机时间。不同的CNC装置中设置的诊断程序不同,可以包含在系统程序中,在系统运行过程中进行检查和诊断。也可作为服务性程序,在系统运行前或故障停机后诊断,查找故障部位。有的CNC装置可以进行远程通信诊断。

总之,CNC装置的功能多种多样,越来越丰富。其中的控制功能、准备功能、插补功能、主轴功能、进给功能、刀具功能、辅助功能、字符显示功能、自诊断功能等属于基本功能。而固定循环功能、补偿功能、图形显示功能、人机对话编程功能、通信功能则属于选择功能。基本功能是数控系统必备的功能,选择功能是供用户根据机床的特点和用途进行选择的功能。

2) CNC装置的特点

(1) 灵活性大、通用性强。与硬逻辑数控装置相比,灵活性是CNC装置的主要特点,只要改变软件,就可以改变和扩展其功能,补充新技术。这就延长了硬件结构的使用期限。同时,CNC装置的硬件有多种通用的模块化结构,而且易于扩展,主要依靠软件变化来满足机床的各种不同要求。接口电路标准化,给机床厂和用户带来方便。这样用一种CNC装置就能满足多种数控机床的要求,对培训和学习也十分方便。

(2) 可以实现丰富、复杂的功能。CNC装置利用计算机的高度计算能力,实现许多复杂的数控功能,如高次曲线插补,动静态图形显示,多种补偿功能,数字伺服控制功能等。

(3) 易于实现机电一体化。由于半导体集成电路技术的发展及先进的表面安装技术的采用,使CNC装置硬件结构尺寸大为缩小,容易组成数控加工自动线,如FMC、FMS、DNC和CIMS等。

(4) 可靠性高、使用维修方便。CNC装置的零件程序在加工前一次送入存储器,并经过检查后被调用,这就避免了在加工过程中由纸带输入机的故障产生的停机现象。由于许多功能由软件实现,硬件结构大大简化,特别是采用大规模和超大规模通用和专用集成电路,使可靠性得到很大提高。CNC装置的诊断程序使维修非常方便。CNC装置有对话编程、蓝图编程、自动在线编程,使编程工作简单方便。而且编好的程序可以显示,通过空运行,将刀具轨迹显示出来,检查程序是否正确。这些都表现了较好的使用性。

9.2.3 数控系统的硬件与软件

1. 数控系统的硬件

按数控装置内部微处理器(CPU)的数量,数控系统可分为单微处理器系统和多微处理器系统两类。现代数控装置多为多微处理器模块化结构。经济型数控装置一般采用单微处理器结构,高级型数控装置采用多微处理器结构。多微处理器结构可以使数控机床向高速、高精度和高智能化方向发展。

单微处理器结构的数控装置:

1) 单微处理器结构的类型

单微处理器结构分为单机系统和主从结构两类。

A. 整个数控装置中只有一个CPU,它集中管控整个系统资源,分时处理各种数控功能，这种结构叫做单机系统。

B. 整个数控装置中只有一个CPU对系统的资源有控制和使用权，其他带CPU的功能部件只能接受主CPU的控制命令或数据，或向主CPU发出请求以获得所需的数据，处于从属地位，这种称为主从结构，也归类于单微处理器结构。

2）单微处理器结构的组成

单微处理器结构的数控系统由微处理器、总线、存储器、I/O接口、MDI接口、CRT或液晶显示接口、PLC接口、进给控制、主轴控制、纸带阅读机接口、通信接口等组成。其构成的数控装置结构如图9-8所示。

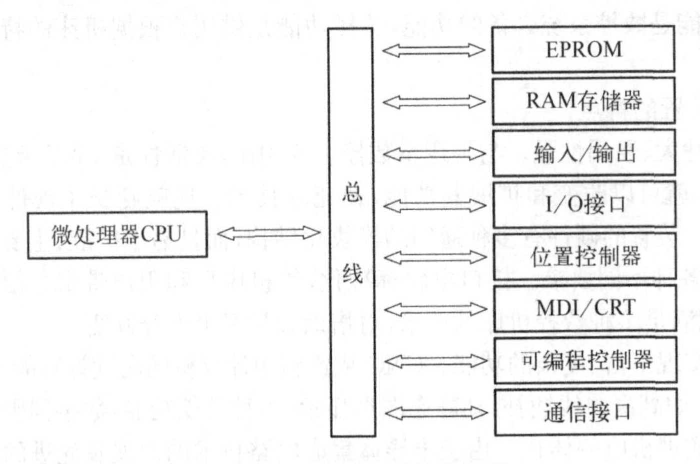

图9-8　单微处理器结构框图

(1) 微处理器。微处理器CPU是CNC系统的核心，主要由运算器和控制器两部分组成。

运算器含算术逻辑运算、寄存器和堆栈等部件，对数据进行算术和逻辑运算。控制器从存储器中依次取出组成程序的指令，经过译码，向CNC系统各部分按顺序发出执行操作的控制信号，使指令得以执行。同时接收执行部件发回来的反馈信息，控制器根据程序中的指令信息及这些反馈信息，决定下一步命令操作。

(2) 总线。总线是由赋予一定信号意义的物理导线构成，按信号的物理意义，可分为数据总线、地址总线、控制总线三组。

数据总线为各部件之间传送数据，数据总线的位数和传送的数据宽度相等，采用双方向线。地址总线传送的是地址信号，与数据总线结合使用，以确定数据总线上传输的数据来源地或目的地，用单方向线。控制总线传输的是管理总线的某些控制信号，如数据传输的读写控制、中断复位及各种确认信号，用单方向线。

(3) 存储器。存储器用于存放数据、参数和程序等。系统控制程序存放在可擦写只读存储器(EPROM)中，即使系统断电控制程序也不会丢失。程序只能被CPU读出，不能随机写入，必要时可用紫外线擦除EPROM，再重写监控程序。常用的EPROM有2732、2764、27128、27256、27512、27010等。

运算的中间结果存放在随机存储器(RAM)中，常用的RAM有6264、62256等。存放在RAM中的数据能随机地进行读写，但如不采取适当的措施，断电后存放信息会丢失。

(4) I/O(输入/输出)接口。CNC 系统和机床之间的信号一般不直接连接,而通过输入(Input)和输出(Output)接口(I/O)电路连接。接口电路的主要任务如下：

A. 进行必要的电气隔离,防止干扰信号引起误动作。

B. 进行电平转换和功率放大。

(5) MDI/CRT 接口。MDI 手动数据输入是通过数控面板上的键盘操作。当扫描到有键按下时,将数据送入移位寄存器,经数据处理判别该键的属性及其有效,并进行相关的监控处理。

CRT(阴极射线管)接口在 CNC 软件控制下,在单色或彩色 CRT(或 LCD)上实现字符和图形显示,对数控代码程序、参数、各种补偿数据、坐标位置、故障信息、人机对话编程菜单、零件图形和动态刀具轨迹等进行实时显示。

(6) 位置控制模块。位置控制模块是进给伺服系统的重要组成部分,是实现轨迹控制时,CNC 装置与伺服驱动系统连接的接口模块。每一进给轴对应一套位置控制器。速度控制、位置反馈等单元组成位置环控制模块。机床数控系统对位置环的控制要求是无超调、无滞后、特性硬、抗干扰能力强;对速度环的要求是大惯性、大调速比。

(7) 可编程控制器。可编程控制器(Programmable Logic Controller, PLC),替代传统机床强电继电器逻辑控制,利用逻辑运算实现各种开关量的控制。

(8) 通信接口。当 CNC 系统用作设备层和工作层控制器组成分布式数控系统 DNC 或柔性制造系统 FMS 时,还要与上级计算机或直接数字控制器 DNC 进行数字通信。

多微处理器结构的数控装置：

1) 多微处理器结构的类型

多微处理器数控系统可以满足现代数控机床高速度、高精度、多功能的要求。在多微处理器结构的 CNC 装置中,有两个或两个以上的 CPU,多重操作系统有效地实行并行处理。

(1) 各个带 CPU 的模块之间采用紧耦合(关联与依赖),通过仲裁器来解决总线争用问题,通过公共存储器进行信息交换的,叫做多主结构。

(2) 各模块有自己独立的运行环境,模块间采用松耦合且采用通信方式交换信息的,称为分布式结构。

与单微处理器结构数控装置相比,多微处理器结构具有运算速度快、性价比高,适应性强、扩展容易,可靠性高、硬件易于组织规模生产等优点。

2) 多微处理器结构的基本功能模块

多微处理器结构的 CNC 系统,一般由六种功能模块组成,通过增加相应的功能模块,可实现一些特殊功能。

(1) CNC 管理模块。该模块组织和管理整个 CNC 系统各功能协调工作。如系统初始化、中断管理、总线裁决、系统出错识别和处理。

(2) CNC 插补模块。该模块根据前面的编译指令和数据进行插补计算,按规定的插补类型通过插补计算为各个坐标提供位置给定值。

(3) 位置控制模块。插补后的坐标作为位置控制模块的给定值,而实际位置通过相应的传感器反馈给该模块，经过一定的控制算法，实现无超调、无滞后、高性能的位置闭环。

(4) PLC 模块。零件程序中的开关功能和由机床来的信号在这个模块中作逻辑处理，实现各功能和操作方式之间的连锁，机床电气设备的启停、刀具交换、转台分度、工件数量和运转时间的计数等。

(5) 操作面板监控和显示模块。该模块实现零件加工程序、参数、各种操作命令和数据的输入(如软盘、硬盘、键盘、各种开关量和模拟量的输入、上级计算机输入等)、输出(如通过软盘、硬盘、各种开关量和模拟量的输出、打印机)、显示(如通过 LED、CRT、LCD 等)所需要的各种接口电路。

(6) 存储器模块。该模块指程序和数据的主存储器，或功能模块间数据传送用的共享存储器。

3) 多微处理器的 CNC 装置各模块之间结构

多微处理器的 CNC 装置各模块之间的互联和通信主要采用共享总线和共享存储器两类。

(1) 共享总线结构。共享总线结构如图 9－9 所示，总线将各模块连接在一起，按要求传递信号，实现预定功能。共享总线结构系统配置灵活，结构简单，容易实现。缺点是各主模块使用总线时会引起“竞争”，使信息传输效率降低，总线一旦出现故障，会影响全局。但由于其结构简单、系统配置灵活、实现容易、造价低等优点而常被采用。

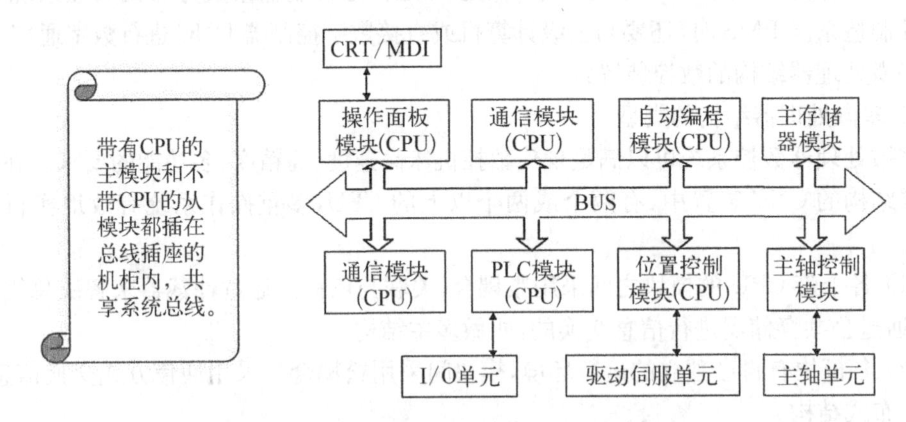

图 9－9　共享总线结构数控系统的硬件结构

(2) 共享存储器结构。共享存储器结构如图 9－10 所示，采用多端口存储器来实现各微处理器之间的互联通信，每个端口都配有一套数据、地址、控制线，以供端口使用访问。由于多端口存储器设计较复杂，而且对两个以上的主模块，会因争用存储器可能造成存储器传输信息的阻塞，所以这种结构一般采用双端口存储器(双端口 RAM)。

2. 数控系统的软件

数控系统的软件由管理软件和控制软件两部分组成。管理软件和控制软件的组成结构，如图 9－11 所示。

CNC 装置的软件是为完成数控机床的各项功能而专门设计和编制的，是一种专用软件，其结构取决于软件的分工，也取决于软件本身的结构特点。软件功能是数控装置的功

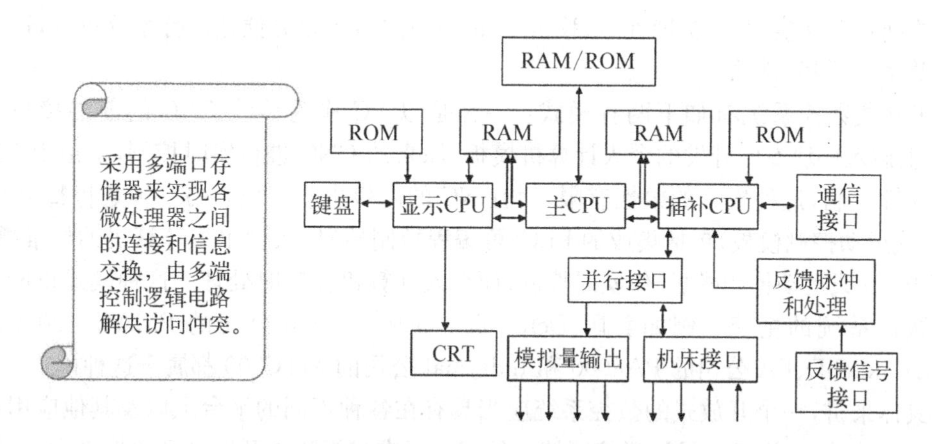

图 9-10　共享存储器结构数控系统硬件结构

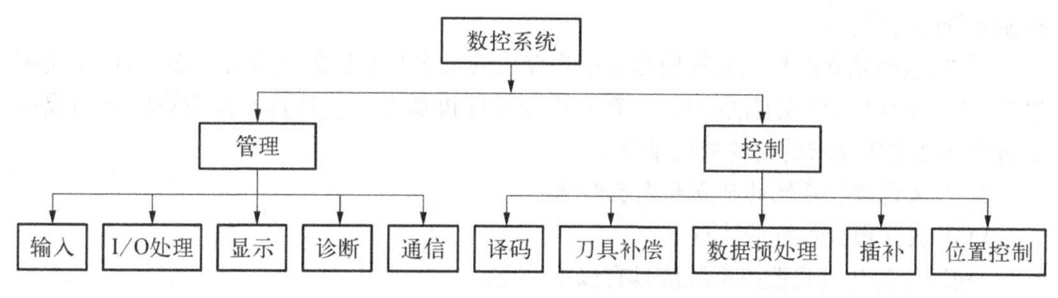

图 9-11　CNC 系统软件任务框图

能体现。一些厂商生产的数控装置，硬件设计好后不再改变，而软件功能不断升级，以满足制造业发展的需要。

数控系统是一个典型而又复杂的实时系统，要完成的基本任务包括加工程序的输入、译码、数据预处理、诊断、插补和位置控制等。

9.2.4　开放式数控系统概述

1. 开放式数控系统的提出

传统的计算机数控(CNC)系统大多采取封闭式设计，产品的彼此不兼容，设计、制造信息孤立使得数控系统难以进行结构的改变和功能的扩展，降低了生产效率。开放式数控系统解决了这一问题，已经成为当前 CNC 技术发展的必然趋势。

2. 开放式数控系统的定义

根据 IEEE 关于开放式系统的定义：一个开放式的系统应能够在多个销售商的不同平台上运行，能够与其他系统进行互操作，并且具有一致风格的用户交互界面。也就是，开放式数控系统是具有在不同的工作平台上均能实现系统功能且可以与其他的系统应用进行互操作的系统。系统构件(软件和硬件)具有标准化(Standardization)与多样化(Diversification)和互换性(Interchangeability)的特征。允许通过对构件的增减来构造系统，实现系统“积木式”的集成。

对于一个开放式的数控系统来说，应遵循的基本要求有：应具有完全模块化的结构，模块之间具有互换性、可扩展性、可移植性和互操作性，可以方便地进行系统重构，这是一个开放系统的基本特征。

开放式数控系统有如下两种模式：一种是以PC作为传统CNC的前端接口。在CNC上插入一块专门开发的个人计算机模板，原来的CNC进行实时控制，而由PC进行非实时性控制，这种模式的柔性有限，而且NC的内核也不开放。另一种是将整个CNC单元（或运动控制模板）包括集成的PLC（可编程控制器）插入到个人计算机的标准槽中。CNC单元（或运动控制模板）作实时控制；而个人计算机作实时处理。这种模式正成为开放式数控系统的主流。例如美国Delta Tau Data System公司的PMAC－NC；德国Sinumerik840D、PA公司的PA8000和Indramat公司的MTC200都属于这种模式。

具体来讲，一个开放式的数控系统应当具有在各种不同的平台上以及其他应用系统中运行的特性，允许各个设计者按照统一的工业标准或规范去开发自己的控制元件，而这些元件具有良好的兼容性，用户可以很容易地完成从一个制造商控制系统到另一制造商控制系统的转变。

同时，这些独立的控制元件应当为用户今后的二次开发提供运行的基础，用户在使用这种CNC系统时，用现有的结构、现有的控制元件再加上一些特殊元件模块即可构成一个符合自己使用要求的新的数控系统。

3. *开放式数控系统的特点和发展趋势*

1）开放式数控系统的特点

一般而言，开放式数控系统应具有以下特点。

（1）可移植性。系统的应用模块无须经过任何改变，就可以用于另一个平台，依然保持其原有性能。

（2）可扩展性。不同应用模块可在同一平台上运行，互相不发生冲突。

（3）可协同性。不同应用模块能够协同工作，并以确定方式交换数据。

（4）规模可变。应用模块的功能和性能以及硬件的规模可按照需要调整。

（5）开放的人机界面。“开放”仅限于控制系统的非实时部分，可对面向用户的程序作修改。

（6）控制系统核心有限度开放。虽然控制核心的拓扑结构是固定的，但可以嵌入包括实时功能的用户专用过滤器。

（7）开放控制系统。控制核心拓扑结构取决于过程，内部可相互交换、规模可变、可移植和可协同工作。

（8）适应网络操作方式。作为开放式控制器应当考虑到迅速发展的网络技术及其在工业生产领域的应用。要具有一种较好的通信和接口协议，以便各相对独立的功能模块通过通信实现信息交换，满足实时控制需要。

研究开放式数控系统是要给用户提供一个开放式标准的开发平台。在这个平台上，用户可以通过标准化和简单化的步骤来简化系统的基本模块和基本构件，既可以添加一定的硬件，还可以改变软件的结构，而且允许与任何第三方的技术或产品进行集成。

2）开放式数控系统的发展趋势

（1）在接口技术、控制系统技术、执行器技术、检测传感技术、软件技术五大方面开发出经济、合理的优质、先进、适销的开放式数控系统。

(2) 主攻方向是进一步适应高精度、高效率(高速)、高自动化加工的需求，特别是对有复杂任意曲线、任意曲面零件的加工，需要利用新的加工表述语言，简化设计、生产准备、加工过程，并减少数据储存量，采用 64 位 CPU 实现 CAD/CAM 进行三维曲面的加工。

(3) 开放式个人计算机 CNC 系统实现网络化，使 CNC 机床配上个人计算机开放式 CNC 系统，能实现厂内联网并与厂外通信网络联结，对 CNC 机床能进行作业管理、远距离监视及情报检索等，在实现高精度、高效率加工的基础上，进一步实现无人化、智能化、集成化的高度自动化生产。

9.3　数控机床在智能装备制造中的应用

9.3.1　数控机床应用概述

在航空、航天、造船、电子、军工、模具等领域对形状复杂零件的高精度加工要求越来越高。刚性自动化很难满足这些领域的要求，而以数控机床为基础的柔性加工应运而生。数控机床是实现柔性自动化的关键设备，是柔性自动化生产线的基本单元。

经过多年发展，数控行业衍生出专用型、通用型、复合加工中心等类型的数控机床，为我国机械制造水平提升，生产效率的提高起到积极推进作用。

将数控机床的适用范围，用图形直观表达，如图 9-12 所示。数控机床是一种基于编程的柔性加工方法，因此它适用于品种变换频繁、批量较小，加工方法区别大且复杂程度较高的零件。数控机床连续加工的作业成本高，并且机床的技术含量高，如果用于大批量生产会造成资源浪费，技术与效能的浪费。

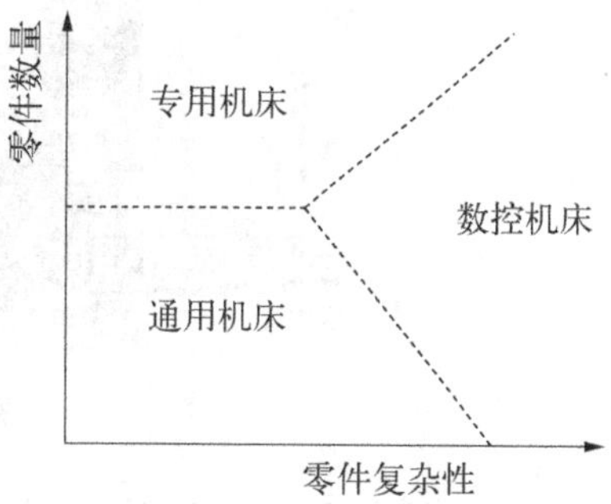

图 9-12　数控机床的适用范围

9.3.2　航空制造领域实例

本节以飞机的典型零件——钣金件为例，阐述数控机床在复杂零部件智能制造工程中的应用。

1. 飞机机翼的典型零件

给出飞机机翼的两种典型零部件的结构图，如图 9-13 和图 9-14 所示。

机翼壁板件是用来承载蒙皮的，壁板将蒙皮上所承受的气动升力，传递给机翼骨架，机翼获得升力，将飞机托起。这类典型零件具有复杂的结构布局，需要多轴联动加工，才能准确成型。从加工工艺角度讲，该零部件的加工需要镗、铣、钻等多个工艺复合加工。并且，该类零部件外形不规则，大多要采用点、线、面多工位混合加工。

2. 相应的智能数控机床

针对该类零件，可选用桥式五轴联动加工中心，其模型如图 9-15 所示。该类机床的优点。

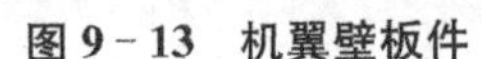
图 9-13　机翼壁板件

图 9-14　机翼薄壁梁

图 9-15　桥式五轴加工中心

(1) 具有桥式龙门框架结构，两侧均为双伺服电机驱动，具有良好的定位精度和稳态响应特性；

(2) 桥梁及工作台固定，刚性好、承载大、用于大型工件复杂型面五轴加工；

(3) 滑枕在滑板上移动，并有液压平衡油缸平衡滑枕，运动惯量小，动作灵活，定位可靠、稳定，保证 Z 向高速进给的快速响应；

(4) 高速性：X、Y、Z 轴快移速度可达到 30 m/min，A、C 轴具有 10 r/min(60 r/min)；

(5) 通过五轴联动实现对空间任意方向孔、面及复杂型面进行加工；

(6) 全闭环控制，确保了机床的定位精度及精度的稳定。

9.3.3　汽车制造领域实例

1. 汽车的典型零件

以汽车发动机为例，阐述智能数控机床在发动机制造过程中的应用，发动机结构如图

9－16 和图 9－17 所示。缸体是发动机的五大部件之一，是发动机安装所有零件的基础。发动机通过缸体将发动机的曲柄连杆机构和配气机构以及供油、润滑、冷却等机构联接为一个整体。

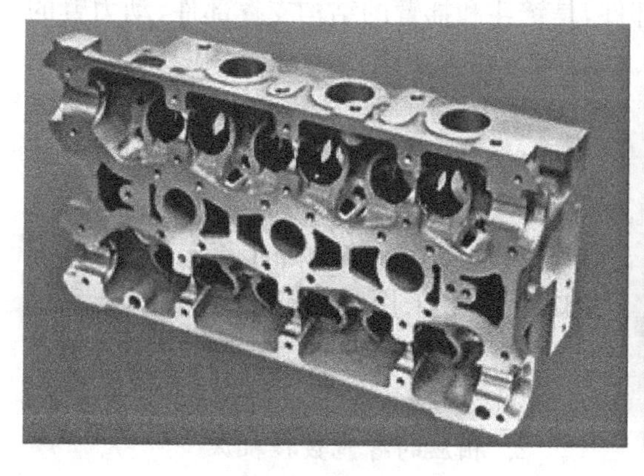

图 9－16　发动机缸盖

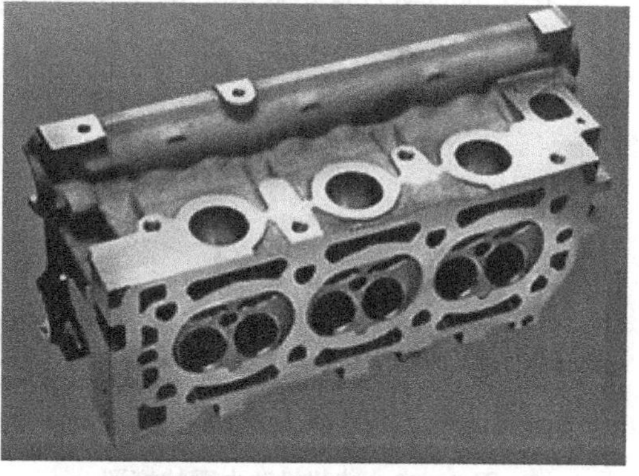

图 9－17　发动机缸体

从加工工艺角度讲，缸体是典型的箱体零件，各面的加工一般采用铣削的加工方式，孔系加工一般采用钻、扩、铰、镗、削、攻丝等加工方式。加工步骤依次包括：① 确定缸体加工顺序；② 缸孔加工：采用粗镗、半精镗及精镗、珩磨方式加工；③ 凸轮轴孔加工：一般采用粗镗，再与主轴承孔等组合精加工；④ 挺杆孔加工：一般采用钻、扩（镗）及铰孔的加工方式；⑤ 主轴孔加工，一般采用粗加工半圆孔，再与凸轮轴孔等组合进行精加工。

2. 相应的智能数控机床

由于该类零部件涉及镗、削、铣等工序，所以加工该类零件可采用镗铣加工中心类的机床，给出某国产高速卧式铣镗加工中心的模型，如图 9－18 所示。

该系列国产加工中心采用了主轴中心水冷技术，有效降低机床主轴的作业温度，保证加工精度与加工质量，紧凑式结构节约更多使用空间，直线轴 60 m/min 高速快移，极大缩短切削时间，采用特有的箱中箱结构，同时提升了刚度和响应时间。该机床采用德国海德汉光栅尺，如图 9－19 所示，实现全闭环控制，确保高精度定位。

图 9－18　某国产高速卧式镗铣加工中心

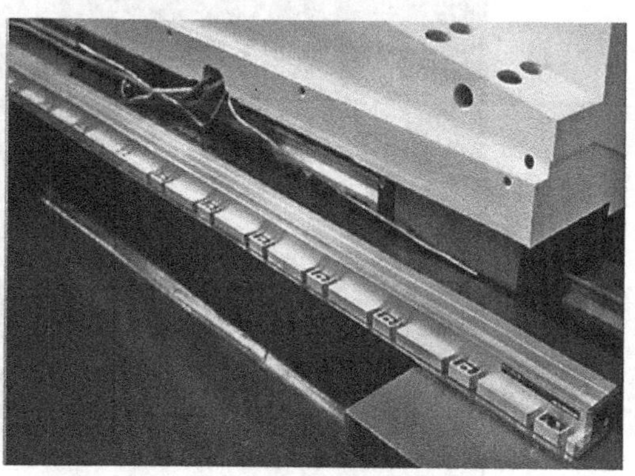

图 9－19　德国海德汉光栅尺

9.3.4 工程机械领域实例

1. 工程机械的典型零件

装载机的动力臂是装载机的主要结构部件，是铲斗和摇臂的结构支撑部件，动力臂的后端与前车架相连，其上有很多动力臂组孔。动力臂的基础构件是由高档数控机床完成的，给出动力臂的结构，如图 9－20 所示。

图 9－20 装载机动力臂的模型

与发动机缸体的加工工艺类似，各面的加工一般采用铣削的加工方式，孔系加工一般采用钻、扩、铰、镗、削、攻丝等加工方式。

2. 相应的智能数控机床

制造动臂部件，已有一些专用的动臂孔加工机床。动臂部件的尺寸较大，需要大型数控机床完成壁板的镗铣削加工。

国产 TH69 数控落地式铣镗床可以完成动臂构件的加工，其结构如图 9－21 所示。该机床的技术特性有：采用方滑枕结构，如图 9－22 所示，使数控机床的结构更稳定，更有利于强力切削；立柱采用镶钢导轨 HRC 60±2，尺寸规格 80×150，立柱结构如图 9－23 所示；数控立卧转台使加工更加灵活，立卧转台如图 9－24 所示；立卧转台的下面采用了大尺寸底座结构，提供了足够的运动行程，满足大尺寸部件的加工，且承载更强大。

上述机床能实现镗孔、钻孔、铣削、切槽等加工功能，虽然其针对某类特定的加工对象，能够加工不规则的特定的零部件，但多数也能应用于军工、核电、能源、船舶、冶金、航天、交通等多个行业。

图 9－21 TH69 落地式铣镗加工中心

图 9-22　方滑枕结构

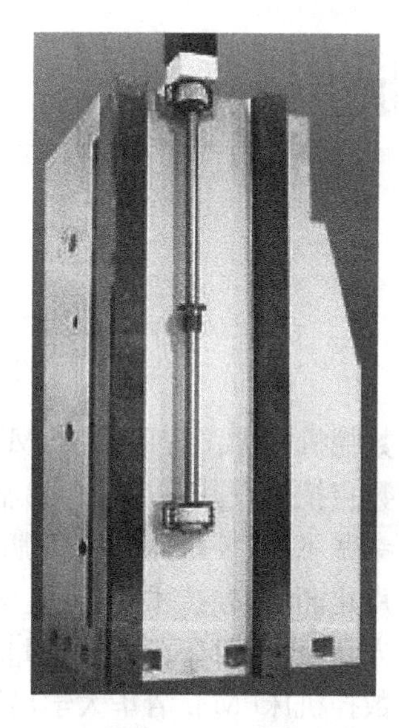

图 9-23　立柱

图 9-24　立卧转台

习题与思考题

9-1　简述数控技术的发展趋势。

9-2　什么是数控技术?

9-3　数控机床由哪几部分组成?

9-4　CNC 装置有哪几部分组成?

9-5　单微处理器结构的 CNC 装置与多微处理器结构的 CNC 装置有何区别?

9-6　多微处理器结构的 CNC 装置有哪些基本功能模块?

9-7　数控机床在智能制造中的使用领域有哪些?

参考文献

[1] 顾京主.数控机床加工程序编制[M].北京：机械工业出版社,2011.
[2] 何玉安.数控技术及其应用[M].2版.北京：机械工业出版社,2011.
[3] 吴祖育,秦鹏飞.数控机床[M].3版.上海：上海科学技术出版社,2009.
[4] 程广振、卢建湘.数控技术与编程[M].北京：北京大学出版社,2012.
[5] 张建成,方新.数控机床与编程[M].高等教育出版社,2013.
[6] 杨贺来.数控机床[M].清华大学出版社,2009.
[7] 刘瑞已.现代数控机床[M].西安：西安电子科技大学出版社,2011.
[8] 吴明友,程国标.数控机床与编程[M].武汉：华中科技大学出版社,2013.
[9] 郑堤.数控机床与编程[M].3版.北京：机械工业出版社,2019.
[10] 魏杰.数控机床结构[M].3版.北京：化学工业出版社,2015.
[11] 徐开元,徐武彬,张宏献,等.VMC-1000型立式加工中心立柱结构分析与动态设计[J].组合机床与自动化加工技术,2010(4)：6-12.
[12] 徐开元,徐武彬,唐满宾.基于有限元的机床滑鞍结构的动特性分析[J].机械设计与制造,2011(4)：170-172.
[13] 徐开元,何玉安,蔡智勇.基于公理化映射的机床上下料机器人结构设计[J].组合机床与自动化加工技术,2019(9)：124-126.
[14] 叶志明.基于机床整机刚度特性的床身结构优化设计[D].大连：大连理工大学,2013.
[15] 何成浩.数控车床床身结构的有限元分析与优化研究[D].昆明：昆明理工大学,2013.
[16] 邢俏芳.机床支承件元结构设计方法[D].大连：大连理工大学,2013.
[17] 张疆平.数控铣床整机有限元分析及结构优化[D].长春：长春工业大学,2016.
[18] 郭永亮.数控机床[M].北京：机械工业出版社,2011.